高等学校研究生教材

高等工程电磁理论

全绍辉　编著

北京航空航天大学出版社

内容简介

本书重点介绍时谐电磁场的相关概念、原理和求解方法，其内容定位为本科阶段"电磁场理论"和"微波技术"等课程在硕士研究生阶段继续学习的知识总结、延续、提高，同时作为高等院校"电子科学与技术"一级学科及其他相关学科硕士研究生课程体系的电磁和微波类课程基础。结合科研和工程实践，在最后一章给出了电大尺寸赋形口径近场辐射的相关理论和仿真结果，这部分内容可以看作是高等电磁和微波理论面向实际工程的一种具体应用。

本书各章均附有习题，书后附有课程自测题、名词索引表、电磁传播与天线实验，可供读者学习时参考和查阅。全部相关教学和教辅资料均可在微波学堂网（wbxt.buaa.edu.cn）更新和下载，并可实时在线答疑。

本书可作为高校理工科硕士研究生、博士研究生的高等电磁类课程的教学用书，也可供高等学校电子和通信专业的高年级本科生、任课教师、电磁场与微波技术等相关专业的科研和工程人员参考。

图书在版编目(CIP)数据

高等工程电磁理论／全绍辉编著． -- 北京：北京航空航天大学出版社，2013.9
 ISBN 978 - 7 - 5124 - 1249 - 1

Ⅰ．①高… Ⅱ．①全… Ⅲ．①电磁学－高等学校－教材 Ⅳ．①O441

中国版本图书馆 CIP 数据核字(2013)第 208836 号

版权所有，侵权必究。

高等工程电磁理论

全绍辉　编著

责任编辑　刘晓明

*

北京航空航天大学出版社出版发行

北京市海淀区学院路 37 号（邮编 100191）　http：//www.buaapress.com.cn
发行部电话：(010)82317024　传真：(010)82328026
读者信箱：bhpress@263.net　邮购电话：(010)82316936
北京时代华都印刷有限公司印装　各地书店经销

*

开本：787×1 092　1/16　印张：20.75　字数：531 千字
2013 年 9 月第 1 版　2013 年 9 月第 1 次印刷　印数：2 000 册
ISBN 978 - 7 - 5124 - 1249 - 1　定价：69.00 元

若本书有倒页、脱页、缺页等印装质量问题，请与本社发行部联系调换。联系电话：(010)82317024

前　言

图书市场关于电磁理论的书籍琳琅满目，令人眼花缭乱。这些书多数是为本科生课程"电磁场理论"或"电磁场与电磁波"准备的，想要从其中选一本适合研究生阶段的教学用书并不容易。

对于大部分电子信息、通信工程等专业的本科生来说，在本科阶段学习过的有关电磁场的课程一般包括：普通物理电磁学、电磁场理论、微波技术，部分学生可以通过高年级的一些选修课或实验实践课程，接触到一些微波电路、天线和散射、电磁数值计算方面的知识。

到了研究生阶段，对电子科学与技术、光学工程等一级学科，尤其是电磁场与微波技术等二级学科所属专业的学生来说，还要继续深入学习电磁理论的相关课程。这些课程一般包括：高等电磁理论、微波工程、天线、散射、计算电磁学、微波遥感、电磁兼容、微波通信，等等。在学习过程中，涉及到如何将研究生课程和本科生课程进行良好衔接的问题。

本书是针对研究生阶段高等电磁类课程的教学需求，并结合作者多年教学和科研实践完成的。该课程定位为无线电电子学的基础，也是电子信息工程一级学科——"电子科学与技术"的基础课和平台课。本书的定位如下：

① 是对本科电磁场理论、微波技术课程内容的总结和综合。

② 是在本科课程基础上，对基本电磁和微波理论学习的进一步延续和提高。

③ 对提高部分的电磁场和微波理论学习内容，仍重点强调基础电磁概念、方法、理论，作为研究生阶段其他电磁微波类专业课程的学习基础。

④ 介绍一些电磁和微波理论针对实际科研和工程的直接应用。

基于上述定位，本书除绪论之外共包括8章，分别为："第1章　场定律和边界条件"、"第2章　电磁储能和功率耗散"、"第3章　波的基本理论"、"第4章　基本原理"、"第5章　平面波"、"第6章　柱面波"、"第7章　球面波"、"第8章　口径近场的多域分析"。各章的内容简介及参考学时如表1所列。

表1　各章内容简介及参考学时

章号和名称	内容简介	参考学时
绪论	课程定位，课程内容简介	1
第1章　场定律和边界条件	是对本科阶段"电磁场理论"课程中所涉及到的各种形式场定律和边界条件的系统总结。在该章中，还给出了磁荷和磁流概念的说明以及对称形式的场定律和边界条件、复数形式的场定律和边界条件	4
第2章　电磁储能和功率耗散	首先根据自由空间电磁场定律导出自由空间的坡印廷定理，然后根据物质中场定律导出物质中的坡印廷定理。根据物质耗能、储能机理的不同，将物质划分为导体、电介质、磁介质等类别，并导出欧姆定律和本构关系	4
第3章　波的基本理论	首先根据电磁学场定律导出波动方程和基本波函数，然后研究了波的基本参量。根据波的参量，讨论了不同无界媒质中的平面波特征，根据边界条件讨论了有界媒质中波的特征。最后，介绍了各向异性无界媒质中波的特征和 kDB 坐标系	10～12

续表 1

章号和名称	内容简介	参考学时
第 4 章 基本原理	主要介绍了时变电磁场和时谐电磁场的各种基本原理,如对偶原理、唯一性定理、等效原理、洛伦兹互易定理等	10~12
第 5 章 平面波	在直角坐标系下将标量波方程分离变量,并分析边界与直角坐标系坐标面共形的各种有界空间波的特征	4
第 6 章 柱面波	在圆柱坐标系下将标量波方程分离变量,并分析边界与圆柱坐标系坐标面共形的各种有界空间波的特征	4
第 7 章 球面波	在圆球坐标系下将标量波方程分离变量,并分析边界与圆球坐标系坐标面共形的各种有界空间波的特征	4
第 8 章 口径近场的多域分析	前 7 章电磁和微波理论针对实际工程的一种具体应用,主要是用口径场卷积法计算和分析各种典型条件的电大尺寸赋形口径近场辐射。该章内容是实用紧缩场口径设计的基础	4

另外,在书后提供了名词索引表、自测题、电磁传播与天线实验等内容,可供读者学习时参考。

在符号使用方面,本书对矢量均以加箭头的符号表示,对张量均以加两道横线的符号表示。这种表示方法与教师授课和学生学习的手写习惯一致,不会导致理解上的歧义。为使读者学习方便,在前 7 章中,对表示时谐场的复数电场强度 $\vec{E}$、复数电位移矢量 $\vec{D}$、复数磁感应强度 $\vec{B}$、复数磁场强度 $\vec{H}$、复数电荷密度 ρ、复数电流密度 $\vec{J}$、复数磁荷密度 ρ_m、复数磁流密度 $\vec{J}_m$、复数坡印廷矢量 $\vec{S}$、复数功率密度 p 等常用场量和源量,均在相应的瞬时量上加一点以示区别。而对由这些场量和源量导出的其他辅助量,如各种辅助位函数,则不再区分复数量和瞬时量的表示。在第 8 章,考虑到实用方便及与更多书籍、文献一致,对全部复数量和瞬时量都统一用不加点的符号表示。

本书内容充实,比较完整、系统地涵盖了研究生阶段与电磁场、微波、天线相关的基本概念和理论,并融入了作者多年从事电磁场理论、微波技术、高等电磁理论一线教学和科研实践的思考和总结。本书编写特别注意了易读性,希望能帮助读者从整体上、宏观上把握高等电磁理论,尽量避免在学习高等电磁理论中可能遇到的障碍及可能要走的弯路,提高学习效率。

非常感谢何国瑜教授、吕善伟教授、徐永斌副教授、苏东林教授等前辈多年来对作者的指导和帮助,非常感谢本书评阅专家提出的富有启发性和建设性的改进意见。另外,本书的编写得到电磁工程实验室历届研究生的大力支持和协助,他们是:杨晓琳、刘西柯、石磊、于同飞、刘琳、刘庆辉、樊勇、夏丰、李栋、石鑫、高成韬、王超、宋志滢、杨杭、谢永鹏、赵英华、王正鹏、万亮、毛岫,等等。其他学习过本课程的研究生,也曾给予作者很多建设性的意见和建议,在此向他们表示真诚的谢意!

本书的编写和出版得到北京航空航天大学研究生精品课程建设项目(200904)、北京航空航天大学研究生教育与发展研究专项基金(201202)、北京航空航天大学校规划教材立项、航空科学基金(2012ZD51050)、国家自然科学基金(60771011)、质检公益性行业科研专项(201110005)的资助,特此致谢。

前 言

由于作者水平有限,本书难免存在一些缺点和错误,敬请广大读者批评指正。作者联系信箱为:EIE205@sina.com 或 quanshao@buaa.edu.cn。

本书相关教学和教辅资料均可在微波学堂网(http://wbxt.buaa.edu.cn)下载,并可实时在线答疑。也欢迎读者在该网站上对本书提出意见和建议。

作 者

2013 年 5 月

部分符号含义表

第 1 章

$\vec{E}$：电场强度
$\vec{D}$：电通密度矢量
$\vec{P}$：极化强度
$\vec{B}$：磁通密度矢量
$\vec{H}$：磁场强度
$\vec{M}$：磁化强度
$\vec{J}$：体电流密度
ρ：体电荷密度
ε_0：真空中介电常数
μ_0：真空中磁导率
x、y、z：直角坐标系坐标变量
U：电势
I：电流
Q：电荷
ψ：磁通
ψ^e：电通
V：磁势
ρ_m：体磁荷密度
$\vec{J}_m$：体磁流密度
$\vec{K}$：面电流密度
η：面电荷密度
Φ：标量电位
η_m：面磁荷密度
$\vec{K}_m$：面磁流密度
σ：电导率
$\vec{P}$：极化强度
$\vec{J}_P$：极化电流密度
ρ_P：极化电荷密度
$\vec{J}_c$：传导电流密度
ρ_c：传导电荷密度
$\vec{J}_s$：外加源电流密度
ρ_s：外加源电荷密度

$\vec{J}_f$：自由电流密度
ρ_f：自由电荷密度
$\vec{M}$：磁化强度
$\vec{J}_a$：磁化电流密度
ρ_a：磁化电荷密度
$\vec{J}_M$：磁化磁流密度
ρ_M：磁化磁荷密度
η_P：极化面电荷密度
η_f：自由面电荷密度
$\vec{K}_a$：磁化面电流密度
η_M：磁化面磁荷密度
$\vec{K}_m$：面磁流密度
η_m：面磁荷密度
$e^{j\omega t}$：时谐因子
$\vec{E}(\vec{r})$：复电场强度
$\vec{H}(\vec{r})$：复磁场强度
$\vec{D}(\vec{r})$：复电通密度
$\vec{B}(\vec{r})$：复磁通密度
$\vec{J}(\vec{r})$：复电流密度
$\dot{\rho}(\vec{r})$：复电荷密度
$\vec{K}$：复面电流密度
$\dot{\eta}$：复面电荷密度
$\vec{J}_m$：复磁流密度
$\dot{\rho}_m$：复磁荷密度
$\vec{K}_m$：复面磁流密度
$\dot{\eta}_m$：复面磁荷密度

第 2 章

$\vec{F}_e$：洛伦兹力
$\vec{S}$：坡印廷矢量

w_E：电场能密度
w_H：磁场能密度
W_E：电场能
W_H：磁场能
p_c：传导耗散功率密度
p_P：极化功率密度
w_P：极化能密度
W_P：极化能
w_e：电能密度
W_e：电能
p_M：磁化功率密度
w_M：磁化能密度
w_m：磁能密度
W_m：磁能
χ_e：极化率
χ_m：磁化率
$\bar{\bar{\chi}}_e$：极化率张量
$\bar{\bar{\chi}}_m$：磁化率张量
$\bar{\bar{\varepsilon}}$：介电常数张量
$\bar{\bar{\mu}}$：磁导率张量
$\hat{\varepsilon}(\omega)$：复介电常数
$\varepsilon'(\omega)$：复介电常数实部
$\varepsilon''(\omega)$：复介电常数虚部
δ：电介质损耗角
$\hat{\mu}(\omega)$：复磁导率
$\mu'(\omega)$：复磁导率实部
$\mu''(\omega)$：复磁导率虚部
δ_m：磁介质损耗角
$\hat{\sigma}(\omega)$：复电导率
ε_r：相对介电常数
μ_r：相对磁导率
$\vec{J}^t$：总电流密度
$\vec{J}^i$：外加电流密度
$\vec{J}_m^t$：总磁流密度
$\vec{J}_m^i$：外加磁流密度
$\hat{y}(\omega)$：媒质导纳率
$\hat{z}(\omega)$：媒质阻抗率
$\vec{\tilde{S}}$：复坡印廷矢量

$\dot{p}_f$：复功率体密度
$\dot{p}_s$：外加源复功率体密度
$\langle \vec{S} \rangle$：瞬时坡印廷矢量时间平均值
$\langle w_e \rangle$：电能密度时间平均值
$\langle w_m \rangle$：磁能密度时间平均值
$\langle p_l \rangle$：耗散功率密度时间平均值
$\langle P_l \rangle$：耗散功率时间平均值
$\langle W_e \rangle$：电能时间平均值
$\langle W_m \rangle$：磁能时间平均值

第3章

k：媒质固有波数
η：媒质固有波阻抗
β：相位常数
v_p：相速度
λ：相波长
v_g：群速度
τ_g：群时延
k'：固有相位常数
k''：固有衰减常数
R：固有波电阻
X：固有波电抗
v_e：电磁能量传播速度
λ_m：金属中的相波长
η_m：金属的固有波阻抗
n：折射率
R_s：良导体表面电阻
a_x、a_y、δ：波极化参数
a、b、ψ：波极化参数
ρ_1、ρ_2、α：波极化参数
S_0、S_1、S_2、S_3：斯托克斯参数
S_t：折射波平均功率流密度
S_i：入射波平均功率流密度
S_r：反射波平均功率流密度
$\eta_\perp$：垂直极化波波阻抗
$\eta_\parallel$：平行极化波波阻抗
θ_i：入射角

部分符号含义表

θ_r：反射角

θ_t：折射角

$\Gamma_\perp$：垂直极化波反射系数

$T_\perp$：垂直极化波折射系数

$\Gamma_{//}$：平行极化波反射系数

$T_{//}$：平行极化波折射系数

η_w：媒质中某类型波的特性波阻抗

u, v, z：正交坐标系坐标轴变量

E_τ：电场切向分量

H_n：磁场法向分量

$\dot{E}_z$：纵向电场复振幅

$\dot{H}_z$：纵向磁场复振幅

$\vec{E}_T$：横向电场复矢量

$\vec{H}_T$：横向磁场复矢量

γ：传播常数

k_c：截止波数

λ_c：截止波长

f_c：截止频率

G：波导因子

λ_g：波导波长

v_p：相速度

η_{TE}：横电波波阻抗

η_{TM}：横磁波波阻抗

f_r：谐振频率

$\vec{A}(\vec{r})$：磁矢位

$\vec{\beta}$：矢量相位常数

$\vec{\alpha}$：矢量衰减常数

$\vec{k}$：波矢量

$\hat{e}_1, \hat{e}_2, \hat{e}_3$：$kDB$ 坐标系单位矢量

第 4 章

$\vec{A}_m$：电矢位

$\vec{E}^i$：入射电场复矢量

$\vec{H}^i$：入射磁场复矢量

$\vec{E}^s$：散射电场复矢量

$\vec{H}^s$：散射磁场复矢量

$\langle S^i \rangle$：入射波坡印亭矢量时间平均值

$\langle S^s \rangle$：散射波坡印亭矢量时间平均值

$\bar{E}$：无量纲电场强度

$\bar{H}$：无量纲磁场强度

第 5 章

Φ_m：磁标位

ψ^{TM}：TM 场标量波函数

ψ^{TE}：TE 场标量波函数

ψ_{mn}^{TM}：矩形波导 TM 波基本波函数

ψ_{mn}^{TE}：矩形波导 TE 波基本波函数

ψ_{mnp}^{TM}：矩形谐振腔 TM 波基本波函数

ψ_{mnp}^{TE}：矩形谐振腔 TE 波基本波函数

第 6 章

$B_n(k_\rho \rho)$：贝塞尔函数

$J_n(k_\rho \rho)$：第一类贝塞尔函数

$N_n(k_\rho \rho)$：第二类贝塞尔函数

$H_n^{(1)}(k_\rho \rho)$：第三类贝塞尔函数（第一种汉克尔函数）

$H_n^{(2)}(k_\rho \rho)$：第四类贝塞尔函数（第二种汉克尔函数）

ψ_{np}^{TM}：圆波导 TM 波基本波函数

ψ_{np}^{TE}：圆波导 TE 波基本波函数

ψ_{npq}^{TM}：圆柱形谐振腔 TM 波基本波函数

ψ_{npq}^{TE}：圆柱形谐振腔 TE 波基本波函数

第 7 章

$b_n(kr)$：球贝塞尔函数

$L_n^m(\cos\theta)$：连带勒让德函数

$P_n^m(\cos\theta)$：第一类连带勒让德函数

$Q_n^m(\cos\theta)$：第二类连带勒让德函数

$P_n(\cos\theta)$：带谐函数

$S_n^m(\theta, \varphi)$：球谐函数

$T_{mn}^e(\theta, \varphi), T_{mn}^o(\theta, \varphi)$：格谐函数

$Y_n(\theta, \varphi)$：n 次面谐函数

$(A_r)_{mnp}$：球形谐振腔 TM 波基本波函数

$(A_{mr})_{mnp}$：球形谐振腔 TE 波基本波函数

第 8 章

$g(x,y,z)$：输出函数
$f(x,y)$：激励函数
$h(x,y,z)$：网络响应函数
K：锥削深度
E_1：锥削起始点场振幅
E_2：锥削速率
D：口径尺寸
$F(\theta,\varphi)$：平面波角谱
$H(\theta,\varphi)$：网络响应函数角谱
$G(\theta,\varphi)$：口径近场角谱
W_s：锯齿高度
rip：波纹

目 录

绪 论 ··· 1
  0.1 本书目标 ·· 1
  0.2 本书定位 ·· 1
  0.3 无线通信系统的电磁与微波技术 ·· 2
      0.3.1 无线通信系统分层 ·· 3
      0.3.2 电磁传播层 ··· 3
      0.3.3 射频电路层 ··· 4
      0.3.4 天线层 ··· 4
      0.3.5 电磁散射层 ··· 4
      0.3.6 系统级参数层 ·· 5
  0.4 本书内容介绍 ·· 5
      0.4.1 第1章简介 ·· 5
      0.4.2 第2章简介 ·· 5
      0.4.3 第3章简介 ·· 6
      0.4.4 第4章简介 ·· 6
      0.4.5 第5章简介 ·· 6
      0.4.6 第6章简介 ·· 6
      0.4.7 第7章简介 ·· 6
      0.4.8 第8章简介 ·· 7

第1章 场定律和边界条件 ··· 8
  引 言 ··· 8
  1.1 电磁物理量 ··· 8
      1.1.1 场量和源量的划分 ·· 8
      1.1.2 瞬时量 ··· 9
      1.1.3 场量对应的电路量 ··· 10
  1.2 电磁学基本假设 ·· 11
      1.2.1 假设一:电荷的存在性 ··· 11
      1.2.2 假设二:电荷的守恒性 ··· 11
      1.2.3 假设三:洛伦兹力 ··· 11
      1.2.4 假设四:自由空间的场方程组 ··· 11
      1.2.5 假设五:物质中电磁场的宏观特性 ·· 12
  1.3 自由空间电磁场定律 ·· 12
      1.3.1 积分形式 ··· 12

1.3.2 微分形式 ·· 13
1.4 考虑磁荷和磁流时的场定律 ·· 14
　1.4.1 磁荷和磁流 ·· 15
　1.4.2 对称形式的场定律 ·· 15
1.5 边界条件(一):自由空间边界 ·· 16
　1.5.1 自由空间边界 ·· 16
　1.5.2 实　例 ·· 17
　1.5.3 考虑磁荷磁流时的边界条件 ······································ 18
1.6 物质中的电磁场定律 ·· 18
　1.6.1 导体中的场定律 ·· 19
　1.6.2 电介质中的场定律 ·· 19
　1.6.3 磁介质中的场定律(安培电流模型) ······························ 21
　1.6.4 磁介质中的场定律(磁荷模型) ···································· 22
　1.6.5 一般物质中的场定律 ·· 23
1.7 边界条件(二):不同物质交界面 ·· 24
　1.7.1 两电介质交界面 ·· 24
　1.7.2 两磁介质交界面(安培电流模型) ································ 25
　1.7.3 两磁介质交界面(磁荷模型) ······································ 25
　1.7.4 一般物质交界面 ·· 25
　1.7.5 对称形式的边界条件 ·· 26
1.8 边界条件(三):数学物理方程中的边界 ································ 26
　1.8.1 边界条件 ·· 26
　1.8.2 衔接条件 ·· 27
　1.8.3 自然边界 ·· 27
　1.8.4 初始条件 ·· 27
1.9 边界条件(四):实例 ·· 28
　1.9.1 静电场中的导体 ·· 28
　1.9.2 静电场中的电介质 ·· 28
　1.9.3 恒定电流场 ·· 29
　1.9.4 时变场中的理想介质 ·· 29
　1.9.5 时变场中的导电媒质 ·· 30
　1.9.6 恒定载流导体与空气交界面 ······································ 30
　1.9.7 电壁和磁壁 ·· 30
1.10 复数形式的场定律和边界条件 ·· 31
　1.10.1 复振幅和复矢量 ·· 31
　1.10.2 复数场定律 ·· 33
　1.10.3 复数边界条件 ·· 34
习题一 ·· 35

第2章 电磁储能和功率耗散 ··· 37

引 言 ··· 37

2.1 洛伦兹力 ··· 37
- 2.1.1 点电荷和磁荷受到的力 ··· 37
- 2.1.2 分布电荷和磁荷受到的力 ··· 37

2.2 场供给运动电荷与磁荷的功率 ··· 38
- 2.2.1 场供给点电荷和磁荷的功率 ·· 38
- 2.2.2 场供给分布电荷和磁荷的功率 ····································· 38

2.3 坡印廷定理 ·· 38
- 2.3.1 自由空间的坡印廷定理 ·· 38
- 2.3.2 物质中的坡印廷定理 ··· 39

2.4 电场和磁场储存的能量 ·· 41
- 2.4.1 空气平行板电容器储存的电能 ····································· 41
- 2.4.2 空芯单匝线圈电感器储存的磁能 ································· 42

2.5 静态功率流传输与耗散 ·· 43

2.6 极化能与电能 ·· 45
- 2.6.1 极化能 ·· 45
- 2.6.2 电 能 ··· 46
- 2.6.3 填充电介质的平行板电容器 ·· 47

2.7 磁化能与磁能 ·· 48
- 2.7.1 磁化能 ·· 48
- 2.7.2 磁 能 ··· 49
- 2.7.3 填充磁介质的单匝线圈电感器 ····································· 50

2.8 本构关系和欧姆定律 ··· 50

2.9 媒质的分类 ··· 51
- 2.9.1 一般分类 ·· 51
- 2.9.2 简单媒质 ·· 52
- 2.9.3 广义线性媒质 ·· 53
- 2.9.4 非线性媒质 ··· 53
- 2.9.5 各向异性媒质 ·· 53
- 2.9.6 双各向同性和双各向异性媒质 ···································· 54

2.10 复数电磁参量 ··· 54
- 2.10.1 简单导电媒质的复介电常数 ····································· 54
- 2.10.2 广义线性媒质的复介电常数、复磁导率、复电导率 ······ 56

2.11 广义的流量 ·· 58
- 2.11.1 时变场和时谐场的流量 ·· 58
- 2.11.2 媒质的阻抗率和导纳率 ·· 59
- 2.11.3 流量的分类 ·· 59

2.12 复数坡印廷定理 ·· 60

2.12.1　正弦场的时间平均值 ………………………………………………… 60
　　2.12.2　简单媒质的复数坡印廷定理 ……………………………………… 62
　　2.12.3　广义线性媒质的复数坡印廷定理 ………………………………… 63
习题二 ………………………………………………………………………………… 64

第3章　波的基本理论 ……………………………………………………………… 66
引　　言 ……………………………………………………………………………… 66
3.1　时谐电磁场的方程及解 ……………………………………………………… 67
　　3.1.1　波动方程 ………………………………………………………………… 67
　　3.1.2　波函数 …………………………………………………………………… 68
3.2　无界空间的均匀平面波 ……………………………………………………… 69
　　3.2.1　波动方程的一种可能解 ………………………………………………… 69
　　3.2.2　行波和线极化 …………………………………………………………… 70
3.3　波的传播特性 ………………………………………………………………… 70
　　3.3.1　相位常数、相速度、相波长 …………………………………………… 70
　　3.3.2　群速度和色散 …………………………………………………………… 71
3.4　波的时空变化特征 …………………………………………………………… 72
　　3.4.1　时间频率 ………………………………………………………………… 72
　　3.4.2　空间频率 ………………………………………………………………… 72
3.5　波数和波阻抗 ………………………………………………………………… 73
　　3.5.1　一般表示 ………………………………………………………………… 73
　　3.5.2　不同媒质的分类 ………………………………………………………… 74
3.6　理想介质中的波 ……………………………………………………………… 75
　　3.6.1　四种独立平面波模式 …………………………………………………… 75
　　3.6.2　能量密度和功率流密度 ………………………………………………… 75
3.7　有耗媒质中的波 ……………………………………………………………… 76
　　3.7.1　良好介质 ………………………………………………………………… 76
　　3.7.2　良好导体 ………………………………………………………………… 77
3.8　极化方向相同而传播方向相反的两列平面波合成 ………………………… 78
　　3.8.1　行　波 …………………………………………………………………… 78
　　3.8.2　驻　波 …………………………………………………………………… 79
　　3.8.3　行驻波 …………………………………………………………………… 80
3.9　极化方向正交而传播方向相同的两列平面波合成 ………………………… 81
　　3.9.1　线极化、圆极化、椭圆极化 …………………………………………… 81
　　3.9.2　用 a_x、a_y、δ 描述波的极化 ………………………………………… 82
　　3.9.3　用 ρ_1、ρ_2、α 描述波的极化 ……………………………………… 83
　　3.9.4　斯托克斯参数 S_0、S_1、S_2、S_3 和庞加莱极化球 ………………… 84
3.10　波的反射 …………………………………………………………………… 85
　　3.10.1　边界条件 ……………………………………………………………… 85
　　3.10.2　正入射 ………………………………………………………………… 86

目录

- 3.11 斜入射 ……………………………………………………………………… 87
  - 3.11.1 特性波阻抗 …………………………………………………………… 88
  - 3.11.2 反射系数和折射系数 ………………………………………………… 89
  - 3.11.3 全折射 ………………………………………………………………… 90
  - 3.11.4 全反射 ………………………………………………………………… 91
- 3.12 传输线 …………………………………………………………………… 91
  - 3.12.1 边界条件 ……………………………………………………………… 91
  - 3.12.2 场方程 ………………………………………………………………… 92
  - 3.12.3 同轴线的 TEM 模 …………………………………………………… 93
  - 3.12.4 从场定律直接推导传输线方程 ……………………………………… 94
- 3.13 波 导 …………………………………………………………………… 96
  - 3.13.1 边界条件 ……………………………………………………………… 96
  - 3.13.2 场方程和解 …………………………………………………………… 97
- 3.14 谐振腔 …………………………………………………………………… 100
  - 3.14.1 边界条件 ……………………………………………………………… 100
  - 3.14.2 场解和谐振条件 ……………………………………………………… 100
- 3.15 辐 射 …………………………………………………………………… 101
  - 3.15.1 边界条件 ……………………………………………………………… 101
  - 3.15.2 磁矢位和电标位的非齐次波动方程 ………………………………… 103
  - 3.15.3 电流元 ………………………………………………………………… 104
- 3.16 波的一般复数表示和参量 ……………………………………………… 106
  - 3.16.1 传播常数、相位常数、衰减常数 …………………………………… 106
  - 3.16.2 波阻抗 ………………………………………………………………… 107
- 3.17 沿任意方向传播的平面波 ……………………………………………… 107
  - 3.17.1 平面波解满足的场定律 ……………………………………………… 107
  - 3.17.2 复数波矢量 …………………………………………………………… 108
- 3.18 各向异性媒质中的平面波 ……………………………………………… 109
  - 3.18.1 寻常波和非寻常波 …………………………………………………… 109
  - 3.18.2 色散方程 ……………………………………………………………… 110
  - 3.18.3 单轴媒质的色散方程 ………………………………………………… 111
- 3.19 kDB 坐标系 …………………………………………………………… 113
  - 3.19.1 坐标系的构成 ………………………………………………………… 114
  - 3.19.2 场方程和色散方程 …………………………………………………… 116

习题三 ………………………………………………………………………… 118

第 4 章 基本原理 ……………………………………………………… 121

引 言 ………………………………………………………………………… 121
- 4.1 磁型源的引入 …………………………………………………………… 121
  - 4.1.1 磁荷和磁流 …………………………………………………………… 121
  - 4.1.2 密绕螺线管等效为磁偶极子 ………………………………………… 123

4.1.3　小圆环电流等效为磁偶极子 …………………………………………… 123
4.2　对偶原理 …………………………………………………………………………… 124
　　4.2.1　对偶性和对偶量 ……………………………………………………………… 124
　　4.2.2　对偶原理的应用 ……………………………………………………………… 125
　　4.2.3　边界条件的对偶性 …………………………………………………………… 127
4.3　唯一性定理 ………………………………………………………………………… 127
　　4.3.1　任意时变场 …………………………………………………………………… 128
　　4.3.2　时谐场 ………………………………………………………………………… 128
4.4　镜像原理 …………………………………………………………………………… 130
　　4.4.1　电流元和磁流元对电壁的镜像 ……………………………………………… 131
　　4.4.2　垂直大地平面的电偶极子的场 ……………………………………………… 131
　　4.4.3　物质的镜像 …………………………………………………………………… 132
4.5　外加流和感应流 …………………………………………………………………… 132
　　4.5.1　无界平面外加流产生的场 …………………………………………………… 132
　　4.5.2　无界理想导体平面的感应流 ………………………………………………… 134
　　4.5.3　产生相同场的不同源 ………………………………………………………… 135
4.6　等效原理 …………………………………………………………………………… 136
　　4.6.1　等效原理的一般形式 ………………………………………………………… 136
　　4.6.2　Love 场等效原理 ……………………………………………………………… 137
　　4.6.3　只用切向电场或切向磁场表示的等效原理 ………………………………… 138
　　4.6.4　等效原理的应用:半空间的场 ……………………………………………… 139
4.7　感应原理 …………………………………………………………………………… 140
　　4.7.1　一般形式 ……………………………………………………………………… 140
　　4.7.2　理想导体平板的后向散射截面 ……………………………………………… 142
4.8　洛伦兹互易定理 …………………………………………………………………… 143
　　4.8.1　源对场的反应 ………………………………………………………………… 144
　　4.8.2　互易定理的导出 ……………………………………………………………… 144
　　4.8.3　特殊情况下的互易定理 ……………………………………………………… 145
　　4.8.4　应　用 ………………………………………………………………………… 147
4.9　惠更斯原理 ………………………………………………………………………… 148
　　4.9.1　用洛伦兹互易定理导出惠更斯原理 ………………………………………… 149
　　4.9.2　惠更斯源在等效区域以外产生的场 ………………………………………… 150
4.10　巴俾涅原理 ………………………………………………………………………… 151
　　4.10.1　电屏与互补磁屏的巴俾涅原理 …………………………………………… 152
　　4.10.2　其他形式的巴俾涅原理 …………………………………………………… 154
4.11　相似原理 …………………………………………………………………………… 156
　　4.11.1　电磁学相似原理 …………………………………………………………… 156
　　4.11.2　缩比模型的雷达散射截面 ………………………………………………… 158
习题四 ……………………………………………………………………………………… 159

第5章 平面波 ··· 163

引　言 ··· 163
5.1　解的构成 ·· 164
　5.1.1　用电磁矢量位表示一般解 ·· 164
　5.1.2　TM波 ·· 165
　5.1.3　TE波 ·· 166
　5.1.4　任意场的TM波和TE波分解 ···································· 166
5.2　平面波函数 ··· 167
　5.2.1　波函数分离变量 ··· 167
　5.2.2　谐函数的物理意义 ·· 168
5.3　无界空间的平面波 ·· 169
　5.3.1　TEM波 ·· 169
　5.3.2　TM波 ·· 170
　5.3.3　TE波 ·· 170
5.4　矩形波导 ·· 171
　5.4.1　TM波 ·· 171
　5.4.2　TE波 ·· 172
5.5　矩形谐振腔 ··· 172
　5.5.1　TM波 ·· 172
　5.5.2　TE波 ·· 173
5.6　备用模式组 ··· 173
　5.6.1　对y方向的TM波 ··· 173
　5.6.2　对y方向的TE波 ··· 173
5.7　场的激励和模式展开 ··· 174
　5.7.1　孔隙激励 ··· 174
　5.7.2　流量激励 ··· 175
5.8　平面波的产生 ·· 176
　5.8.1　远场条件 ··· 176
　5.8.2　紧缩场 ·· 177

习题五 ·· 178

第6章 柱面波 ··· 180

引　言 ··· 180
6.1　波函数 ··· 180
　6.1.1　波动方程在柱坐标系下的解 ····································· 180
　6.1.2　贝塞尔函数的物理性质 ·· 181
　6.1.3　TM波和TE波的一般表示 ······································ 183
6.2　柱形波导 ·· 184
　6.2.1　圆波导 ·· 184

6.2.2 其他柱形波导 ································· 186
6.3 环向波和径向波 ································· 186
6.3.1 环向波 ····································· 186
6.3.2 径向波 ····································· 186
6.4 圆柱形谐振腔 ··································· 188
6.5 柱面波的源 ····································· 189
6.5.1 无限长交流丝 ······························· 189
6.5.2 较高阶的源 ································· 190
6.6 二维辐射 ······································· 190
6.7 波的变换 ······································· 191
6.7.1 平面波和柱面波的变换 ······················· 191
6.7.2 柱面波的相加原理 ··························· 192
6.8 圆柱对平面波的散射 ····························· 194
6.8.1 电场方向平行于 z 轴 ······················· 194
6.8.2 电场方向垂直于 z 轴 ······················· 195
习题六 ··· 195

第7章 球面波 ······································· 197
引 言 ··· 197
7.1 波函数 ··· 197
7.1.1 波动方程在球坐标系下的解 ··················· 197
7.1.2 球贝塞尔函数 ······························· 198
7.1.3 勒让德函数 ································· 199
7.1.4 TM波和TE波的一般表示 ······················· 200
7.2 球面上的正交关系 ······························· 202
7.2.1 m阶n次连带勒让德函数和带谐函数 ········· 202
7.2.2 球谐函数和格谐函数 ························· 202
7.3 球形波导 ······································· 204
7.3.1 空间作为波导 ······························· 204
7.3.2 其他径向波导 ······························· 204
7.4 谐振腔 ··· 205
7.4.1 球形谐振腔 ································· 205
7.4.2 其他谐振腔 ································· 207
7.5 球面波的源 ····································· 208
7.5.1 电流元和磁流元 ····························· 208
7.5.2 电流元偶极子 ······························· 209
7.5.3 电流元四极子 ······························· 209
7.6 波的变换 ······································· 209
7.6.1 平面波和球面波的变换 ······················· 209
7.6.2 柱面波和球面波的变换 ······················· 210

  7.6.3 球面波的相加原理 …………………………………………………………… 210
 习题七 ……………………………………………………………………………………… 212

第8章 口径近场的多域分析 …………………………………………………………… 214
 引 言 ……………………………………………………………………………………… 214
 8.1 口径近场计算的卷积法 ………………………………………………………………… 214
  8.1.1 口面场卷积 ………………………………………………………………… 214
  8.1.2 弦面场卷积 ………………………………………………………………… 215
  8.1.3 一些讨论 …………………………………………………………………… 216
 8.2 口径辐射的空域场 ……………………………………………………………………… 217
  8.2.1 矩形、椭圆形、内凹形口径 ……………………………………………… 217
  8.2.2 口径面场连续锥削 ………………………………………………………… 219
 8.3 典型锯齿边缘口径 ……………………………………………………………………… 221
  8.3.1 等腰直边 …………………………………………………………………… 222
  8.3.2 直角直边 …………………………………………………………………… 223
  8.3.3 等腰曲边 …………………………………………………………………… 224
  8.3.4 直角曲边 …………………………………………………………………… 226
 8.4 口径近场辐射的相似性 ………………………………………………………………… 227
  8.4.1 电尺寸不变的相似性 ……………………………………………………… 227
  8.4.2 电尺寸变化的相似性 ……………………………………………………… 227
 8.5 口径近场的特征谱 ……………………………………………………………………… 231
  8.5.1 问题的引入 ………………………………………………………………… 231
  8.5.2 系统布局说明 ……………………………………………………………… 231
  8.5.3 角域谱 ……………………………………………………………………… 232
  8.5.4 时域谱 ……………………………………………………………………… 234
  8.5.5 结 论 …………………………………………………………………… 236
 8.6 赋形电大尺寸口径近场的空域和角域特征 …………………………………………… 236
  8.6.1 问题的引入 ………………………………………………………………… 236
  8.6.2 口径的空域场 ……………………………………………………………… 237
  8.6.3 有限尺寸口径接收的平面波角谱 ………………………………………… 239
  8.6.4 观察面横向偏移对角谱的影响 …………………………………………… 241
  8.6.5 二维角谱变换和一维角谱变换的比较 …………………………………… 241
  8.6.6 观察面的角域分辨率 ……………………………………………………… 242
  8.6.7 结 论 …………………………………………………………………… 243
 8.7 电大尺寸口径幅相不均匀性的近场空域和角域分析 ………………………………… 243
  8.7.1 问题的引入 ………………………………………………………………… 243
  8.7.2 系统布局和参数说明 ……………………………………………………… 244
  8.7.3 幅度锥削 …………………………………………………………………… 244
  8.7.4 边缘赋形 …………………………………………………………………… 246
  8.7.5 幅度或相位周期变化 ……………………………………………………… 246

8.7.6　幅度或相位线性变化 ·· 247
　　8.7.7　局部幅度或相位突变 ·· 248
　　8.7.8　结　论 ·· 250
8.8　基于近场平面波角谱的紧缩场口径设计评估 ································ 250
　　8.8.1　问题的引入 ·· 250
　　8.8.2　系统布局和参数说明 ·· 251
　　8.8.3　空域指标和角域指标的转换 ·· 252
　　8.8.4　口径整体形状设计比较 ··· 252
　　8.8.5　锯齿高度调节 ·· 253
　　8.8.6　锯齿个数调节 ·· 253
　　8.8.7　锯齿底边长度调节 ··· 254
　　8.8.8　等腰锯齿和直角锯齿的比较 ·· 255
　　8.8.9　评估区域的影响 ·· 256
　　8.8.10　轴向观察位置变化 ·· 257
　　8.8.11　二维幅度和相位比较 ·· 258
　　8.8.12　结　论 ·· 259
8.9　赋形电大尺寸口径近场辐射的时域分析 ·· 259
　　8.9.1　问题的引入 ·· 259
　　8.9.2　卷积计算和时域分析原理 ··· 260
　　8.9.3　平面波、柱面波、球面波假设 ······································ 261
　　8.9.4　口径内观察点的时域谱 ·· 262
　　8.9.5　口径外观察点的时域谱 ·· 263
　　8.9.6　口径直达波沿横向变化 ·· 263
　　8.9.7　边缘绕射波沿横向变化 ·· 264
　　8.9.8　口径直达波沿轴向变化 ·· 264
　　8.9.9　边缘绕射波沿轴向变化 ·· 265
　　8.9.10　结　论 ·· 265
8.10　基于近场时域谱的紧缩场口径优化设计 ······································ 266
　　8.10.1　问题的引入 ··· 266
　　8.10.2　口径扩散效应 ·· 266
　　8.10.3　口径整体形状 ·· 267
　　8.10.4　口径场锥削 ··· 267
　　8.10.5　直角直边锯齿 ·· 268
　　8.10.6　直角曲边锯齿 ·· 269
　　8.10.7　结　论 ·· 269
习题八 ··· 269

附　录 ·· 271
　附录A　常用数学公式 ·· 271
　附录B　不同坐标系的微分算符 ··· 272

附录C 拉普拉斯方程的解 …… 273
附录D 特殊函数 …… 274
附录E 一些材料的电导率 …… 277
附录F 一些材料在不同频率下的相对介电常数 …… 277

名词索引表 …… 279

自测题 …… 286
  自测题一 …… 286
  自测题二 …… 287
  自测题三 …… 288
  自测题四 …… 290
  自测题五 …… 291
  自测题六 …… 293
  自测题七 …… 295
  自测题八 …… 296
  自测题九 …… 298

考卷附常用公式说明 …… 300

电磁传播与天线实验 …… 302
  实验一 电磁波和天线的极化 …… 302
  实验二 线极化波、圆极化波、椭圆极化波的合成与检测 …… 306

参考文献 …… 309

绪 论

0.1 本书目标

高等电磁理论是无线电电子学的基础,"高等电磁理论"课程是高等院校一级学科电子科学与技术(包括的二级学科有:电磁场与微波技术、电路与系统、物理电子学、微电子与固体电子学)的基础课,其内容是本科电磁场理论、微波技术等课程在研究生阶段继续学习的延伸、深化、扩展。

本书重点讲述时谐电磁场(或称正弦电磁场)的基本问题和基础理论,包括:无界空间均匀平面波、波的反射和折射、辐射、导波、谐振、天线、散射,等等。通过本书的学习,将使读者能够掌握这些时谐电磁场问题的基本概念、基本原理和基本求解方法。

0.2 本书定位

对于大部分电子信息、通信工程、电磁场与无线技术等专业的本科生来说,在本科阶段学习的有关电磁场的课程包括:大学物理电磁学、电磁场理论、微波技术。部分学生通过本科高年级的一些选修课或生产实习、毕业设计等实践环节,接触到一些微波电路、天线、电磁数值计算方面的内容。

大学物理电磁学、电磁场理论、微波技术所讲授的主要内容和关系如图 0.2-1 所示。其中从电磁场理论的均匀平面波开始,就一直在讲授时谐电磁场的相关内容。电磁场理论主要涉及无界空间的波,微波技术中则主要讨论有界空间的导行波。

到了研究生阶段,对电磁场与微波技术、光学工程等专业的学生来说,还要继续学习电磁场理论,所涉及的课程一般包括:"高等电磁理论"、"微波工程"、"天线"、"散射"、"计算电磁学"、"微波遥感"、"电磁兼容"、"微波通信"等。其中高等电磁类课程通常作为电子科学与技术等一级学科的平台课,是学习所有其他课程的基础。图 0.2-2 以二级学科电磁场与微波技术为例,给出该学科主干课程的关系。可以这样认为:高等电磁课程是联系本科阶段"电磁场理论"、"微波技术"等课程与研究生阶段电磁微波类专业课的桥梁。

鉴于高等电磁课程的上述定位,本书的定位如下:

① 总结和综合:对本科"电磁场理论"和"微波技术"课程的总结。

② 延续和提高:针对本科电磁场和微波课程学习内容的延续和补充,在这些课程基础上进一步凝练提高。

③ 基础:对提高部分的电磁场和微波学习内容,仍重点强调基础电磁概念、方法、理论,作为研究生阶段其他电磁微波类专业课程的学习基础,更细化和深入的专业课内容则在其他课

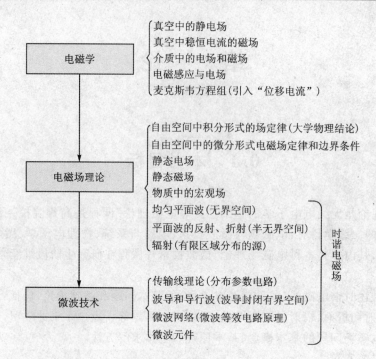

图 0.2-1 电磁学、电磁场理论、微波技术内容及关系

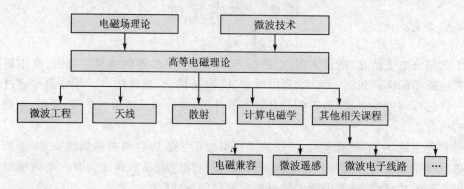

图 0.2-2 电磁场与微波技术二级学科主干课程的关系

程中系统全面学习。

④ 应用：作为高等电磁理论，将适当介绍一些电磁理论在科研和工程中的实际应用。

0.3 无线通信系统的电磁与微波技术

随着无线通信技术的迅速发展和普及，无线通信系统中的电磁与微波技术教学也受到越来越多的重视，无线通信行业的射频工程师、微波工程师、天线工程师等岗位，通常都要依托工科"电磁场与微波技术"等专业培养，而其中的很多知识都要通过"高等电磁理论"等课程进行学习。为了更直观地说明高等电磁课程和无线通信系统的关系，下面将针对一个完整的无线通信系统，将其中涉及到的电磁与微波技术从内到外进行分层。

0.3.1 无线通信系统分层

如图 0.3-1 所示为通用无线通信系统基本构成示意图,主体部分通常包括:发射机、接收机、发射天线和接收天线等。其中发射机和接收机部分又可根据工作频率的不同,分为射频单元和中频单元。射频单元和天线通过射频传输线连接,射频单元和中频单元之间通过中频电缆连接。发射天线辐射的无线信号在空间传输时,遇到障碍物可能产生散射。无线信号可以通过收发天线之间的视距(Line Of Sight, LOS)信道或者经由障碍物散射的非视距(Non-LOS, NLOS)信道传播。

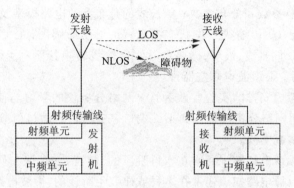

图 0.3-1 无线通信系统基本构成

如图 0.3-2 所示,可将如图 0.3-1 所示无线通信系统涉及到的电磁与微波技术从内到外分为五层。最里面为并列的电磁传播层和电磁散射层,再往外依次为:天线层、射频电路层、系统级参数层。这些分层涉及到的电磁与微波技术各有侧重,通过分层之后,可以开展有针对性的教学和实验实践。

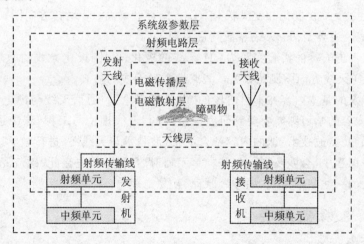

图 0.3-2 电磁与微波技术分层

0.3.2 电磁传播层

电磁传播层所涉及到的与无线通信相关的主要基本概念和理论一般包括:① 平面波和均匀平面波;② 媒质中的波;③ 波的合成:行波、驻波、行驻波;④ 波的合成:线极化、圆极化、椭圆极化;⑤ 柱面波;⑥ 球面波;⑦ 远场条件和紧缩场。

电磁传播层可以考虑安排的实验实践为:① 线极化波、圆极化波、椭圆极化波的产生;② 线极化波、圆极化波、椭圆极化波的检测。

在本科阶段的"电磁场理论"或"电磁场与电磁波"课程中,可以学习一些电磁传播层的基础知识。在高等电磁课程中,可以学习到更多、更完整的电磁传播层的知识内容。

0.3.3 射频电路层

射频电路层所涉及到的与无线通信有关的主要基本概念和理论一般包括:① 传输线;② 长线和短线;③ 集总参数和分布参数;④ 长线的分布参数电路模型及解;⑤ 传播常数和特性阻抗;⑥ 匹配和失配;⑦ 传输线工作状态参量;⑧ 史密斯圆图;⑨ 微波网络和网络参量;⑩ 网络外特性参量;⑪ 同轴线、波导、微带线;⑫ 传输线转换接头;⑬ 微波二极管器件及电路;⑭ 微波场效应器件;⑮ 微波电真空器件。

射频电路层可以考虑安排的实验实践为:① 网络分析仪的学习与使用,包括传输线基本概念和圆图实验;② 用网络分析仪进行典型二端口、三端口、四端口射频元件的测试;③ 一些微波传输线和元件的仿真实验。

射频电路层中的无源电路知识通常在本科阶段的"微波技术"课和研究生阶段的"微波工程基础"课中学习,而有源电路知识通常在本科或研究生阶段的"微波电路与器件"、"微波电子线路"等课程中学习。

在高等电磁课程中,会涉及到射频电路层无源部分的传输线、波导等内容的进一步学习。

0.3.4 天线层

天线层需要了解和学习的主要基本概念和理论一般包括:① 电流元、磁流元、惠更斯元;② 输入阻抗和驻波比;③ 极化和交叉极化;④ 方向性和增益;⑤ 增益方向图;⑥ 轴比方向图;⑦ 无线通信系统天线类型;⑧ 天线参数测量原理。

天线层可以考虑安排的实验实践为:① 天线的极化;② 圆极化天线的原理和实现;③ 天线驻波比测量;④ 天线方向图测量;⑤ 一些典型类型天线的仿真。

天线层所涉及的基本内容在本科阶段的"电磁场理论"、"通信天线与馈电系统"等课中均有所涉及,更多内容的学习则需要到研究生阶段的"天线理论与工程"课中进行。也有一些院校将"天线"课和"微波技术"课的内容整合为"微波技术与天线"课进行教学。

在高等电磁课程中,会涉及到一些基本单元辐射的问题,如电流元、磁流元的辐射,并学习与天线理论有关的一些基本原理,如等效原理、互易定理等。

0.3.5 电磁散射层

电磁散射层需要掌握的主要基本概念和理论一般包括:① 反射、衍射、干涉;② 绕射;③ 雷达散射截面(RCS);④ 一维成像;⑤ 二维成像;⑥ RCS测量原理。

电磁散射层可以考虑安排的实验实践包括:① 波的衍射和干涉;② 一些典型目标RCS测量实验,如金属球的谐振RCS测量和二维成像,典型低剖面、低RCS飞行器模拟目标测量等;③ 典型目标的RCS仿真。

电磁散射层的内容通常需要在研究生阶段的"电磁散射理论及工程"、"几何绕射理论"等课程中学习。

在高等电磁课程中,会涉及到一些基本散射问题的分析和求解,如球的散射、柱的散射等;同时,会学习一些与电磁散射相关的原理,如感应原理、相似原理等。

0.3.6 系统级参数层

系统级参数层需要掌握的主要基本概念和理论一般包括:① 等效全向辐射功率(EIRP)和灵敏度;② 弗西斯公式和雷达方程;③ 菲涅尔椭圆和菲涅尔区;④ 视距通信;⑤ 非视距通信;⑥ 信道模拟和测量。

对于实验实践,可考虑安排一些无线通信区的软件模拟。其具有下列功能:① 无线通信发射单元模拟;② 无线通信接收单元模拟;③ 收发单元处于任意姿态和位置时,水平、竖直、轴线方向的视距有效通信区;④ 存在典型障碍物且收发单元处于任意姿态和位置时,水平、竖直、轴线方向的非视距有效通信区;⑤ 单双站雷达探测区模拟。如果具备条件,也可以安排一些信道测量的演示性或验证性实验。

在研究生"微波通信系统"课程中,会对无线通信系统电磁与微波技术的系统级参数层内容有所涉及,还有一些内容分布在其他课程及一些工程科研文献中。

在高等电磁课程中,通常不会具体涉及到系统参数层的知识内容,但可以为系统参数层的学习打下良好的电磁与微波技术基础。

0.4 本书内容介绍

按照上面所介绍的本书定位以及本书内容与无线通信系统电磁与微波技术分层的关系,本书前 7 章介绍高等电磁理论的基础概念和理论,第 8 章介绍电磁场理论在口径近场多变换域分析中的应用。各章所讲授的内容简介及参考教学学时如下。

0.4.1 第 1 章简介

"第 1 章 场定律和边界条件"主要是对本科阶段"电磁场理论"课程中所涉及到的各种形式场定律和边界条件的系统总结。在该章中,还给出了磁荷和磁流概念的说明以及对称形式的场定律和边界条件、复数形式的场定律和边界条件。

该章主要内容包括:电磁物理量,电磁学基本假设,自由空间电磁场定律,考虑磁荷和磁流时的场定律,边界条件,物质中的电磁场定律,复数形式场定律和边界条件。

该章参考教学学时为 4 学时。

0.4.2 第 2 章简介

"第 2 章 电磁储能和功率耗散"首先根据自由空间电磁场定律导出自由空间的坡印廷定理,然后根据物质中场定律导出物质中的坡印廷定理。自由空间坡印廷定理和物质中坡印廷定理分别反映了自由空间和物质中的电磁功率传输、损耗、守恒关系。在该章中,根据物质耗能、储能机理的不同,将物质划分为导体、电介质、磁介质等类别,并导出欧姆定律和本构关系。

该章主要内容包括:洛伦兹力,场供给运动电荷与磁荷的功率,坡印廷定理,电场和磁场储存的能量,静态功率流与耗散,极化能与电能,磁化能与磁能,本构关系和欧姆定律,媒质的分类,复数电磁参量,广义的流量,复数坡印廷定理。

该章参考教学学时为 10～12 学时。

0.4.3　第 3 章简介

"第 3 章　波的基本理论"介绍时变电磁场(电磁波)的基本概念和理论。首先根据电磁学场定律导出波动方程和基本波函数,然后研究了波的基本参量。根据波的参量,讨论了不同无界媒质中的平面波特征,根据边界条件讨论了有界媒质中波的特征。最后,介绍了各向异性无界媒质中波的特征和 kDB 坐标系。

该章主要内容包括:波动方程和波函数,无界空间的均匀平面波,相位常数、相速度、群速度、色散、时间频率和空间频率,波数和波阻抗,理想介质中的波,有耗媒质中的波,行波、驻波、行驻波,波的极化,波的反射,传输线,波导,谐振腔,辐射,波的一般复数表示和参量,沿任意方向传播的平面波,各向异性媒质中的平面波,kDB 坐标系。

该章参考教学学时为 10～12 学时。

0.4.4　第 4 章简介

"第 4 章　基本原理"主要介绍时变电磁场和时谐电磁场的各种基本原理。

该章主要内容包括:对偶原理,唯一性定理,镜像原理,等效原理,感应原理,洛伦兹互易定理,惠更斯原理,巴俾涅原理,相似原理。

该章参考教学学时为 10 学时。

0.4.5　第 5 章简介

"第 5 章　平面波"在直角坐标系下将标量波方程分离变量,并分析边界与直角坐标系坐标面共形的各种有界空间波的特征。

该章主要内容包括:无源空间解的构成,平面波,矩形波导,矩形谐振腔,备用模式组,场的激励和模式展开,平面波的产生。

该章参考教学学时为 4 学时。

0.4.6　第 6 章简介

"第 6 章　柱面波"在圆柱坐标系下将标量波方程分离变量,并分析边界与圆柱坐标系坐标面共形的各种有界空间波的特征。

该章主要内容包括:柱面波函数,柱形波导,环向波和径向波,圆柱形谐振腔,柱面波的源,二维辐射,波的变换,圆柱对平面波的散射。

该章参考教学学时为 4 学时。

0.4.7　第 7 章简介

"第 7 章　球面波"在圆球坐标系下将标量波方程分离变量,并分析边界与圆球坐标系坐标面共形的各种有界空间波的特征。

该章主要内容包括:球面波函数,球面上的正交关系,球形波导,球形谐振腔,球面波的源,波的变换。

该章参考教学学时为4学时。

0.4.8 第8章简介

"第8章 口径近场的多域分析"是前7章电磁和微波理论针对实际工程的一种具体应用,主要是用口面场卷积法计算和分析各种典型条件的电大尺寸赋形口径近场辐射。该章内容是实用紧缩场口径设计的基础。

该章主要内容包括:口径近场计算的卷积法,口径辐射的空域场,典型锯齿边缘口径,口径近场辐射相似性,口径近场的特征谱,赋形电大尺寸口径近场的空域和角域特征,电大尺寸口径幅相不均匀性的近场空域和角域分析,基于近场平面波角谱的紧缩场口径设计评估,赋形电大尺寸口径近场辐射的时域分析,基于近场时域谱的紧缩场口径优化设计。

该章参考教学学时为4学时。

第1章 场定律和边界条件

引 言

本书将从宏观(macroscopic)的观点来观察电磁现象,指所考察区域的线性尺寸大于原子尺寸;而所谓电荷的大小则大于原子的结构,即对物质中的场而言,本书只讨论比原子的大小和间隔大得多的范围内的电磁现象,是物质中全部原子的经过平均平滑后的场。

1.1 电磁物理量

要想研究电磁场,必须先掌握各种基本电磁物理量,熟悉它们的量纲或单位,明确它们的物理意义。

虽然早在大学物理中,甚至在初中、高中时就接触或学习过这些物理量,但随着课程学习的越来越深入,这些量的内涵越来越丰富,而且在基本量基础上又衍生出很多导出量,常常使有些学习者的理解出现困难或歧义。在各种电磁场书籍中,常用到的物理量及其在国际单位制中的单位如下所示。

$\vec{E}$:称为电场强度,单位为"牛顿/库仑"或"伏特/米";

$\vec{D}$:称为电位移矢量,又称电通密度矢量,单位为"库仑/米^2";

$\vec{P}$:称为极化强度,单位为"库仑/米^2";

$\vec{B}$:称为磁感应强度,又称磁通密度矢量,单位为"特斯拉"或"韦伯/米^2";

$\vec{H}$:称为磁场强度,单位为"安培/米";

$\vec{M}$:称为磁化强度,单位为"安培/米";

$\vec{J}$:称为体电流密度,单位为"安培/米^2";

ρ:称为体电荷密度,单位为"库仑/米^3"。

熟记物理量的单位是很重要的,根据物理量的单位可以初步了解该量的物理含义。如电位移矢量 $\vec{D}$ 和磁感应强度 $\vec{B}$ 的单位分别为"库仑/米^2"和"韦伯/米^2",表示单位面积的电通量和磁通量,故二者又称为电通量密度矢量和磁通量密度矢量。

对上述各量,可以从不同角度进行分类。

1.1.1 场量和源量的划分

从源量(可以激励电磁场)和场量(用以描述电磁场)的角度去划分:电荷密度 ρ、电流密度

$\vec{J}$、极化强度 $\vec{P}$、磁化强度 $\vec{M}$ 是源量;电场强度 $\vec{E}$、电位移矢量 $\vec{D}$、磁感应强度 $\vec{B}$、磁场强度 $\vec{H}$ 是场量。

从电场量和磁场量的角度去划分:电场强度 $\vec{E}$ 是电场的基本场量,电荷密度 ρ、极化强度 $\vec{P}$、变化的磁感应强度 $\vec{B}$ 是 $\vec{E}$ 的源;磁感应强度 $\vec{B}$ 是磁场的基本场量,电流密度 $\vec{J}$、磁化强度 $\vec{M}$、变化的电场强度 $\vec{E}$ 是 $\vec{B}$ 的源。

根据基本场量和导出场量划分:电场强度 $\vec{E}$ 和磁感应强度 $\vec{B}$ 可以用电荷在空间各点所受到的可观测的力(洛伦兹力)来定义,是力矢量,是基本电磁场量;电位移矢量 $\vec{D}$ 和磁场强度 $\vec{H}$ 是与物质所处状态有关的物理量,是导出场量。

根据源量类型划分:电荷密度 ρ、电流密度 $\vec{J}$ 为真实源量;极化强度 $\vec{P}$、磁化强度 $\vec{M}$ 可以表示出物质极化和磁化时的等效源量。

极化强度 $\vec{P}$ 描述电介质极化程度,有如下关系:

$$\left.\begin{aligned} \vec{D} &= \varepsilon_0 \vec{E} + \vec{P} \\ \vec{P} &= \vec{D} - \varepsilon_0 \vec{E} \\ \vec{E} &= \frac{1}{\varepsilon_0}(\vec{D} - \vec{P}) \end{aligned}\right\} \quad (1.1-1)$$

磁化强度 $\vec{M}$ 描述磁介质磁化程度,有如下关系:

$$\left.\begin{aligned} \vec{H} &= \frac{1}{\mu_0}\vec{B} - \vec{M} \\ \vec{M} &= \frac{1}{\mu_0}\vec{B} - \vec{H} \\ \vec{B} &= \mu_0(\vec{H} + \vec{M}) \end{aligned}\right\} \quad (1.1-2)$$

上述各式中的 ε_0、μ_0 分别是真空的介电常数和磁导率。根据上述关系,再根据电磁学场定律可知,总的电场强度 $\vec{E}$ 为自由电荷(对应 $\vec{D}$)产生的电场强度和电介质中极化电荷(对应 $\vec{P}$)产生的电场强度之和,总的磁感应强度 $\vec{B}$ 为自由电流(对应 $\vec{H}$)产生的磁感应强度和磁介质中的磁化电流(对应 $\vec{M}$)产生的磁感应强度之和。

1.1.2 瞬时量

一般情况下,各场量、源量既是空间坐标的函数,又是时间的函数,即可表示为

$$\left.\begin{aligned} \vec{E} &= \vec{E}(\vec{r},t) = \vec{E}(x,y,z,t) \\ \vec{D} &= \vec{D}(\vec{r},t) = \vec{D}(x,y,z,t) \\ \vec{P} &= \vec{P}(\vec{r},t) = \vec{P}(x,y,z,t) \\ \vec{B} &= \vec{B}(\vec{r},t) = \vec{B}(x,y,z,t) \\ \vec{H} &= \vec{H}(\vec{r},t) = \vec{H}(x,y,z,t) \\ \vec{M} &= \vec{M}(\vec{r},t) = \vec{M}(x,y,z,t) \\ \rho &= \rho(\vec{r},t) = \rho(x,y,z,t) \\ \vec{J} &= \vec{J}(\vec{r},t) = \vec{J}(x,y,z,t) \end{aligned}\right\} \quad (1.1-3)$$

式中，$\vec{r}$ 为位置矢量，x、y、z 为直角坐标，t 为时间。在同一位置，对应不同时刻，这些场量的方向和数值会发生变化，对应着一般时变场。式(1.1-3)称为场量和源量的时域表示，或者瞬时值。这些场量、源量可以写成微分方程，表示空间各处的场、源关系，即为电磁场微分场定律。

1.1.3 场量对应的电路量

与每一场量、源量相联系的有一电路量或积分量，其中一些电路量的含义如下：

U，称为电势（单位：伏特），可表示为电场强度 $\vec{E}$ 沿某一路径 C 的线积分，即

$$U = \int_C \vec{E} \cdot d\vec{l} \tag{1.1-4}$$

I，称为电流（单位：安培），可表示为电流密度 $\vec{J}$ 对某一面积 S 的面积分，即

$$I = \int_S \vec{J} \cdot d\vec{S} \tag{1.1-5}$$

Q，称为电荷（单位：库仑），可表示为电荷密度 ρ 对某一体积 V 的体积分，即

$$Q = \int_V \rho dV \tag{1.1-6}$$

ψ，称为磁通（单位：韦伯），可表示为磁通密度 $\vec{B}$ 对某一面积 S 的面积分，即

$$\psi = \int_S \vec{B} \cdot d\vec{S} \tag{1.1-7}$$

ψ^e，称为电通（单位：库仑），可表示为电通密度 $\vec{D}$ 对某一面积 S 的面积分，即

$$\psi^e = \int_S \vec{D} \cdot d\vec{S} \tag{1.1-8}$$

V，称为磁势（单位：安培），可表示为磁场强度 $\vec{H}$ 沿某一路径 C 的线积分，即

$$V = \int_C \vec{H} \cdot d\vec{l} \tag{1.1-9}$$

场量、源量与对应的电路量关系如表 1.1-1 所列。

表 1.1-1 场量、源量与对应的电路量

电路概念（积分量）	场概念（微分量）
电压 U，单位：伏特(V)	电场强度 $\vec{E}$，单位：伏特/米(V/m)
磁势 V，单位：安培(A)	磁场强度 $\vec{H}$，单位：安培/米(A/m)
电流 I，单位：安培(A)	电流密度 $\vec{J}$，单位：安培/米^2(A/m^2)
磁通 ψ，单位：韦伯(Wb)	磁通密度 $\vec{B}$，单位：韦伯/米^2(Wb/m^2)
电荷 Q 或电通 ψ^e，单位：库仑(C)	电荷密度 ρ 或电通密度 $\vec{D}$，单位分别为：库仑/米^3(C/m^3)，库仑/米^2(C/m^2)

下节会看到，源量、场量对应的积分量之间的关系可以表示为电磁场积分场定律，这是电磁学基本假设之一。

1.2 电磁学基本假设

已经做过的各种电磁力的大量实验表明,实验结果与下列 5 条基本假设相符。

1.2.1 假设一:电荷的存在性

存在正电荷和负电荷两类电荷。所有电荷都是电子电荷的整数倍,电子电荷的数值为

$$e = 1.60 \times 10^{-19} \text{ C} \tag{1.2-1}$$

1.2.2 假设二:电荷的守恒性

正电荷的产生或消失总是伴随着等量负电荷的产生或消失,故在孤立系统内,净电荷量保持恒定。

1.2.3 假设三:洛伦兹力

一个以速度 $\vec{v}$ 运动的电荷 q 可以受到一个与该速度无关的力的作用,也可以受到一个与该速度有关且与它垂直的力的作用。这个总的力矢量 $\vec{F}$ 称为洛伦兹力,可表示为

$$\vec{F} = q(\vec{E} + \vec{v} \times \vec{B}) \tag{1.2-2}$$

式中,$\vec{E}$ 和 $\vec{B}$ 分别表示在空间这个力的观察点上的电场强度和磁感应强度。

1.2.4 假设四:自由空间的场方程组

狭义的自由空间是指真空,广义的自由空间也可包括与真空基本上具有同样特性的任何其他媒质(如空气)。自由空间的场方程组有如下 5 个。

(1) 法拉第电磁感应定律

$$\oint_c \vec{E} \cdot \mathrm{d}\vec{l} = -\frac{\mathrm{d}}{\mathrm{d}t} \int_s \mu_0 \vec{H} \cdot \mathrm{d}\vec{S} \tag{1.2-3}$$

(2) 修正的安培环路定律

$$\oint_c \vec{H} \cdot \mathrm{d}\vec{l} = \int_s \vec{J} \cdot \mathrm{d}\vec{S} + \frac{\mathrm{d}}{\mathrm{d}t} \int_s \varepsilon_0 \vec{E} \cdot \mathrm{d}\vec{S} \tag{1.2-4}$$

(3) 电场高斯定律

$$\oint_s \varepsilon_0 \vec{E} \cdot \mathrm{d}\vec{S} = \oint_v \rho \mathrm{d}V = Q \tag{1.2-5}$$

(4) 磁场高斯定律

$$\oint_s \mu_0 \vec{H} \cdot \mathrm{d}\vec{S} = 0 \tag{1.2-6}$$

(5) 电荷守恒定律

$$\oint_s \vec{J} \cdot \mathrm{d}\vec{S} = -\frac{\mathrm{d}}{\mathrm{d}t} \int_v \rho \mathrm{d}V = -\frac{\mathrm{d}Q}{\mathrm{d}t} \tag{1.2-7}$$

考虑到方程的对偶性,上述各式中磁场的量用磁场强度 $\vec{H}$ 表示。在自由空间中,其与磁

感应强度 $\vec{B}$ 的关系为 $\vec{H} = \dfrac{\vec{B}}{\mu_0}$。上述各式的物理意义将在后面进行说明。

1.2.5 假设五:物质中电磁场的宏观特性

物质中电磁场的宏观特性遵循以下假设:制约自由空间中电磁场特性的基本场定律同样适用于有物质存在时的情况,修正之处仅在于:应计入物质内等效的宏观源分布,并将它们看作与放置在自由空间中的源一样,补充到场定律当中。所以要写出物质中的宏观场定律,关键是找出其中等效的宏观源分布。根据后面物质中的场定律模型,物质中等效的宏观源通常为电荷和电流。在某些模型条件下,也可以引入等效的宏观磁荷、磁流分布。

上述所有 5 条假设均以多年来的实验验证为基础,其正确性仅仅取决于它们是否能够在实际中正确地预测可观察的电磁场和它们的作用。理论上,根据上述基本假设,可以研究和解决自由空间、物质中所有的宏观电磁现象。视具体求解问题的不同,又可引入新的近似或特殊方法,但均以上述基本假设为基础。

1.3 自由空间电磁场定律

自由空间指真空或与真空基本上具有同样特性的任何其他媒质。在自由空间中,假设除了任意的作为纯粹的源存在的 ρ、$\vec{J}$ 外,不存在任何其他物质。自由空间场定律则是描述在自由空间中,纯粹的源与场之间的关系。

ρ、$\vec{J}$ 作为假定的电荷密度和电流密度源,包含实际中任何可能形式的电荷密度、电流密度,它们都可以作为源产生电磁场,电荷密度 ρ 和电流密度 $\vec{J}$ 之间满足电荷守恒定律。

在考虑自由空间的场定律时,通常并不关心 ρ、$\vec{J}$ 的实际物理来源,而随着所学内容的扩充,对各种可能形式的实际源的认识将逐渐丰富。

在下面场定律形式中,将用 $\vec{E}$、$\vec{H}$ 表示对应 ρ、$\vec{J}$ 所产生的电磁场的电场强度和磁场强度。在自由空间中,$\vec{D}$、$\vec{B}$ 可以用 $\vec{E}$、$\vec{H}$ 表示为 $\vec{D} = \varepsilon_0 \vec{E}$、$\vec{B} = \mu_0 \vec{H}$,所以用 $\vec{E}$ 还是用 $\vec{D}$、用 $\vec{B}$ 还是用 $\vec{H}$ 表示场定律都是可以的。$\vec{E}$、$\vec{H}$ 表示通常应用在一些对称形式的场定律中。

1.3.1 积分形式

图 1.3-1 为一封闭环路 C 及其所包围的敞开面 S,环路 C 的正方向与面 S 的法线方向满足右手螺旋关系;图 1.3-2 为一封闭面 S 及其所包围的体积 V,面 S 的法线方向通常规定为从体积 V 内指向体积 V 外。

积分形式的场定律可以把给定点的场和位于别处的源和场联系起来。有两种典型情况,一种如图 1.3-1 所示,是把给定环路 C 的场与其所包围的敞开面 S 上的源和场联系起来;另一种如图 1.3-2 所示,是把给定封闭面 S 上的场与其所包围的体积 V 内的源和场联系起来。具体包含以下几组关系。

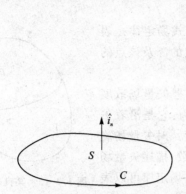
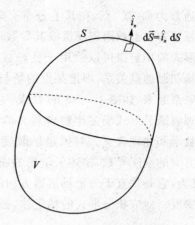

图 1.3-1　封闭环路 C 与其包围的敞开面 S　　图 1.3-2　封闭面 S 与其所包围的体积 V

(1) 法拉第电磁感应定律

$$\oint_C \vec{E} \cdot d\vec{l} = -\frac{d}{dt}\int_S \mu_0 \vec{H} \cdot d\vec{S} \tag{1.3-1}$$

物理意义为：电场强度沿封闭环路 C 的线积分（表示电动势）等于穿过此封闭环路所包围敞开面 S 磁通量的减少率。

(2) 修正的安培环路定律

$$\oint_C \vec{H} \cdot d\vec{l} = \int_S \vec{J} \cdot d\vec{S} + \frac{d}{dt}\int_S \varepsilon_0 \vec{E} \cdot d\vec{S} \tag{1.3-2}$$

物理意义为：磁场强度沿封闭环路 C 的线积分（表示磁动势）等于穿过此封闭环路所包围敞开面 S 的电流和电通量的增加率。

(3) 电场高斯定律

$$\oint_S \varepsilon_0 \vec{E} \cdot d\vec{S} = \int_V \rho dV = Q \tag{1.3-3}$$

物理意义为：电位移矢量或电通密度矢量沿封闭面 S 的面积分（表示电通量）等于此封闭面所包围体积 V 内的总电荷量。

(4) 磁场高斯定律

$$\oint_S \mu_0 \vec{H} \cdot d\vec{S} = 0 \tag{1.3-4}$$

物理意义为：磁感应强度或磁通密度矢量沿封闭面 S 的面积分（表示磁通量）总为零。磁场高斯定律说明不存在孤立的可以产生发散或汇聚磁场的正或负的磁荷。

(5) 电荷守恒定律

$$\oint_S \vec{J} \cdot d\vec{S} = -\frac{d}{dt}\int_V \rho dV = -\frac{dQ}{dt} \tag{1.3-5}$$

物理意义为：穿过封闭面 S 的电流等于其所包围体积 V 内总电荷的减少率。

1.3.2 微分形式

可以将全空间分为良态域和非良态域。所谓良态域是指：在该区域的每一点的场、源量都是连续函数并有连续的导数。其他不满足良态域条件的区域则为非良态域。对非良态域，在三维空间通常为面、线、点,在其上分布有非良态源(指面电荷、面电流、线电荷、线电流、点电荷),从而导致非良态域两侧场量或其导数可能不连续。

微分形式的场定律可以适用于良态域。微分形式场定律是表示良态域场和源的点关系,即把某点的场与就在该点的源及该点的其他场量联系起来,如图1.3-3的P点。

正确理解微分形式场定律物理意义的前提是掌握矢量场散度和旋度的数学和物理含义。对矢量场散度,其含义为:它是沿着矢量场流通方向的空间导数,描述矢量场的通量源密度。对矢量场旋度,其含义为:它是垂直于矢量场流通方向的空间导数,描述矢量场的涡旋源密度。对应积分形式的场定律,微分形式的场定律可以表示如下。

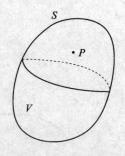

图1.3-3 某良态域V内的某点P

(1) 法拉第电磁感应定律为

$$\nabla \times \vec{E} = -\frac{\partial \mu_0 \vec{H}}{\partial t} \quad (1.3-6)$$

物理意义为:变化的磁场是电场的涡旋源,即变化的磁场可以产生涡旋的电场。

(2) 修正安培环路定律为

$$\nabla \times \vec{H} = \vec{J} + \frac{\partial \varepsilon_0 \vec{E}}{\partial t} \quad (1.3-7)$$

物理意义为:电流和变化的电场是磁场的涡旋源,即电流和变化的电场可以产生涡旋的磁场。

(3) 电场高斯定律为

$$\nabla \cdot \varepsilon_0 \vec{E} = \rho \quad (1.3-8)$$

物理意义为:电荷是电场的通量源,即电荷可以产生发散的电场(对正电荷)或汇聚的电场(对负电荷)。

(4) 磁场高斯定律为

$$\nabla \cdot \mu_0 \vec{H} = 0 \quad (1.3-9)$$

物理意义为:不存在磁场的通量源,即不存在可以产生发散或汇聚磁场的孤立正磁荷或负磁荷。

(5) 电荷守恒定律为

$$\nabla \cdot \vec{J} = -\frac{\partial \rho}{\partial t} \quad (1.3-10)$$

物理意义为:变化的电荷是电流的通量源。

1.4 考虑磁荷和磁流时的场定律

对微分形式的场定律,电荷密度 ρ、电流密度 $\vec{J}$ 为假设的源,二者满足电荷守恒定律。同时,变化的磁场 $\vec{B}$ 和电场 $\vec{E}$ 可分别作为涡旋电场和涡旋磁场的源。在后面对物质中的场的分析中,会产生由物质等效的新的电荷和电流分布。极化物质中新产生的源可以通过极化强度 $\vec{P}$ 来定义,磁化物质中新产生的源可以通过磁化强度 $\vec{M}$ 来定义。

通过电荷和电流,已可构成完备的电磁场方程,似乎并不需要再引入所谓的"磁荷"和"磁流"。那么,为什么在某些问题的分析中需要引入磁荷和磁流?磁荷和磁流又有什么物理和数学意义呢?

1.4.1 磁荷和磁流

与电荷和电流对应,在一些应用问题中经常会出现磁荷和磁流的概念。电荷和电流的存在性已经被大量实验事实所证明,而需要注意的是,磁荷和磁流却只是数学上的概念。迄今为止,没有足够的实验事实说明可以存在孤立的正或负的磁荷。关于磁荷,有以下结论:

① 迄今从未通过实验证明自由空间中存在任何孤立的磁荷,故磁荷概念应该被看成纯粹的数学理论或虚构的数学模型,至少对自由空间而言是这样。

② 只要磁偶极子仅以等值异号的"磁荷对"的形式存在,并且只要物质中任何孤立小块里的磁荷量总是等于零(与实验所观察到的一致),那么,现存理论中就不存在应用磁荷去表示物质中磁偶极子作用的障碍,这就是后面将要介绍的物质磁化的磁荷模型。

③ 在某些情况下,可以从纯粹对偶的角度引入磁荷、磁流源,以方便地表示某种物理上存在的电荷、电流源产生的场分布,简化分析。这就是后面将要介绍的对偶原理或二重性原理。

体磁流密度和体磁荷密度的符号表示及单位如下:

ρ_m:体磁荷密度,单位为"韦/米^3";

$\vec{J}_m$:体磁流密度,单位为"伏/米^2"。

一般情况下,体磁流密度和体磁荷密度均是时间和空间的函数,即有

$$\left.\begin{array}{l}\rho_m = \rho_m(\vec{r},t) = \rho_m(x,y,z,t)\\ \vec{J}_m = \vec{J}_m(\vec{r},t) = \vec{J}_m(x,y,z,t)\end{array}\right\} \quad (1.4-1)$$

体磁荷密度和体磁流密度之间满足磁荷守恒定律,即有

$$\nabla \cdot \vec{J}_m = -\frac{\partial \rho_m}{\partial t} \quad (1.4-2)$$

1.4.2 对称形式的场定律

引入磁荷和磁流的一个重要原因是可将电磁场定律写成对称形式。已知自由空间微分场定律可以表示为

$$\left.\begin{array}{l}\nabla \times \vec{E} = -\dfrac{\partial \mu_0 \vec{H}}{\partial t}\\[4pt] \nabla \times \vec{H} = \vec{J} + \dfrac{\partial \varepsilon_0 \vec{E}}{\partial t}\\[4pt] \nabla \cdot \varepsilon_0 \vec{E} = \rho\\[4pt] \nabla \cdot \mu_0 \vec{H} = 0\end{array}\right\} \quad (1.4-3)$$

引入磁荷 ρ_m、磁流 $\vec{J}_m$ 后,与电荷、电流相对应,磁荷是磁场的通量源,磁流是电场的涡旋

源。将 $\vec{J}_m$ 和 ρ_m 分别补充到上述场定律中的第一式和第四式中,即可将场定律改写成对称形式,有

$$\left. \begin{array}{l} \nabla \times \vec{E} = -\dfrac{\partial \mu_0 \vec{H}}{\partial t} - \vec{J}_m \\[6pt] \nabla \times \vec{H} = \vec{J} + \dfrac{\partial \varepsilon_0 \vec{E}}{\partial t} \\[6pt] \nabla \cdot \varepsilon_0 \vec{E} = \rho \\[6pt] \nabla \cdot \mu_0 \vec{H} = \rho_m \end{array} \right\} \qquad (1.4-4)$$

在后面可以看到,将 ρ_m、$\vec{J}_m$ 替换成物质磁化条件下磁化的磁荷 ρ_M 和磁流 $\vec{J}_M$,即得到磁荷模型下磁化物质中的场定律。尽管磁荷和磁流并不存在,但采用对称形式的场定律,却可以使很多问题的分析得到简化。

1.5 边界条件(一):自由空间边界

1.5.1 自由空间边界

自由空间可包括良态域和非良态域。已知在良态域场源关系满足微分形式的场定律,而非良态域即构成了自由空间的边界,如图 1.5-1 所示。事实上,"自由空间边界"、"非良态域分布区"、"场或其导数不连续区"、"理想面(线、点)激励源区"这几种说法在一定程度上是等效的。

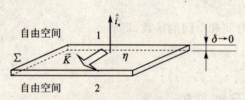

图 1.5-1 自由空间边界

所谓自由空间边界条件的含义则是指:如果在自由空间的某些区域存在着非良态(或奇异)的源,如面电荷、面电流,那么在这些非良态的源两侧的场或其导数的某些分量可能非连续,它们之间的关系满足边界条件,具体可以表示如下:

$$\hat{i}_n \times (\vec{E}_1 - \vec{E}_2) = 0 \qquad (1.5-1)$$

物理意义为:在边界两侧,电场强度切向分量连续。

$$\hat{i}_n \times (\vec{H}_1 - \vec{H}_2) = \vec{K} \qquad (1.5-2)$$

物理意义为:磁场强度切向分量越过边界的跳变等于面电流密度。

$$\hat{i}_n \cdot (\varepsilon_0 \vec{E}_1 - \varepsilon_0 \vec{E}_2) = \eta \qquad (1.5-3)$$

物理意义为:电场强度法向分量越过边界的跳变等于面电荷密度的 $\dfrac{1}{\varepsilon_0}$ 倍。

$$\hat{i}_n \cdot (\mu_0 \vec{H}_1 - \mu_0 \vec{H}_2) = 0 \qquad (1.5-4)$$

物理意义为:在边界两侧,磁场强度法向分量连续。

$$\hat{i}_n \cdot (\vec{J}_1 - \vec{J}_2) + \nabla_\Sigma \cdot \vec{K} = -\dfrac{\partial \eta}{\partial t} \qquad (1.5-5)$$

物理意义为:电流密度法向分量越过边界的跳变等于面电流的负散度加上面电荷的减少率。当 $\eta=0$ 和 $\vec{K}=0$ 同时满足时,边界两侧电磁场量均连续,即退化为良态域的情况。对式 (1.5-5),如果体电流密度 $\vec{J}_1$、$\vec{J}_2$ 均为零,则关系式表示二维的电荷守恒定律;如果面电流密度 $\vec{K}$ 为零或其二维散度为零,且面电荷 η 的时间变化率为零,则边界两侧体电流的法向分量连续。

1.5.2 实 例

【例1】 如图 1.5-2 所示,求自由空间中一个带有均匀面电荷密度 η_0(单位为 C/m²)的无限大平面两侧场量的关系。

解:本例属于静电场问题,该面电荷将在上半空间和下半空间产生静电场。根据边界条件,电场强度的切向分量需满足 $\hat{i}_n \times (\vec{E}_1 - \vec{E}_2) = 0$,即

$$E_{1\tau} = E_{2\tau} \tag{1.5-6}$$

法向分量需满足 $\hat{i}_n \cdot (\varepsilon_0 \vec{E}_1 - \varepsilon_0 \vec{E}_2) = \eta_0$,即

$$\varepsilon_0 E_{1n} - \varepsilon_0 E_{2n} = \eta_0 \tag{1.5-7}$$

事实上,根据静电场的知识,可以分别求出电荷层上半空间的电场强度为 $\vec{E}_1 = \dfrac{\eta}{2\varepsilon_0}\hat{i}_z$,下半空间的电场强度为 $\vec{E}_2 = -\dfrac{\eta}{2\varepsilon_0}\hat{i}_z$,验证可知满足上述边界条件。

【例2】 如图 1.5-3 所示,求自由空间中一个带有均匀面电流密度 $\vec{K}_0 = \hat{i}_y K_0$ 的无限大平面两侧场量的关系。

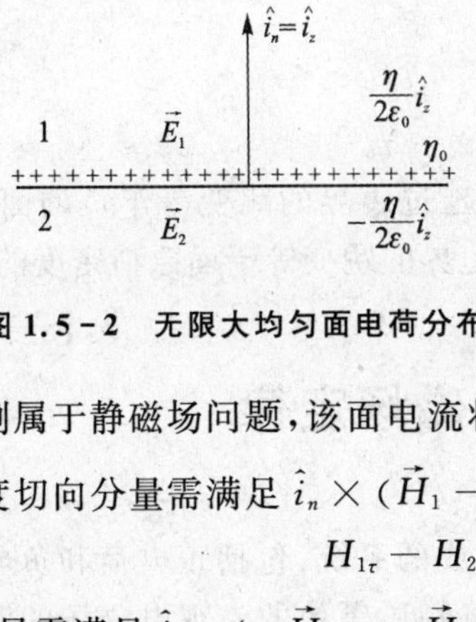

图 1.5-2 无限大均匀面电荷分布 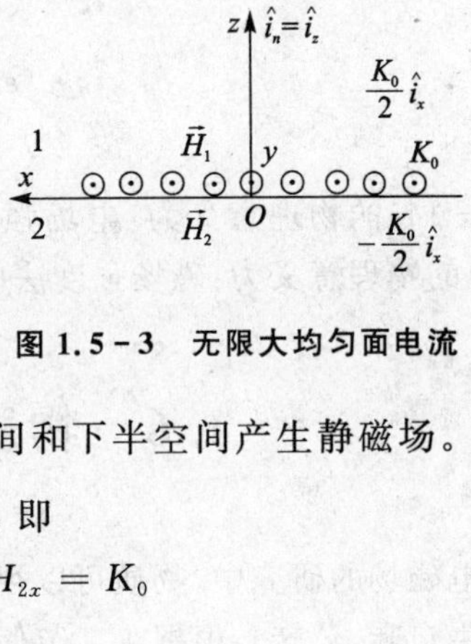　　图 1.5-3 无限大均匀面电流

解:本例属于静磁场问题,该面电流将在上半空间和下半空间产生静磁场。根据边界条件,磁场强度切向分量需满足 $\hat{i}_n \times (\vec{H}_1 - \vec{H}_2) = \vec{K}_0$,即

$$H_{1\tau} - H_{2\tau} = H_{1x} - H_{2x} = K_0 \tag{1.5-8}$$

法向分量需满足 $\hat{i}_n \cdot (\mu_0 \vec{H}_1 - \mu_0 \vec{H}_2) = 0$,即

$$\mu_0 H_{1n} = \mu_0 H_{1z} = \mu_0 H_{2z} = \mu_0 H_{2n} \tag{1.5-9}$$

同样,根据静磁场知识,可以分别求出电流层上半空间的磁场强度为 $\vec{H}_1 = \dfrac{K_0}{2}\hat{i}_x$,下半空间的磁场强度为 $\vec{H}_2 = -\dfrac{K_0}{2}\hat{i}_x$,验证可知满足上述边界条件。

【例3】 如图 1.5-4 所示,自由空间中边界为两个大小相等但符号相反、被一无限小距离 d 分开的相邻面电荷分布构成,称为偶极层,其强度可以表示为

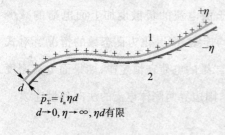

图 1.5-4 偶极层

$$\vec{p}_\Sigma = \lim_{\substack{\eta\to\infty\\d\to 0}} \hat{i}_n \eta d, \quad d\to 0, \eta\to\infty, \eta d \text{ 有限} \quad (1.5\text{-}10)$$

求偶极层两侧场满足的边界条件。

解：本例属于静电场问题，该偶极层将在两侧产生静电场。电场强度切向分量需满足 $\hat{i}_n \times (\vec{E}_1 - \vec{E}_2) = 0$，即

$$E_{1\tau} = E_{2\tau} \quad (1.5\text{-}11)$$

对偶极层，正负电荷抵消，面电荷密度为零，故法向分量需满足 $\hat{i}_n \cdot (\varepsilon_0 \vec{E}_1 - \varepsilon_0 \vec{E}_2) = 0$，即

$$E_{1n} = E_{2n} \quad (1.5\text{-}12)$$

式(1.5-11)和式(1.5-12)表明，偶极层两侧电场强度的切向分量和法向分量都是连续的。需要注意的是，偶极层两侧标量电位 Φ 是不连续的，满足关系

$$(\Phi_1 - \Phi_2)|_\Sigma = \frac{p_\Sigma}{\varepsilon_0} \quad (1.5\text{-}13)$$

1.5.3 考虑磁荷磁流时的边界条件

如果考虑自由空间中边界上存在面磁荷 η_m 和面磁流 $\vec{K}_m$，则边界条件式(1.5-1)~式(1.5-4)可以表示为对称形式，即有

$$\hat{i}_n \times (\vec{E}_1 - \vec{E}_2) = -\vec{K}_m \quad (1.5\text{-}14)$$

$$\hat{i}_n \times (\vec{H}_1 - \vec{H}_2) = \vec{K} \quad (1.5\text{-}15)$$

$$\hat{i}_n \cdot (\varepsilon_0 \vec{E}_1 - \varepsilon_0 \vec{E}_2) = \eta \quad (1.5\text{-}16)$$

$$\hat{i}_n \cdot (\mu_0 \vec{H}_1 - \mu_0 \vec{H}_2) = \eta_m \quad (1.5\text{-}17)$$

式(1.5-14)的物理意义为：电场强度切向分量越过边界的跳变等于负的面磁流密度。式(1.5-17)的物理意义为：磁场强度法向分量越过边界的跳变等于面磁荷密度的 $1/\mu_0$ 倍。

1.6 物质中的电磁场定律

在宏观电磁场的研究中，物质可以视为由电荷构成的系统，包括正电荷和负电荷。正、负电荷可以产生自转、公转。根据 1.2 节假设五，只要将物质等效的宏观电磁场的源找出来，再将这些源项补充到原来自由空间中的场定律当中，即可得到物质中的宏观场定律。物质可以看作具有如下特征的电荷系统：

① 如果没有外加场的作用，物质宏观上一般呈电磁中性，即不存在宏观电磁场的源（宏观电荷或电流），不产生宏观电磁场；

② 在外加电磁场作用下，物质会呈现传导、极化、磁化现象，从而出现宏观电磁场的源，产生宏观电磁场，场源之间满足自由空间场定律；

③ 某些物质还会呈现永久极化或磁化现象，称为永久极化体或永久磁化体，所产生的源

和场满足自由空间场定律。

物质中的带电粒子可以按照它们在外加电场作用下的反应,分为自由电荷和束缚电荷。自由电荷在外加电场的作用下,可在大于原子尺度和原子间隔的尺度范围内,甚至可在宏观尺度的范围内,做相对自由的运动。束缚电荷是指物质中那些被非常强的复原力紧紧地束缚在原子结构上的电荷。它们在外加电场的作用下,只能在比原子尺度和原子间隔尺度小得多的距离范围内做微观运动。

根据物质中的自由电荷和束缚电荷在外加场作用下的反应,物质可能呈现出三种效应:传导、极化、磁化,对应产生这三种效应的物质可分别称为导体、电介质、磁介质。导体中以自由电荷为主,电荷对外加场的反应主要是使物质呈现传导现象;电介质和磁介质中则以束缚电荷为主,电荷对外加场的反应是使物质呈现极化或磁化现象。

1.6.1 导体中的场定律

导体:物质内部存在可移动自由电荷(如电子和离子),在外加电场作用下可相对自由地移动,产生宏观的传导电流,即发生传导效应。以传导效应为主的物质可以称为导体。在导体内可以产生宏观的传导电流、电荷分布。

根据欧姆定律,在外加场电场 $\vec{E}$ 的作用下,导体内产生的宏观传导电流密度为

$$\vec{J}_c = \sigma \vec{E} \tag{1.6-1}$$

其与对应的电荷密度 ρ_c 满足电荷守恒定律:

$$\nabla \cdot \vec{J}_c = -\frac{\partial \rho_c}{\partial t} \tag{1.6-2}$$

在导体中,可以将自由空间场定律中的电流密度 $\vec{J}$、电荷密度 ρ 分成两项

$$\left.\begin{array}{l} \vec{J} = \vec{J}_s + \vec{J}_c \\ \rho = \rho_s + \rho_c \end{array}\right\} \tag{1.6-3}$$

$\vec{J}_c$、ρ_c 表示传导电流密度和对应的电荷密度,二者满足电荷守恒定律。$\vec{J}_s$、ρ_s 表示假设的其他形式的电流密度源(source)和对应的电荷密度,二者同样满足电荷守恒定律。可在自由空间场定律的基础上得到导体中的宏观场定律为

$$\left.\begin{array}{l} \nabla \times \vec{E} = -\dfrac{\partial \mu_0 \vec{H}}{\partial t} \\[2mm] \nabla \times \vec{H} = \vec{J}_s + \dfrac{\partial \varepsilon_0 \vec{E}}{\partial t} + \vec{J}_c \\[2mm] \nabla \cdot \varepsilon_0 \vec{E} = \rho_s + \rho_c \\[2mm] \nabla \cdot \mu_0 \vec{H} = 0 \end{array}\right\} \tag{1.6-4}$$

在导体中,对自由空间场定律的第二式和第三式进行修正,而第一式和第四式保持不变。

1.6.2 电介质中的场定律

电介质:物质中的束缚电荷受外加电场的作用,正负电荷发生相对位移,极性分子或原子的取向呈现一定的规则性,称为极化。以极化效应为主的物质称为电介质。极化物质内部及

表面上可出现宏观的电荷(称为极化电荷)、电流(称为极化电流)分布。

物质的极化程度可以用极化强度 $\vec{P}$ 来描述,定义为极化物质内某点的电偶极矩密度,可表示为

$$\vec{P} = \lim_{\Delta V \to 0} \frac{\sum_{i=1}^{n} \vec{p}_i}{\Delta V} \quad (\text{C/m}^2) \tag{1.6-5}$$

$\vec{p}_i$ 为 ΔV 体积内第 i 个极性分子或原子所形成的电偶极子的电偶极矩,n 表示 ΔV 内电偶极子的总数。物质极化时,可能会产生的宏观电磁场的源为:极化电荷和极化电流。体极化电荷密度可以表示为

$$\rho_P = -\nabla \cdot \vec{P} \tag{1.6-6}$$

ρ_P 分布在一个体积内。在时变电场的情况下,可以产生体极化电流,表示为

$$\vec{J}_P = \frac{\partial \vec{P}}{\partial t} \tag{1.6-7}$$

在电介质中,可以将自由空间场定律中的电流密度 $\vec{J}$、电荷密度 ρ 分成两项,即

$$\left. \begin{array}{l} \vec{J} = \vec{J}_f + \vec{J}_P = \vec{J}_f + \dfrac{\partial \vec{P}}{\partial t} \\ \rho = \rho_f + \rho_P = \rho_f - \nabla \cdot \vec{P} \end{array} \right\} \tag{1.6-8}$$

上述两式的第二项表示在电介质中由于极化而产生的极化电流和极化电荷分布。极化电流和极化电荷之间也满足电荷守恒定律,即有

$$\nabla \cdot \vec{J}_P = \nabla \cdot \left(\frac{\partial \vec{P}}{\partial t} \right) = \frac{\partial \nabla \cdot \vec{P}}{\partial t} = -\frac{\partial \rho_P}{\partial t} \tag{1.6-9}$$

$\vec{J}_f$ 则可来自于可能的传导电流 $\vec{J}_c$ 或某种外加源 $\vec{J}_s$,ρ_f 为对应的电荷密度,$\vec{J}_f$、ρ_f 之间满足电荷守恒定律,即 $\vec{J}_f$、ρ_f 可进一步表示为

$$\left. \begin{array}{l} \vec{J}_f = \vec{J}_s + \vec{J}_c \\ \rho_f = \rho_s + \rho_c \end{array} \right\} \tag{1.6-10}$$

$$\nabla \cdot \vec{J}_f = -\frac{\partial \rho_f}{\partial t} \tag{1.6-11}$$

电介质中的场定律可以表示为

$$\left. \begin{array}{l} \nabla \times \vec{E} = -\dfrac{\partial \mu_0 \vec{H}}{\partial t} \\[4pt] \nabla \times \vec{H} = \vec{J}_f + \dfrac{\partial \varepsilon_0 \vec{E}}{\partial t} + \dfrac{\partial \vec{P}}{\partial t} \\[4pt] \nabla \cdot \varepsilon_0 \vec{E} = \rho_f - \nabla \cdot \vec{P} \\[4pt] \nabla \cdot \mu_0 \vec{H} = 0 \end{array} \right\} \tag{1.6-12}$$

引入电位移矢量 $\vec{D}$,表示为

$$\vec{D} = \varepsilon_0 \vec{E} + \vec{P} \tag{1.6-13}$$

则可得

$$\left.\begin{aligned} \nabla \times \vec{E} &= -\frac{\partial \mu_0 \vec{H}}{\partial t} \\ \nabla \times \vec{H} &= \vec{J}_f + \frac{\partial \vec{D}}{\partial t} \\ \nabla \cdot \vec{D} &= \rho_f \\ \nabla \cdot \mu_0 \vec{H} &= 0 \end{aligned}\right\} \quad (1.6-14)$$

在电介质中，对场定律的第二式和第三式进行修正，而第一式和第四式保持不变。

1.6.3 磁介质中的场定律(安培电流模型)

磁介质：物质中由束缚电荷自转或公转形成分子电流，分子电流在外加磁场的作用下呈现一定的规则性，称为磁化。以磁化效应为主的物质称为磁介质。磁化物质中可以产生宏观的电流(称为磁化电流，安培电流模型)或磁化磁荷(磁荷模型)分布。

物质的磁化程度可以用磁化强度 $\vec{M}$ 来表示，定义为磁化物质内某点的磁偶极矩密度，可表示为

$$\vec{M} = \lim_{\Delta V \to 0} \frac{\sum_{i=1}^{n} \vec{m}_i}{\Delta V} \quad (\text{A/m}) \quad (1.6-15)$$

$\vec{m}_i$ 为 ΔV 体积内第 i 个由分子电流或正负磁荷对所形成的磁偶极子的磁偶极矩，n 表示 ΔV 内磁偶极子的总数。根据磁化强度，可以导出磁化物质中的电磁场定律，有磁荷模型和安培电流模型两种。

在安培电流模型中，认为电流产生磁场，而不是磁荷产生磁场，从而将磁感应强度 $\vec{B}$ 作为基本量，磁场强度 $\vec{H}$ 作为导出量。磁化产生的宏观磁化电流为

$$\vec{J}_a = \nabla \times \vec{M} \quad (1.6-16)$$

在初始磁化电荷密度为零的条件下，产生的宏观磁化电荷为零，即有

$$\rho_a = 0 \quad (1.6-17)$$

为得到磁化物质中的宏观场定律，将自由空间中场定律中的 $\mu_0 \vec{H}$ 用 $\vec{B}$ 替换，改写为

$$\left.\begin{aligned} \nabla \times \vec{E} &= -\frac{\partial \vec{B}}{\partial t} \\ \nabla \times \frac{\vec{B}}{\mu_0} &= \vec{J} + \frac{\partial \varepsilon_0 \vec{E}}{\partial t} \\ \nabla \cdot \varepsilon_0 \vec{E} &= \rho \\ \nabla \cdot \vec{B} &= 0 \end{aligned}\right\} \quad (1.6-18)$$

将上式中的 $\vec{J}$、ρ 进一步表示为

$$\left.\begin{aligned} \vec{J} &= \vec{J}_f + \vec{J}_a = \vec{J}_f + \nabla \times \vec{M} \\ \rho &= \rho_f + \rho_a = \rho_f \end{aligned}\right\} \quad (1.6-19)$$

则可得到安培电流模型条件下的磁化物质中的场定律,有

$$\left.\begin{array}{l} \nabla \times \vec{E} = -\dfrac{\partial \vec{B}}{\partial t} \\[6pt] \nabla \times \dfrac{\vec{B}}{\mu_0} = \vec{J}_\mathrm{f} + \dfrac{\partial \varepsilon_0 \vec{E}}{\partial t} + \nabla \times \vec{M} \\[6pt] \nabla \cdot \varepsilon_0 \vec{E} = \rho_\mathrm{f} \\[6pt] \nabla \cdot \vec{B} = 0 \end{array}\right\} \qquad (1.6\text{-}20)$$

此时再引入磁场强度矢量 $\vec{H}$,作为导出量,可以表示为

$$\vec{H} = \dfrac{\vec{B}}{\mu_0} - \vec{M} \qquad (1.6\text{-}21)$$

则可得

$$\left.\begin{array}{l} \nabla \times \vec{E} = -\dfrac{\partial \vec{B}}{\partial t} \\[6pt] \nabla \times \vec{H} = \vec{J}_\mathrm{f} + \dfrac{\partial \varepsilon_0 \vec{E}}{\partial t} \\[6pt] \nabla \cdot \varepsilon_0 \vec{E} = \rho_\mathrm{f} \\[6pt] \nabla \cdot \vec{B} = 0 \end{array}\right\} \qquad (1.6\text{-}22)$$

在安培电流模型中,场定律的第一式和第四式保持不变,只对第二式和第三式进行修正。由于磁化引入的电荷密度 ρ_a 为零,事实上只需要对第二式进行修正。

1.6.4 磁介质中的场定律(磁荷模型)

在磁化的安培电流模型中,是将磁感应强度 $\vec{B}$ 作为基本量,而将磁场强度 $\vec{H}$ 作为导出量。根据磁化的磁荷模型,可以将 $\vec{H}$ 作为基本量,$\vec{B}$ 作为导出量,导出磁化物质的场定律。根据磁化的磁荷模型,物质磁化时,可能会产生的宏观电磁场的源为:磁化磁荷和磁化磁流,二者均可以用磁化强度表示出来。

体磁化磁荷可以表示为

$$\rho_\mathrm{M} = -\nabla \cdot \mu_0 \vec{M} \qquad (1.6\text{-}23)$$

分布在一个体积内。在时变磁场的情况下存在磁化磁流,可以表示为

$$\vec{J}_\mathrm{M} = \dfrac{\partial \mu_0 \vec{M}}{\partial t} \qquad (1.6\text{-}24)$$

将上述磁化的磁流和磁荷补充到自由空间中的场定律中,即可得到磁化物质中的场定律

$$\left.\begin{array}{l} \nabla \times \vec{E} = -\dfrac{\partial \mu_0 \vec{H}}{\partial t} - \dfrac{\partial \mu_0 \vec{M}}{\partial t} \\[6pt] \nabla \times \vec{H} = \vec{J} + \dfrac{\partial \varepsilon_0 \vec{E}}{\partial t} \\[6pt] \nabla \cdot \varepsilon_0 \vec{E} = \rho \\[6pt] \nabla \cdot \mu_0 \vec{H} = 0 - \nabla \cdot \mu_0 \vec{M} \end{array}\right\} \qquad (1.6\text{-}25)$$

此时磁感应强度 $\vec{B}$ 作为导出量，表示为

$$\vec{B} = \mu_0 \vec{H} + \mu_0 \vec{M} \qquad (1.6-26)$$

从而有

$$\left. \begin{array}{l} \nabla \times \vec{E} = -\dfrac{\partial \vec{B}}{\partial t} \\[6pt] \nabla \times \vec{H} = \vec{J} + \dfrac{\partial \varepsilon_0 \vec{E}}{\partial t} \\[6pt] \nabla \cdot \varepsilon_0 \vec{E} = \rho \\[6pt] \nabla \cdot \vec{B} = 0 \end{array} \right\} \qquad (1.6-27)$$

在磁荷模型中，场定律的第二式和第三式保持不变，而对第一式和第四式进行修正。上述各式与安培电流模型导出的式(1.6-22)中各式相比，二者在形式上是一致的，但式(1.6-27)中的第二式和第三式中的电流密度 $\vec{J}$ 和电荷密度 ρ 的物理意义不如式(1.6-22)中的 $\vec{J}_\mathrm{f}$、ρ_f 清楚。

1.6.5 一般物质中的场定律

事实上，由于传导现象产生的电流密度 $\vec{J}_\mathrm{c}$ 和电荷密度 ρ_c 可以归为自由电流 $\vec{J}_\mathrm{f}$ 和电荷 ρ_f 的一部分或一种，所以一般物质中的场定律可以只考虑极化效应和磁化效应。根据前述，各式可以表示为 B-D 形式的场定律，即有

$$\left. \begin{array}{l} \nabla \times \vec{E} = -\dfrac{\partial \vec{B}}{\partial t} \\[6pt] \nabla \times \vec{H} = \vec{J}_\mathrm{f} + \dfrac{\partial \vec{D}}{\partial t} \\[6pt] \nabla \cdot \vec{D} = \rho_\mathrm{f} \\[6pt] \nabla \cdot \vec{B} = 0 \end{array} \right\} \qquad (1.6-28)$$

$$\nabla \cdot \vec{J}_\mathrm{f} = -\dfrac{\partial \rho_\mathrm{f}}{\partial t} \qquad (1.6-29)$$

在上述各式中，$\vec{J}_\mathrm{f}$ 和 ρ_f 可以包含传导电流 $\vec{J}_\mathrm{c}$ 和电荷密度 ρ_c（如果存在的话）。$\dfrac{\partial \vec{D}}{\partial t}$ 中实际包含了自由空间的位移电流 $\dfrac{\partial \varepsilon_0 \vec{E}}{\partial t}$ 和电介质的极化电流 $\dfrac{\partial \vec{P}}{\partial t}$，$\nabla \times \vec{H}$ 中实际包含了 $\nabla \times \dfrac{\vec{B}}{\mu_0}$ 项和安培电流的负值：$-\vec{J}_\mathrm{a} = -\nabla \times \vec{M}$，$\nabla \cdot \vec{D}$ 中实际包含了 $\nabla \cdot \varepsilon_0 \vec{E}$ 项和极化电荷密度的负值：$-\rho_\mathrm{P} = \nabla \cdot \vec{P}$。

根据磁化的磁荷模型，$\dfrac{\partial \vec{B}}{\partial t}$ 中实际包含了自由空间的位移磁流 $\dfrac{\partial \mu_0 \vec{H}}{\partial t}$ 和磁化的磁流 $\dfrac{\partial \mu_0 \vec{M}}{\partial t}$，$\nabla \cdot \vec{B}$ 中实际包含了 $\nabla \cdot \mu_0 \vec{H}$ 项和磁化磁荷密度的负值：$-\rho_\mathrm{M} = \nabla \cdot \mu_0 \vec{M}$。

所以尽管 B-D 形式的场定律具有非常简洁的形式，但其所包含的物理内容却是非常丰

富的,需要考虑到实际中不同的应用情况。

式(1.6-28)表示的麦克斯韦方程组中,两个旋度方程是独立的,散度方程可以由两个旋度方程和电荷守恒定律推导出来。

B-D 形式的场定律没有出现任何描述物质电磁特性的量,如 $\vec{M}$、$\vec{P}$、$\vec{J}_c$ 或 μ、ε、σ 等,所以适用于一切物质。

1.7 边界条件(二):不同物质交界面

实际中更常见的边界情况如图 1.7-1 所示,在两不同物质交界处,由于物质电磁性质不同,在交界面形成很薄的过渡层,将其近似看成厚度为零的界面,即构成所谓边界。这种抽象的边界既非专属于物质 1,也非专属于物质 2,而应该认为既属于物质 1,又属于物质 2。由于物质的极化、磁化、传导效应,在这种边界上通常会产生非良态的源分布,即面电荷和面电流,从而导致边界两侧场量的某些分量发生跃变。

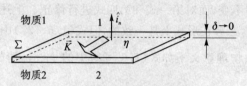

图 1.7-1 不同物质交界面

正如物质中的场定律可以由自由空间场定律导出一样,两物质交界面构成边界的边界条件也可以由自由空间边界条件导出。此时只需要把物质由于传导、极化、磁化导致的交界面上的非良态源找出即可。

1.7.1 两电介质交界面

如图 1.7-2 所示,由于电介质的极化现象,在不同极化物质交界面会出现极化的面电荷 η_P,可以表示为

$$\eta_P = -\hat{i}_n \cdot (\vec{P}_1 - \vec{P}_2) \quad (1.7-1)$$

极化电流满足条件为

$$\hat{i}_n \cdot (\vec{J}_{P1} - \vec{J}_{P2}) = -\frac{\partial \eta_P}{\partial t} \quad (1.7-2)$$

交界面可能存在的总的面电荷表示为

$$\eta = \eta_f + \eta_P \quad (1.7-3)$$

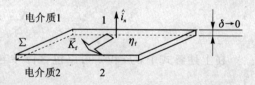

图 1.7-2 两电介质交界面

上式中 η_f 表示自由面电荷密度,在一般情况下并不存在。将自由空间的边界条件的式(1.5-3)进行修正,则可以得到下面一组等效的关系式,有

$$\left.\begin{array}{l}\hat{i}_n \cdot (\varepsilon_0 \vec{E}_1 - \varepsilon_0 \vec{E}_2) = \eta_f + \eta_P \\ \hat{i}_n \cdot (\vec{D}_1 - \vec{D}_2) = \eta_f\end{array}\right\} \quad (1.7-4)$$

即电通密度矢量法向分量的跃变等于自由面电荷密度。而边界条件的式(1.5-1)不变,即有

$$\hat{i}_n \times (\vec{E}_1 - \vec{E}_2) = 0 \quad (1.7-5)$$

1.7.2 两磁介质交界面(安培电流模型)

根据磁化的安培电流模型,首先将自由空间边界条件的式(1.5-2)、式(1.5-4)进行整理,可得

$$\hat{i}_n \times \left(\frac{\vec{B}_1}{\mu_0} - \frac{\vec{B}_2}{\mu_0} \right) = \vec{K} \tag{1.7-6}$$

$$\hat{i}_n \cdot (\vec{B}_1 - \vec{B}_2) = 0 \tag{1.7-7}$$

如图 1.7-3 所示,由于磁化现象,在不同磁化物质表面会产生磁化的面电流 $\vec{K}_a$,有

$$\vec{K}_a = \hat{i}_n \times (\vec{M}_1 - \vec{M}_2) \tag{1.7-8}$$

交界面可能存在的总的面电流可表示为

$$\vec{K} = \vec{K}_f + \vec{K}_a \tag{1.7-9}$$

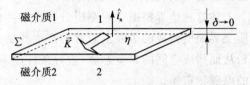

图 1.7-3 两磁介质交界面

将自由空间的边界条件的式(1.5-2)进行修正,则可以得到下面一组等效的关系式,有

$$\left. \begin{array}{l} \hat{i}_n \times \left(\dfrac{\vec{B}_1}{\mu_0} - \dfrac{\vec{B}_2}{\mu_0} \right) = \vec{K}_f + \vec{K}_a \\ \hat{i}_n \times (\vec{H}_1 - \vec{H}_2) = \vec{K}_f \end{array} \right\} \tag{1.7-10}$$

即磁场强度矢量切向分量的跃变等于自由面电流密度。

1.7.3 两磁介质交界面(磁荷模型)

根据物质磁化的磁荷模型,同样可以导出磁场的边界条件。此时保持自由空间边界条件的式(1.5-2)不变,而对式(1.5-4)进行修改。

在两不同磁介质交界面可能出现的磁化面磁荷为

$$\eta_M = -\hat{i}_n \cdot \mu_0 (\vec{M}_1 - \vec{M}_2) \tag{1.7-11}$$

令 $\vec{B} = \mu_0 \vec{H} + \mu_0 \vec{M}$,将自由空间的边界条件的式(1.5-4)进行修正,则可得到下面一组等效的关系式,有

$$\left. \begin{array}{l} \hat{i}_n \cdot (\mu_0 \vec{H}_1 - \mu_0 \vec{H}_2) = \eta_M = -\hat{i}_n \cdot (\mu_0 \vec{M}_1 - \mu_0 \vec{M}_2) \\ \hat{i}_n \cdot (\vec{B}_1 - \vec{B}_2) = 0 \end{array} \right\} \tag{1.7-12}$$

在磁荷模型条件下,关于磁场强度切向分量边界条件式(1.5-2)中出现的面电流密度没有变化,其物理意义不如安培电流模型得到的式(1.7-10)清楚。

1.7.4 一般物质交界面

考虑到极化现象和磁化现象,在不同物质交界面的边界条件可以表示为

$$\left. \begin{array}{l} \hat{i}_n \times (\vec{E}_1 - \vec{E}_2) = 0 \\ \hat{i}_n \times (\vec{H}_1 - \vec{H}_2) = \vec{K}_f \\ \hat{i}_n \cdot (\vec{D}_1 - \vec{D}_2) = \eta_f \\ \hat{i}_n \cdot (\vec{B}_1 - \vec{B}_2) = 0 \end{array} \right\} \tag{1.7-13}$$

因为两个散度方程可由两个旋度方程和连续性方程导出,所以由两个散度方程得出的边界条件与由两个旋度方程得出的边界条件并非是相互独立的。在时变情况下,$\vec{E}$ 的切向分量的边界条件与 $\vec{B}$ 的法向分量的边界条件是等价的,而 $\vec{H}$ 的切向分量的边界条件与 $\vec{D}$ 的法向分量的关系式又是等价的。

综上所述,通常两种电磁性质不同的媒质交界面过渡层可看成是一个厚度为零的界面,在其上可能产生非良态的源,从而导致界面两侧场量出现不连续,即构成边界。两侧场量与非良态的源之间的关系,即为边界条件。

上述这种边界根据空间媒质分布物理特性表述,但与自由空间边界也是统一的。在不同媒质交界面所构成的边界上通常会产生非良态的源分布:面电荷和面电流(极化、磁化、传导引起),从而构成空间的非良态域,边界条件则表达了在所有场分量(或其导数)不连续的非良态域的电磁学定律。

1.7.5 对称形式的边界条件

根据对称形式场定律,考虑面磁荷和面磁流的对称形式边界条件为

$$\left.\begin{aligned} \hat{i}_n \times (\vec{E}_1 - \vec{E}_2) &= -\vec{K}_m \\ \hat{i}_n \times (\vec{H}_1 - \vec{H}_2) &= \vec{K} \\ \hat{i}_n \cdot (\vec{D}_1 - \vec{D}_2) &= \eta \\ \hat{i}_n \cdot (\vec{B}_1 - \vec{B}_2) &= \eta_m \end{aligned}\right\} \quad (1.7-14)$$

根据前面对边界条件的导出过程可知,上式中的电荷密度、电流密度、磁荷密度、磁流密度都应该是"自由"的。在实际的很多问题中,如果不是理想导体或理想磁体,或者不做特别说明,它们一般都不存在。

1.8 边界条件(三):数学物理方程中的边界

在数学物理方程中,通常将边界条件进一步再细分为"边界条件"和"衔接条件"。一般来说,在所讨论区域内可以有许多完全不同的场的解,而它们在数学上都是可成立的,即满足微分方程,称为泛定方程。微分场定律看成是电磁场能够在一个系统中存在的必要条件,把微分场关系式的解答称为该系统数学上可成立的场的表达式,即为通解。不同物理问题的通解可能相同。

为了确定一个具体的场,即特解,还必须对所讨论空间边界上的情况进行说明,这就是边界条件和衔接条件所包含的内容。若具有同样的泛定方程,但有不同的边界条件和衔接条件,则其通解相同,但特解可能不同。边界条件和衔接条件把给定区域内的场和它边界的值或周围的场联系起来,并因此为在给定系统内确定场的唯一解提供了必不可少的附加条件。

1.8.1 边界条件

所谓边界条件是指:规定了所考察区域的边界上的场值或场的导数值。如果规定了所考

察区域的边界上的场值,则称为第一类边界条件;如果规定了所考察区域的边界上的场的导数值,则称为第二类边界条件;如果规定了所考察区域的边界上的场值和场导数值的混合线性关系,则称为第三类边界条件。

以一维情况为例,如图 1.8-1 所示。如果求解的区域为 $x \in (x_1, x_2)$,则 x_1、x_2 即构成所求解区域的边界。在 x_1 点,场函数 $f(x)$ 第一类、第二类、第三类边界条件可以分别表示为

$$f(x_1) = C \tag{1.8-1}$$

$$f'(x_1) = C \tag{1.8-2}$$

$$f(x_1) + A f'(x_1) = C \tag{1.8-3}$$

上述各式中 C 为常数。

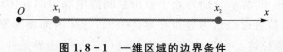

图 1.8-1　一维区域的边界条件

1.8.2　衔接条件

由于一些原因,场量在所研究的区域里出现跃变点,微分方程在跃变点失去意义。但场量或场量导数在跃变点两侧的关系已知,用数学式表示出来,即为衔接条件。

如图 1.8-2 所示,假设在一维区域 $x \in (x_1, x_2)$ 的 x_0 点场函数 $f(x)$ 无定义,该点的衔接条件可以表示为

$$f(x_0 + 0) - f(x_0 - 0) = C \tag{1.8-4}$$

故在 1.5 节和 1.7 节所说的电磁场的边界条件实际上是指数学物理方程中的"衔接条件"。在本书中,对所谓的"边界条件"和"衔接条件"将不再区分,统称为边界条件。

图 1.8-2　一维区域的衔接条件

1.8.3　自然边界

在电磁场问题分析中,还存在所谓的自然边界条件,一般是指利用场的有限性、极限性、周期性等获得的边界条件。

如图 1.8-3 所示,在极坐标系(圆柱或圆球坐标系的截面)中,场函数 $f(r, \varphi)$ 满足的自然边界条件通常是指

$$f(r, \varphi)|_{r=0} = 有限值 \tag{1.8-5}$$

$$f(r, \varphi)|_{r \to \infty} = 0 \tag{1.8-6}$$

$$f(r, \varphi) = f(r, \varphi + 2\pi) \tag{1.8-7}$$

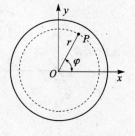

图 1.8-3　自然边界条件

上述条件实际上是场函数沿坐标 r 和 φ 方向的边界条件。

1.8.4　初始条件

对时变场函数 $f(\vec{r}, t)$,如果规定了其在起始时刻 $t = t_0$ 的场值,即

$$f(\vec{r}, t)|_{t=t_0} = C \tag{1.8-8}$$

则称为初始条件,实际上就是场沿时间变量 t 变化的"边界条件"。

1.9 边界条件(四):实例

本节介绍电磁场和微波技术理论中的一些经常遇到的边界情况,并讨论边界条件的具体形式。

1.9.1 静电场中的导体

图 1.9-1 和图 1.9-2 所示分别为处于自由空间静电场中的导体球和导体平面。在静电场中,磁场为零,导体电荷可近似认为分布在导体表面,导体内部场为零,导体表面电场强度垂直于导体表面,导体为等位体。在导体表面,电场强度满足的边界条件为

$$\hat{i}_n \times \vec{E} = 0 \quad (1.9-1)$$

$$\hat{i}_n \cdot (\varepsilon_0 \vec{E}) = \eta \quad (1.9-2)$$

式中,η 为导体表面面电荷密度。

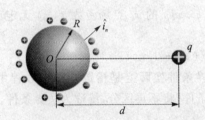

图 1.9-1 静电荷场中的导体球

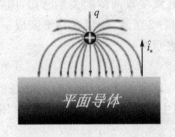

图 1.9-2 静电荷场中的导体平面

1.9.2 静电场中的电介质

图 1.9-3 所示为处于静电场中的两个理想电介质交界平面,在交界面不存在自由面电荷 η_f。根据边界条件,电场强度的切向分量连续,电通密度矢量的法向分量连续,即有

$$\hat{i}_n \times (\vec{E}_1 - \vec{E}_2) = E_{1\tau} - E_{2\tau} = 0 \quad (1.9-3)$$

$$\hat{i}_n \cdot (\vec{D}_1 - \vec{D}_2) = \hat{i}_n \cdot (\varepsilon_1 \vec{E}_1 - \varepsilon_1 \vec{E}_2) = \varepsilon_1 E_{1n} - \varepsilon_2 E_{2n} = 0 \quad (1.9-4)$$

根据式(1.9-3)、式(1.9-4)可导出

$$\frac{1}{\varepsilon_1} \frac{E_{1\tau}}{E_{1n}} = \frac{1}{\varepsilon_2} \frac{E_{2\tau}}{E_{2n}} \quad (1.9-5)$$

图 1.9-3 静电场中的电介质

设媒质 1 中电场强度 $\vec{E}_1$(或电通密度矢量 $\vec{D}_1$)与边界法线的夹角为 α_1,媒质 2 中电场强度 $\vec{E}_2$(或电通密度矢量 $\vec{D}_2$)与边界法线的夹角为 α_2,则有

$$\frac{\tan \alpha_1}{\tan \alpha_2} = \frac{\varepsilon_1}{\varepsilon_2} \tag{1.9-6}$$

1.9.3 恒定电流场

图1.9-4所示为两个导体交界平面,均载有恒定电流。导体介电常数、磁导率、电导率分别为 ε_0、μ_0、σ_1 和 ε_0、μ_0、σ_2。根据边界条件,在交界面应有

$$\hat{i}_n \times (\vec{E}_1 - \vec{E}_2) = 0 \tag{1.9-7}$$

$$\hat{i}_n \times (\vec{H}_1 - \vec{H}_2) = 0 \tag{1.9-8}$$

$$\hat{i}_n \cdot (\varepsilon_0 \vec{E}_1 - \varepsilon_0 \vec{E}_2) = \eta \tag{1.9-9}$$

$$\hat{i}_n \cdot (\mu_0 \vec{H}_1 - \mu_0 \vec{H}_2) = 0 \tag{1.9-10}$$

$$\hat{i}_n \cdot (\vec{J}_1 - \vec{J}_2) = 0 \tag{1.9-11}$$

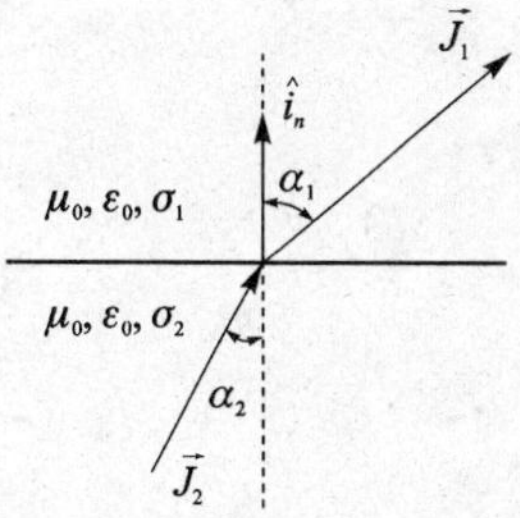

图 1.9-4 载有恒定电流导体的交界面

根据欧姆定律,有

$$\vec{J}_1 = \sigma_1 \vec{E}_1 \tag{1.9-12}$$

$$\vec{J}_2 = \sigma_2 \vec{E}_2 \tag{1.9-13}$$

代入到式(1.9-11),有

$$\hat{i}_n \cdot (\sigma_1 \vec{E}_1 - \sigma_2 \vec{E}_2) = 0 \tag{1.9-14}$$

需要注意的是,根据式(1.9-14)和式(1.9-9),载有恒定电流的两不同电导率导体交界面上存在恒定的面电荷 η。根据式(1.9-7)、式(1.9-14)可导出

$$\frac{1}{\sigma_1} \frac{E_{1\tau}}{E_{1n}} = \frac{1}{\sigma_2} \frac{E_{2\tau}}{E_{2n}} \tag{1.9-15}$$

设媒质1中电场强度 $\vec{E}_1$(或电流密度矢量 $\vec{J}_1$)与边界法线的夹角为 α_1,媒质2中电场强度 $\vec{E}_2$(或电流密度矢量 $\vec{J}_2$)与边界法线的夹角为 α_2,则有

$$\frac{\tan \alpha_1}{\tan \alpha_2} = \frac{\sigma_1}{\sigma_2} \tag{1.9-16}$$

式(1.9-16)和式(1.9-6)具有类似形式。

1.9.4 时变场中的理想介质

在时变场条件下,对两理想介质,电导率为 $\sigma_1 = \sigma_2 = 0$,介电常数和磁导率分别为 ε_1、μ_1 和 ε_2、μ_2,在其交界面不存在自由面电荷 η_f 和自由面电流 $\vec{J}_f$,边界条件为

$$\hat{i}_n \times (\vec{E}_1 - \vec{E}_2) = 0 \tag{1.9-17}$$

$$\hat{i}_n \times (\vec{H}_1 - \vec{H}_2) = \vec{K}_f = 0 \tag{1.9-18}$$

$$\hat{i}_n \cdot (\vec{D}_1 - \vec{D}_2) = \eta_f = 0 \tag{1.9-19}$$

$$\hat{i}_n \cdot (\vec{B}_1 - \vec{B}_2) = 0 \tag{1.9-20}$$

式(1.9-17)和式(1.9-18)表明,在边界两侧,切向电场和切向磁场均连续,上述结论可以应用到平面波在两半无限大理想介质交界面的反射和折射问题分析中。

1.9.5 时变场中的导电媒质

在时变场条件下,对两导电媒质介质,电磁参数分别为 σ_1、ε_1、μ_1 和 σ_2、ε_2、μ_2,在其交界面不可能存在自由面电流 $\vec{K}_f$,但有可能存在自由面电荷 η_f,边界条件为

$$\hat{i}_n \times (\vec{E}_1 - \vec{E}_2) = 0 \tag{1.9-21}$$

$$\hat{i}_n \times (\vec{H}_1 - \vec{H}_2) = \vec{K}_f = 0 \tag{1.9-22}$$

$$\hat{i}_n \cdot (\vec{D}_1 - \vec{D}_2) = \eta_f \tag{1.9-23}$$

$$\hat{i}_n \cdot (\vec{B}_1 - \vec{B}_2) = 0 \tag{1.9-24}$$

$$\hat{i}_n \cdot (\vec{J}_1 - \vec{J}_2) = -\frac{\partial \eta_f}{\partial t} \tag{1.9-25}$$

式(1.9-21)和式(1.9-22)表明,在边界两侧,切向电场和切向磁场都是连续的,上述结论可以应用到平面波在两导电媒质交界面的反射和折射问题分析中。

1.9.6 恒定载流导体与空气交界面

如图 1.9-5 所示,对载有恒定电流的导体来说,其介电常数和磁导率通常可以看作是 ε_0 和 μ_0,其与空气交界面边界条件为

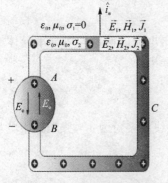

图 1.9-5 恒定载流导体与空气交界面

$$\hat{i}_n \times (\vec{E}_1 - \vec{E}_2) = 0 \tag{1.9-26}$$

$$\hat{i}_n \times (\vec{H}_1 - \vec{H}_2) = 0 \tag{1.9-27}$$

$$\hat{i}_n \cdot (\vec{D}_1 - \vec{D}_2) = \eta_f \tag{1.9-28}$$

$$\hat{i}_n \cdot (\vec{B}_1 - \vec{B}_2) = 0 \tag{1.9-29}$$

$$\hat{i}_n \cdot (\vec{J}_1 - \vec{J}_2) = 0 \tag{1.9-30}$$

在空气域中传导电流 $\vec{J}_1 = 0$,根据式(1.9-30)可得

$$J_{2n} = 0 \tag{1.9-31}$$

即在导体内电流密度沿交界面法线方向的分量为零。根据欧姆定律和本构关系可知

$$E_{2n} = 0 \tag{1.9-32}$$

$$D_{2n} = 0 \tag{1.9-33}$$

即在导体内电场强度和电流密度矢量沿法线的分量也为零。再利用式(1.9-28),有

$$D_{1n} = \eta_f \tag{1.9-34}$$

$$E_{1n} = \frac{\eta_f}{\varepsilon_0} \tag{1.9-35}$$

1.9.7 电壁和磁壁

理想导体表面切向电场为零,故电场沿理想导体表面的积分即电压为零,其边界条件相当于电路理论中的"短路",故称"短路面",又称"电壁"。凡切向电场为零而切向磁场不为零的面,都可以看成是等效短路面或等效电壁,如图 1.9-6 所示。边界条件为

$$\left.\begin{array}{l}\hat{i}_n \times \vec{E} = 0 \\ \hat{i}_n \times \vec{H} = \vec{K} \\ \hat{i}_n \cdot \vec{D} = \eta \\ \hat{i}_n \cdot \vec{B} = 0\end{array}\right\} \quad (1.9-36)$$

与短路面相反,根据对称形式的电磁场定律和边界条件,若一个面上只存在面磁荷 η_m 与面磁流 $\vec{K}_m$,则边界条件为

$$\left.\begin{array}{l}\hat{i}_n \times \vec{E} = -\vec{K}_m \\ \hat{i}_n \times \vec{H} = 0 \\ \hat{i}_n \cdot \vec{D} = 0 \\ \hat{i}_n \cdot \vec{B} = \eta_m\end{array}\right\} \quad (1.9-37)$$

这种状态相当于电路理论中的"开路",故称"开路面"。在开路面上,磁场切向分量和电场法向分量等于零,而磁场法向分量和电场切向分量不为零。

开路面是由与理想导体对偶的理想磁体构成的,故又称"磁壁",如图 1.9-7 所示。

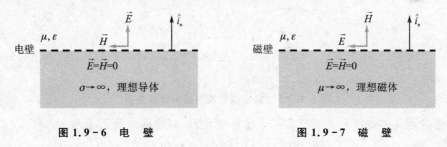

图 1.9-6 电 壁   图 1.9-7 磁 壁

实际上并不存在理想磁体。凡切向磁场为零或近似为零而切向电场不为零的面,都可以看成是等效开路面或等效磁壁。

1.10 复数形式的场定律和边界条件

本章前面的内容均适用于一般时变场,而在实际中用到更多的是时谐场。对时谐场,需要引入复振幅和复矢量,并且会出现复数的电磁参量。

1.10.1 复振幅和复矢量

在电磁场理论和微波技术课程中,重点研究随时间作简谐变化的电磁场和电路,称为时谐电磁场(time-harmonic electromagnetic fields)或正弦电磁场和交流电路(alternating-current circuit)或正弦电路。

时谐因子一般取为 $e^{j\omega t}$,有些书取为 $e^{-i\omega t}$,这时只要在所有方程和表达式中作 $-i \to j$ 代换即可。

当场随时间作简谐变化时,利用复数量可使数学分析得到简化。在电磁场理论和微波技

术中,一个标量的时谐量的复数表示一般取为振幅相量,或称最大值相量、复振幅。

瞬时场量又称为场的时域表示,复数场量称为场的频域表示,相应的方程分别称为时域方程和频域方程。

当时谐量幅度和初相均为常数时,瞬时量可表示为

$$u(t) = A\cos(\omega t + \phi) \tag{1.10-1a}$$

可以写为

$$u(t) = \text{Re}(Ae^{j\phi}e^{j\omega t}) \tag{1.10-1b}$$

则对应的复振幅表示为

$$\dot{U} = Ae^{j\phi} \tag{1.10-1c}$$

上述关系表示如图 1.10-1 所示。复振幅的模是对应时谐瞬时量的振幅,复振幅的辐角是对应时谐瞬时量的初相角。

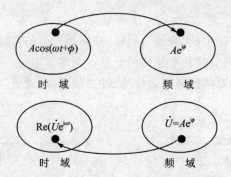

图 1.10-1 复振幅与瞬时量的转换关系

当上述时谐量的幅度和初相随空间 z 坐标变化时,对应瞬时量可表示为

$$u(z,t) = A(z)\cos[\omega t + \phi(z)] \tag{1.10-2a}$$

$$u(z,t) = \text{Re}[A(z)e^{j\phi(z)}e^{j\omega t}] \tag{1.10-2b}$$

$$\dot{U}(z) = A(z)e^{j\phi(z)} \tag{1.10-2c}$$

瞬时量的幅度为 $|A(z)| = |\dot{U}(z)|$。在微波技术中所遇到的传输线上的电压和电流,其振幅和初相便随线上位置(z 坐标)变化。表 1.10-1 是一些瞬时值和复数量的转换实例。

表 1.10-1 时谐量瞬时值(或瞬时矢量)和复振幅(或复矢量)的转换

瞬时量 $u(z,t)$ 或 $\vec{E}(\vec{r},t)$	复数量 $\dot{U}(z)$ 或 $\vec{\dot{E}}(\vec{r})$
$10\cos \omega t$	$10e^{j\cdot 0} = 10$
$10\sin \omega t = 10\cos\left(\omega t - \frac{\pi}{2}\right)$	$10e^{-j\frac{\pi}{2}} = -10j$
$10\cos(\omega t - \beta z)$	$10e^{-j\beta z}$
$10\sin(\omega t - \beta z)$	$10e^{-j\beta z - j\frac{\pi}{2}}$
$10\cos \beta z \cos \omega t$	$10\cos \beta z = \frac{1}{2}(10e^{j\beta z} + 10e^{-j\beta z})$
$\vec{E}(\vec{r},t) = \vec{E}_R(\vec{r})\cos \omega t - \vec{E}_I(\vec{r})\sin \omega t$	$\vec{\dot{E}}(\vec{r}) = \vec{E}_R(\vec{r}) + j\vec{E}_I(\vec{r})$

对瞬时时谐矢量,其每一分量均满足上述的变换规则,对应的复数表示称为复矢量,其转换关系如图 1.10-2 所示。

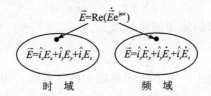

图 1.10-2 复矢量与瞬时矢量的转换关系

瞬时矢量及分量表示为

$$\vec{E} = \vec{E}(\vec{r},t) = \vec{E}(x,y,z,t) = \hat{i}_x E_x(x,y,z,t) + \hat{i}_y E_y(x,y,z,t) + \hat{i}_z E_z(x,y,z,t)$$
$$E_x(\vec{r},t) = E_x(\vec{r})\cos[\omega t + \phi_x(\vec{r})]$$
$$E_y(\vec{r},t) = E_y(\vec{r})\cos[\omega t + \phi_y(\vec{r})]$$
$$E_z(\vec{r},t) = E_z(\vec{r})\cos[\omega t + \phi_z(\vec{r})]$$

(1.10-3)

复矢量及分量表示为

$$\dot{\vec{E}} = \dot{\vec{E}}(\vec{r}) = \dot{\vec{E}}(x,y,z) = \hat{i}_x \dot{E}_x(x,y,z) + \hat{i}_y \dot{E}_y(x,y,z) + \hat{i}_z \dot{E}_z(x,y,z)$$
$$\dot{E}_x = \dot{E}_x(\vec{r}) = E_x(\vec{r}) e^{j\phi_x(\vec{r})}$$
$$\dot{E}_y = \dot{E}_y(\vec{r}) = E_y(\vec{r}) e^{j\phi_y(\vec{r})}$$
$$\dot{E}_z = \dot{E}_z(\vec{r}) = E_z(\vec{r}) e^{j\phi_z(\vec{r})}$$

(1.10-4)

复矢量的每个分量都是一个复数,代表每一个分量都是一个时谐量。复矢量每个分量的模表示此时谐分量的振幅,而每个分量的辐角表示此时谐分量的初相角。

1.10.2 复数场定律

在引入瞬时场量的复数表示后,瞬时电磁场定律和波动方程都可以相应地转化为复数形式。可以证明,从瞬时形式的麦克斯韦方程到复数形式的麦克斯韦方程,或者说从麦克斯韦方程的时域形式到频域形式,只要作如下替换即可:

$$\vec{E}(\vec{r},t) \to \dot{\vec{E}}(\vec{r}), \quad \vec{H}(\vec{r},t) \to \dot{\vec{H}}(\vec{r}), \quad \vec{B}(\vec{r},t) \to \dot{\vec{B}}(\vec{r}), \quad \vec{D}(\vec{r},t) \to \dot{\vec{D}}(\vec{r}),$$
$$\vec{J}(\vec{r},t) \to \dot{\vec{J}}(\vec{r}), \quad \rho(\vec{r},t) \to \dot{\rho}(\vec{r}), \quad \frac{\partial}{\partial t} \to j\omega, \quad \frac{\partial^2}{\partial t^2} \to (j\omega)^2 = -\omega^2$$

(1.10-5)

对应式(1.3-6)~式(1.3-10)自由空间场定律和电荷守恒定律的复数形式为

$$\nabla \times \dot{\vec{E}} = -j\omega\mu_0 \dot{\vec{H}} \tag{1.10-6}$$

$$\nabla \times \dot{\vec{H}} = \dot{\vec{J}} + j\omega\varepsilon_0 \dot{\vec{E}} \tag{1.10-7}$$

$$\nabla \cdot \varepsilon_0 \dot{\vec{E}} = \dot{\rho} \tag{1.10-8}$$

$$\nabla \cdot \mu_0 \dot{\vec{H}} = 0 \tag{1.10-9}$$

$$\nabla \cdot \dot{\vec{J}} = -j\omega\dot{\rho} \tag{1.10-10}$$

对应式(1.4-2)的磁荷守恒定律的复数形式为

$$\nabla \cdot \dot{\vec{J}}_m = -j\omega\dot{\rho}_m \tag{1.10-11}$$

对应式(1.4-4)自由空间中对称形式的场定律的复数形式为

$$\left.\begin{array}{l}\nabla \times \dot{\vec{E}} = -j\omega\mu_0\dot{\vec{H}} - \dot{\vec{J}}_m \\ \nabla \times \dot{\vec{H}} = \dot{\vec{J}} + j\omega\varepsilon_0\dot{\vec{E}} \\ \nabla \cdot \varepsilon_0 \dot{\vec{E}} = \dot{\rho} \\ \nabla \cdot \mu_0 \dot{\vec{H}} = \dot{\rho}_m\end{array}\right\} \tag{1.10-12}$$

对应式(1.6-28),考虑物质影响的 $B-D$ 形式场定律的复数形式为

$$\left.\begin{array}{l}\nabla \times \dot{\vec{E}} = -j\omega\dot{\vec{B}} \\ \nabla \times \dot{\vec{H}} = \dot{\vec{J}}_f + j\omega\dot{\vec{D}} \\ \nabla \cdot \dot{\vec{D}} = \dot{\rho}_f \\ \nabla \cdot \dot{\vec{B}} = 0\end{array}\right\} \tag{1.10-13}$$

电荷守恒定律式(1.6-29)的复数形式为

$$\nabla \cdot \dot{\vec{J}}_f = -j\omega\dot{\rho}_f \tag{1.10-14}$$

1.10.3 复数边界条件

边界条件也作相应变化,对应式(1.5-1)~式(1.5-5)自由空间的边界条件为

$$\hat{i}_n \times (\dot{\vec{E}}_1 - \dot{\vec{E}}_2) = 0 \tag{1.10-15}$$

$$\hat{i}_n \times (\dot{\vec{H}}_1 - \dot{\vec{H}}_2) = \dot{\vec{K}} \tag{1.10-16}$$

$$\hat{i}_n \cdot (\varepsilon_0 \dot{\vec{E}}_1 - \varepsilon_0 \dot{\vec{E}}_2) = \dot{\eta} \tag{1.10-17}$$

$$\hat{i}_n \cdot (\mu_0 \dot{\vec{H}}_1 - \mu_0 \dot{\vec{H}}_2) = 0 \tag{1.10-18}$$

$$\hat{i}_n \cdot (\dot{\vec{J}}_1 - \dot{\vec{J}}_2) + \nabla_\Sigma \cdot \dot{\vec{K}} = -j\omega\dot{\eta} \tag{1.10-19}$$

考虑自由空间中存在面磁荷 $\dot{\eta}_m$ 和面磁流 $\dot{\vec{K}}_m$,则边界条件式(1.5-14)~式(1.5-17)的复数形式为

$$\hat{i}_n \times (\dot{\vec{E}}_1 - \dot{\vec{E}}_2) = -\dot{\vec{K}}_m \tag{1.10-20}$$

$$\hat{i}_n \times (\dot{\vec{H}}_1 - \dot{\vec{H}}_2) = \dot{\vec{K}} \tag{1.10-21}$$

$$\hat{i}_n \cdot (\varepsilon_0 \dot{\vec{E}}_1 - \varepsilon_0 \dot{\vec{E}}_2) = \dot{\eta} \tag{1.10-22}$$

$$\hat{i}_n \cdot (\mu_0 \dot{\vec{H}}_1 - \mu_0 \dot{\vec{H}}_2) = \dot{\eta}_m \tag{1.10-23}$$

考虑到极化现象和磁化现象,在不同物质交界面边界条件式(1.7-13)对应的复数形式为

$$\left.\begin{aligned}\hat{i}_n \times (\dot{\vec{E}}_1 - \dot{\vec{E}}_2) &= 0 \\ \hat{i}_n \times (\dot{\vec{H}}_1 - \dot{\vec{H}}_2) &= \dot{\vec{K}}_f \\ \hat{i}_n \cdot (\dot{\vec{D}}_1 - \dot{\vec{D}}_2) &= \dot{\eta}_f \\ \hat{i}_n \cdot (\dot{\vec{B}}_1 - \dot{\vec{B}}_2) &= 0\end{aligned}\right\} \tag{1.10-24}$$

电壁边界条件式(1.9-36)对应的复数形式为

$$\left.\begin{aligned}\hat{i}_n \times \dot{\vec{E}} &= 0 \\ \hat{i}_n \times \dot{\vec{H}} &= \dot{\vec{K}} \\ \hat{i}_n \cdot \dot{\vec{D}} &= \dot{\eta} \\ \hat{i}_n \cdot \dot{\vec{B}} &= 0\end{aligned}\right\} \tag{1.10-25}$$

磁壁边界条件式(1.9-37)对应的复数形式为

$$\left.\begin{aligned}\hat{i}_n \times \dot{\vec{E}} &= -\dot{\vec{K}}_m \\ \hat{i}_n \times \dot{\vec{H}} &= 0 \\ \hat{i}_n \cdot \dot{\vec{D}} &= 0 \\ \hat{i}_n \cdot \dot{\vec{B}} &= \dot{\eta}_m\end{aligned}\right\} \tag{1.10-26}$$

习题一

1-1 证明关于 B-D 形式场定律的五个表达式中,只有三个是独立的,并且对于时变场,在 $\vec{E}$、$\vec{H}$、$\vec{D}$、$\vec{B}$ 的四个边界条件中只有两个是独立的。

1-2 回顾已经学习过的电磁问题,什么条件下可能存在面电荷?什么条件下可能存在面电流?什么情况下没有面电荷?什么情况下没有面电流?各举两个以上例子说明。

1-3 写出两理想介质交界面电场 $\vec{E}$ 和磁场 $\vec{H}$ 的切向和法向边界条件;如果为两有限电导率导体交界面,边界条件会有何变化?

1-4 利用斯托克斯定理和高斯散度定理,证明式(P1-1)和式(P1-2)是等效的。

$$\left.\begin{aligned}\nabla \times \vec{E} &= -\frac{\partial \vec{B}}{\partial t}, \quad \nabla \cdot \vec{B} = 0 \\ \nabla \times \vec{H} &= \vec{J} + \frac{\partial \vec{D}}{\partial t}, \quad \nabla \cdot \vec{D} = \rho\end{aligned}\right\} \tag{P1-1}$$

$$\left.\begin{array}{l}\oint_C \vec{E} \cdot \mathrm{d}\vec{l} = -\dfrac{\mathrm{d}}{\mathrm{d}t}\int_s \vec{B} \cdot \mathrm{d}\vec{S}, \quad \int_s \vec{B} \cdot \mathrm{d}\vec{S} = 0 \\ \oint_C \vec{H} \cdot \mathrm{d}\vec{l} = \int_s \vec{J} \cdot \mathrm{d}\vec{S} + \dfrac{\mathrm{d}}{\mathrm{d}t}\int_s \vec{D} \cdot \mathrm{d}\vec{S}, \quad \oint_s \vec{D} \cdot \mathrm{d}\vec{S} = \int_v \rho \mathrm{d}V\end{array}\right\} \quad (\text{P1-2})$$

1-5 已知复数量表示为：① $\dot{I} = 10 + \mathrm{j}5$，② $\dot{\vec{E}} = \hat{i}_x(5+\mathrm{j}3) + \hat{i}_y(2+\mathrm{j}3)$，③ $\dot{\vec{H}} = (\hat{i}_x + \hat{i}_y)\mathrm{e}^{\mathrm{j}(x+y)}$，求其对应的瞬时量。

第 2 章 电磁储能和功率耗散

引　言

　　电磁能既可以储存在电磁场中,也可以储存在极化或磁化的物质中;物质的传导现象可以产生功率耗散,极化、磁化物质也可能产生迟滞损耗,尤其是在高频场条件下;电磁功率可以在自由空间或物质中进行传输,对于导体,则主要产生功率耗散。

　　本章将首先介绍自由空间和物质中的电磁功率守恒关系,即坡印廷定理。在此基础上,研究物质的本构关系,并对一般物质进行分类。最后介绍广义的流量、复数电磁参量以及复数能量和功率。

2.1　洛伦兹力

2.1.1　点电荷和磁荷受到的力

　　在自由空间中,假设电磁场的电场强度为 $\vec{E}$,磁场强度为 $\vec{H}$,则作用在以速度 $\vec{v}_e$ 运动的点电荷 q 上的洛伦兹力为

$$\vec{F}_e = q(\vec{E} + \vec{v}_e \times \mu_0 \vec{H}) \tag{2.1-1}$$

根据对偶关系可知,以速度 $\vec{v}_m$ 运动的点磁荷 q_m 必定受到一个洛伦兹力形式的力,表示为

$$\vec{F}_m = q_m(\vec{H} - \vec{v}_m \times \varepsilon_0 \vec{E}) \tag{2.1-2}$$

上式可以根据电磁场的对偶原理(见后面章节)在式(2.1-1)中作如下替换得到

$$\vec{F}_e \to \vec{F}_m, \quad q \to q_m, \quad \vec{E} \to \vec{H}, \quad \vec{H} \to -\vec{E} \tag{2.1-3}$$

2.1.2　分布电荷和磁荷受到的力

　　对密度为 ρ 和 ρ_m 的分布电荷和分布磁荷,作用在单位体积电荷和磁荷的力(即电磁力密度)可以表示为

$$\vec{f}_e = \rho(\vec{E} + \vec{v}_e \times \mu_0 \vec{H}) = \rho\vec{E} + \vec{J} \times \mu_0 \vec{H} \tag{2.1-4}$$

$$\vec{f}_m = \rho_m(\vec{H} - \vec{v}_m \times \varepsilon_0 \vec{E}) = \rho_m\vec{H} - \vec{J}_m \times \varepsilon_0 \vec{E} \tag{2.1-5}$$

这里利用了运流电流密度 $\vec{J}$、运流磁流密度 $\vec{J}_m$ 和电荷密度 ρ、磁荷密度 ρ_m 的关系式:

$$\left. \begin{array}{l} \vec{J} = \rho v_e \\ \vec{J}_m = \rho_m v_m \end{array} \right\} \tag{2.1-6}$$

2.2 场供给运动电荷与磁荷的功率

2.2.1 场供给点电荷和磁荷的功率

以速度 $\vec{v}_e$ 运动的电荷 q 在电磁场中受到的力为 $\vec{F}_e$，则电磁场提供给此电荷的功率为

$$P_e = \vec{F}_e \cdot \vec{v}_e = q(\vec{E} + \vec{v}_e \times \mu_0 \vec{H}) \cdot \vec{v}_e = q\vec{v}_e \cdot \vec{E} \quad (2.2-1)$$

力 $\vec{F}_m$ 供给速度为 $\vec{v}_m$ 的磁荷 q_m 的功率为

$$P_m = \vec{F}_m \cdot \vec{v}_m = q_m(\vec{H} - \vec{v}_m \times \varepsilon_0 \vec{E}) \cdot \vec{v}_m = q_m \vec{v}_m \cdot \vec{H} \quad (2.2-2)$$

2.2.2 场供给分布电荷和磁荷的功率

对分布电荷和磁荷，电磁场供给单位体积内运动电荷与磁荷的总功率（即总功率密度）等于作用在 ρ 和 ρ_m 上的力密度 $\vec{f}_e$ 和 $\vec{f}_m$ 与它们各自速度 $\vec{v}_e$ 和 $\vec{v}_m$ 的点积之和，即有

$$p = p_e + p_m = \vec{f}_e \cdot \vec{v}_e + \vec{f}_m \cdot \vec{v}_m = \rho \vec{v}_e \cdot \vec{E} + \rho_m \vec{v}_m \cdot \vec{H} \quad (2.2-3)$$

电磁场供给自由空间中分布的运动电荷与磁荷的总功率密度在每点为

$$p = \vec{J} \cdot \vec{E} + \vec{J}_m \cdot \vec{H} \quad (2.2-4)$$

外力反抗电磁力使电磁荷运动时，提供给电磁场的功率密度为

$$p' = -\vec{J} \cdot \vec{E} - \vec{J}_m \cdot \vec{H} \quad (2.2-5)$$

2.3 坡印廷定理

2.3.1 自由空间的坡印廷定理

根据对称形式的自由空间中的场定律式(1.4-4)，可以将电流密度和磁流密度表示为

$$\left. \begin{array}{l} \nabla \times \vec{E} + \dfrac{\partial \mu_0 \vec{H}}{\partial t} = -\vec{J}_m \\[2mm] \nabla \times \vec{H} - \dfrac{\partial \varepsilon_0 \vec{E}}{\partial t} = \vec{J} \end{array} \right\} \quad (2.3-1)$$

代入到式(2.2-4)，并整理得

$$p = \vec{J} \cdot \vec{E} + \vec{J}_m \cdot \vec{H} = -\nabla \cdot (\vec{E} \times \vec{H}) - \frac{\partial}{\partial t}\left(\frac{1}{2}\varepsilon_0 |\vec{E}|^2 + \frac{1}{2}\mu_0 |\vec{H}|^2\right) \quad (2.3-2)$$

上式把电磁场对运动电荷、磁荷作功所提供的功率与场本身变化联系起来，包含两项：第一项表示场随空间位置变化（导致携带电磁功率传输），第二项表示场随时间变化（导致储存电磁能量减少）。

引入矢量 $\vec{S} = \vec{E} \times \vec{H}$，称为坡印廷矢量，其在国际单位制中的单位为瓦/米² (W/m²)，其

方向指向电磁能量传播的方向,大小为穿过单位面积的电磁功率流。坡印廷矢量又称为能流密度矢量或功率流密度矢量。

引入标量 $w = \frac{1}{2}\varepsilon_0 |\vec{E}|^2 + \frac{1}{2}\mu_0 |\vec{H}|^2$,其在国际单位制中的单位为焦/米³(J/m³),其大小为单位体积的电磁场能,称为电磁场能密度。

电场能密度为

$$w_E = \frac{1}{2}\varepsilon_0 |\vec{E}|^2 \qquad (2.3-3)$$

磁场能密度为

$$w_H = \frac{1}{2}\mu_0 |\vec{H}|^2 \qquad (2.3-4)$$

坡印廷定理为

$$p = -\nabla \cdot \vec{S} - \frac{\partial w}{\partial t} \qquad (2.3-5)$$

根据散度的定义,$\nabla \cdot \vec{S}$ 表示从某点发出的电磁功率密度,$-\nabla \cdot \vec{S}$ 表示从外界汇聚到某点的电磁功率密度。式(2.3-5)的物理意义为:电磁场供给空间某点的运动电荷与磁荷的功率密度,等于外界提供给该点的电磁功率密度加上该点电磁场能密度的减少率。

参考图 1.3-2,对由封闭面 A(本章为避免和坡印廷矢量 $\vec{S}$ 混淆,用 A 替换 S 表示封闭面的面积,$d\vec{A}$ 替换 $d\vec{S}$ 表示矢量面元)包围的体积 V 来说,可得到积分形式的坡印廷定理为

$$\int_V p\,dV = -\int_V \nabla \cdot \vec{S}\,dV - \frac{d}{dt}\int_V w\,dV \qquad (2.3-6)$$

$$P = -\oint_A \vec{S} \cdot d\vec{A} - \frac{dW}{dt} \qquad (2.3-7)$$

式中,P 为电磁场提供给体积 V 内的电荷和磁荷的电磁功率,W 为体积 V 内储存的电场能和磁场能,可以表示为

$$W = W_E + W_H \qquad (2.3-8)$$

电场能为

$$W_E = \int_V \frac{1}{2}\varepsilon_0 |\vec{E}|^2 dV \qquad (2.3-9)$$

磁场能为

$$W_H = \int_V \frac{1}{2}\mu_0 |\vec{H}|^2 dV \qquad (2.3-10)$$

式(2.3-7)的物理意义为:电磁场提供给体积 V 内的运动电荷与磁荷的功率,等于外界传输给该体积的电磁功率加上该体积内电磁场能的减少率。

2.3.2 物质中的坡印廷定理

物质中的坡印廷定理可以反映物质中的电磁功率守恒关系。根据1.6节导出的物质中的场定律,在物质中,可将式(2.3.1)、式(2.3.2)中的 $\vec{J}$ 和 $\vec{J}_m$ 进一步表示为

$$\vec{J} = \vec{J}_s + \vec{J}_c + \vec{J}_P = \vec{J}_s + \sigma\vec{E} + \frac{\partial \vec{P}}{\partial t} \qquad (2.3-11)$$

$$\vec{J}_m = \vec{J}_M = \frac{\partial \mu_0 \vec{M}}{\partial t} \tag{2.3-12}$$

上面两式中，$\vec{J}_s$ 表示外加的某种电流密度源，$\vec{J}_c = \sigma\vec{E}$ 表示传导电流密度，$\vec{J}_P = \frac{\partial \vec{P}}{\partial t}$ 表示极化电流密度，$\vec{J}_M = \frac{\partial \mu_0 \vec{M}}{\partial t}$ 表示基于磁荷模型的磁化磁流密度。这里假设不存在外加的磁流密度源。将 $\vec{J}$ 和 $\vec{J}_m$ 进行上述分解后，对照式(2.3-5)可得

$$p = \vec{E}\cdot\vec{J}_s + \sigma|\vec{E}|^2 + \vec{E}\cdot\frac{\partial \vec{P}}{\partial t} + \vec{H}\cdot\frac{\partial \mu_0 \vec{M}}{\partial t} = -p_s + p_c + p_P + p_M \tag{2.3-13}$$

式中

$$p_s = -\vec{E}\cdot\vec{J}_s \tag{2.3-14}$$

$$p_c = \sigma|\vec{E}|^2 \tag{2.3-15}$$

$$p_P = \vec{E}\cdot\frac{\partial \vec{P}}{\partial t} \tag{2.3-16}$$

$$p_M = \vec{H}\cdot\frac{\partial \mu_0 \vec{M}}{\partial t} \tag{2.3-17}$$

式中，p_s 表示电流密度源 $\vec{J}_s$ 提供给电磁场的功率密度，p_c 表示由于物质传导所耗散的功率密度，p_P 表示由于物质极化所存储或耗散的功率密度，p_M 表示由于物质磁化所存储或耗散的功率密度。根据式(2.3-5)，物质中的坡印廷定理的微分形式可表示为

$$-\nabla\cdot\vec{S} + p_s = p_c + p_P + p_M + \frac{\partial(w_E + w_H)}{\partial t} = p_c + p_P + p_M + \frac{\partial w}{\partial t} \tag{2.3-18}$$

式(2.3-18)左端表示：供给物质某点的总电磁功率密度，其来源为该点以外的电磁功率汇入(对应 $-\nabla\cdot\vec{S}$ 项)或由该点的电流密度源提供(对应 p_s 项)；式(2.3-18)右端表示：物质某点吸收的电磁功率密度(对应 $p_c + p_P + p_M$ 项)和电磁场吸收的电磁功率密度(对应 $\frac{\partial w}{\partial t}$ 项，即电磁场能密度的时间变化率)。式(2.3-18)的物理意义可以概括为：电流密度源和外界供给物质某点的总电磁功率密度，等于该点物质和电磁场吸收的电磁功率密度。

物质中的坡印廷定理的积分形式可以表示为

$$-\oint_A \vec{S}\cdot\mathrm{d}\vec{A} + P_s = P_c + P_P + P_M + \frac{\mathrm{d}(W_E + W_H)}{\mathrm{d}t} = P_c + P_P + P_M + \frac{\mathrm{d}W}{\mathrm{d}t}$$

$$\tag{2.3-19}$$

式中

$$P_s = \int_V p_s \mathrm{d}V = -\int_V \vec{E}\cdot\vec{J}_s \mathrm{d}V \tag{2.3-20}$$

$$P_c = \int_V p_c \mathrm{d}V = \int_V \sigma|\vec{E}|^2 \mathrm{d}V \tag{2.3-21}$$

$$P_P = \int_V p_P \mathrm{d}V = \int_V \vec{E}\cdot\frac{\partial \vec{P}}{\partial t}\mathrm{d}V \tag{2.3-22}$$

$$P_M = \int_V p_M \, dV = \int_V \vec{H} \cdot \frac{\partial \mu_0 \vec{M}}{\partial t} dV \tag{2.3-23}$$

式(2.3-19)的物理意义可以概括为：电流密度源和外界供给物质某体积内的总电磁功率，等于该体积内物质和电磁场吸收的电磁功率。

考虑到在物质中有 $\begin{cases} \vec{D} = \varepsilon_0 \vec{E} + \vec{P} \\ \vec{B} = \mu_0 \vec{H} + \mu_0 \vec{M} \end{cases}$，且有 $\frac{\partial w_E}{\partial t} = \frac{\partial}{\partial t}\left(\frac{1}{2}\varepsilon_0 \vec{E} \cdot \vec{E}\right) = \vec{E} \cdot \frac{\partial}{\partial t}(\varepsilon_0 \vec{E})$，$\frac{\partial w_H}{\partial t} = \frac{\partial}{\partial t}\left(\frac{1}{2}\mu_0 \vec{H} \cdot \vec{H}\right) = \vec{H} \cdot \frac{\partial}{\partial t}(\mu_0 \vec{H})$，式(2.3-18)和式(2.3-19)还可以改写为

$$-\nabla \cdot \vec{S} + p_s = p_c + \vec{E} \cdot \frac{\partial}{\partial t}(\varepsilon_0 \vec{E} + \vec{P}) + \vec{H} \cdot \frac{\partial}{\partial t}(\mu_0 \vec{H} + \mu_0 \vec{M}) = p_c + \vec{E} \cdot \frac{\partial \vec{D}}{\partial t} + \vec{H} \cdot \frac{\partial \vec{B}}{\partial t} \tag{2.3-24}$$

$$-\oint_A \vec{S} \cdot d\vec{A} + P_s = P_c + \int_V \left(\vec{E} \cdot \frac{\partial \vec{D}}{\partial t} + \vec{H} \cdot \frac{\partial \vec{B}}{\partial t}\right) dV \tag{2.3-25}$$

2.4 电场和磁场储存的能量

2.4.1 空气平行板电容器储存的电能

如图 2.4-1 所示，两平行放置的导体平板构成一个电容器，平板间为空气，两平板电压为 U_0。假设平板的长度 l 和宽度 w 远大于平板间距离 d，即有

$$\left.\begin{array}{r} l \gg d \\ w \gg d \end{array}\right\} \tag{2.4-1}$$

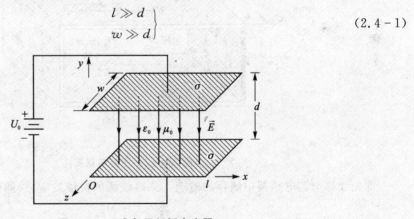

图 2.4-1 空气平行板电容器

下面计算空气电容器中储存的电能。忽略电容器的边缘效应，利用静电场标量位拉普拉斯方程求解的分离变量法，可以求出平板间电场强度为

$$\vec{E} = -\hat{i}_y \frac{U_0}{d} \tag{2.4-2}$$

电场能密度可以表示为

$$w_E = \frac{1}{2}\varepsilon_0 |\vec{E}|^2 = \frac{1}{2}\varepsilon_0 \frac{U_0^2}{d^2} \tag{2.4-3}$$

平板之间区域储存的总电场能为

$$W_E = \int_V w_E dV = \int_{z=0}^{w} \int_{y=0}^{d} \int_{x=0}^{l} \frac{\varepsilon_0}{2} \frac{U_0^2}{d^2} \mathrm{d}x\mathrm{d}y\mathrm{d}z = \frac{\varepsilon_0}{2} \frac{U_0^2}{d^2}(lwd) \qquad (2.4-4)$$

根据电路分析的知识，电容器储存的电能为

$$W_E = \frac{1}{2} C U_0^2 \qquad (2.4-5)$$

比较式(2.4-4)和式(2.4-5)，可知该系统电容为

$$C = \frac{\varepsilon_0 lw}{d} \qquad (2.4-6)$$

上述推导表明，电容器储存的电能并不保持在充有自由电荷的极板上，而是直接储存在周围空气域中的静电场 $\vec{E}$ 内。可由静态系统储存的总电能来确定它的电容量 C，这种方法对于所有空气(或填充线性电介质)电容器都是普遍适用的。

2.4.2 空芯单匝线圈电感器储存的磁能

如图 2.4-2 所示，一个理想导体空芯线圈构成一个电感器。线圈间为空气，通过的电流为 I_0。假设线圈的长度 l 和宽度 w 远大于上下间距离 d，即有

$$\left. \begin{array}{l} l \gg d \\ w \gg d \end{array} \right\} \qquad (2.4-7)$$

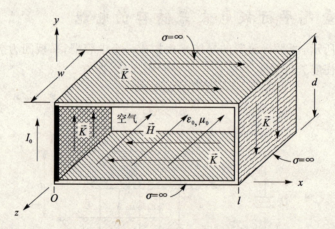

图 2.4-2 空芯电感器

首先计算空芯电感器中储存的磁能。忽略线圈的边缘效应，线圈内磁场强度可以表示为

$$\vec{H} = -\hat{i}_z \frac{I_0}{w} \qquad (2.4-8)$$

磁场能密度为

$$w_H = \frac{\mu_0}{2} |\vec{H}|^2 = \frac{\mu_0}{2} \frac{I_0^2}{w^2} \qquad (2.4-9)$$

线圈内储存的总磁能为

$$W_H = \int_V w_H dV = \int_{z=0}^{w} \int_{y=0}^{d} \int_{x=0}^{l} \frac{\mu_0 I_0^2}{2w^2} \mathrm{d}x\mathrm{d}y\mathrm{d}z = \frac{\mu_0 I_0^2}{2w^2}(lwd) \qquad (2.4-10)$$

根据电路分析的知识，电感器储存的磁能为

$$W_H = \frac{1}{2}LI_0^2 \qquad (2.4-11)$$

比较式(2.4-10)和式(2.4-11),可知该系统电感为

$$L = \frac{\mu_0 l d}{w} \qquad (2.4-12)$$

上面推导表明,电感中储存的磁能,实际上是储存在该系统导体周围空气域的静磁场内,可以根据这一能量计算它的电感量。

通过上面两个例子可知,电容和电感模型中储存的电能和磁能,实际上是储存在该系统导体周围真空区域中建立的电磁场内,而非电路理论中通常所假定的储存在具体集总电容或电感的平板和线圈之上。

2.5 静态功率流传输与耗散

如图2.5-1所示,一个线性、均匀、电导率有限的圆柱形电阻棒,设其电导率为σ、长为d、半径为a,它的两端接有电导率$\sigma = \infty$、半径为$b > a$的两个圆形平板。该系统在$r_c = b$处,用圆对称分布的电压源激励,并保持板间电位差为恒定值U_0。求坡印廷矢量及电磁功率密度。

根据系统的对称性,系统各量与φ无关,可画出系统电流分布如图2.5-2所示。$\vec{K}_s$表示电源所在位置的面电流密度,方向从电源的负极指向正极。$\vec{K}$表示流经两个理想导体板表面的面电流密度,在上平板表面从四周流向中心,在下平板表面从中心流向四周。$\vec{J}$是流经导体棒的体电流密度。

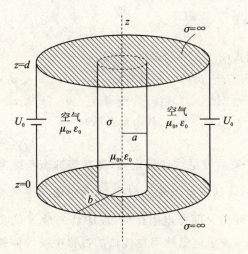

图 2.5-1 圆柱形电阻棒

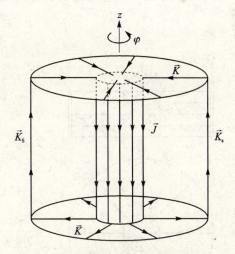

图 2.5-2 系统电流分布

板间电场为均匀场,通过求解静电场标量位,可以求出电场强度为

$$\vec{E} = -\hat{i}_z \frac{U_0}{d} \qquad (2.5-1)$$

根据欧姆定律,电阻棒内电流密度为

$$\vec{J} = \sigma\vec{E} = -\hat{i}_z \frac{\sigma U_0}{d} \qquad (2.5-2)$$

对电阻棒横截面进行面积分,可以求出棒内总电流为

$$I_0 = \int_A \vec{J} \cdot \mathrm{d}\vec{A} = \frac{\sigma U_0 \pi a^2}{d} \qquad (2.5-3)$$

使用安培环路定理可以求得系统的磁场为

$$\vec{H} = \begin{cases} -\hat{i}_\varphi \dfrac{I_0 r_c}{2\pi a^2} & (0 \leqslant r_c \leqslant a, \quad 0 < z < d) \\ -\hat{i}_\varphi \dfrac{I_0}{2\pi r_c} & (a < r_c < b, \quad 0 < z < d) \\ 0 & \text{(其余良态域)} \end{cases} \qquad (2.5-4)$$

则坡印廷矢量 $\vec{S} = \vec{E} \times \vec{H}$ 可以表示为

$$\vec{S} = \begin{cases} -\hat{i}_{r_c} \dfrac{U_0 I_0}{2\pi d a^2} r_c & (0 \leqslant r_c \leqslant a, \quad 0 < z < d) \\ -\hat{i}_{r_c} \dfrac{U_0 I_0}{2\pi d} \dfrac{1}{r_c} & (a < r_c < b, \quad 0 < z < d) \\ 0 & \text{(其余良态域)} \end{cases} \qquad (2.5-5)$$

其散度为

$$\nabla \cdot \vec{S} = \begin{cases} -\sigma \dfrac{U_0^2}{d^2} & (0 \leqslant r_c \leqslant a, \quad 0 < z < d) \\ 0 & (a < r_c < b, \quad 0 < z < d) \\ 0 & \text{(其余良态域)} \end{cases} \qquad (2.5-6)$$

在导体棒内,存在传导电流所引起的耗散功率密度,可以表示为

$$p_c = \vec{J} \cdot \vec{E} = \sigma|\vec{E}|^2 = \frac{\sigma U_0^2}{d^2} \qquad (2.5-7)$$

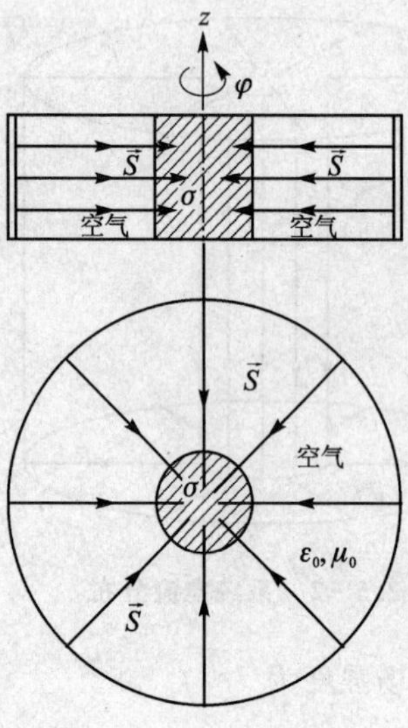

比较式(2.5-6)和式(2.5-7),有

$$\nabla \cdot \vec{S} = \begin{cases} -p_c & (0 \leqslant r_c \leqslant a, \quad 0 < z < d) \\ 0 & (a < r_c < b, \quad 0 < z < d) \\ 0 & \text{(其余良态域)} \end{cases} \qquad (2.5-8)$$

上式关系满足坡印廷定理,即在该静态系统的空气域内,坡印廷矢量 $\vec{S}$ 是无散的,表示电磁功率只有传输而没有耗散。而在电阻棒内,坡印廷矢量 $\vec{S}$ 的负散度等于 p_c,表示电磁功率在传输的过程中被导体耗散掉。坡印廷矢量 $\vec{S}$ 表示了电磁功率的传输情况,如图 2.5-3 所示。

图 2.5-3 系统坡印廷矢量场线分布

图 2.5-3 表明:由电源加给电阻棒的功率,不是通过导体板流到电阻上,而是经过电阻棒周围的空气

加到电阻上的。按照电磁场理论,电磁功率是经由空间传递的,而两端的理想导体板只起到引导和约束电磁场的作用。

由 $r_c = b$ 处的源供给的总功率穿过两圆导体板之间的空气域,从在 $r_c = b$ 处的源向在 $r_c = a$ 处的电阻棒传输。这一功率可由坡印廷矢量 $\vec{S}$ 在高为 d、半径为 r_c(对 $a \leqslant r_c \leqslant b$ 的任意 r_c)的圆柱面上进行面积分而得到,即有

$$P_s = \int_A -S \mathrm{d}A_r = \int_{\varphi=0}^{2\pi}\int_{z=0}^{d} \frac{U_0 I_0}{2\pi r d} r_c \mathrm{d}\varphi \mathrm{d}z = U_0 I_0 \qquad (2.5\text{-}9)$$

即由源供给的总功率等于电源的电压与电流的乘积。根据线性电阻系统的电路关系式 $U_0 = RI_0$,还可得出,源所供给的总功率等于电阻器上变为焦耳热消耗的总功率,即有

$$P_s = U_0 I_0 = RI_0^2 = \frac{U_0^2}{R} = P_c \qquad (2.5\text{-}10)$$

P_c 还可以通过对耗散功率密度 p_c 的积分计算,有

$$P_c = \int_V p_c \mathrm{d}V = \frac{\sigma U_0^2}{d^2}(\pi a^2) d = \left[\frac{\sigma(\pi a^2)}{d}\right] U_0^2 = \frac{U_0^2}{R} \qquad (2.5\text{-}11)$$

2.6 极化能与电能

在自由空间中,电磁场以电场和磁场的形式存储能量,当场减小到零时,电场和磁场存储的能量可以全部还原。

电磁场对自由运动的电荷作功(在物质中构成传导电流、在自由空间中构成运流电流)提供的电磁功率将不断地在电系统中被耗散,并转化为其他形式的能量(热能、动能等),这一功率不能被还原。

物质在外加电磁场作用下还会产生极化和磁化现象,产生宏观极化电流、磁化电流(基于安培电流模型)或磁化磁流(基于磁荷模型)。人们同样会提出下列问题:在物质的宏观模型内,电磁场为极化或磁化过程提供电磁功率时,有多少被物质中的束缚电荷或磁荷以可还原的形式储存起来而可以还原?有多少为克服极化或磁化过程的内部摩擦力而耗散掉不能被还原?下面就讨论这些问题。

2.6.1 极化能

已知物质极化时产生的宏观极化电流为 $\vec{J}_P$,则极化过程供给束缚电荷的功率密度可以表示为

$$p_P = \vec{E} \cdot \vec{J}_P = \vec{E} \cdot \frac{\partial \vec{P}}{\partial t} \qquad (2.6\text{-}1)$$

如图 2.6-1 所示,当物质从 $t_i = 0$ 的初始未激发状态(此刻处处极化强度 $\vec{P}_i = 0$)到时刻 t_F 的最终状态(此时极化强度是 $\vec{P}_F$)渐渐极化时,供给物质单位体积的能量,即能量密度为

$$w_P = \int_{t_i=0}^{t_F} \vec{E} \cdot \frac{\partial \vec{P}}{\partial t} \mathrm{d}t = \int_{P_i=0}^{P_F} \vec{E} \cdot \mathrm{d}\vec{P} \qquad (2.6\text{-}2)$$

根据图 2.6-1，只要材料的 $P\text{-}E$ 曲线是单值的，则当 $\vec{E}$ 和 $\vec{P}$ 场返回到零时，又从物质中收回相等数量的能量，从而极化能就是以可还原的方式储存在电介质材料之中的。

对线性电介质材料，如图 2.6-2 所示，有

$$w_\text{P} = \int_{P_\text{i}=0}^{P_\text{F}} \vec{E} \cdot \mathrm{d}\vec{P} = \frac{1}{2}\vec{E}_\text{F} \cdot \vec{P}_\text{F} \tag{2.6-3}$$

式中，$\vec{E}_\text{F}$ 和 $\vec{P}_\text{F}$ 代表系统极化最终状态的电场强度和极化强度。

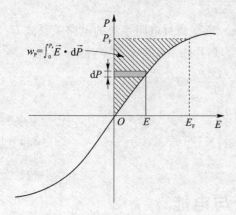
图 2.6-1　物质极化的极化能密度

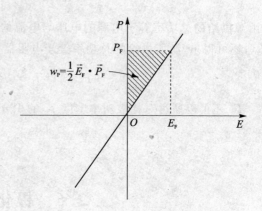
图 2.6-2　线性电介质的 $P\text{-}E$ 曲线

另一方面，如图 2.6-3 所示，电介质材料可能被多值 $P\text{-}E$ 曲线所制约，如具有迟滞现象的铁电材料。绕迟滞曲线循环一周，就有一个数量等于迟滞回线所围面积的能量被系统损耗掉。这个能量转变为克服由极化迟滞现象所造成的内部摩擦力所需的功，并最后以热的形式耗散掉，称为迟滞损耗。

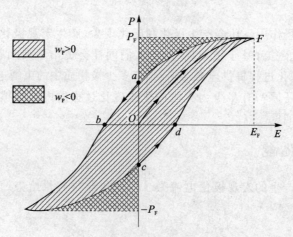
图 2.6-3　电介质存在迟滞损耗

2.6.2　电　能

在宏观物质模型内，把电场中储存的电场能密度与极化过程中供给材料的极化能密度合在一起，称为电能密度 w_e，可以表示为

$$w_e = w_E + w_P = \frac{\varepsilon_0}{2}|\vec{E}_F|^2 + \int_0^{P_F} \vec{E} \cdot d\vec{P} \qquad (2.6-4)$$

由 $w_E = \varepsilon_0 \int_0^{E_F} \vec{E} \cdot d\vec{E}$,有

$$w_e = \int_0^{\varepsilon_0 E_F + P_F} \vec{E} \cdot (\varepsilon_0 d\vec{E} + d\vec{P}) = \int_0^{D_F} \vec{E} \cdot d\vec{D} \qquad (2.6-5)$$

式中,$\vec{D} = \varepsilon_0 \vec{E} + \vec{P}$ 是电通密度。

由此得出,单值电介质材料中单位体积储存的宏观电能(即电能密度),可由 D-E 曲线和 D 轴之间的面积决定,如图 2.6-4 所示。

对于线性电介质材料,如图 2.6-5 所示,电能密度可以表示为

$$w_e = \varepsilon \int_0^{E_F} \vec{E} \cdot d\vec{E} = \frac{\varepsilon}{2}|\vec{E}_F|^2 = \frac{1}{2}\vec{E}_F \cdot \vec{D}_F \qquad (2.6-6)$$

式中,$\vec{E}_F$ 和 $\vec{D}_F$ 为系统极化最终状态的电场强度和电位移矢量。若供给一个系统的总电能为 W_e,则 W_e 等于电能密度 w_e 在全部空间 V 的体积分,一般情况下为

$$W_e = \int_V w_e dV = \int_V \left(\int_0^{D_F} \vec{E} \cdot d\vec{D} \right) dV \qquad (2.6-7)$$

对介电常数为 ε 的线性材料有

$$W_e = \int_V \frac{1}{2}\varepsilon |\vec{E}_F|^2 dV \qquad (2.6-8)$$

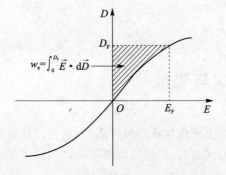

图 2.6-4 由 D-E 曲线确定的电能密度

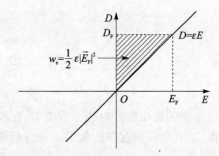

图 2.6-5 线性电介质的 D-E 曲线

2.6.3 填充电介质的平行板电容器

如图 2.6-6 所示为一填充理想电介质的电容器,与图 2.4-1 的差别在于:导体平板之间是介电常数为 ε 的理想电介质。可以求出电场强度、电位移矢量、电能密度表示式分别为

$$\vec{E} = -\hat{i}_y \frac{U_0}{d} \qquad (2.6-9)$$

$$\vec{D} = -\hat{i}_y \frac{\varepsilon U_0}{d} \qquad (2.6-10)$$

$$w_e = \frac{\varepsilon}{2}|\vec{E}|^2 = \frac{\varepsilon}{2}\frac{U_0^2}{d^2} \qquad (2.6-11)$$

导体平板之间储存的总电能为

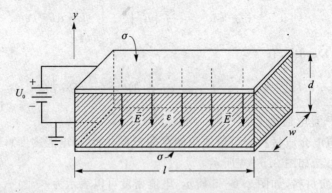

图 2.6-6 填充电介质的电容器

$$W_e = \int_V w_e dV = \frac{\varepsilon}{2}\frac{U_0^2}{d^2}(lwd) = \frac{1}{2}\left(\frac{\varepsilon lw}{d}\right)U_0^2 = \frac{1}{2}CU_0^2 \quad (2.6-12)$$

电容器的电容为

$$C = \frac{\varepsilon lw}{d} \quad (2.6-13)$$

由于填充电介质材料，电能 W_e 和电容 C 都增加为空气填充情况的 $\varepsilon/\varepsilon_0$ 倍，这是由于极化物质中储存有极化能造成的。极化能密度为电能密度和电场能密度之差，极化能为电能和电场能之差，即有

$$w_P = w_e - w_E \quad (2.6-14)$$
$$W_P = W_e - W_E \quad (2.6-15)$$

2.7 磁化能与磁能

与电介质的极化能和电能分析类似，在可以产生磁化现象的磁介质中，也可以储存磁场能和磁化能，二者合在一起称为磁能。在分析磁化能问题时，用磁化的磁荷模型比较方便。

2.7.1 磁化能

物质宏观模型内，磁化的磁流为 $\vec{J}_M = \dfrac{\partial \mu_0 \vec{M}}{\partial t}$，则磁化过程供给物质的功率密度为

$$p_M = \vec{H} \cdot \frac{\partial \mu_0 \vec{M}}{\partial t} \quad (2.7-1)$$

如图 2.7-1 所示，当物质从 $t_i = 0$ 的初始未激发状态（此刻处处磁化强度 $\vec{M}_i = 0$）到时间 t_F 的最终状态（此时磁化强度是 $\vec{M}_F$）渐渐磁化时，供给材料单位体积的能量，即磁化能密度可以表示为

$$w_M = \int_{t_i=0}^{t_F} \vec{H} \cdot \frac{\partial \mu_0 \vec{M}}{\partial t} dt =$$
$$\int_{M_i=0}^{M_F} \vec{H} \cdot d\mu_0 \vec{M} = \mu_0 \int_{M_i=0}^{M_F} \vec{H} \cdot d\vec{M} \quad (2.7-2)$$

如图 2.7-2 所示，如果单值的 $\mu_0 M$-H 关系是线性的，则有

$$w_{\text{M}} = \frac{1}{2}\mu_0 \vec{H}_{\text{F}} \cdot \vec{M}_{\text{F}} \tag{2.7-3}$$

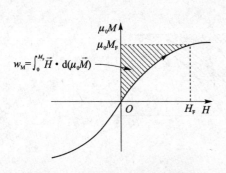
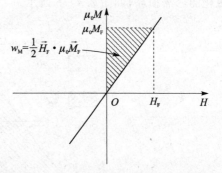

图 2.7-1　物质磁化的磁化能密度　　　　图 2.7-2　线性磁介质的 $\mu_0 M$-H 曲线

2.7.2　磁　能

磁场能密度和磁化能密度合在一起称为磁能密度，用 w_{m} 表示。如图 2.7-3 所示，磁能密度可以表示为

$$w_{\text{m}} = w_{\text{H}} + w_{\text{M}} = \frac{\mu_0}{2}|\vec{H}_{\text{F}}|^2 + \mu_0\int_0^{M_{\text{F}}}\vec{H}\cdot\mathrm{d}\vec{M} =$$

$$\mu_0\int_0^{H_{\text{F}}}\vec{H}\cdot\mathrm{d}\vec{H} + \mu_0\int_0^{M_{\text{F}}}\vec{H}\cdot\mathrm{d}\vec{M} = \int_0^{B_{\text{F}}}\vec{H}\cdot\mathrm{d}\vec{B} \tag{2.7-4}$$

如图 2.7-4 所示，对磁导率为 μ 的线性材料，有

$$w_{\text{m}} = \mu\int_0^{H_{\text{F}}}\vec{H}\cdot\mathrm{d}\vec{H} = \frac{\mu}{2}|\vec{H}_{\text{F}}|^2 = \frac{1}{2}\vec{H}_{\text{F}}\cdot\vec{B}_{\text{F}} \tag{2.7-5}$$

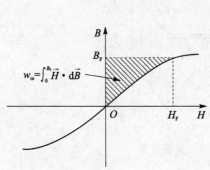
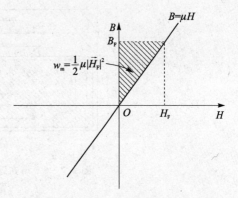

图 2.7-3　物质磁化的 B-H 曲线　　　　图 2.7-4　线性磁介质的 B-H 曲线

总磁能为

$$W_{\text{m}} = \int_V w_{\text{m}}\mathrm{d}V = \int_V\left(\int_0^{B_{\text{F}}}\vec{H}\cdot\mathrm{d}\vec{B}\right)\mathrm{d}V \tag{2.7-6}$$

对于磁导率为 μ 的线性材料，总磁能为

$$W_{\mathrm{m}} = \int_V \frac{1}{2}\mu |\vec{H}_{\mathrm{F}}|^2 \mathrm{d}V \qquad (2.7-7)$$

同样,磁介质材料可能被多值 $\mu_0 M$-H 曲线所制约,如具有迟滞现象的铁磁材料,从而会产生磁化的迟滞损耗,如图 2.7-5 所示。

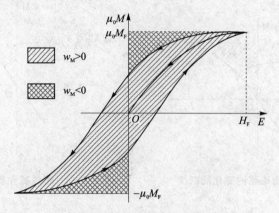

图 2.7-5　磁介质存在迟滞损耗

2.7.3　填充磁介质的单匝线圈电感器

如图 2.7-6 所示为填充理想磁介质的单匝线圈,可以求出其储存的磁能和电感为

$$W_{\mathrm{m}} = \frac{\mu I_0^2}{2w^2}(lwd) \qquad (2.7-8)$$

$$L = \frac{\mu l d}{w} \qquad (2.7-9)$$

由于填充磁性材料,使 W_{m} 和 L 增加为空气填充情况的 μ/μ_0 倍。

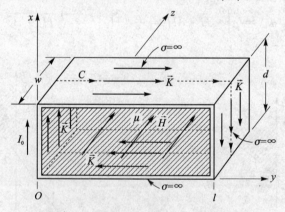

图 2.7-6　填充理想磁介质的单匝线圈

2.8　本构关系和欧姆定律

物质中的宏观场定律表明:电场强度 $\vec{E}$ 和磁场强度 $\vec{H}$ 的旋度和散度可以用它们的时间导数以及各种源量 ρ_{f}、$\vec{J}_{\mathrm{f}}$、$\vec{P}$、$\vec{M}$ 来表示。当给定 ρ_{f}、$\vec{J}_{\mathrm{f}}$、$\vec{P}$、$\vec{M}$ 时,应用这些场定律及与之相

联系的边界条件,就可以唯一地确定宏观场。

然而,在多数实际问题中,这些源量事先是未知的,因为它们自身是场量的函数。因此,在确定场之前必须知道这些源量和场量之间的函数关系,这些关系通常称为本构关系或组成关系。如果考虑导电效应,还应有欧姆定律。在一般物质中,电磁场定律的独立方程为

$$\left.\begin{array}{c}\nabla \times \vec{E} = -\dfrac{\partial \vec{B}}{\partial t} \\[2mm] \nabla \times \vec{H} = \vec{J}_\mathrm{f} + \dfrac{\partial \vec{D}}{\partial t}\end{array}\right\} \qquad (2.8-1)$$

$$\nabla \cdot \vec{J}_\mathrm{f} = -\dfrac{\partial \rho_\mathrm{f}}{\partial t} \qquad (2.8-2)$$

一般情况下,式(2.8-1)和式(2.8-2)一共有5个未知矢量函数 $\vec{E}$、$\vec{D}$、$\vec{H}$、$\vec{B}$、$\vec{J}$ 和1个未知标量函数 ρ_f,共16个未知标量函数,共包含2个矢量方程和1个标量方程,共7个标量方程,方程未知函数个数大于方程个数,故称其为麦克斯韦方程的非限定形式。在媒质中有

$$\vec{D} = \varepsilon_0 \vec{E} + \vec{P} = \varepsilon_0 \vec{E} + \vec{P}(\vec{E}, \vec{H}) \qquad (2.8-3)$$

$$\vec{B} = \mu_0 \vec{H} + \mu_0 \vec{M} = \mu_0 \vec{H} + \mu_0 \vec{M}(\vec{E}, \vec{H}) \qquad (2.8-4)$$

这里假设 $\vec{E}$、$\vec{H}$ 为外加场,即媒质不存在时的场。式(2.8-3)和式(2.8-4)是联系媒质中四个场量 $\vec{E}$、$\vec{D}$、$\vec{H}$、$\vec{B}$ 之间的关系式,称为媒质的本构方程或本构关系,它们描述媒质的宏观极化和磁化电磁特性。更一般的本构关系可以表示为

$$\vec{D} = \vec{D}(\vec{E}, \vec{H}) \qquad (2.8-5)$$

$$\vec{B} = \vec{B}(\vec{E}, \vec{H}) \qquad (2.8-6)$$

对媒质导电的情况,在不存在外加源条件下,自由电流只包含传导电流项,广义欧姆定律可以表示为

$$\vec{J}_\mathrm{f} = \vec{J}_\mathrm{c} = \vec{J}_\mathrm{c}(\vec{E}, \vec{H}) \qquad (2.8-7)$$

式(2.8-5)~式(2.8-7)又补充了3个矢量方程,即9个标量方程,代入到式(2.8-1)和式(2.8-2)式中,可以使方程数和未知函数个数相等,从而将麦克斯韦方程组转化为限定形式。

2.9 媒质的分类

2.9.1 一般分类

根据本构关系和欧姆定律,可以对媒质进行分类。

一般来说,"物质(matter)"和"媒质(media)"是两个等同的概念。通常称线性各向同性的媒质为简单媒质。对于简单媒质,可以根据其电导率 σ、介电常数 ε、磁导率 μ 再分为导体和介质,如图2.9-1所示。

满足 $\sigma \neq 0$、$\mu \to \mu_0$、$\varepsilon \to \varepsilon_0$ 条件的称为导体;如果 $\sigma \to \infty$,则为理想导体。满足 $\sigma \to 0$、$\mu \neq$

μ_0 或 $\varepsilon \neq \varepsilon_0$ 的为介质,其中 $\varepsilon \neq \varepsilon_0$ 的为电介质,$\mu \neq \mu_0$ 的为磁介质,$\sigma = 0$ 且无色散的为理想介质。

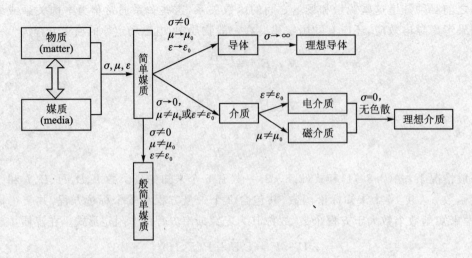

图 2.9-1 媒质的分类

如果媒质的电磁参数随空间位置矢量 $\vec{r}$ 变化,即媒质电磁参数是 $\vec{r}$ 的函数,对简单媒质而言即有 $\varepsilon = \varepsilon(\vec{r})$、$\mu = \mu(\vec{r})$、$\sigma = \sigma(\vec{r})$,则称媒质为非均匀媒质;如果媒质电磁参数与空间位置矢量 $\vec{r}$ 无关,则称媒质为均匀媒质。

下面针对媒质再进行进一步细分和讨论。讨论的范围将不局限于简单媒质,即媒质也可能是非线性和各向异性的。

2.9.2 简单媒质

简单媒质通常指媒质的极化、磁化、传导性质都是线性、各向同性的媒质。简单介质则是指媒质导电性可忽略,极化和磁化性质满足线性、各向同性的介质,此时 $\vec{P}$ 与 $\vec{E}$ 方向相同且成正比,$\vec{M}$ 与 $\vec{B}$ 方向相同且成正比,可以表示为

$$\vec{P} = \varepsilon_0 \chi_e \vec{E} \qquad (2.9-1)$$

$$\vec{M} = \chi_m \vec{H} \qquad (2.9-2)$$

式中,χ_e 是极化率,χ_m 是磁化率。根据式(2.8-3)和式(2.8-4),本构方程为

$$\vec{D} = \varepsilon_0 (1 + \chi_e) \vec{E} = \varepsilon_0 \varepsilon_r \vec{E} = \varepsilon \vec{E} \qquad (2.9-3)$$

$$\vec{B} = \mu_0 (1 + \chi_m) \vec{H} = \mu_0 \mu_r \vec{H} = \mu \vec{H} \qquad (2.9-4)$$

根据式(2.9-1)和式(2.9-2),若介质是线性的,则极化和磁化性质与外加场的大小无关。若介质为各向同性的,则极化和磁化性质与外加场的方向无关。于是简单介质的 ε、μ 对场强皆为常标量。

另外,如果介质的电磁性质与时间无关,则称介质为稳定的。如果介质的电磁性质与场的时间变化率无关,则称介质为非色散的。理想介质应同时满足线性、各向同性、稳定、非色散的条件,即理想介质的 ε、μ 对时间及场强皆为常标量。

2.9.3 广义线性媒质

如果媒质的极化、磁化、传导的响应不是即时的，还与电场和磁场对时间的各阶导数有关，则称媒质为广义线性媒质。对广义线性介质而言，即 $\vec{D}$ 及 $\vec{B}$ 不仅取决于 $\vec{E}$ 及 $\vec{H}$ 现在的值，还与 $\vec{E}$ 及 $\vec{H}$ 对时间的各阶导数有关。广义线性介质存在极化和磁化的迟滞损耗。对于各向同性的广义线性介质，本构方程为

$$\vec{D} = \varepsilon \vec{E} + \varepsilon_1 \frac{\partial \vec{E}}{\partial t} + \varepsilon_2 \frac{\partial^2 \vec{E}}{\partial t^2} + \cdots \quad (2.9-5)$$

$$\vec{B} = \mu \vec{H} + \mu_1 \frac{\partial \vec{H}}{\partial t} + \mu_2 \frac{\partial^2 \vec{H}}{\partial t^2} + \cdots \quad (2.9-6)$$

有的参考书把满足这种本构关系的介质称为色散介质，是由于电磁波在这种介质中传输时存在色散现象。

2.9.4 非线性媒质

若媒质的极化、磁化、传导性质与外加场的关系是非线性的，则称为非线性媒质。对非线性介质，即介质的 $\vec{D}$ 与 $\vec{E}$ 或 $\vec{B}$ 与 $\vec{H}$ 的关系是非线性的，它们满足函数关系

$$\vec{D} = f_1(\vec{E}) \quad (2.9-7)$$

$$\vec{B} = f_2(\vec{H}) \quad (2.9-8)$$

上述表达式需通过实验关系作出曲线，拟合确定。对于各向同性的非线性介质，其 ε 或 μ 将随场的强度而变。

2.9.5 各向异性媒质

若媒质的极化、磁化、传导性质与外加电磁场的方向有关，则称媒质为各向异性媒质。对介质而言，若某个方向的电场不仅产生同一方向的极化，而且产生其他方向的极化，即 $\vec{P}$ 与 $\vec{E}$ 的方向不一致，且各方向的极化率也不同，则这种媒质是电各向异性介质；若 $\vec{M}$ 与 $\vec{B}$ 方向不一致，且各方向的磁化率不同，则是磁各向异性介质。

对于电各向异性介质，极化率成为二阶张量，有

$$\vec{P} = \varepsilon_0 \bar{\bar{\chi}}_e \cdot \vec{E} \quad (2.9-9)$$

$$\bar{\bar{\chi}}_e = \begin{bmatrix} \chi_{e_{xx}} & \chi_{e_{xy}} & \chi_{e_{xz}} \\ \chi_{e_{yx}} & \chi_{e_{yy}} & \chi_{e_{yz}} \\ \chi_{e_{zx}} & \chi_{e_{zy}} & \chi_{e_{zz}} \end{bmatrix} \quad (2.9-10)$$

对于磁各向异性介质，磁化率成为二阶张量，有

$$\vec{M} = \bar{\bar{\chi}}_m \cdot \vec{H} \quad (2.9-11)$$

$$\bar{\bar{\chi}}_m = \begin{bmatrix} \chi_{m_{xx}} & \chi_{m_{xy}} & \chi_{m_{xz}} \\ \chi_{m_{yx}} & \chi_{m_{yy}} & \chi_{m_{yz}} \\ \chi_{m_{zx}} & \chi_{m_{zy}} & \chi_{m_{zz}} \end{bmatrix} \quad (2.9-12)$$

于是，非色散、线性、各向异性介质的本构方程成为

$$\vec{D} = \varepsilon_0 \bar{\bar{\varepsilon}}_r \cdot \vec{E} = \bar{\bar{\varepsilon}} \cdot \vec{E} \tag{2.9-13}$$

$$\vec{B} = \mu_0 \bar{\bar{\mu}}_r \cdot \vec{H} = \bar{\bar{\mu}} \cdot \vec{H} \tag{2.9-14}$$

式中，$\bar{\bar{\varepsilon}}$ 为介电常数张量，$\bar{\bar{\mu}}$ 为磁导率张量，并有

$$\bar{\bar{\varepsilon}} = \begin{bmatrix} \varepsilon_{xx} & \varepsilon_{xy} & \varepsilon_{xz} \\ \varepsilon_{yx} & \varepsilon_{yy} & \varepsilon_{yz} \\ \varepsilon_{zx} & \varepsilon_{zy} & \varepsilon_{zz} \end{bmatrix} \tag{2.9-15}$$

$$\bar{\bar{\mu}} = \begin{bmatrix} \mu_{xx} & \mu_{xy} & \mu_{xz} \\ \mu_{yx} & \mu_{yy} & \mu_{yz} \\ \mu_{zx} & \mu_{zy} & \mu_{zz} \end{bmatrix} \tag{2.9-16}$$

2.9.6 双各向同性和双各向异性媒质

普通各向同性和各向异性介质在电场作用下发生极化，在磁场作用下发生磁化，其间没有交叉耦合。这种介质的本构关系由一个标量或张量联系。

20 世纪 60 年代后陆续发现一些特殊介质，它们在电场作用下既发生极化又发生磁化，同样在磁场作用下既发生磁化又发生极化，即电场和磁场间发生交叉耦合。若极化和磁化的作用是各向同性的，则称为双各向同性介质，其本构方程为

$$\vec{D} = \varepsilon \vec{E} + \xi \vec{H} \tag{2.9-17}$$

$$\vec{B} = \zeta \vec{E} + \mu \vec{H} \tag{2.9-18}$$

式中，$\varepsilon、\xi、\zeta、\mu$ 是标量。若极化和磁化的作用是各向异性的，则称为双各向异性介质，其本构方程为

$$\vec{D} = \bar{\bar{\varepsilon}} \cdot \vec{E} + \bar{\bar{\xi}} \cdot \vec{H} \tag{2.9-19}$$

$$\vec{B} = \bar{\bar{\zeta}} \cdot \vec{E} + \bar{\bar{\mu}} \cdot \vec{H} \tag{2.9-20}$$

式中，$\bar{\bar{\varepsilon}}、\bar{\bar{\xi}}、\bar{\bar{\zeta}}、\bar{\bar{\mu}}$ 是 3×3 阶矩阵或二阶张量。

2.10 复数电磁参量

对一般简单媒质，其电磁特性可以用介电常数 ε、磁导率 μ 和电导率 σ 来描述。在静态电磁场中，ε 反映媒质的极化特性，μ 反映媒质的磁化特性，σ 反映媒质的导电性能。当媒质存在传导现象时，根据焦耳定律，电磁能量产生损耗，转变成热能。

对理想介质，其 $\varepsilon、\mu$ 对时间及场强皆为常标量，介质本身没有极化或磁化的损耗。但是，实际的介质都是非理想介质，只有在频率不太高时，才可以忽略其损耗。而在微波频率下，许多介质都因为损耗太大而不能使用。对于非理想介质，复数形式场定律中可能出现复数电磁参量。下面分别进行讨论。

2.10.1 简单导电媒质的复介电常数

在均匀、导电的简单媒质中，在时变电磁场条件下，电场与磁场同时存在，位移电流和传导

电流同时存在。简单媒质中复数形式的麦克斯韦方程组为

$$\left.\begin{array}{l} \nabla \times \dot{\vec{E}} = -j\omega\mu\dot{\vec{H}} \\ \nabla \times \dot{\vec{H}} = \dot{\vec{J}}_f + j\omega\varepsilon\dot{\vec{E}} \\ \nabla \cdot \varepsilon\dot{\vec{E}} = \dot{\rho}_f \\ \nabla \cdot \mu\dot{\vec{H}} = 0 \end{array}\right\} \quad (2.10-1)$$

对无外加源的理想介质有

$$\left.\begin{array}{l} \dot{\vec{J}}_f = 0 \\ \dot{\rho}_f = 0 \end{array}\right\} \quad (2.10-2)$$

麦克斯韦方程组为

$$\left.\begin{array}{l} \nabla \times \dot{\vec{E}} = -j\omega\mu\dot{\vec{H}} \\ \nabla \times \dot{\vec{H}} = j\omega\varepsilon\dot{\vec{E}} \\ \nabla \cdot \varepsilon\dot{\vec{E}} = 0 \\ \nabla \cdot \mu\dot{\vec{H}} = 0 \end{array}\right\} \quad (2.10-3)$$

对无外加源的导电简单媒质,自由电流即等于传导电流,有

$$\left.\begin{array}{l} \dot{\vec{J}}_f = \sigma\dot{\vec{E}} \\ \nabla \cdot \dot{\vec{J}}_f = -j\omega\dot{\rho}_f \end{array}\right\} \quad (2.10-4)$$

可导出

$$\dot{\rho}_f = -\frac{\sigma\nabla \cdot \dot{\vec{E}}}{j\omega} \quad (2.10-5)$$

麦克斯韦方程组式(2.10-1)可改写为

$$\left.\begin{array}{l} \nabla \times \dot{\vec{E}} = -j\omega\mu\dot{\vec{H}} \\ \nabla \times \dot{\vec{H}} = \sigma\dot{\vec{E}} + j\omega\varepsilon\dot{\vec{E}} \\ \nabla \cdot \varepsilon\dot{\vec{E}} = -\frac{\sigma\nabla \cdot \dot{\vec{E}}}{j\omega} \\ \nabla \cdot \mu\dot{\vec{H}} = 0 \end{array}\right\} \quad (2.10-6)$$

麦克斯韦方程中关于磁场强度旋度的表示式为

$$\nabla \times \dot{\vec{H}} = \sigma\dot{\vec{E}} + j\omega\varepsilon\dot{\vec{E}} = j\omega\left(\varepsilon + \frac{\sigma}{j\omega}\right)\dot{\vec{E}} = j\omega\dot{\varepsilon}\dot{\vec{E}} \quad (2.10-7)$$

式中

$$\dot{\varepsilon} = \varepsilon + \frac{\sigma}{j\omega} = \varepsilon\left(1 + \frac{\sigma}{j\omega\varepsilon}\right) \quad (2.10-8)$$

称为导电媒质的复介电常数,其实部就是媒质的介电常数,其虚部为 $\dfrac{\sigma}{j\omega}$,表示媒质存在传导

损耗。引入式(2.10-8)的复介电常数后,将其代入到式(2.10-6)中,可得导电媒质中的麦克斯韦方程组为

$$\left. \begin{array}{l} \nabla \times \vec{E} = -j\omega\mu\vec{H} \\ \nabla \times \vec{H} = j\omega\varepsilon\vec{E} \\ \nabla \cdot \dot{\varepsilon}\vec{E} = 0 \\ \nabla \cdot \mu\vec{H} = 0 \end{array} \right\} \quad (2.10-9)$$

式(2.10-9)中各式形式上和理想介质中的麦克斯韦方程式(2.10-3)中各式完全一致,其解形式上也相同。例如,理想介质中的波和导电媒质中的波的表示具有相同的形式。

2.10.2 广义线性媒质的复介电常数、复磁导率、复电导率

在满足广义线性关系的各向同性媒质中,本构关系和欧姆定律可以表示为

$$\left. \begin{array}{l} \vec{D} = \varepsilon\vec{E} + \varepsilon_1 \dfrac{\partial \vec{E}}{\partial t} + \varepsilon_2 \dfrac{\partial^2 \vec{E}}{\partial t^2} + \cdots \\ \vec{B} = \mu\vec{H} + \mu_1 \dfrac{\partial \vec{H}}{\partial t} + \mu_2 \dfrac{\partial^2 \vec{H}}{\partial t^2} + \cdots \\ \vec{J}_c = \sigma\vec{E} + \sigma_1 \dfrac{\partial \vec{E}}{\partial t} + \sigma_2 \dfrac{\partial^2 \vec{E}}{\partial t^2} + \cdots \end{array} \right\} \quad (2.10-10)$$

转化成复数形式有 $\dfrac{\partial}{\partial t} \to j\omega, \dfrac{\partial^2}{\partial t^2} \to (j\omega)^2, \cdots$,则

$$\vec{D} = \varepsilon\vec{E} + j\omega\varepsilon_1\vec{E} + (j\omega)^2\varepsilon_2\vec{E} + \cdots \quad (2.10-11)$$

$$\vec{B} = \mu\vec{H} + j\omega\mu_1\vec{H} + (j\omega)^2\mu_2\vec{H} + \cdots \quad (2.10-12)$$

$$\vec{J}_c = \sigma\vec{E} + j\omega\sigma_1\vec{E} + (j\omega)^2\sigma_2\vec{E} + \cdots \quad (2.10-13)$$

式(2.10-11)、式(2.10-12)、式(2.10-13)可以写成

$$\vec{D} = \hat{\varepsilon}(\omega)\vec{E} \quad (2.10-14)$$

$$\vec{B} = \hat{\mu}(\omega)\vec{H} \quad (2.10-15)$$

$$\vec{J}_c = \hat{\sigma}(\omega)\vec{E} \quad (2.10-16)$$

对式(2.10-14)和式(2.10-15),有

$$\hat{\varepsilon}(\omega) = \varepsilon + \varepsilon_1(j\omega) + \varepsilon_2(j\omega)^2 + \cdots = \varepsilon'(\omega) - j\varepsilon''(\omega) \quad (2.10-17)$$

$$\hat{\mu}(\omega) = \mu + \mu_1(j\omega) + \mu_2(j\omega)^2 + \cdots = \mu'(\omega) - j\mu''(\omega) \quad (2.10-18)$$

式中,$\hat{\varepsilon}(\omega)$ 称为媒质的复数介电常数,$\hat{\mu}(\omega)$ 称为媒质的复数磁导率。根据物质结构的经典电子理论,对色散介质,$\hat{\varepsilon}(\omega)$、$\hat{\mu}(\omega)$ 一般为复数且为频率的函数,表示在高频电场作用下,$\vec{D}$ 相位滞后于合成电场强度 $\vec{E}$,$\vec{B}$ 相位滞后于合成磁场强度 $\vec{H}$。

$\varepsilon'(\omega)$ 是复介电常数的实部,它与频率函数的关系确定电磁波在介质中传播的色散特性。

$\varepsilon''(\omega)$ 为复介电常数的虚部,由它确定电磁波在介质中的损耗。通常用电介质损耗角 δ 来表示电介质损耗,δ 定义为

$$\delta = \arctan(\varepsilon''/\varepsilon') \tag{2.10-19}$$

电介质损耗角正切为

$$\tan\delta = \varepsilon''/\varepsilon' \tag{2.10-20}$$

由于实际中对于一般电介质,总有 $\varepsilon''/\varepsilon' \ll 1$,所以

$$\dot{D} = (\varepsilon' - j\varepsilon'')\dot{E} = \varepsilon'(1 - j\varepsilon''/\varepsilon')\dot{E} \approx \varepsilon' e^{-j\delta}\dot{E} \tag{2.10-21}$$

式(2.10-21)表明电介质损耗角 δ 实际上表示电介质中电位移矢量 $\dot{D}$ 与电场强度 $\dot{E}$ 之间的相位差。

同理,对于复磁导率 $\hat{\mu}(\omega)$ 的实部 $\mu'(\omega)$ 和虚部 $\mu''(\omega)$ 有类似的解释,磁导率可以写成

$$\hat{\mu}(\omega) = \mu' - j\mu'' = \mu' e^{-j\delta_m} \tag{2.10-22}$$

磁介质损耗角为

$$\delta_m = \arctan(\mu''/\mu') \tag{2.10-23}$$

磁介质损耗角 δ_m 表示磁介质中磁感应强度矢量 $\dot{B}$ 与磁场强度 $\dot{H}$ 之间的相位差。磁介质损耗角正切为

$$\tan\delta_m = \mu''/\mu' \tag{2.10-24}$$

对于式(2.10-16),$\hat{\sigma}(\omega)$ 称为媒质的复数电导率。在一般情况下,$\hat{\sigma}(\omega)$ 为实数,就表示为 $\sigma(\omega)$,于是式(2.10-16)可以写成

$$\dot{J}_c = \sigma(\omega)\dot{E} \tag{2.10-25}$$

根据麦克斯韦方程组的安培环路定律,有

$$\nabla \times \dot{H} = \dot{J}_f + j\omega\dot{D} \tag{2.10-26}$$

在无外加源条件下,自由电流只包含传导电流,即 $\dot{J}_f = \dot{J}_c$。将式(2.10-25)和式(2.10-14)、式(2.10-17)代入,有

$$\nabla \times \dot{H} = j\omega\left(\varepsilon' - j\varepsilon'' - j\frac{\sigma}{\omega}\right)\dot{E} \tag{2.10-27}$$

上式括号中的部分可以整体表示为式(2.10-17)所示 $\hat{\varepsilon}(\omega) = \varepsilon'(\omega) - j\varepsilon''(\omega)$ 的形式,此时复介电常数的虚部也包含了传导电流项的影响。

关于金属材料的复介电常数,对于微波及以下频率的电磁波,$\varepsilon''/\varepsilon' \gg 1$,介电常数虚部是主要的,这时金属呈现导电性,电磁波在金属中强烈衰减。对于紫外线或更短波长的电磁波,$\varepsilon' \approx 1$,$\varepsilon'' \ll 1$,金属呈现电介质特性,对于电磁波近乎透明。对于红外波段,虽然 $\varepsilon''/\varepsilon' \ll 1$,但这时金属表面对于电磁波仍有强烈反射,趋肤深度很小,损耗比微波波段大得多。

对于各向同性媒质,可以根据其电磁参量取值范围进行分类。σ 很大的媒质称为导体,σ 很小的媒质称为绝缘体,σ 为无穷大的媒质称为理想导体或纯导体,而 $\sigma = 0$ 的媒质称为理想介质或纯介质。良导体的介电常数很难测量,其相对介电常数的实部通常视作 1。对于一般介质,$\varepsilon_r > 1$。在等离子体中的 ε_r 可以小于 1,甚至为负。对于大多数线性介质,其磁导率与真空中磁导率非常接近,μ_r 一般可视作 1。对于铁磁介质,$\mu_r \gg 1$,通常是非线性的。

2.11 广义的流量

2.11.1 时变场和时谐场的流量

适用于静电磁学的安培环路定律为

$$\nabla \times \vec{H} = \vec{J} \tag{2.11-1}$$

说明"电流"产生涡旋磁场。

麦克斯韦提出"位移电流" $\dfrac{\partial \vec{D}}{\partial t}$ 的概念,将安培环路定律从静态场扩展到一般时变场,可以得到修正的安培环路定律,即有

$$\nabla \times \vec{H} = \vec{J} + \frac{\partial \vec{D}}{\partial t} \tag{2.11-2}$$

上式说明"电流"和"位移电流"均产生涡旋磁场。按照麦克斯韦方程的对称性观点,可以把 $\dfrac{\partial \vec{B}}{\partial t}$ 称为"位移磁流",其产生涡旋电场,即有

$$\nabla \times \vec{E} = -\frac{\partial \vec{B}}{\partial t} \tag{2.11-3}$$

为了表示电磁源,将场方程加以修正,引入电或磁的外加流量,以 $\vec{J}^i$ 表示电流,$\vec{J}^i_m$ 表示磁流,则总流可以规定为

$$\vec{J}^t = \frac{\partial \vec{D}}{\partial t} + \vec{J}_c + \vec{J}^i \tag{2.11-4}$$

$$\vec{J}^t_m = \frac{\partial \vec{B}}{\partial t} + \vec{J}^i_m \tag{2.11-5}$$

这里为统一起见,用上角标或下角标 t、c、i 分别表示总流、传导流及外加流,称为广义的流量。以广义流量表示电磁学基本方程的微分形式,则有

$$\nabla \times \vec{E} = -\vec{J}^t_m \tag{2.11-6}$$

$$\nabla \times \vec{H} = \vec{J}^t \tag{2.11-7}$$

积分形式为

$$\oint \vec{E} \cdot d\vec{l} = -\int \vec{J}^t_m \cdot d\vec{S} \tag{2.11-8}$$

$$\oint \vec{H} \cdot d\vec{l} = \int \vec{J}^t \cdot d\vec{S} \tag{2.11-9}$$

根据矢量旋度的性质:$\nabla \cdot (\nabla \times \vec{A}) = 0$,有

$$\nabla \cdot \vec{J}^t_m = 0 \tag{2.11-10}$$

$$\nabla \cdot \vec{J}^t = 0 \tag{2.11-11}$$

上式应用于封闭表面,利用高斯定理有

$$\oint_A \vec{J}_m^t \cdot \mathrm{d}\vec{A} = \int_V \nabla \cdot \vec{J}_m^t \mathrm{d}V = 0 \qquad (2.11-12)$$

$$\oint_A \vec{J}^t \cdot \mathrm{d}\vec{A} = \int_V \nabla \cdot \vec{J}^t \mathrm{d}V = 0 \qquad (2.11-13)$$

上式说明，总流量是无散的，总流量线没有起点，也没有终点，必须是连续的。通过引入广义流量的概念，可以将坡印廷定理写成更简洁的形式，即

$$p = \vec{E} \cdot \vec{J} + \vec{H} \cdot \vec{J}_m = -\nabla \cdot \vec{S} \qquad (2.11-14)$$

$$P = \int_V (\vec{E} \cdot \vec{J} + \vec{H} \cdot \vec{J}_m) \mathrm{d}V = -\oint_A \vec{S} \cdot \mathrm{d}\vec{A} \qquad (2.11-15)$$

对时谐场，总电流和总磁流可以表示为

$$\dot{\vec{J}}^t = \mathrm{j}\omega \dot{\vec{D}} + \dot{\vec{J}}_c + \dot{\vec{J}}^i \qquad (2.11-16)$$

$$\dot{\vec{J}}_m^t = \mathrm{j}\omega \dot{\vec{B}} + \dot{\vec{J}}_m^i \qquad (2.11-17)$$

场方程为

$$\nabla \times \dot{\vec{E}} = -\dot{\vec{J}}_m^t \qquad (2.11-18)$$

$$\nabla \times \dot{\vec{H}} = \dot{\vec{J}}^t \qquad (2.11-19)$$

2.11.2 媒质的阻抗率和导纳率

在上节所提到的流量中，由场所引起的感应流为

$$\dot{\vec{J}} = \mathrm{j}\omega \dot{\vec{D}} + \dot{\vec{J}}_c = (\hat{\sigma} + \mathrm{j}\omega \hat{\varepsilon})\dot{\vec{E}} = \hat{y}\dot{\vec{E}} \qquad (2.11-20)$$

$$\dot{\vec{J}}_m = \mathrm{j}\omega \dot{\vec{B}} = \mathrm{j}\omega \hat{\mu} \dot{\vec{H}} = \hat{z}\dot{\vec{H}} \qquad (2.11-21)$$

参量 $\hat{y}(\omega)$ 具有单位长度的导纳量纲（Ω^{-1}/m），称为媒质导纳率；参量 $\hat{z}(\omega)$ 具有单位长度的阻抗量纲（Ω/m），称为媒质阻抗率。

在感应流量的基础上，补充外加流量代表源，可得时谐场方程的一般形式

$$-\nabla \times \dot{\vec{E}} = \hat{z}(\omega)\dot{\vec{H}} + \dot{\vec{J}}_m^i \qquad (2.11-22)$$

$$\nabla \times \dot{\vec{H}} = \hat{y}(\omega)\dot{\vec{E}} + \dot{\vec{J}}^i \qquad (2.11-23)$$

式中，$\hat{z}(\omega)$、$\hat{y}(\omega)$ 说明媒质的特性，$\dot{\vec{J}}^i$、$\dot{\vec{J}}_m^i$ 代表外加的电流源和磁流源。

2.11.3 流量的分类

可以从各种角度对广义的流量进行分类，包括传导流、位移流、极化电流或磁化磁流、耗散流、无功流、感应流、外加流等，如表 2.11-1 所列。

表 2.11-1 电流和磁流的分类

名称	复数电流密度	复数磁流密度
传导流	$\sigma \dot{\vec{E}}$	—

续表 2.11-1

名 称	复数电流密度	复数磁流密度
自由空间位移流	$j\omega\varepsilon_0 \dot{\vec{E}}$	$j\omega\mu_0 \dot{\vec{H}}$
极化电流或磁化磁流	$j\omega(\hat{\varepsilon}-\varepsilon_0)\dot{\vec{E}}$	$j\omega(\hat{\mu}-\mu_0)\dot{\vec{H}}$
位移流	$j\omega\hat{\varepsilon}\dot{\vec{E}}$	$j\omega\hat{\mu}\dot{\vec{H}}$
耗散流	$(\sigma+\omega\varepsilon'')\dot{\vec{E}}$	$\omega\mu''\dot{\vec{H}}$
无功流	$j\omega\varepsilon'\dot{\vec{E}}$	$j\omega\mu'\dot{\vec{H}}$
感应流	$\hat{y}\dot{\vec{E}}=(\sigma+j\omega\hat{\varepsilon})\dot{\vec{E}}=(\sigma+\omega\varepsilon''+j\omega\varepsilon')\dot{\vec{E}}$	$\hat{z}\dot{\vec{H}}=j\omega\hat{\mu}\dot{\vec{H}}=(\omega\mu''+j\omega\mu')\dot{\vec{H}}$
外加流	$\dot{\vec{J}}^i$	$\dot{\vec{J}}_m^i$
总流	$\dot{\vec{J}}_t = \hat{y}\dot{\vec{E}}+\dot{\vec{J}}^i$	$\dot{\vec{J}}_m^t = \hat{z}\dot{\vec{H}}+\dot{\vec{J}}_m^i$

2.12 复数坡印廷定理

2.12.1 正弦场的时间平均值

可以证明，用复数场量可以很方便地表示正弦场的时间平均功率和能量。现有正弦瞬时量 $A(t)$、$B(t)$，对应复数表示为 $\dot{A}$、$\dot{B}$，其一般关系为

$$A(t) = |\dot{A}|\cos(\omega t+\alpha) = \mathrm{Re}(\dot{A}\mathrm{e}^{j\omega t}) \tag{2.12-1}$$

$$B(t) = |\dot{B}|\cos(\omega t+\beta) = \mathrm{Re}(\dot{B}\mathrm{e}^{j\omega t}) \tag{2.12-2}$$

式中，$\dot{A} = |\dot{A}|\mathrm{e}^{j\alpha}$，$\dot{B} = |\dot{B}|\mathrm{e}^{j\beta}$。

两瞬时量乘积为

$$AB = |\dot{A}|\cos(\omega t+\alpha)|\dot{B}|\cos(\omega t+\beta) =$$
$$\frac{1}{2}|\dot{A}||\dot{B}|[\cos(\alpha-\beta)+\cos(2\omega t+\alpha+\beta)] \tag{2.12-3}$$

其对时间的平均值为

$$\langle AB\rangle = \frac{1}{T}\int_T AB\,\mathrm{d}t = \frac{1}{2}|\dot{A}||\dot{B}|\cos(\alpha-\beta) \tag{2.12-4}$$

由于 $\dot{A}\dot{B}^* = |\dot{A}||\dot{B}|[\cos(\alpha-\beta)+j\sin(\alpha-\beta)]$，所以有

$$\langle AB\rangle = \frac{1}{2}\mathrm{Re}(\dot{A}\dot{B}^*) \tag{2.12-5}$$

根据上式可知，两正弦瞬时量乘积的时间平均值等于前一个瞬时量对应复振幅与后一个瞬时量对应复振幅共轭乘积的实部的 1/2。

对于矢量，存在点乘和叉乘两种相乘的形式，设矢量 $\vec{A}(t)$、$\vec{B}(t)$ 对应的复矢量为 $\dot{\vec{A}}$、$\dot{\vec{B}}$，有以下关系：

$$\langle \vec{A} \times \vec{B} \rangle = \frac{1}{2}\mathrm{Re}(\dot{\vec{A}} \times \dot{\vec{B}}^*) \qquad (2.12-6)$$

$$\langle \vec{A} \cdot \vec{B} \rangle = \frac{1}{2}\mathrm{Re}(\dot{\vec{A}} \cdot \dot{\vec{B}}^*) \qquad (2.12-7)$$

如果 $A(t)$、$B(t)$ 分别表示瞬时电压和电流 $u(t)$、$i(t)$，则有

$$\langle P(t) \rangle = \langle u(t)i(t) \rangle = \frac{1}{2}\mathrm{Re}(\dot{U}\dot{I}^*) \qquad (2.12-8)$$

对于瞬时坡印廷矢量 $\vec{S}(\vec{r},t) = \vec{E}(r,t) \times \vec{H}(\vec{r},t)$，在直角坐标系下展开为

$$\vec{S} = \hat{i}_x(E_yH_z - E_zH_y) + \hat{i}_y(E_zH_x - E_xH_z) + \hat{i}_z(E_xH_y - E_yH_x) \qquad (2.12-9)$$

可得出其平均值为

$$\langle \vec{S} \rangle = \langle \vec{E} \times \vec{H} \rangle = \frac{1}{2}\mathrm{Re}(\dot{\vec{E}} \times \dot{\vec{H}}^*) \qquad (2.12-10)$$

定义复数坡印廷矢量为

$$\dot{\vec{S}} = \frac{1}{2}\dot{\vec{E}} \times \dot{\vec{H}}^* \qquad (2.12-11)$$

其实数部分是瞬时坡印廷矢量的时间平均值，即

$$\langle \vec{S} \rangle = \mathrm{Re}(\dot{\vec{S}}) \qquad (2.12-12)$$

电能密度的时间平均值为

$$\langle w_e(\vec{r},t) \rangle = \left\langle \frac{1}{2}\vec{E} \cdot \vec{D} \right\rangle = \frac{1}{4}\mathrm{Re}(\dot{\vec{E}} \cdot \dot{\vec{D}}^*) \qquad (2.12-13)$$

磁能密度的时间平均值为

$$\langle w_m(\vec{r},t) \rangle = \left\langle \frac{1}{2}\vec{H} \cdot \vec{B} \right\rangle = \frac{1}{4}\mathrm{Re}(\dot{\vec{H}} \cdot \dot{\vec{B}}^*) \qquad (2.12-14)$$

传导电流引起的耗散功率密度的时间平均值为

$$\langle p_c(\vec{r},t) \rangle = \langle \vec{E} \cdot \vec{J}_c \rangle = \frac{1}{2}\mathrm{Re}(\dot{\vec{E}} \cdot \dot{\vec{J}}_c^*) \qquad (2.12-15)$$

对简单媒质，假设媒质介电常数、磁导率、电导率分别为 ε、μ、σ，那么式(2.12-13)、式(2.12-14)、式(2.12-15)可分别表示为

$$\langle w_e(\vec{r},t) \rangle = \langle w_e \rangle = \frac{\varepsilon}{4}\mathrm{Re}(\dot{\vec{E}} \cdot \varepsilon\dot{\vec{E}}^*) = \frac{\varepsilon}{4}|\dot{\vec{E}}|^2 \qquad (2.12-16)$$

$$\langle w_m(\vec{r},t) \rangle = \langle w_m \rangle = \frac{1}{4}\mathrm{Re}(\dot{\vec{H}} \cdot \mu\dot{\vec{H}}^*) = \frac{\mu}{4}|\dot{\vec{H}}|^2 \qquad (2.12-17)$$

$$\langle p_c(\vec{r},t) \rangle = \langle p_c \rangle = \frac{1}{2}\mathrm{Re}(\dot{\vec{E}} \cdot \sigma\dot{\vec{E}}^*) = \frac{1}{2}\sigma|\dot{\vec{E}}|^2 \qquad (2.12-18)$$

直角坐标系下，有

$$|\dot{\vec{E}}|^2 = \dot{\vec{E}} \cdot \dot{\vec{E}}^* = |\dot{E}_x|^2 + |\dot{E}_y|^2 + |\dot{E}_z|^2 \qquad (2.12-19)$$

$$|\dot{\vec{H}}|^2 = \dot{\vec{H}} \cdot \dot{\vec{H}}^* = |\dot{H}_x|^2 + |\dot{H}_y|^2 + |\dot{H}_z|^2 \qquad (2.12-20)$$

对满足广义线性关系的非简单媒质，假设媒质复介电常数和磁导率分别表示为

$$\hat{\varepsilon} = \varepsilon' - \mathrm{j}\varepsilon'' \qquad (2.12-21)$$

$$\hat{\mu} = \mu' - j\mu'' \quad (2.12-22)$$

则电能密度、磁能密度的时间平均值可进一步表示为

$$\langle w_e \rangle = \frac{\varepsilon'}{4}\dot{\vec{E}} \cdot \dot{\vec{E}}^* = \frac{\varepsilon'}{4}|\dot{\vec{E}}|^2 \quad (2.12-23)$$

$$\langle w_m \rangle = \frac{\mu'}{4}\dot{\vec{H}} \cdot \dot{\vec{H}}^* = \frac{\mu'}{4}|\dot{\vec{H}}|^2 \quad (2.12-24)$$

2.12.2 简单媒质的复数坡印廷定理

经过与瞬时场情况相类似的推导过程，可以导出复数形式的能量或功率守恒关系，即复数坡印廷定理。复数坡印廷矢量的散度为

$$\nabla \cdot \dot{\vec{S}} = \frac{1}{2}\nabla \cdot (\dot{\vec{E}} \times \dot{\vec{H}}^*) = \frac{1}{2}(\dot{\vec{H}}^* \cdot \nabla \times \dot{\vec{E}} - \dot{\vec{E}} \cdot \nabla \times \dot{\vec{H}}^*) \quad (2.12-25)$$

而根据场方程，有

$$\left.\begin{array}{l}\nabla \times \dot{\vec{E}} = -\dot{\vec{J}}_m \\ \nabla \times \dot{\vec{H}}^* = \dot{\vec{J}}^*\end{array}\right\} \quad (2.12-26)$$

将式(2.12-26)代入到式(2.12-25)中，可以得到复数坡印廷定理的微分形式为

$$\nabla \cdot \left(\frac{1}{2}\dot{\vec{E}} \times \dot{\vec{H}}^*\right) + \frac{1}{2}\dot{\vec{E}} \cdot \dot{\vec{J}}^* + \frac{1}{2}\dot{\vec{H}}^* \cdot \dot{\vec{J}}_m = 0 \quad (2.12-27)$$

积分形式为

$$\frac{1}{2}\oint_A \dot{\vec{E}} \times \dot{\vec{H}}^* \cdot d\vec{A} + \frac{1}{2}\int_V (\dot{\vec{E}} \cdot \dot{\vec{J}}^* + \dot{\vec{H}}^* \cdot \dot{\vec{J}}_m) dV = 0 \quad (2.12-28)$$

式中，$\dot{\vec{J}}$、$\dot{\vec{J}}_m$ 表示媒质中总的电流和磁流密度，在介电常数、磁导率、电导率分别为 ε、μ、σ 的简单媒质中，可以表示为

$$\dot{\vec{J}} = j\omega\varepsilon\dot{\vec{E}} + \dot{\vec{J}}_c + \dot{\vec{J}}^i = j\omega\varepsilon\dot{\vec{E}} + \sigma\dot{\vec{E}} + \dot{\vec{J}}^i \quad (2.12-29)$$

$$\dot{\vec{J}}_m = j\omega\mu\dot{\vec{H}} + \dot{\vec{J}}_m^i \quad (2.12-30)$$

离开一点的复功率体密度的定义为

$$\dot{p}_f = \nabla \cdot \dot{\vec{S}} = \nabla \cdot \left(\frac{1}{2}\dot{\vec{E}} \times \dot{\vec{H}}^*\right) \quad (2.12-31)$$

离开一个区域的复功率为

$$\dot{P}_f = \int_V \dot{p}_f dV = \oint_A \dot{\vec{S}} \cdot d\vec{A} = \oint_A \left(\frac{1}{2}\dot{\vec{E}} \times \dot{\vec{H}}^*\right) \cdot d\vec{A} \quad (2.12-32)$$

对于简单媒质，电能密度时间平均值、磁能密度时间平均值、耗散功率密度时间平均值分别如式(2.12-16)、式(2.12-17)、式(2.12-18)所示，功率守恒关系的具体形式可表示为

$$\dot{p}_s = \dot{p}_f + \langle p_c \rangle + j2\omega(\langle w_m \rangle - \langle w_e \rangle) \quad (2.12-33)$$

式中，$\dot{p}_s$ 为外加的能源所提供的复数功率密度，可以表示为

$$\dot{p}_s = -\frac{1}{2}(\dot{\vec{E}} \cdot \dot{\vec{J}}^{i*} + \dot{\vec{H}}^* \cdot \dot{\vec{J}}_m^i) \quad (2.12-34)$$

式(2.12-33)的物理意义为：能源提供某点的有功功率密度，等于从该点离开的有功功率

密度,加上该点的耗散功率密度;能源提供某点的无功功率密度,等于从该点离开的无功功率密度,加上该点磁能和电能密度平均值之差的 2ω 倍。

当功率守恒关系应用于封闭面 A 所包围的区域 V 时,有

$$\dot{P}_s = -\frac{1}{2}\int_V (\dot{\vec{E}} \cdot \dot{\vec{J}}^{i*} + \dot{\vec{H}}^* \cdot \dot{\vec{J}}_m^i) dV \qquad (2.12-35)$$

表示能源所提供区域 V 的复数功率。复数坡印廷定理的积分形式为

$$\dot{P}_s = \dot{P}_f + \langle P_c \rangle + j2\omega(\langle W_m \rangle - \langle W_e \rangle) \qquad (2.12-36)$$

式(2.12-36)复数功率的实数部分表示有功功率,表示在某一区域内的能源所提供的实功率,等于离开该区域的实功率加上耗散于此区域之内的功率。式(2.12-36)虚数部分与能量的时间平均值有关,称为无功功率,表示能源提供的无功功率,等于从离开该区域的无功功率加上该点磁能和电能平均值之差的 2ω 倍。

2.12.3 广义线性媒质的复数坡印廷定理

对于满足广义线性关系的媒质,总的流量可以表示为

$$\dot{\vec{J}} = j\omega\hat{\varepsilon}\dot{\vec{E}} + \dot{\vec{J}}_c + \dot{\vec{J}}^i = j\omega\hat{\varepsilon}\dot{\vec{E}} + \hat{\sigma}\dot{\vec{E}} + \dot{\vec{J}}^i = \hat{y}\dot{\vec{E}} + \dot{\vec{J}}^i \qquad (2.12-37)$$

$$\dot{\vec{J}}_m = j\omega\hat{\mu}\dot{\vec{H}} + \dot{\vec{J}}_m^i = \hat{z}\dot{\vec{H}} + \dot{\vec{J}}_m^i \qquad (2.12-38)$$

式中, $\hat{y} = \hat{y}(\omega) = \hat{\sigma}(\omega) + j\omega\hat{\varepsilon}(\omega)$、$\hat{z} = \hat{z}(\omega) = j\omega\hat{\mu}(\omega)$ 为媒质导纳率和阻抗率。在广义线性媒质中,除感应的传导电流可引起功率耗散外,感应的位移电流 $j\omega\hat{\varepsilon}\dot{\vec{E}}$ 和位移磁流 $j\omega\hat{\mu}\dot{\vec{H}}$ 也可能引起功率耗散。式(2.12-27)可以表示为

$$\nabla \cdot \left(\frac{1}{2}\dot{\vec{E}} \times \dot{\vec{H}}^*\right) + \frac{1}{2}\hat{y}^* \dot{\vec{E}} \cdot \dot{\vec{E}}^* + \frac{1}{2}\hat{z}\dot{\vec{H}}^* \cdot \dot{\vec{H}} + \frac{1}{2}\dot{\vec{E}} \cdot \dot{\vec{J}}^{i*} + \frac{1}{2}\dot{\vec{H}}^* \cdot \dot{\vec{J}}_m^i =$$

$$\nabla \cdot \left(\frac{1}{2}\dot{\vec{E}} \times \dot{\vec{H}}^*\right) + \frac{1}{2}\hat{y}^* |\dot{\vec{E}}|^2 + \frac{1}{2}\hat{z}|\dot{\vec{H}}|^2 + \frac{1}{2}\dot{\vec{E}} \cdot \dot{\vec{J}}^{i*} + \frac{1}{2}\dot{\vec{H}}^* \cdot \dot{\vec{J}}_m^i = 0$$

$$(2.12-39)$$

从而有

$$-\frac{1}{2}\dot{\vec{E}} \cdot \dot{\vec{J}}^{i*} - \frac{1}{2}\dot{\vec{H}}^* \cdot \dot{\vec{J}}_m^i = \nabla \cdot \left(\frac{1}{2}\dot{\vec{E}} \times \dot{\vec{H}}^*\right) + \frac{1}{2}\hat{y}^* |\dot{\vec{E}}|^2 + \frac{1}{2}\hat{z}|\dot{\vec{H}}|^2$$

$$(2.12-40)$$

积分形式为

$$-\int_V \left(\frac{1}{2}\dot{\vec{E}} \cdot \dot{\vec{J}}^{i*} + \frac{1}{2}\dot{\vec{H}}^* \cdot \dot{\vec{J}}_m^i\right) dV = \int_A \frac{1}{2}\dot{\vec{E}} \times \dot{\vec{H}}^* \cdot d\vec{A} + \int_V \left(\frac{1}{2}\hat{y}^* |\dot{\vec{E}}|^2 + \frac{1}{2}\hat{z}|\dot{\vec{H}}|^2\right) dV$$

$$(2.12-41)$$

式(2.12-33)和式(2.12-36)各量的扩展定义如下。耗散功率密度和耗散功率的时间平均值为

$$\langle p_l \rangle = \frac{1}{2}\text{Re}(\hat{y}^* |\dot{\vec{E}}|^2 + \hat{z}|\dot{\vec{H}}|^2) \qquad (2.12-42)$$

$$\langle P_l \rangle = \frac{1}{2}\text{Re}\left[\int_V (\hat{y}^* |\dot{\vec{E}}|^2 + \hat{z}|\dot{\vec{H}}|^2) dV\right] \qquad (2.12-43)$$

上面两式第一项同时代表传导损耗和电介质损耗,第二项代表磁介质损耗。电能密度和

磁能密度、电能和磁能的时间平均值规定为

$$\langle w_e \rangle = -\frac{1}{4\omega} \text{Im}(\hat{y}^* |\dot{\vec{E}}|^2) = \frac{1}{4\omega} \text{Im}(\hat{y}|\dot{\vec{E}}|^2) \quad (2.12-44)$$

$$\langle w_m \rangle = \frac{1}{4\omega} \text{Im}(\hat{z}|\dot{\vec{H}}|^2) \quad (2.12-45)$$

$$\langle W_e \rangle = -\frac{1}{4\omega} \text{Im}\left(\int_V \hat{y}^* |\dot{\vec{E}}|^2 dV\right) = \frac{1}{4\omega} \text{Im}\left(\int_V \hat{y}|\dot{\vec{E}}|^2 dV\right) \quad (2.12-46)$$

$$\langle W_m \rangle = \frac{1}{4\omega} \text{Im}\left(\int_V \hat{z}|\dot{\vec{H}}|^2 dV\right) \quad (2.12-47)$$

如果媒质参数 $\hat{\varepsilon}, \hat{\mu}, \hat{\sigma}$ 进一步表示为：$\hat{\varepsilon} = \varepsilon' - j\varepsilon''$，$\hat{\mu} = \mu' - j\mu''$，$\hat{\sigma} = \sigma$，则上述各式可以进一步表示为

$$\langle p_1 \rangle = \frac{1}{2}(\sigma|\dot{\vec{E}}|^2 + \omega\varepsilon''|\dot{\vec{E}}|^2 + \omega\mu''|\dot{\vec{H}}|^2) \quad (2.12-48)$$

$$\langle P_1 \rangle = \frac{1}{2}\int_V (\sigma|\dot{\vec{E}}|^2 + \omega\varepsilon''|\dot{\vec{E}}|^2 + \omega\mu''|\dot{\vec{H}}|^2)dV \quad (2.12-49)$$

$$\langle w_e \rangle = \frac{\varepsilon'}{4}|\dot{\vec{E}}|^2 \quad (2.12-50)$$

$$\langle w_m \rangle = \frac{\mu'}{4}|\dot{\vec{H}}|^2 \quad (2.12-51)$$

$$\langle W_e \rangle = \frac{\varepsilon'}{4}\int_V |\dot{\vec{E}}|^2 dV \quad (2.12-52)$$

$$\langle W_m \rangle = \frac{\mu'}{4}\int_V |\dot{\vec{H}}|^2 dV \quad (2.12-53)$$

从而坡印廷定理可以表示为

$$\dot{p}_s = \dot{p}_f + \langle p_1 \rangle + j2\omega[\langle w_m \rangle - \langle w_e \rangle] \quad (2.12-54)$$

$$\dot{P}_s = \dot{P}_f + \langle P_1 \rangle + j2\omega[\langle W_m \rangle - \langle W_e \rangle] \quad (2.12-55)$$

习题二

2-1 在有机玻璃的无源区域，已知磁场强度复数形式为 $\dot{\vec{H}} = \hat{i}_x \sin y$，试求在频率为 1 MHz 和 10 GHz 条件下的复数电场强度 $\dot{\vec{E}}$ 和瞬时电场强度 $\vec{E}$（查附录中有机玻璃的复介电常数）。

2-2 证明：在满足广义线性关系的均匀媒质的无源区域内，复数形式的自由电荷密度 $\dot{\rho}_f$ 为零，即 $\dot{\rho}_f = 0$。

2-3 假设在频率为 10 MHz 的条件下，某媒质电导率 $\sigma = 10^{-4}$，复介电常数 $\hat{\varepsilon} = (8 - j10^{-2})\varepsilon_0$，复磁导率 $\hat{\mu} = (14 - j)\mu_0$，电场强度为 $\dot{\vec{E}} = \hat{i}_x 5$，磁场强度为 $\dot{\vec{H}} = \hat{i}_y 2$，试求表 2.11-1 所列的各流量。

2-4 已知电场强度和磁场强度瞬时表达式分别为 $\vec{E} = \hat{i}_x y^2 \sin \omega t$、$\vec{H} = \hat{i}_y x \cos \omega t$,求总电流密度 $\vec{J}^t$ 和总磁流密度 $\vec{J}_m^t$,并求通过圆盘 $z=0$、$x^2+y^2=1$ 的总电流 I^t 和总磁流 I_m^t。

2-5 已知 $\vec{E} = \hat{i}_x y^2 \sin \omega t$、$\vec{H} = \hat{i}_y x \cos \omega t$,求:① $\vec{E}$、$\vec{H}$ 对应的复数量 $\dot{\vec{E}}$、$\dot{\vec{H}}$;② 复数形式的总电流密度 $\dot{\vec{J}}^t$ 和总磁流密度 $\dot{\vec{J}}_m^t$;③ 通过圆盘 $z=0$、$x^2+y^2=1$ 的复数总电流 $\dot{I}^t$ 和总磁流 $\dot{I}_m^t$。

2-6 已知 $\vec{E} = \hat{i}_x y^2 \sin \omega t$、$\vec{H} = \hat{i}_y x \cos \omega t$,求对应的坡印廷矢量,并试证明式 $\nabla \cdot (\vec{E} \times \vec{H}) + \vec{E} \cdot \vec{J}^t + \vec{H} \cdot \vec{J}_m^t = 0$ 成立。

2-7 证明瞬时坡印廷矢量与复数坡印廷矢量的关系可以表示为:$\vec{S} = \text{Re}\left(\dot{\vec{S}} + \frac{1}{2}\dot{\vec{E}} \times \dot{\vec{H}} e^{j2\omega t}\right)$。

2-8 考虑图 2.1 所示的单位立方体,除 $x=0$ 的面敞开以外,其他各面均以理想导体覆盖,在 $x=0$ 上 $\dot{E}_z = 100 \sin(\pi y)$ 和 $\dot{H}_y = e^{j\frac{\pi}{6}} \sin(\pi y)$。已知在立方体内不存在外加源,试求:
① 在立方体内耗散功率的时间平均值;
② 在立方体内电能和磁能的时间平均值之差。

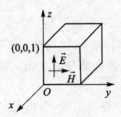

图 2.1 题 2-8 图

2-9 假设沿 z 轴从 $z=0$ 到 $z=1$ 加 $\dot{I}^i = 10$ 的 z 向电流丝。如果电场强度为 $\dot{\vec{E}} = \hat{i}_x(1+j)$,试求此源所供给电磁场的复数功率和功率的时间平均值。

第3章 波的基本理论

引 言

物理量在空间或某一部分空间上的分布就可称为场,而对于实际问题,这种空间分布应由描述客观物理规律的数学方程或函数所约束。如果表示场的函数是标量函数,就称为标量场;如果表示场的函数是矢量函数,就称为矢量场。如果表示场的物理量不仅随位置变化,而且也随时间变化,则称此场为非稳定场,或称时变场。

广义来说,凡是以时间和空间两种坐标函数表示的场都可以称为波。从这个意义来说,时变电磁场即是电磁波。然而,实际有意义的电磁波通常指可脱离源存在、由于电场和磁场随时间交替变化而导致的电磁储能变化和功率传播现象,并且电磁波的电场和磁场必须要满足麦克斯韦方程组所导出的波动方程。

麦克斯韦方程组描述所有电磁波问题的共性。在同一组麦克斯韦方程约束条件下,电磁波解的具体形式却可能有很大不同,有时较简单,有时较复杂。导致具体电磁波解不同或复杂化的两个重要原因是:边界条件和媒质。为此,本章学习电磁波的基本理论的思路如图3.0-1所示。

① 首先从无外加源的麦克斯韦方程组出发,导出电场强度和磁场强度满足的矢量波动方程。对无界各向同性媒质(包括简单媒质、广义线性媒质)来说,波动方程具有相同的形式,不同媒质的差别仅在于方程中的媒质固有波数不同。

② 在无界媒质空间中,存在的最基本的电磁波是向某确定方向传播的均匀平面波,而媒质的固有波数和波阻抗则反映了该平面波的传播特征。可以将各向同性媒质分为自由空间、理想介质、有耗媒质和良导体。

③ 限定波的传播方向为直角坐标系的 z 轴,可以得出在无界空间中存在的独立的平面波模式有四种,其中两种的分别组合可导致平面波呈现不同极化特征(线极化、圆极化、椭圆极化)和驻波特征(行波、驻波、行驻波)。这些基本平面波模式的基本组合形成的波的极化、驻波问题简单且易于分析,而实际中的波的极化和驻波特征可能会很复杂。

④ 在无界空间平面波分析的基础上,应用特定的边界条件,可以分析波在有界空间中存在的解。按照从简单到复杂的顺序可以包括:半无界空间中波的反射和折射现象、双导体传输线所导引的 TEM 波、单根空心波导所导引的 TE 波和 TM 波、封闭谐振腔中存在的空间驻波、有限区域源的辐射波。

⑤ 在对沿 z 轴方向传播的平面波学习的基础上,可以总结波的一般参数以及传播特征,进一步分析得到沿任意方向传播的平面波特征。

⑥ 在对各向同性媒质中的平面波学习的基础上,可以引入 kDB 坐标系,分析各向异性媒质中的平面波。为简化分析,只针对无界空间进行分析,而不考虑边界条件。

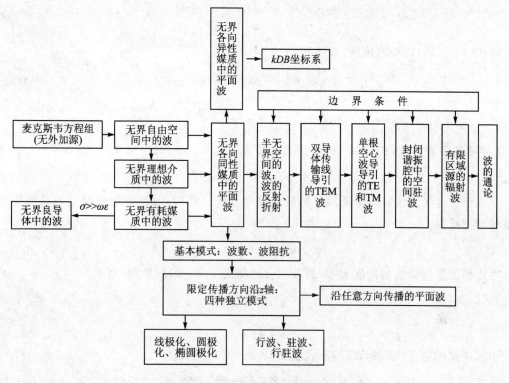

图 3.0-1 波的基本理论学习思路

3.1 时谐电磁场的方程及解

3.1.1 波动方程

在均匀、无外加源的各向同性媒质中,时谐场的复数场量满足的方程可以表示为

$$\nabla \times \dot{E} = -\hat{z}\dot{H} \quad (3.1-1a)$$

$$\nabla \times \dot{H} = \hat{y}\dot{E} \quad (3.1-1b)$$

$$\nabla \cdot \dot{E} = 0 \quad (3.1-1c)$$

$$\nabla \cdot \dot{H} = 0 \quad (3.1-1d)$$

式中,$\hat{z} = \hat{z}(\omega)$、$\hat{y} = \hat{y}(\omega)$ 为媒质的阻抗率和导纳率,一般为频率的函数,说明媒质的特性,可以表示为

$$\hat{z} = j\omega\hat{\mu} \quad (3.1-2)$$

$$\hat{y} = \hat{\sigma} + j\omega\hat{\varepsilon} \quad (3.1-3)$$

对线性各向同性媒质,即简单媒质,$\hat{\mu} = \mu$、$\hat{\varepsilon} = \varepsilon$、$\hat{\sigma} = \sigma$ 为实数;对广义线性各向同性媒质,$\hat{\sigma}$ 一般仍为实数,$\hat{\mu}$、$\hat{\varepsilon}$ 一般为复数,且与频率有关,可以进一步表示为

$$\hat{\mu} = \hat{\mu}(\omega) = \mu'(\omega) - j\mu''(\omega) \tag{3.1-4}$$

$$\hat{\varepsilon} = \hat{\varepsilon}(\omega) = \varepsilon'(\omega) - j\varepsilon''(\omega) \tag{3.1-5}$$

将式(3.1-1a)两端取旋度,并将式(3.1-1b)代入,有

$$\nabla \times \nabla \times \dot{\vec{E}} = -\hat{z}\nabla \times \dot{\vec{H}} = -\hat{z}\hat{y}\dot{\vec{E}} \tag{3.1-6}$$

令

$$k = \sqrt{-\hat{z}\hat{y}} \tag{3.1-7}$$

k 称为媒质的固有波数,式(3.1-6)可以进一步表示为

$$\nabla \times \nabla \times \dot{\vec{E}} - k^2 \dot{\vec{E}} = 0 \tag{3.1-8}$$

上式称为电场强度复矢量所满足的矢量波动方程。同理,可得磁场强度复矢量所满足的矢量波动方程为

$$\nabla \times \nabla \times \dot{\vec{H}} - k^2 \dot{\vec{H}} = 0 \tag{3.1-9}$$

考虑到矢量场旋度的散度为零,式(3.1-8)和式(3.1-9)取散度,有

$$\nabla \cdot \dot{\vec{E}} = 0 \tag{3.1-10}$$

$$\nabla \cdot \dot{\vec{H}} = 0 \tag{3.1-11}$$

引入矢量的拉普拉斯运算,按下式定义

$$\nabla^2 \vec{A} = \nabla(\nabla \cdot \vec{A}) - \nabla \times \nabla \times \vec{A} \tag{3.1-12}$$

则可得

$$\nabla^2 \dot{\vec{E}} + k^2 \dot{\vec{E}} = 0 \tag{3.1-13}$$

$$\nabla^2 \dot{\vec{H}} + k^2 \dot{\vec{H}} = 0 \tag{3.1-14}$$

上式也称为矢量波动方程(即矢量亥姆霍兹方程)。需要注意:单独由式(3.1-13)和式(3.1-14)并不能导出电场强度和磁场强度的散度为零,故式(3.1-13)和式(3.1-10)联合起来和式(3.1-8)等效,式(3.1-14)和式(3.1-11)联合起来和式(3.1-9)等效,同时与麦克斯韦方程组等效。

例如,$\dot{E}_x = E_0 e^{-jkz}$ 是一种可能的电磁波,可以验证其同时满足式(3.1-13)和式(3.1-10),即满足式(3.1-8)。$\dot{E}_z = E_0 e^{-jkz}$ 不是一种可能的电磁波,可以验证其只能满足式(3.1-13),但不能满足式(3.1-10),即不满足式(3.1-8)。

3.1.2 波函数

在直角坐标系下,$\dot{\vec{E}}$ 和 $\dot{\vec{H}}$ 的直角分量满足复数标量波动方程(即标量亥姆霍兹方程)。以 ψ 表示 $\dot{\vec{E}}$ 或 $\dot{\vec{H}}$ 的某一直角分量,则有

$$\nabla^2 \psi + k^2 \psi = 0 \tag{3.1-15}$$

标量亥姆霍兹方程的解便是标量波函数,适用于任意各向同性、广义线性媒质、无外加源媒质空间的电磁波问题求解。在直角、圆柱、圆球三种常用坐标系下,通过对波方程分离变量得到的波函数分别对应平面波函数、柱面波函数、球面波函数。

矢量波动方程的直接解称为矢量波函数,可以通过标量波函数按一定方式构造。

3.2 无界空间的均匀平面波

3.2.1 波动方程的一种可能解

能够满足标量波动方程的波函数形式具有很多种。下面以无界理想介质为例,介绍可以在无界空间存在的最基本的波函数:均匀平面波。

当媒质为理想介质时,有 $\hat{y} = j\omega\varepsilon, \hat{z} = j\omega\mu$,则有

$$k = \omega\sqrt{\mu\varepsilon} \tag{3.2-1}$$

如果 $\dot{\vec{E}}$ 只有 x 方向分量,并且沿 x、y 方向是均匀的,则波动方程变为

$$\frac{d^2\dot{E}_x}{dz^2} + k^2\dot{E}_x = 0 \tag{3.2-2}$$

其可能的一种解为

$$\dot{E}_x = E_0 e^{-jkz} \tag{3.2-3}$$

其满足 $\nabla \cdot \dot{\vec{E}} = 0$,所以是一可能电场,相伴磁场应满足条件

$$j\omega\mu\dot{\vec{H}} = -\nabla \times \dot{\vec{E}} = \hat{i}_y jk\dot{E}_x \tag{3.2-4}$$

可知磁场强度只有 y 方向分量,可以表示为

$$\dot{H}_y = \frac{k}{\omega\mu}\dot{E}_x = \frac{1}{\sqrt{\dfrac{\mu}{\varepsilon}}}\dot{E}_x = \frac{1}{\eta}\dot{E}_x \tag{3.2-5}$$

式(3.2-3)所表示的 $\dot{E}_x$ 与其相伴的 $\dot{H}_y$ 之比 η 具有阻抗的量纲,该阻抗值只与媒质的电磁特性有关,通常称为媒质的固有波阻抗。当媒质为理想介质时,可以表示为

$$\eta = \frac{\dot{E}_x}{\dot{H}_y} = \sqrt{\frac{\mu}{\varepsilon}} \tag{3.2-6}$$

在真空中,固有波阻抗为

$$\eta = \sqrt{\frac{\mu_0}{\varepsilon_0}} = 120\pi \approx 377\ \Omega \tag{3.2-7}$$

设 E_0 是实数,可得上述 $\dot{E}_x$、$\dot{H}_y$ 对应的瞬时场表示为

$$\left.\begin{array}{l} E_x = E_0 \cos(\omega t - kz) \\ H_y = \dfrac{1}{\eta}E_0 \cos(\omega t - kz) \end{array}\right\} \tag{3.2-8}$$

这种波为无界空间中的均匀平面波,平面是指其等相位面 $z = z_p$ 是一个平面,均匀是指在等相位面上电场强度和磁场强度的振幅(分别为 E_0 和 E_0/η)在等相位面上是固定的。电场强度和磁场强度在空间任何一点都具有相同的相位,故它们是同相的。

3.2.2 行波和线极化

对应某一确定时刻,电场强度和磁场强度值是关于 z 的正弦函数,如图 3.2-1 所示。经过一段时间延迟后,整体波形将向 $+z$ 方向平移,所以说这是一列沿 $+z$ 方向传播的行波。

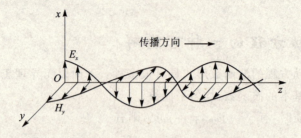

图 3.2-1 线极化的均匀平面行波

电磁波的极化用电场强度矢量在空间某点位置上随时间变化来描述,或者说用空间某点电场矢量尖端随时间变化的轨迹来描述。对于此波,电场强度矢量 $\vec{E}$ 的场线总是平行于 x 轴,故其为 x 方向的线极化波。

对式(3.2-3)、式(3.2-5)及式(3.2-8)表示的平面波解,需要注意以下几点。

① 这种解只能存在于无界空间,并没有考虑到边界条件。在有界空间中,这种解是否能存在,取决于激励形式和边界条件。

② 这种解只是可能存在于无界空间的电磁波解的一个特例。在无界空间中,还可能存在无数其他形式的解,如后面学习的柱面波、球面波。究竟采用何种波函数形式,仍取决于激励形式和边界条件。

③ 在无界空间中,利用两列这种形式的电磁场解进行线性组合,可以得到驻波、行驻波和圆极化波、椭圆极化波。在有界空间中,也可以尝试利用多列这种形式电磁场解进行线性组合,以得到有界空间中传输的复杂电磁波模式,其要点是要满足有界空间的边界条件,此时合成波的驻波和极化特征一般会较复杂。

3.3 波的传播特性

3.3.1 相位常数、相速度、相波长

电磁波沿某一传播方向的相位常数 β 定义为波相位沿该方向的空间减少率,即等于波沿该方向传播单位距离的相位滞后量。根据式(3.2-8),在理想介质中,相位常数等于媒质的固有波数,即有

$$\beta = k = \omega\sqrt{\mu\varepsilon} \quad (3.3\text{-}1)$$

等相位面行进的速度称为波的相速度。对式(3.2-8),等相位面 $z = z_p$ 由

$$\omega t - k z_p = 常数 \quad (3.3\text{-}2)$$

确定,相速度为

$$v_p = \frac{dz_p}{dt} = \frac{\omega}{k} = \frac{1}{\sqrt{\mu\varepsilon}} \quad (3.3-3)$$

该相速度只与媒质电磁特性有关,称为媒质的固有相速度。一般来讲,这个相速度定义只适用于无界媒质空间,或者边界的影响可忽略的情况。波的相波长为在任何时刻相位增加 2π 所经过的距离,有

$$\lambda = \frac{2\pi}{\beta} = \frac{2\pi}{k} = \frac{2\pi v_p}{\omega} = \frac{v_p}{f} \quad (3.3-4)$$

3.3.2 群速度和色散

相速度只对一个理想单频电磁波有定义。从时域看,单频信号的时域带宽应该无限大,即从 $t=-\infty$ 持续到 $t=\infty$;但在实际中,这样的信号是不可能存在的。实际的波总是从某个时刻开始从无到有产生,而这种波形已不是单频的正弦波(载波),而是一种被阶跃函数调制的已调波。

已调波包括不同的频率成分,它们各有各的相速度。如果单频波的相位常数 β 与角频率是线性关系,则不同频率波的相速度相同,此时可不用考虑群速的概念,或者说此时相速和群速相等。

对于窄带信号,即波群中的单色波处于一个窄频带之内时,可以引入群速的概念。假设有一群 ω、β 相近的波沿某方向传播,但 β 和 ω 非线性关系,即不满足式(3.3-1)。设 $\beta(\omega)$ 可以按 Taylor 级数展开为

$$\beta(\omega) = \beta(\omega_0) + \frac{\beta'(\omega_0)}{1!}(\omega-\omega_0) + \frac{\beta''(\omega_0)}{2!}(\omega-\omega_0)^2 + \cdots \quad (3.3-5)$$

式中,ω_0 是中心频率。如果 ω 对 ω_0 偏离不大,可只取前两项,即

$$\beta(\omega) = \beta(\omega_0) + \frac{\beta'(\omega_0)}{1!}(\omega-\omega_0) \quad (3.3-6)$$

$$\beta'(\omega_0) = \frac{d\beta}{d\omega}\bigg|_{\omega=\omega_0} \quad (3.3-7)$$

平面波函数的时域形式可以表示为

$$\psi(z,t) = e^{j\phi} = e^{j(\omega t - \beta z)} \quad (3.3-8)$$

$$\begin{aligned}\omega t - \beta z &= \omega t - \beta(\omega_0)z - \beta'(\omega_0)(\omega-\omega_0)z = \\&= (\omega-\omega_0)t - \beta'(\omega_0)(\omega-\omega_0)z + \omega_0 t - \beta(\omega_0)z = \\&= [(\omega-\omega_0)t - (\omega-\omega_0)\beta'(\omega_0)z] + [\omega_0 t - \beta(\omega_0)z] \end{aligned} \quad (3.3-9)$$

$$\psi(z,t) = e^{j[(\omega-\omega_0)t-(\omega-\omega_0)\beta'(\omega_0)z]} \cdot e^{j[\omega_0 t - \beta(\omega_0)z]} \quad (3.3-10)$$

式(3.3-10)为两项的乘积,每项都具有式(3.3-8)所表示的形式,根据频率高低可以分别表示载波和调制信号。可以看出,第二项角频率为 ω_0,相位常数为 $\beta(\omega_0)$,为载波信号;第一项角频率为 $\omega-\omega_0$,相位常数为 $(\omega-\omega_0)\beta'(\omega_0)$,为调制信号,表示要传递的信息。

对调制信号,其等相位面移动的速度有

$$v_g = \frac{\omega-\omega_0}{(\omega-\omega_0)\beta'(\omega_0)} = \frac{1}{\beta'(\omega_0)} = \frac{d\omega}{d\beta}\bigg|_{\omega=\omega_0} \quad (3.3-11)$$

v_g 是调制信号的相速度,对整体信号而言可以表示整个波群的速度,即为群速。式(3.3-11)有时就简单地表示为

$$v_g = \frac{d\omega}{d\beta} \tag{3.3-12}$$

只有波群中的单频波处于一个窄频带之内时,上述群速度的定义式才成立。换言之,当一群 ω、β 相近的波传播时,表现出仿佛是共同的速度,即群速。如图 3.3-1 所示,相速度 v_p 为单频载波信号等相位面移动的速度;群速度 v_g 为已调信号整体波群移动的速度,即已调信号包络的相速度。

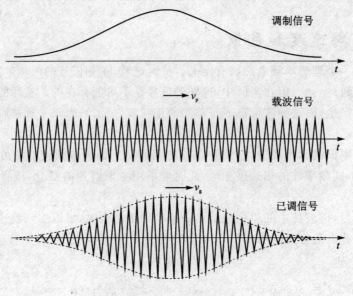

图 3.3-1 相速和群速

沿传播方向经过单位长度波形整体延迟的时间,称为群时延或群延时,以 τ_g 表示,有

$$\tau_g = \frac{1}{v_g} = \frac{d\beta}{d\omega} \tag{3.3-13}$$

实际信息传输必然要经过一定的空间和媒质,而且实际中有意义的已调制信息的信号,必然不可能是单频连续波,而是多频信号。如果传输信息的空间或媒质相速度与频率有关,则信息传输一定距离后,不同频率信号会散开,从而导致波形会发生畸变,这种现象称为色散。

3.4 波的时空变化特征

3.4.1 时间频率

在波方程的解式(3.2-8)中,ω 表示角频率,描述了波的时间变化的特性,因此 ω 又可称为时间频率。对时谐电磁波,在任意空间位置,电场和磁场均随时间以角频率 ω 按正弦或余弦规律变化。

3.4.2 空间频率

令式(3.2-8)的瞬时解表达式中的 $\omega t = 0$,则有

$$\left.\begin{array}{l}E_x = E_0\cos(kz)\\ H_y = \dfrac{1}{\eta}E_0\cos(kz)\end{array}\right\} \quad (3.4-1)$$

此时波数 k 又可称为空间频率,描述了波在空间变化的特征。根据式(3.4-1),可以在空间域观察和研究波的行为:波形在空间域上每隔 $kz = 2m\pi$ 就重复一次,其中 m 为任意整数,如图 3.4-1 所示。图中 $K_0 = 2\pi \mathrm{m}^{-1}$, $\dfrac{k}{K_0}$ 表示每米空间中的变化周期数。

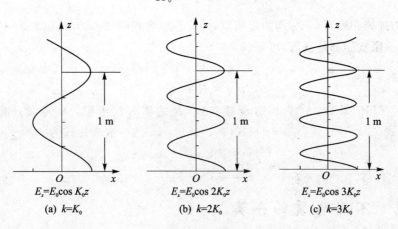

图 3.4-1　不同空间频率时,场量与空间距离 z 的关系

与无界时间域中可以存在单一角频率(时间频率)ω 的电磁波类似,在无界空间域,可以存在单一空间频率 k 的正弦电磁波。根据信号与系统知识,如果是有限时长信号(即时间被截断),则根据傅里叶变换,该时间信号可以分解成多频谐波的合成。这种现象对应到空间域,如果是有限空间域(即空间被截断),则根据平面波谱的知识,该空间信号也可以分解成多频谐波的合成,此时的频率是指空间频率。

例如:波导的问题、谐振腔的问题,电磁波通过一个有限尺寸的口径或等效口径的问题(口径天线、反射面天线、透镜、紧缩场),等等,由于边界条件的限制,此时一般不可能存在单一空间频率 k 的均匀平面波,而应为多个空间频率电磁波的合成。

3.5　波数和波阻抗

媒质的固有波数 k 和波阻抗 η 是描述波的特征的非常重要的参量。根据波数 k 又可以引出相速度、相波长等概念,一般把它们统称为波的传播特性参量。

3.5.1　一般表示

式(3.2-1)和式(3.2-6)为理想介质的波数和波阻抗,对一般的各向同性媒质,可以导出波数和波阻抗的定义为

$$k = \sqrt{-\hat{z}\hat{y}} \quad (3.5-1)$$

$$\eta = \sqrt{\frac{\hat{z}}{\hat{y}}} \quad (3.5-2)$$

式中,$\hat{z}$、$\hat{y}$ 为媒质的阻抗率和导纳率,如式(3.1-2)和式(3.1-3)所示。也可以用 k 和 η 表示 $\hat{z}$、$\hat{y}$,有

$$\hat{z} = jk\eta \quad (3.5-3)$$

$$\hat{y} = \frac{jk}{\eta} \quad (3.5-4)$$

当媒质为理想介质时,k、η 均为正实数,即可表示为式(3.2-1)和式(3.2-6)。一般情况下,波数 k 和波阻抗 η 都是复数,可写成

$$k = k' - jk'' \quad (3.5-5)$$

$$\eta = R + jX \quad (3.5-6)$$

式中,k' 为固有相位常数,k'' 为固有衰减常数;R 为固有波电阻,X 为固有波电抗。根据式(3.1-2)、式(3.1-3)、式(3.1-4)、式(3.1-5),$\hat{y}$、$\hat{z}$ 的一般表达式为

$$\hat{y} = \sigma + \omega\varepsilon'' + j\omega\varepsilon' \quad (3.5-7)$$

$$\hat{z} = \omega\mu'' + j\omega\mu' \quad (3.5-8)$$

3.5.2 不同媒质的分类

在无外加源的媒质中,σ、ε''、μ'' 总是正的,形成能量耗散。ε'、μ' 一般是正的,表示电磁储能,根据它们的取值情况,可以确定 k、η 的取值及其他传播特性参量。表 3.5-1 列出一般媒质、无磁损耗媒质、理想介质、良好介质、良导体等几种条件下 k'、k''、R、X 的取值情况。

表 3.5-1 固有波数($k = k' - jk''$)和波阻抗($\eta = R + jX = \eta e^{j\zeta}$)

类 别	k'	k''	R	X
一般	$\mathrm{Re}\sqrt{-\hat{z}\hat{y}}$	$-\mathrm{Im}\sqrt{-\hat{z}\hat{y}}$	$\mathrm{Re}\sqrt{\hat{z}/\hat{y}}$	$\mathrm{Im}\sqrt{\hat{z}/\hat{y}}$
无磁损耗媒质 ($\mu'' = 0, \mu' = \mu$)	$\mathrm{Im}\sqrt{j\omega\mu\hat{y}}$	$\mathrm{Re}\sqrt{j\omega\mu\hat{y}}$	$\dfrac{k'}{\|\hat{y}\|}$	$\dfrac{k''}{\|\hat{y}\|}$
理想介质 ($\mu'' = 0, \mu' = \mu, \varepsilon'' = 0, \varepsilon' = \varepsilon, \sigma = 0$)	$\omega\sqrt{\mu\varepsilon}$	0	$\sqrt{\dfrac{\mu}{\varepsilon}}$	0
良好介质 ($\mu'' = 0, \mu' = \mu, \varepsilon' \gg \varepsilon'', \sigma \to 0$)	$\omega\sqrt{\mu\varepsilon'}$	$\dfrac{\omega\varepsilon''}{2}\sqrt{\dfrac{\mu}{\varepsilon'}}$	$\sqrt{\dfrac{\mu}{\varepsilon'}}$	$\dfrac{\varepsilon''}{2\varepsilon'}\sqrt{\dfrac{\mu}{\varepsilon'}}$
良好导体 ($\mu'' = 0, \mu' = \mu, \varepsilon'' \to 0, \varepsilon' \to \varepsilon, \sigma \gg \omega\varepsilon$)	$\sqrt{\dfrac{\omega\mu\sigma}{2}}$	$\sqrt{\dfrac{\omega\mu\sigma}{2}}$	$\sqrt{\dfrac{\omega\mu}{2\sigma}}$	$\sqrt{\dfrac{\omega\mu}{2\sigma}}$

在一般的各向同性媒质中,根据波动方程的解式(3.2-3)及 k、η 的定义,有

$$\dot{E}_x = E_0 e^{-jkz} = E_0 e^{-jk'z} e^{-k''z} \quad (3.5-9)$$

$$\eta = |\eta| e^{j\arg(\eta)} = \frac{\dot{E}_x}{\dot{H}_y} \quad (3.5-10)$$

媒质不同,则其 k、η 取值不同,波的相移情况、衰减情况、电场强度和磁场强度的模比、电场强度和磁场强度的相差都有所不同。在 3.6 节、3.7 节、3.8 节、3.9 节将以均匀平面波为例,讨论不同媒质中波的传输特征。

3.6 理想介质中的波

已知在理想介质中,满足波动方程的一种可能的解为均匀平面波,一种均匀平面波的电磁场解如式(3.2-3)和式(3.2-5)所示,式中

$$\left. \begin{array}{l} k = \omega \sqrt{\mu \varepsilon} = \dfrac{2\pi}{\lambda} = \dfrac{\omega}{v_p} \\ \eta = \sqrt{\dfrac{\mu}{\varepsilon}} \end{array} \right\} \quad (3.6-1)$$

下面分析其他可能的均匀平面波模式及波的能量密度和功率流密度。

3.6.1 四种独立平面波模式

如果只考虑沿 $+z$ 和 $-z$ 方向的行波,则所有满足条件的独立平面波的模式可以有四种,分别表示为

$$\left. \begin{array}{ll} \dot{E}_x^+ = A e^{-jkz}, & \dot{H}_y^+ = \dfrac{A}{\eta} e^{-jkz} \\[4pt] \dot{E}_y^+ = B e^{-jkz}, & \dot{H}_x^+ = \dfrac{-B}{\eta} e^{-jkz} \\[4pt] \dot{E}_x^- = C e^{jkz}, & \dot{H}_y^- = \dfrac{-C}{\eta} e^{jkz} \\[4pt] \dot{E}_y^- = D e^{jkz}, & \dot{H}_x^- = \dfrac{D}{\eta} e^{jkz} \end{array} \right\} \quad (3.6-2)$$

式中,A、B、C、D 为常数,k 和 η 为媒质的固有波数和波阻抗。式(3.6-2)的第一式表示向 $+z$ 方向传播的均匀平面波,电场沿 x 方向,磁场沿 y 方向;第二式表示向 $+z$ 方向传播的均匀平面波,电场沿 y 方向,磁场沿 x 方向;第三式表示向 $-z$ 方向传播的均匀平面波,电场沿 x 方向,磁场沿 y 方向;第四式表示向 $-z$ 方向传播的均匀平面波,电场沿 y 方向,磁场沿 x 方向。上述基本平面波模式均为线极化、行波,它们的线性组合可以表示其他可能沿 $+z$ 或 $-z$ 方向传播的平面波。

3.6.2 能量密度和功率流密度

在式(3.6-2)中,设 $A = E_0$ 为正实数,以第一种平面波模式 $\dot{E}_x = E_0 e^{-jkz}$、$\dot{H}_y = \dfrac{E_0}{\eta} e^{-jkz}$ 为例计算理想介质中的各种能量密度和功率流密度,有

$$\left.\begin{aligned} w_e &= \frac{\varepsilon}{2}|\vec{E}|^2 = \frac{\varepsilon}{2}E_x^2 = \frac{1}{2}\varepsilon E_0^2 \cos^2(\omega t - kz) \\ w_m &= \frac{\mu}{2}|\vec{H}|^2 = \frac{\mu}{2}H_y^2 = \frac{1}{2}\varepsilon E_0^2 \cos^2(\omega t - kz) \\ \vec{S} &= \vec{E} \times \vec{H} = \hat{u}_z \frac{1}{\eta}E_0^2 \cos^2(\omega t - kz) \\ \dot{\vec{S}} &= \frac{1}{2}\vec{E} \times \vec{H}^* = \hat{u}_z \frac{E_0^2}{2\eta} \end{aligned}\right\} \qquad (3.6-3)$$

电能密度 w_e、磁能密度 w_m 时间平均值为

$$\left.\begin{aligned} \langle w_e \rangle &= \frac{\varepsilon}{4}|\dot{\vec{E}}|^2 = \frac{\varepsilon}{4}E_0^2 \\ \langle w_m \rangle &= \frac{\mu}{4}|\dot{\vec{H}}|^2 = \frac{\varepsilon}{4}E_0^2 \end{aligned}\right\} \qquad (3.6-4)$$

根据式(3.6-3)和式(3.6-4),可知

$$w_e = w_m \qquad (3.6-5)$$

$$\langle w_e \rangle = \langle w_m \rangle \qquad (3.6-6)$$

即在理想介质中的任一点,平面波的瞬时电能密度和磁能密度相等,平均电能密度和磁能密度也相等。规定电磁能量传播速度 v_e 为

$$v_e = \frac{\text{功率流密度}}{\text{能量密度}} = \frac{S}{w_e + w_m} \qquad (3.6-7)$$

对于无界理想介质中的均匀平面波,则有

$$v_e = \frac{1}{\sqrt{\mu\varepsilon}} \qquad (3.6-8)$$

可知,对于无界理想介质空间中的均匀平面波,能量传播速度和相速度相等。

理想介质的特例即为自由空间。在自由空间,只要将上述表达式中的波数 k 和波阻抗 η 替换成自由空间的 k_0 和 η_0 即可,二者表示式为

$$k = k_0 = \omega\sqrt{\mu_0\varepsilon_0} \qquad (3.6-9)$$

$$\eta = \eta_0 = \sqrt{\mu_0/\varepsilon_0} \qquad (3.6-10)$$

3.7 有耗媒质中的波

对于各向同性的有耗物质,可以分为良好介质和良好导体两种典型情况。

3.7.1 良好介质

对良好介质情况,媒质为低损耗,电磁参量满足条件

$$\mu'' = 0, \quad \mu' = \mu \qquad (3.7-1)$$

$$\varepsilon' \gg \varepsilon'' \qquad (3.7-2)$$

$$\sigma \to 0 \qquad (3.7-3)$$

在良好介质中,波数和波阻抗可以表示为

$$\left.\begin{aligned}k' &\approx \omega\sqrt{\mu\varepsilon'} \\ k'' &\approx \frac{\omega\varepsilon''}{2}\sqrt{\frac{\mu}{\varepsilon'}} \\ |\eta| &\approx \sqrt{\frac{\mu}{\varepsilon'}} \\ \arg(\eta) &= \zeta \approx \arctan\frac{\varepsilon''}{2\varepsilon'}\end{aligned}\right\} \quad (3.7-4)$$

根据式(3.7-4)中各式可知,k''、ζ 值均趋于零,说明良好介质中传播的波衰减极小,电场和磁场近乎同相。

3.7.2 良好导体

对良好导体情况,媒质为高损耗,电磁参量满足条件

$$\mu'' = 0, \quad \mu' = \mu \quad (3.7-5)$$
$$\varepsilon'' \to 0, \quad \varepsilon' \to \varepsilon \quad (3.7-6)$$
$$\sigma \gg \omega\varepsilon \quad (3.7-7)$$

根据式(3.7-7)可知,在良好导体中,在外加电场 $\dot{E}$ 条件下感应的传导电流 $\sigma\dot{E}$ 远大于位移电流 $\omega\varepsilon\dot{E}$。在良好导体中,波数和波阻抗可以表示为

$$\left.\begin{aligned}k' &\approx \sqrt{\frac{\omega\mu\sigma}{2}} \\ k'' &\approx \sqrt{\frac{\omega\mu\sigma}{2}} \\ |\eta| &\approx \sqrt{\frac{\omega\mu}{\sigma}} \\ \arg(\eta) &= \zeta \approx \frac{\pi}{4}\end{aligned}\right\} \quad (3.7-8)$$

根据上述波数和波阻抗的取值可知,在良好导体中,波的传播具有以下性质:

① k'' 很大,即波的衰减极大,场只是局限于很薄的表面层之内,这种现象称为趋肤效应(skin effect)。波在其中幅度衰减至其初始值的 $\frac{1}{e}$ 的距离叫做趋肤深度或透入深度 δ,即有

$$\left.\begin{aligned}k''\delta &= 1 \\ \delta &= \sqrt{\frac{2}{\omega\mu\sigma}} = \frac{1}{k''} = \frac{1}{k'} = \frac{\lambda_m}{2\pi}\end{aligned}\right\} \quad (3.7-9)$$

式中,λ_m 为良好导体中的相波长,和趋肤深度基本是同一个数量级。

② 良好导体中固有波阻抗 η_m 的模值极小,其相角 ζ 近似为 $45°$,表明磁场总是滞后于电场达 $45°$。

③ 良好导体中平均电能密度为

$$\langle w_e \rangle = \frac{1}{4}\varepsilon|\dot{E}|^2 = \frac{1}{4}\varepsilon E_0^2 e^{-2k''z} \quad (3.7-10)$$

平均磁能密度可以表示为

$$\langle w_m \rangle = \frac{1}{4}\mu |\dot{\vec{H}}|^2 = \frac{1}{4}\mu \frac{E_0^2}{|\eta_m|^2} e^{-2k''z} \qquad (3.7-11)$$

考虑到良好导体的波阻抗的模 $|\eta_m|$ 可以表示为

$$|\eta_m| = \sqrt{\frac{\omega\varepsilon}{\sigma}} \cdot \sqrt{\frac{\mu}{\varepsilon}} \ll \sqrt{\frac{\mu}{\varepsilon}} = \eta_{\boldsymbol{\gamma}} \qquad (3.7-12)$$

故有

$$\langle w_m \rangle = \langle w_e \rangle \frac{|\eta_{\boldsymbol{\gamma}}|^2}{|\eta_m|^2} \gg \langle w_e \rangle \qquad (3.7-13)$$

即良好导体中平均磁能远大于平均电能。

④ 良好导体折射率 $n \approx \sqrt{\dfrac{\sigma}{j\omega\varepsilon}} \to \infty$（参考后面式(3.11-32)，定义其表面电阻为

$$R_s = \mathrm{Re}(\eta_m) \qquad (3.7-14)$$

则可通过表面电阻表示导体表面每单位面积功率耗散的时间平均值，即为

$$\langle P_1 \rangle \approx \frac{1}{2}|\dot{H}_0|^2 R_s = |\mathrm{Re}(\dot{\vec{S}})| \qquad (3.7-15)$$

式中，$\dot{\vec{S}}$ 为从良导体表面指向其内部的复数坡印廷矢量，表示为

$$\dot{\vec{S}} = \frac{1}{2}\dot{\vec{E}}_\tau \times \dot{\vec{H}}_\tau^* = \frac{1}{2}(\eta_m \dot{\vec{H}}_\tau \times \hat{i}_z) \times \dot{\vec{H}}_\tau^* =$$

$$\hat{i}_z \frac{1}{2}\eta_m \dot{\vec{H}}_\tau \cdot \dot{\vec{H}}_\tau^* = \hat{i}_z \frac{1}{2}|\dot{H}_0|^2 \eta_m \qquad (3.7-16)$$

式中，电场强度 $\dot{\vec{E}}_\tau$、磁场强度 $\dot{\vec{H}}_\tau$ 为良好导体表面切向电场和切向磁场，$\dot{H}_0$ 为切向磁场在边界的复振幅。对于有限尺寸的良好导体结构，如矩形波导等传输线，可以用式(3.7-15)对良好导体结构表面积分计算良好导体引起的功率损耗。

3.8 极化方向相同而传播方向相反的两列平面波合成

3.8.1 行 波

假设电场强度只有 x 方向分量，并且沿 xy 平面是均匀的，则其满足的波动方程如式(3.2-2)所示：

$$\frac{\mathrm{d}^2 \dot{E}_x}{\mathrm{d}z^2} + k^2 \dot{E}_x = 0$$

根据微分方程求解理论，其通解可以表示为

$$\dot{E}_x = \dot{E}_x^+ + \dot{E}_x^- = A\mathrm{e}^{-jkz} + C\mathrm{e}^{jkz} \qquad (3.8-1)$$

上式其实是式(3.6-2)中四种基本模式中的两个电场沿 x 方向模式的线性组合。取式(3.8-1)中 $A = E_0$ 为正实数，$C = 0$，则 $\dot{E}_x = E_0 \mathrm{e}^{-jkz}$，表示沿 $+z$ 方向传播的行波(traveling wave)。

3.8.2 驻 波

取 $A = -C = jE_0/2$,则 $\dot{E}_x = E_0 \sin kz$,表示沿 z 方向的驻波(standing wave)。驻波电场、磁场解为

$$\dot{E}_x = E_0 \sin kz \tag{3.8-2}$$

$$\dot{H}_y = j\frac{E_0}{\eta}\cos kz \tag{3.8-3}$$

可知驻波的电场和磁场之比不再等于媒质固有波阻抗。式(3.8-2)和式(3.8-3)相应的瞬时值表达式为

$$E_x = E_0 \sin kz \cos \omega t \tag{3.8-4}$$

$$H_y = -\frac{E_0}{\eta}\cos kz \sin \omega t \tag{3.8-5}$$

线极化的均匀平面驻波电场和磁场瞬时波形如图 3.8-1 所示。

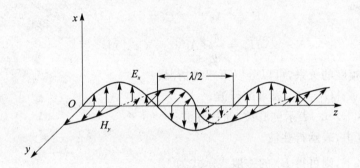

图 3.8-1 线极化的均匀平面驻波

驻波的特点有如下几方面:

① 电场强度矢量和磁场强度矢量垂直,即在空间上二者夹角为 90°。

② 场的振幅沿 z 方向变化,把场振幅为零的位置称为驻波的波节点,场振幅为最大值的位置称为驻波的波腹点。对驻波而言,磁场强度的波节点对应电场强度的波腹点,电场强度的波节点对应磁场强度的波腹点,这说明电场和磁场空间变化相位相差为 90°。在电场强度波节点,满足沿垂直于 z 轴方向放置电壁的边界条件;在磁场强度波节点,满足沿垂直于 z 轴方向放置磁壁的边界条件。

③ 电场强度和磁场强度随时间变化的相位相差为 90°。

④ 电场强度和磁场强度的波节点位置在空间是固定的,电场强度的各个波节点和相邻磁场强度的各个波节点距离为 $\lambda/4$,电场强度和磁场强度自身的相邻波节点之间的距离是半波长。无论是电场还是磁场,自身相邻两个波节点之间的振动同相,波节点两侧振动反相。

⑤ 此驻波解仍然是沿 xy 平面的均匀波、对 z 方向的平面波、电场强度沿 x 方向的线极化波。

式(3.8-2)~式(3.8-5)所表示驻波相关的电磁能量密度和功率流密度可以表示为

$$\left.\begin{aligned} w_e &= \frac{\varepsilon}{2}|\vec{E}|^2 = \frac{\varepsilon}{2}E_x^2 = \frac{1}{2}\varepsilon E_0^2 \sin^2 kz \cos^2 \omega t \\ w_m &= \frac{\mu}{2}|\vec{H}|^2 = \frac{\mu}{2}H_y^2 = \frac{1}{2}\varepsilon E_0^2 \cos^2 kz \sin^2 \omega t \\ \vec{S} &= \vec{E}\times\vec{H} = -\hat{i}_z \frac{E_0^2}{4\eta}\sin 2kz \sin 2\omega t \\ \dot{\vec{S}} &= \frac{1}{2}\dot{\vec{E}}\times\dot{\vec{H}}^* = -\hat{i}_z \frac{\mathrm{j}E_0^2}{4\eta}\sin 2kz \end{aligned}\right\} \quad (3.8-6)$$

坡印廷矢量的时间平均值 $\langle\vec{S}\rangle = \mathrm{Re}(\dot{\vec{S}}) = 0$，表示对驻波而言，平均下来无有功功率流传输。驻波电场和磁场随着时间和空间变化，电能和磁能互相转化。

3.8.3 行驻波

更一般的沿 x 方向极化的场可由振幅不等的两列传播方向相反的行波再叠加而成，表示为

$$\left.\begin{aligned} \dot{E}_x &= A\mathrm{e}^{-\mathrm{j}kz} + C\mathrm{e}^{\mathrm{j}kz} \\ \dot{H}_y &= \frac{1}{\eta}(A\mathrm{e}^{-\mathrm{j}kz} - C\mathrm{e}^{\mathrm{j}kz}) \end{aligned}\right\} \quad (3.8-7)$$

根据两列波幅度的关系，可以分以下三种情况：
① $|A|=0$ 或 $|C|=0$，表示纯行波；
② $|A|=|C|\neq 0$，表示纯驻波，简称驻波；
③ $|A|\neq|C|$，表示行驻波。

设 $|A|>|C|$，则可得 $\dot{E}_x$ 的一般表示式为

$$\dot{E}_x = \sqrt{|A|^2+|C|^2+2|A||C|\cos 2kz}\exp\left[-\mathrm{j}\arctan\left(\frac{|A|-|C|}{|A|+|C|}\tan kz\right)\right] \quad (3.8-8)$$

沿 z 方向传播的电场强度的振幅为

$$|\dot{E}_x| = \sqrt{|A|^2+|C|^2+2|A||C|\cos 2kz} \quad (3.8-9)$$

式(3.8-9)表示一般情况下，沿 z 方向电场振幅是随位置 z 变化的，即形成所谓的行驻波分布，如图 3.8-2 所示。

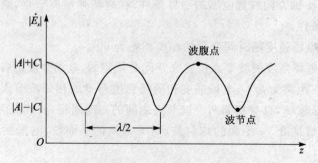

图 3.8-2 振幅不等的两个反向行波合成的行驻波振幅

行驻波也有波节点和波腹点。沿 z 方向场振幅最大的位置称为波的波腹点，沿 z 方向场

振幅最小的位置称为波的波节点,相邻波腹点和波节点的间距为 $\lambda/4$,相邻两个波节点(或波腹点)的间距为 $\frac{\lambda}{2}$。

驻波沿 z 方向幅度的最大值(即波腹点幅度)和最小值(即波节点幅度)之比称为驻波比(Standing-Wave Ratio,SWR),一般可用 ρ 来表示,定义为

$$\rho = \frac{|A|+|C|}{|A|-|C|} \quad (3.8-10)$$

对纯行波:$\rho = 1$;对纯驻波:$\rho \to \infty$;对行驻波:$1 < \rho < \infty$。

3.9 极化方向正交而传播方向相同的两列平面波合成

3.9.1 线极化、圆极化、椭圆极化

对式(3.6-2),考虑同时存在沿 $+z$ 方向传播的两个平面波模式时的电磁场解,即 $\dot{E}_x$ 和 $\dot{E}_y$ 都存在时的沿 $+z$ 方向传播的行波,通解可表示为

$$\left. \begin{aligned} \dot{\vec{E}} &= (\hat{i}_x A + \hat{i}_y B)\mathrm{e}^{-\mathrm{j}kz} \\ \dot{\vec{H}} &= (-\hat{i}_x B + \hat{i}_y A)\frac{1}{\eta}\mathrm{e}^{-\mathrm{j}kz} \end{aligned} \right\} \quad (3.9-1)$$

此时可将波分为以下几种情况:

① $B = 0$,合成波为沿 x 方向的线极化波;

② $A = 0$,合成波为沿 y 方向的线极化波;

③ A、B 都为实数或都是具有相同相角的复数,合成波为电场方向对 x 轴倾斜 $\arctan(B/A)$ 角的线极化波;

④ 如果 A、B 是具有不同相角的复数,则电场矢量尖端随时间变化时,不再指向空间的单一方向,令 $A = |A|\mathrm{e}^{\mathrm{j}\phi_A}$,$B = |B|\mathrm{e}^{\mathrm{j}\phi_B}$,则瞬时电场强度为

$$E_x = |A|\cos(\omega t - kz + \phi_A) \quad (3.9-2)$$
$$E_y = |B|\cos(\omega t - kz + \phi_B) \quad (3.9-3)$$

此时电场矢量在各不同时刻的矢量图在幅度和方向上都有改变,箭头尖端随时间变化描绘出的轨迹是一椭圆,称为椭圆极化波。如果描绘出的轨迹是一个直线或圆,则相应称为线极化波或圆极化波。线极化波、圆极化波都是椭圆极化波的特殊情况。

当右手拇指指向传播方向时,如果电场矢量 $\vec{E}$ 随时间变化按其他四指所指的方向旋转,则称波是右旋极化波,反之称左旋极化波。

式(3.9-1)中,令 $A = \mathrm{j}B = E_0$ 为正实数,则表示右旋圆极化波,即有

$$\left. \begin{aligned} \dot{\vec{E}} &= (\hat{i}_x - \mathrm{j}\hat{i}_y)E_0\mathrm{e}^{-\mathrm{j}kz} \\ \dot{\vec{H}} &= (\hat{i}_x - \mathrm{j}\hat{i}_y)\mathrm{j}\frac{E_0}{\eta}\mathrm{e}^{-\mathrm{j}kz} \end{aligned} \right\} \quad (3.9-4)$$

相伴的电磁能量密度和功率流密度可以表示为

$$\left.\begin{aligned} w_e &= \frac{\varepsilon}{2}|\vec{E}|^2 = \frac{1}{2}\varepsilon E_0^2 \\ w_m &= \frac{\mu}{2}|\vec{H}|^2 = \frac{1}{2}\varepsilon E_0^2 \\ \vec{S} &= \vec{E}\times\vec{H} = \hat{i}_z \frac{1}{\eta}E_0^2 \\ \dot{\vec{S}} &= \frac{1}{2}\dot{\vec{E}}\times\dot{\vec{H}}^* = \hat{i}_z \frac{1}{\eta}E_0^2 \end{aligned}\right\} \quad (3.9-5)$$

上述各式表明，圆极化波的能量密度和功率流密度在时间或空间方面都无变化，因此圆极化波产生恒定的功率流。

下面介绍描述平面电磁波极化特征的几组参数。

3.9.2 用 a_x、a_y、δ 描述波的极化

取 $a_x = |A|$，$a_y = |B|$，$\phi = \omega t - kz$，$\delta_x = \phi_A$，$\delta_y = \phi_B$，$\delta = \delta_y - \delta_x$，则电场强度 $\vec{E}$ 对应的 $z = 0$ 的复矢量 $\dot{\vec{E}}_0$ 可以表示为

$$\dot{\vec{E}}_0 = \hat{i}_x a_x e^{j\delta_x} + \hat{i}_y a_y e^{j\delta_y} \quad (3.9-6)$$

电场强度瞬时值各分量为

$$\left.\begin{aligned} E_x &= a_x \cos(\phi + \delta_x) \\ E_y &= a_y \cos(\phi + \delta_y) \end{aligned}\right\} \quad (3.9-7)$$

上式为一椭圆的参数方程，消去 ϕ，可得

$$\left(\frac{E_x}{a_x}\right)^2 + \left(\frac{E_y}{a_y}\right)^2 - 2\frac{E_x}{a_x}\cdot\frac{E_y}{a_y}\cos\delta = \sin^2\delta \quad (3.9-8)$$

取 E_x、E_y 为坐标轴，上式表示中心在 $E_x = E_y = 0$ 的椭圆，这说明空间各点 $\vec{E}$ 矢量尖端轨迹为一椭圆，即为椭圆极化波。椭圆极化波的极化状态可以用三个独立参数 a_x、a_y、δ 来描述。对于沿 $+z$ 方向传播的波，有以下结论：

① 若 $a_x = a_y$，$\delta = \pm\frac{\pi}{2}$，则波为圆极化，当 $\delta = +\frac{\pi}{2}$ 时为左圆旋极化，当 $\delta = -\frac{\pi}{2}$ 时为右旋圆极化；

② 若 $\delta = n\pi (n = 0,1,2,\cdots)$，则波为线极化；

③ 其他情况为椭圆极化。当 $0 < \delta < \pi$ 时为左旋椭圆极化，当 $-\pi < \delta < 0$ 时为右旋椭圆极化。

如图 3.9-1 所示，除了用 a_x、a_y、δ 来表征极化椭圆外，还可以用椭圆的长、短轴 a、b 及取向角 ψ 来表征极化椭圆，二者关系为

$$a^2 + b^2 = a_x^2 + a_y^2 \quad (3.9-9)$$

$$\tan 2\psi = \frac{2a_x a_y}{a_x^2 - a_y^2}\cos\delta \quad (0 \leqslant \psi \leqslant \pi) \quad (3.9-10)$$

$$\sin 2\chi = \frac{2a_x a_y}{a_x^2 + a_y^2}\sin\delta \quad (3.9-11)$$

式中，$\chi = \arctan\left(\pm\frac{b}{a}\right)$ 称为椭圆角，取值范围为 $-\frac{\pi}{4} \leqslant \chi \leqslant \frac{\pi}{4}$。左旋极化波对应 $0 < \chi \leqslant$

$\frac{\pi}{4}$,右旋极化波对应 $-\frac{\pi}{4} \leqslant \chi < 0$。

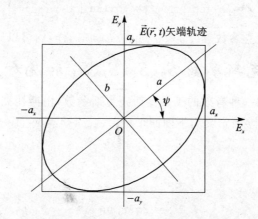

图 3.9-1 取向角为 ψ 的椭圆极化波

3.9.3 用 ρ_1、ρ_2、α 描述波的极化

一个椭圆极化波可看成两个旋向相反的圆极化波的叠加,如图 3.9-2 所示。$\dot{\vec{E}}_0$ 可表示为

$$\dot{\vec{E}}_0 = \rho_1 e^{j\alpha_1}(\hat{i}_x - j\hat{i}_y) + \rho_2 e^{j\alpha_2}(\hat{i}_x + j\hat{i}_y) =$$
$$e^{j\alpha_1}[\rho_1(\hat{i}_x - j\hat{i}_y) + \rho_2 e^{j\alpha}(\hat{i}_x + j\hat{i}_y)] \quad (3.9-12)$$

式中,ρ_1、ρ_2 为两圆极化波幅值,即极化圆的半径,α_1、α_2 为两圆极化波初相,$\alpha = \alpha_2 - \alpha_1$ 为两圆极化波初相差。如果满足

$$\left.\begin{array}{l} \delta_x = 0 \\ \delta = \delta_y - \delta_x = \dfrac{\pi}{2} \\ \alpha_1 = 0 \\ \alpha = \alpha_2 - \alpha_1 = 0 \end{array}\right\} \quad (3.9-13)$$

则比较式(3.9-6)和式(3.9-12)可得出

$$\rho_2 = \frac{1}{2}(a_y + a_x) \quad (3.9-14)$$

$$\rho_1 = \frac{1}{2}(a_y - a_x) \quad (3.9-15)$$

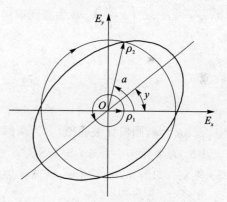

图 3.9-2 椭圆极化波分解为两旋向相反的圆极化波

由于左旋、右旋圆极化某点的场矢量随时间旋转的角速度相同,由图 3.9-2 可知,两圆极化波将沿相反方向转过相同的角度 $\frac{\alpha}{2}$ 后会合于极化椭圆的长轴方向上,对应角度为椭圆取向角 ψ,则极化椭圆的长、短轴 a、b 及取向角 ψ 和参数 ρ_1、ρ_2、α 的关系为

$$a = \rho_2 + \rho_1 \quad (3.9-16)$$
$$b = \rho_2 - \rho_1 \quad (3.9-17)$$
$$\psi = \frac{\alpha}{2} \quad (3.9-18)$$

椭圆角 χ 为

$$\chi = \arctan\left(\pm\frac{b}{a}\right) = \arctan\left(\pm\frac{\rho_2 - \rho_1}{\rho_2 + \rho_1}\right) \tag{3.9-19}$$

因此两圆极化波的三个独立参数 ρ_1、ρ_2、α 同 a、b、ψ 一样,均可以用来表征椭圆极化。

3.9.4 斯托克斯参数 S_0、S_1、S_2、S_3 和庞加莱极化球

确定波束极化状态的一种有效的工具是斯托克斯参数,由斯托克斯于 1852 年提出。对于单频 TEM 波的斯托克斯参数定义为下面四个量:

$$\left.\begin{array}{l} S_0 = a_x^2 + a_y^2 \\ S_1 = a_x^2 - a_y^2 \\ S_2 = 2a_x a_y \cos\delta \\ S_3 = 2a_x a_y \sin\delta \end{array}\right\} \tag{3.9-20}$$

各参量均为场强的二次式。S 各参数间有如下关系:

$$S_0^2 = S_1^2 + S_2^2 + S_3^2 \tag{3.9-21}$$

所以 S_0、S_1、S_2、S_3 四个参数只有三个是独立的。描述极化状态的另两组参数 a、b、ψ 和 ρ_1、ρ_2、α 与斯托克斯参数的关系为

$$\left.\begin{array}{l} S_1 = S_0 \cos 2\chi \cos 2\psi \\ S_2 = S_0 \cos 2\chi \sin 2\psi \\ S_3 = S_0 \sin 2\chi \end{array}\right\} \tag{3.9-22}$$

式中,$\chi = \arctan\left(\pm\frac{b}{a}\right)$。$\psi$ 为椭圆取向角,χ 为椭圆角。

$$\left.\begin{array}{l} S_0 = \rho_2^2 + \rho_1^2 \\ S_1 = 2\rho_1 \rho_2 \cos\alpha \\ S_2 = 2\rho_1 \rho_2 \sin\alpha \\ S_3 = \rho_2^2 - \rho_1^2 \end{array}\right\} \tag{3.9-23}$$

式中,ρ_1、ρ_2 为两圆极化波幅值,α 为两圆极化波初相差。

以 S_0 为半径作一个球,S_1、S_2、S_3 为球面上点的笛卡儿坐标,该点的方位角和仰角分别为 2ψ 和 2χ,如图 3.9-3 所示,该球称为庞加莱(Poincare)极化球。

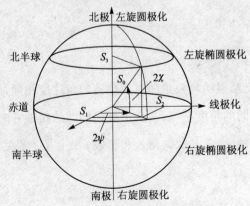

图 3.9-3 庞加莱极化球

庞加莱极化球上的点与波的极化状态有如下一一对应的关系:
① 线极化波,$\delta = n\pi(n = 0,1,2,\cdots)$,$2\chi = 0$,对应庞加莱极化球的赤道线上各点;
② 圆极化波,$\delta = \pm\pi/2$,$a_x = a_y$,$2\chi = \pm\pi/2$,对应庞加莱极化球的南、北极点;左旋圆极化波位于北极点($\delta = +\pi/2$,$2\chi = +\pi/2$),右旋圆极化波位于南极点($\delta = -\pi/2$,$2\chi = -\pi/2$)。
③ 椭圆极化波对应庞加莱极化球上其他各点。左旋椭圆极化波位于北半球,右旋椭圆极化波位于南半球。

在庞加莱极化球的平面展开图3.9-4中,可以更清楚地看到上述关系。庞加莱极化球描述的波的极化关系与3.9.2小节用a_x、a_y、δ描述的波的极化关系是完全对应的,此时均假设波沿$+z$方向传播。

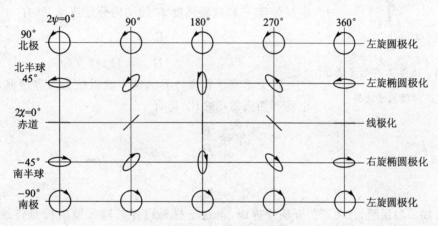

图3.9-4 庞加莱极化球平面展开图

3.10 波的反射

在本节和下节(3.11节)分析电磁波在两种媒质交界面的反射和折射问题时,为简化分析,均假设:① 每种媒质均为半无界空间;② 媒质交界面为无界的平面。按上述假设,可以认为在两种媒质的电磁波均为无界空间的均匀平面波,而只需要再满足媒质交界面的边界条件即可。

3.10.1 边界条件

已知不同媒质交界面电磁场边界条件为

$$\left. \begin{array}{l} \hat{i}_n \times (\dot{\vec{E}}_1 - \dot{\vec{E}}_2) = 0 \\ \hat{i}_n \times (\dot{\vec{H}}_1 - \dot{\vec{H}}_2) = \dot{\vec{K}}_f \\ \hat{i}_n \cdot (\dot{\vec{D}}_1 - \dot{\vec{D}}_2) = \dot{\eta}_f \\ \hat{i}_n \cdot (\dot{\vec{B}}_1 - \dot{\vec{B}}_2) = 0 \end{array} \right\} \quad (3.10-1)$$

对理想介质交界面,不存在$\dot{\vec{K}}_f$、$\dot{\eta}_f$,则有

$$\hat{i}_n \times (\dot{\vec{E}}_1 - \dot{\vec{E}}_2) = 0$$
$$\hat{i}_n \times (\dot{\vec{H}}_1 - \dot{\vec{H}}_2) = 0$$
$$\hat{i}_n \cdot (\dot{\vec{D}}_1 - \dot{\vec{D}}_2) = 0$$
$$\hat{i}_n \cdot (\dot{\vec{B}}_1 - \dot{\vec{B}}_2) = 0$$
(3.10-2)

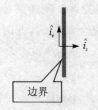

图 3.10-1 边界：$\hat{i}_\tau$ 平行于边界，$\hat{i}_z$ 垂直于边界

如图 3.10-1 所示，在边界，假设 $\hat{i}_\tau$ 为平行于边界方向的单位矢量，$\hat{i}_n = \hat{i}_z$ 或 $\hat{i}_n = -\hat{i}_z$ 为垂直于边界方向的单位矢量，电场强度 $\dot{\vec{E}}$ 和磁场强度 $\dot{\vec{H}}$ 的切向分量连续，即有

$$\dot{E}_{1\tau} = \dot{E}_{2\tau}$$
$$\dot{H}_{1\tau} = \dot{H}_{2\tau}$$
(3.10-3)

定义垂直于媒质边界的输入波阻抗为边界两侧总的切向电场和切向磁场之比，即有

$$Z_z = \frac{\dot{E}_\tau}{\dot{H}_\tau}$$
(3.10-4)

则应有

$$Z_z^{(1)} = Z_z^{(2)}$$
(3.10-5)

式(3.10-5)说明，在两理想介质交界面，垂直于材料边界的输入波阻抗是连续的，这一结论既适用于电磁波垂直于边界入射的情况，也适用于电磁波斜入射的情况。而对于非理想导体媒质交界面，由于 $\dot{\vec{J}}_f = \sigma \dot{\vec{E}}$，而 σ 为有限值，故同样有交界面的自由面电流 $\dot{\vec{K}}_f = 0$，式(3.10-2)的第一式和第二式仍然成立，从而式(3.10-5)也成立。

在采用波阻抗概念分析波的反射、折射问题时，实际上是借用了微波技术中的传输线理论。与传输线分析类似，为区别起见，本书分别定义波的输入波阻抗和特性波阻抗。前者为总的电场和磁场之比，后者为单一方向传播的行波的电场和磁场之比。后面会看到，TEM 波特性波阻抗和媒质固有阻抗相同，TE 波和 TM 波特性波阻抗不仅和媒质固有波阻抗有关，还与选取的参考方向有关。在正入射时，只需考虑 TEM 波的情况；而在斜入射时，则应分成 TE 波和 TM 波两种情况讨论。

3.10.2 正入射

如图 3.10-2 所示，当均匀平面波垂直于两半无界平面媒质交界面上时，令 Γ 为交界面反射系数，定义为交界面处反射波电场强度和入射波电场强度之比；T 为折射系数，定义为交界面处折射波电场强度和入射波电场强度之比；η_1、η_2 分别为区域(1)媒质和区域(2)媒质的固有波阻抗，即等于媒质中 TEM 波的特性波阻抗。设入射波电场沿 x 方向、磁场沿 y 方向，根据边界条件可知，反射波和折射波电场和磁场也分别沿 x 方向和 y 方向。此时入射

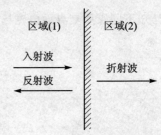

图 3.10-2 垂直入射在平面媒质交界面上的反射和折射

波、反射波、折射波的电场和磁场沿 z 方向分量均为零,所以它们都是对 z 方向的横电磁波(TEM 波)。区域(1)电磁场包括入射波和反射波,总的电场和磁场可以表示为

$$\dot{E}_x^{(1)} = E_0(\mathrm{e}^{-jk_1 z} + \mathit{\Gamma} \mathrm{e}^{jk_1 z})$$

$$\dot{H}_y^{(1)} = \frac{E_0}{\eta_1}(\mathrm{e}^{-jk_1 z} - \mathit{\Gamma} \mathrm{e}^{jk_1 z}) \tag{3.10-6}$$

区域(2)电磁场只有折射波,总的电场和磁场可以表示为

$$\dot{E}_x^{(2)} = E_0 T \mathrm{e}^{-jk_2 z}$$

$$\dot{H}_y^{(2)} = \frac{E_0}{\eta_2} T \mathrm{e}^{-jk_2 z} \tag{3.10-7}$$

由交界面输入波阻抗的连续性,有

$$Z_z^{(1)} = \frac{\dot{E}_x^{(1)}}{\dot{H}_y^{(1)}}\bigg|_{z=0} = \eta_1 \frac{1+\mathit{\Gamma}}{1-\mathit{\Gamma}} = Z_z^{(2)} = \frac{\dot{E}_x^{(2)}}{\dot{H}_y^{(2)}}\bigg|_{z=0} = \eta_2 \tag{3.10-8}$$

由此求得交界面反射系数为

$$\mathit{\Gamma} = \frac{\eta_2 - \eta_1}{\eta_2 + \eta_1} \tag{3.10-9}$$

折射系数为

$$T = 1 + \mathit{\Gamma} = \frac{2\eta_2}{\eta_2 + \eta_1} \tag{3.10-10}$$

如果区域(1)为一理想介质,则其中的驻波比为

$$\rho = \frac{|\dot{E}_x^{(1)}|_{\max}}{|\dot{E}_x^{(1)}|_{\min}} = \frac{1+|\mathit{\Gamma}|}{1-|\mathit{\Gamma}|} \tag{3.10-11}$$

根据微波技术的传输线理论,此时交界面的反射和折射情况可以类比特性阻抗为 η_1 和 η_2 的两段传输线连接,如图 3.10-3 所示。其中第二段传输线假设为半无限长或终端接匹配负载。

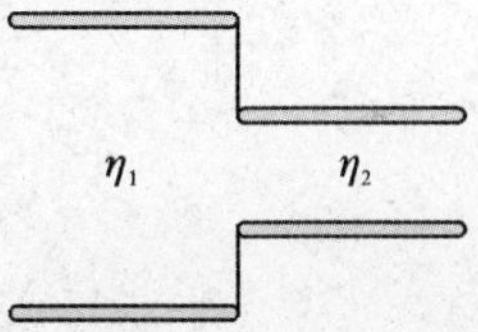

折射波的平均功率流密度为

图 3.10-3 传输线模拟

$$\langle S_\mathrm{t} \rangle = \frac{1}{2}\mathrm{Re}(\dot{\vec{E}} \times \dot{\vec{H}}^* \cdot \hat{i}_z|_{z=0}) = \langle S_\mathrm{i} \rangle (1-|\mathit{\Gamma}|^2) \tag{3.10-12}$$

式中,$\langle S_\mathrm{i} \rangle = |E_0|^2/2\eta_1$ 为入射波平均功率流密度。反射波平均功率流密度为

$$\langle S_\mathrm{r} \rangle = -\langle S_\mathrm{i} \rangle |\mathit{\Gamma}|^2 \tag{3.10-13}$$

入射和折射的功率流密度之差即为反射的功率流密度,负号表示反射波的功率传播方向沿 $-z$ 方向。

3.11 斜入射

在平面波斜入射到两半无界平面媒质交界面时,如图 3.11-1 所示,假设交界面沿 xOy 平面,法线方向 $\hat{i}_n = -\hat{i}_z$,由入射线和边界法线 $\hat{i}_n$ 确定的平面为入射面。此时需要根据入射波电场方向和入射面的关系,将入射波分为垂直极化波和平行极化波,或者根据入射波电磁场在 z 方向的分量情况,将入射波分为横电(TE)波或横磁(TM)波。这两种划分方法是统一的。

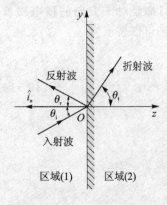

图 3.11-1 平面波斜入射

垂直极化波是指,入射波电场矢量方向垂直于入射面,此时沿 z 方向只有磁场分量,电场分量为零,所以又称横电(TE)波。平行极化波是指,入射波电场矢量方向平行于入射面,此时沿 z 方向只有电场分量,磁场分量为零,所以又称横磁(TM)波。

垂直极化波和平行极化波都是线极化波。考虑到任意线极化、圆极化、椭圆极化波都可以分解成关于入射面的垂直极化波和平行极化波的线性组合,因而可以分别对垂直极化波和平行极化波的反射和折射情况进行分析。

根据边界条件,在垂直极化波(z 方向横电波)或平行极化波(z 方向横磁波)入射条件下,反射波、折射波也是垂直极化波(z 方向横电波)或平行极化波(z 方向横磁波)。为此,首先要研究垂直极化波和平行极化波在确定直角坐标系下的场表示式以及表征这两种波的特性波阻抗。

3.11.1 特性波阻抗

如图 3.11-2 所示,假设线极化的平面波沿 z' 方向传播,与 z 轴夹角为 ξ。如果电场强度沿 x' 方向,则磁场强度沿 y' 方向。此时电场强度垂直于 z 轴,而磁场强度沿 z 轴有分量,故此平面波是对 z 方向的 TE 波。如果 $z=0$ 是边界,则 yOz 或 $y'Oz'$ 所在平面为入射面,此时电场强度垂直于入射面,故入射波是垂直极化波。定义 TE 波或垂直极化波沿 z 方向的特性波阻抗为

$$\eta_{\perp} = \frac{\dot{E}_x}{\dot{H}_y} = \frac{\eta}{\cos \xi} \qquad (3.11-1)$$

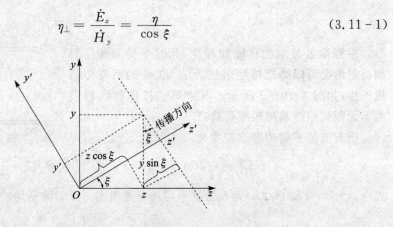

图 3.11-2 坐标关系

同理,假设线极化的平面波沿与 z 轴夹角为 ξ 的 z' 轴传播,如果磁场强度沿 x' 方向,则电场强度沿 y' 方向。此时磁场强度垂直于 z 轴,而电场强度沿 z 轴有分量,故此平面波是对 z 方向的 TM 波。如果 $z=0$ 是边界,则 yOz 或 $y'Oz'$ 所在平面为入射面,此时电场强度平行于入射面,故入射波是平行极化波。定义 TM 波或平行极化波沿 z 方向的特性波阻抗为

$$\eta_{/\!/} = -\frac{\dot{E}_y}{\dot{H}_x} = \eta \cos \xi \qquad (3.11-2)$$

上面表达式中出现负号,是保证电场强度方向、磁场强度方向与 z 轴方向满足右手螺旋关系。引入垂直极化波和平行极化波的特性波阻抗之后,可以同样利用式(3.10-5)分析斜入射

的问题。

3.11.2 反射系数和折射系数

如图 3.11-2 所示,在 $y'Oz'$ 坐标系下,沿 z' 轴传播的垂直极化平面波表达式为

$$\dot{\vec{E}} = \hat{i}_x E_0 e^{-jkz'} \tag{3.11-3}$$

$$\dot{\vec{H}} = \hat{i}_{y'} \frac{E_0}{\eta} e^{-jkz'} \tag{3.11-4}$$

沿 z' 轴传播的平行极化平面波表达式为

$$\dot{\vec{E}} = \hat{i}_{y'} E_0 e^{-jkz'} \tag{3.11-5}$$

$$\dot{\vec{H}} = -\hat{i}_x \frac{E_0}{\eta} e^{-jkz'} \tag{3.11-6}$$

$y'Oz'$ 坐标系是 yOz 坐标系旋转角度 ξ 而成的,坐标和单位矢量的关系为

$$z' = z\cos\xi + y\sin\xi \tag{3.11-7}$$

$$\hat{i}_{y'} = \hat{i}_y \cos\xi - \hat{i}_z \sin\xi \tag{3.11-8}$$

对垂直极化波的情况,有

$$\dot{\vec{E}} = \hat{i}_x E_0 e^{-jk(y\sin\xi + z\cos\xi)} \tag{3.11-9}$$

$$\dot{\vec{H}} = (\hat{i}_y \cos\xi - \hat{i}_z \sin\xi) \frac{E_0}{\eta} e^{-jk(y\sin\xi + z\cos\xi)} \tag{3.11-10}$$

对平行极化波的情况,有

$$\dot{\vec{E}} = (\hat{i}_y \cos\xi - \hat{i}_z \sin\xi) E_0 e^{-jk(y\sin\xi + z\cos\xi)} \tag{3.11-11}$$

$$\dot{\vec{H}} = -\hat{i}_x \frac{E_0}{\eta} e^{-jk(y\sin\xi + z\cos\xi)} \tag{3.11-12}$$

如图 3.11-1 所示,假定一均匀平面波在 $z=0$ 处以 $\xi = \theta_i$ 入射于介质交界面,则有 $\pi - \theta_r$ 方向反射波和 $\xi = \theta_t$ 方向折射波,为保证整个交界面上切向电场和切向磁场都连续,应有

$$e^{-jk_1 y\sin\theta_i} = e^{-jk_1 y\sin(\pi - \theta_r)} = e^{-jk_2 y\sin\theta_t} \tag{3.11-13}$$

即

$$k_1 \sin\theta_i = k_1 \sin\theta_r = k_2 \sin\theta_t \tag{3.11-14}$$

上述各量为波矢量在边界的切向分量,即如果要满足边界条件,则所有波矢量在边界的切向分量都连续,这一结果称为相位匹配条件。根据相位匹配条件可得

$$\theta_r = \theta_i \tag{3.11-15}$$

$$\frac{\sin\theta_t}{\sin\theta_i} = \frac{k_1}{k_2} = \frac{v_2}{v_1} = \sqrt{\frac{\varepsilon_1 \mu_1}{\varepsilon_2 \mu_2}} \tag{3.11-16}$$

式(3.11-16)称为斯奈尔折射定律。根据边界上输入波阻抗连续的条件式(3.10-5),可以导出垂直极化波的反射系数和折射系数为

$$\Gamma_\perp = \frac{\eta_2 \sec\theta_t - \eta_1 \sec\theta_i}{\eta_2 \sec\theta_t + \eta_1 \sec\theta_i} \tag{3.11-17}$$

$$T_\perp = \frac{2\eta_2 \sec\theta_2}{\eta_2 \sec\theta_2 + \eta_1 \sec\theta_1} \tag{3.11-18}$$

平行极化波的反射系数和折射系数为

$$\Gamma_{/\!/} = \frac{\eta_2 \cos \theta_t - \eta_1 \cos \theta_i}{\eta_2 \cos \theta_t + \eta_1 \cos \theta_i} \tag{3.11-19}$$

$$T_{/\!/} = \frac{2\eta_2 \cos \theta_2}{\eta_2 \cos \theta_2 + \eta_1 \cos \theta_1} \tag{3.11-20}$$

用 η_w 表示媒质中 TEM 波、TE 波、TM 波的特性波阻抗,即有

$$\eta_w = \begin{cases} \eta, & \text{TEM 波} \\ \eta_\perp = \eta/\cos \xi > \eta, & \text{TE 波(垂直极化波)} \\ \eta_{/\!/} = \eta \cos \xi < \eta, & \text{TM 波(平行极化波)} \end{cases} \tag{3.11-21}$$

则反射系数式(3.10-9)、式(3.11-17)、式(3.11-19)和折射系数式(3.10-10)、式(3.11-18)、式(3.11-20)具有统一的形式,可表示为

$$\Gamma = \frac{\eta_{w2} - \eta_{w1}}{\eta_{w2} + \eta_{w1}} \tag{3.11-22}$$

$$T = \frac{2\eta_{w2}}{\eta_{w2} + \eta_{w1}} \tag{3.11-23}$$

根据反射系数表达式可以讨论全折射和全反射现象。对全折射,应有 $\Gamma = 0$;对全反射,应有 $|\Gamma| = 1$。

3.11.3 全折射

全折射应有 $\Gamma = 0$。对垂直极化波,全折射时应满足

$$\frac{\eta_2}{\cos \theta_t} = \frac{\eta_1}{\cos \theta_i} \tag{3.11-24}$$

从而有

$$\sin \theta_i = \sqrt{\frac{\varepsilon_2/\varepsilon_1 - \mu_2/\mu_1}{\mu_1/\mu_2 - \mu_2/\mu_1}} \tag{3.11-25}$$

当两区域均为非磁性介质时($\mu_1 = \mu_2 = \mu_0$),垂直极化波无全折射角。对平行极化波,全折射时有

$$\sin \theta_i = \sqrt{\frac{\varepsilon_2/\varepsilon_1 - \mu_2/\mu_1}{\varepsilon_2/\varepsilon_1 - \varepsilon_1/\varepsilon_2}} \tag{3.11-26}$$

对非磁性介质情况,有

$$\theta_i = \arcsin \sqrt{\frac{\varepsilon_2}{\varepsilon_1 + \varepsilon_2}} = \arctan \sqrt{\frac{\varepsilon_2}{\varepsilon_1}} \tag{3.11-27}$$

在平行极化时,通常存在一全折射角,称为极化角或布儒斯特角。

根据物质极化的原理,在外加电场作用下,物质原子正负电荷发生微小位移构成电偶极子。物质表面发生反射和折射时,物质内部偶极子被折射波激励并以相同的频率辐射,即为反射波。每个偶极子的辐射都是在与偶极子轴向垂直的方向上取得最大值,而在沿偶极子的轴向方向上为零。对于 TM 波激励,所有偶极子的振荡都平行于沿电场线方向的入射面。当 TM 波以布儒斯特角入射时,反射波矢量 $\vec{k}_r$ 与折射波所在介质中偶极子振荡的方向一致,辐射场为零,所以没有反射波。

3.11.4 全反射

全反射应有 $|\Gamma| = 1$。根据折射定律,当 $\sin\theta_i > \sqrt{\dfrac{\varepsilon_2\mu_2}{\varepsilon_1\mu_1}}$ 时,$\sin\theta_t > 1$,发生全反射。对应 $\sin\theta_t = 1$,即 $\theta_t = \dfrac{\pi}{2}$ 时的入射角应满足条件

$$\sin\theta_i = \sqrt{\frac{\varepsilon_2\mu_2}{\varepsilon_1\mu_1}} \tag{3.11-28}$$

由上式所确定的角度为临界角。在入射波以等于或大于临界角的角度入射于边界时,将发生全反射现象。可以导出,在全反射时,反射系数 Γ 具有如下形式:

$$\Gamma = \frac{R - jX}{R + jX} \tag{3.11-29}$$

其模 $|\Gamma| = 1$。参考图 3.11-1,需要注意,此时区域(2)内的场并不是零,而是存在着按指数衰减的场,称为电抗性场或凋落场,可表示为

$$\dot{E} = \hat{i}_x E_0 e^{-j\beta y} e^{-\alpha z} \tag{3.11-30}$$

$$\dot{H} = -\left(\hat{i}_y \frac{j\alpha}{k} + \hat{i}_z \frac{\beta}{k}\right)\frac{E_0}{\eta} e^{-j\beta y} e^{-\alpha z} \tag{3.11-31}$$

在分析波的反射和折射问题时,让 θ 和 η 都是复数,则上述理论即可以应用于有损耗媒质。对区域(1)是非磁性介质而区域(2)是非磁性导体的情况,有

$$\frac{\sin\theta_t}{\sin\theta_i} = \frac{k_1}{k_2} \approx \sqrt{\frac{j\omega\varepsilon}{\sigma}} \tag{3.11-32}$$

对良好导体,$\sigma \gg \omega\varepsilon$,故有

$$\theta_t \to 0 \tag{3.11-33}$$

这说明,对于大多数实际情况,不管入射角如何,波都可以认为是向导体内垂直传播的。这也是前述可以利用式(3.7-15)、式(3.7-16)计算良导体功率耗散的原因。

3.12 传输线

在微波波段,凡用来导引电磁波的导体、介质系统均可称为传输线。随着频率增高,传输线形式、结构趋于复杂。传输线设计的基本原则是:损耗小、传输功率大、工作频带宽、尺寸小。

在微波技术中,有时用传输线来特指一些双导体导波系统,一般工作在微波波段的频率低端(分米波、厘米波波段),其主模为 TEM 波,可以用分布参数电路的理论来研究。

3.12.1 边界条件

在分析传输线问题时,通常假设传输线沿轴向(即指传输方向)均匀且无限长,故在轴向无反射,因而在求解时可以假设导波场沿轴向表示成行波形式。

双导体类型传输线垂直于轴向的一般边界情况如图 3.12-1 所示。导波场主要存在于导体1、导体2所填充的媒质空间内,沿轴向传输。导体1表面与横截面形成的交线为环路 C_1,

导体 2 表面与横截面形成的交线为环路 C_2，导体 1 和导体 2 之间媒质空间在横截面的投影面为 S。

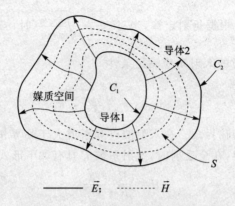

图 3.12 - 1 双导体传输线横截面图

当两导体为良导体时，有一部分功率可近似看作是垂直于导体表面进入导体，产生功率耗散。当两导体为理想导体时，在两理想导体表面应满足切向电场为零的边界条件，进入理想导体内部的电磁功率为零。

图 3.12 - 1 同时给出双导体导行的 TEM 模式的瞬时电场线和磁场线分布。下面将说明，该分布与在内外导体载有恒定电流时的静态电场线、磁场线分布是一致的。

在求解传输线内部电磁场解时，通常假设双导体均为理想导体，边界条件为

$$\left.\begin{array}{l} \hat{i}_n \times \vec{\dot{E}} = 0 \\ \hat{i}_n \times \vec{\dot{H}} = \vec{\dot{K}}_f \\ \hat{i}_n \cdot \vec{\dot{E}} = \dot{\eta}_f / \varepsilon \\ \hat{i}_n \cdot \vec{\dot{H}} = 0 \end{array}\right\} \quad (3.12-1)$$

此时如果传输线横截面边界与正交坐标系的坐标面重合，则可以采用分离变量法求解导波场。

3.12.2 场方程

双导体传输线可以导行 TEM 模式，TEM 模式为其主模。设 TEM 模式电场强度和磁场强度的复数形式分别为 $\vec{\dot{E}}$、$\vec{\dot{H}}$，可以对横向坐标 (u,v) 和轴向坐标 z 分离变量表示成

$$\vec{\dot{E}}(u,v,z) = \vec{E}(u,v)\mathrm{e}^{\mp \gamma z} \quad (3.12-2)$$

$$\vec{\dot{H}}(u,v,z) = \vec{H}(u,v)\mathrm{e}^{\mp \gamma z} \quad (3.12-3)$$

考虑传输线沿轴向均匀且无限长，在上面两式中将导波场沿 z 向变化的函数表示为指数函数 $\mathrm{e}^{\mp \gamma z}$ 的形式，称为传播因子，表示导波场是向 $+z$ 轴或 $-z$ 轴传播的行波。横向坐标函数 $\vec{E}(u,v)$、$\vec{H}(u,v)$ 称为分布函数，表示导波场沿横向的场分布。可证明 TEM 模式的 $\vec{E}(u,v)$、$\vec{H}(u,v)$ 满足的方程和边界条件为

$$\nabla_T^2 \vec{E}(u,v) = 0 \quad (3.12-4)$$

$$\nabla_T^2 \vec{H}(u,v) = 0 \qquad (3.12-5)$$

$$\left.\begin{array}{l} E_\tau = 0 \\ H_n = 0 \end{array}\right\} \qquad (3.12-6)$$

∇_T^2 是关于横向坐标 u、v 的二维拉普拉斯算符，E_τ 为电场强度分布函数在两理想导体壁表面的切向分量，H_n 为磁场强度分布函数在两理想导体壁表面的法向分量。根据式(3.12-4)、式(3.12-5)、式(3.12-6)，TEM 模式电场强度、磁场强度横向分布函数所满足的边值问题，与具有同样边界的静电场、静磁场是相同的，此时 TEM 模式在横截面上的场分布，与满足同样边界条件下的二维静态场分布完全相同。

因此，在一传输线系统中若能建立起来二维静态场，也必定能建立起 TEM 模式的场，反之亦然；单根空心理想导体管为等位体，在其内部不可能建立起静电场和静磁场，因此单根理想导体管内不能传输 TEM 模式。在多导体传输系统中(如双线、同轴线等)，可以建立起非零二维静态场，因此也可以传输 TEM 模式。

3.12.3 同轴线的 TEM 模

以同轴传输线为例，其传输的主模是 TEM 模式。设同轴线内传输的 TEM 模式电场强度表示为

$$\vec{E} = \vec{E}(\rho,\varphi)\mathrm{e}^{-\mathrm{j}\beta z} \qquad (3.12-7)$$

其分布函数 $\vec{E}(\rho,\varphi)$ 和相位常数 β 应满足

$$\vec{E}(\rho,\varphi) \cdot \hat{i}_z = 0, \qquad \beta = k_z = k \qquad (3.12-8)$$

分布函数所满足的二维波动方程变为拉普拉斯方程，即有

$$\nabla_T^2 \vec{E}(\rho,\varphi) = 0 \qquad (3.12-9)$$

上述方程与二维静态场满足的方程一致，故可用求解静态场的方法求解 TEM 导波场。对二维静态场，满足 $\nabla_T \times \vec{E}(\rho,\varphi) = 0$ 为保守场，引入标量位函数 $\Phi(\rho,\varphi)$，满足关系

$$\vec{E}(\rho,\varphi) = \vec{E}_T(\rho,\varphi) = -\nabla_T \Phi(\rho,\varphi) \qquad (3.12-10)$$

$\Phi(\rho,\varphi)$ 满足二维标量拉普拉斯方程，即有

$$\nabla_T^2 \Phi(\rho,\varphi) = 0 \qquad (3.12-11)$$

在图 3.12-2 所示二维极坐标系下求解标量位 $\Phi(\rho,\varphi)$，可得

$$\frac{1}{\rho}\frac{\partial}{\partial \rho}\left(\rho \frac{\partial \Phi}{\partial \rho}\right) + \frac{1}{\rho^2}\frac{\partial^2 \Phi}{\partial \varphi^2} = 0 \qquad (3.12-12)$$

同轴线具有轴对称性，故有

$$\frac{\partial^2 \Phi}{\partial \varphi^2} = 0 \qquad (3.12-13)$$

$$\frac{1}{\rho}\frac{\partial}{\partial \rho}\left(\rho \frac{\partial \Phi}{\partial \rho}\right) = 0 \qquad (3.12-14)$$

对式(3.12-14)两边两次积分有

$$\Phi = -A\ln\rho + B \qquad (3.12-15)$$

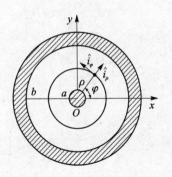

图 3.12-2 同轴线横截面

设 $r=a$ 电场强度为 E_0，从而有

$$\vec{E} = \hat{i}_\rho \frac{A}{\rho} = \hat{i}_\rho E_0 \frac{a}{\rho} \quad (3.12-16)$$

$$\dot{\vec{E}}(\rho,\varphi,z) = \hat{i}_\rho E_0 \frac{a}{\rho} e^{-j\beta z} \quad (3.12-17)$$

磁场只有 $\hat{i}_\varphi$ 分量：

$$\dot{\vec{H}}(\rho,\varphi,z) = \hat{i}_\varphi \frac{\dot{E}_\rho}{\eta} = \hat{i}_\varphi \frac{E_0 a}{\eta \rho} e^{-j\beta z} \quad (3.12-18)$$

式中，$\eta = \sqrt{\dfrac{\mu}{\varepsilon}}$ 为同轴线内外导体之间填充媒质的固有波阻抗。

同轴线横截面、纵剖面的电场线和磁场线瞬时分布图如图 3.12-3 所示，电场强度沿半径方向，磁场强度沿圆周方向，电场强度和磁场强度的方向及大小随时间呈简谐变化。

图 3.12-3 同轴线横截面、纵剖面的电场线和磁场线

3.12.4 从场定律直接推导传输线方程

对双导体类传输线，可以建立如图 3.12-4 所示的电路模型，并取出线上一段微元 dz，针对该微元建立如图 3.12-5 所示的集总参数电路模型。其中 R_0、L_0、G_0、C_0 分别为沿传输线单位长度的电阻、电感、电导、电容，称为分布电阻、分布电感、分布电导、分布电容。dz 长度微元的传输线段集总的电阻、电感、电导、电容则可以表示为 $R_0 dz$、$L_0 dz$、$G_0 dz$、$C_0 dz$。通过如图 3.12-5 所示模型，可以得到该微元始端和末端电压、电流的微分方程为

$$\frac{d\dot{U}(z)}{dz} = -(R_0 + j\omega L_0)\dot{I}(z) \quad (3.12-19)$$

$$\frac{d\dot{I}(z)}{dz} = -(G_0 + j\omega C_0)\dot{U}(z) \quad (3.12-20)$$

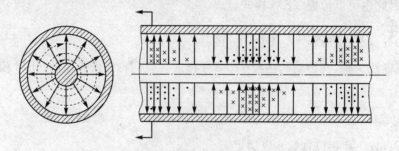

图 3.12-4 双导体传输线的电路模型

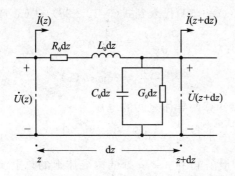

图 3.12 − 5 dz 微元传输线段的集总参数电路模型

上述两式称为复数形式的传输线方程或电报方程。可以证明，这一方程也可以通过麦克斯韦方程导出。以图 3.12 − 2 所示同轴线为例，其内部导行的 TEM 波满足

$$\dot{E}_z = \dot{H}_z = 0 \tag{3.12 − 21}$$

考虑同轴线的角向对称性，场不随角向坐标 φ 改变，因而场对坐标 φ 的偏导数 $\dfrac{\partial}{\partial \varphi}$ 为零。根据麦克斯韦方程组的两个旋度方程，有

$$\nabla \times \dot{\vec{E}} = -j\omega\mu \dot{\vec{H}} \tag{3.12 − 22}$$

$$\nabla \times \dot{\vec{H}} = j\omega\hat{\varepsilon}\dot{\vec{E}} \tag{3.12 − 23}$$

式中，$\hat{\varepsilon} = \varepsilon' - j\varepsilon''$，表示双导线周围填充媒质存在电介质损耗或传导损耗，μ 为实数表示无磁损耗。将上述两式在柱坐标系下展开，有

$$-\hat{i}_\rho \frac{\partial \dot{E}_\varphi}{\partial z} + \hat{i}_\varphi \frac{\partial \dot{E}_\rho}{\partial z} + \hat{i}_z \frac{1}{\rho}\frac{\partial}{\partial \rho}(\rho \dot{E}_\varphi) = -j\omega\mu(\hat{i}_\rho \dot{H}_\rho + \hat{i}_\varphi \dot{H}_\varphi) \tag{3.12 − 24}$$

$$-\hat{i}_\rho \frac{\partial \dot{H}_\varphi}{\partial z} + \hat{i}_\varphi \frac{\partial \dot{H}_\rho}{\partial z} + \hat{i}_z \frac{1}{\rho}\frac{\partial}{\partial \rho}(\rho \dot{H}_\varphi) = j\omega\hat{\varepsilon}(\hat{i}_\rho \dot{E}_\rho + \hat{i}_\varphi \dot{E}_\varphi) \tag{3.12 − 25}$$

在上述两方程中，等式左边 $\hat{i}_z$ 方向分量为零，故 $\dot{E}_\varphi$、$\dot{H}_\varphi$ 应具有形式

$$\dot{E}_\varphi = \frac{f(z)}{\rho} \tag{3.12 − 26}$$

$$\dot{H}_\varphi = \frac{g(z)}{\rho} \tag{3.12 − 27}$$

考虑到理想导体边界条件，对任意的 z 坐标，在 $\rho = a$、b 处应有 $\dot{E}_\varphi = 0$，故必须满足处处 $\dot{E}_\varphi = 0$，再根据式(3.12 − 24)可知 $\dot{H}_\rho = 0$。利用上述结果，式(3.12 − 24)、式(3.12 − 25)可以简化为

$$\frac{\partial \dot{E}_\rho}{\partial z} = -j\omega\mu \dot{H}_\varphi \tag{3.12 − 28}$$

$$\frac{\partial \dot{H}_\varphi}{\partial z} = -j\omega\hat{\varepsilon}\dot{E}_\rho \tag{3.12 − 29}$$

根据式(3.12 − 27)和式(3.12 − 29)，$\dot{E}_\rho$ 必然可以表示为

$$\dot{E}_\rho = \frac{h(z)}{\rho} \tag{3.12 − 30}$$

将式(3.12-27)和式(3.12-30)代入到式(3.12-28)、式(3.12-29)中,可得

$$\frac{\partial h(z)}{\partial z} = -j\omega\mu g(z) \tag{3.12-31}$$

$$\frac{\partial g(z)}{\partial z} = -j\omega\hat{\varepsilon}h(z) \tag{3.12-32}$$

利用式(3.12-30)可以计算两导体之间的电压为

$$\dot{U}(z) = \int_a^b \dot{E}_\rho(\rho,z)\mathrm{d}\rho = h(z)\int_a^b \frac{\mathrm{d}\rho}{\rho} = h(z)\ln\frac{b}{a} \tag{3.12-33}$$

利用式(3.12-27)可以计算得到 $\rho = a$ 处的内导体上的总电流为

$$\dot{I}(z) = \int_0^{2\pi} \dot{H}_\varphi(a,z) a\,\mathrm{d}\varphi = 2\pi g(z) \tag{3.12-34}$$

利用式(3.12-33)、式(3.12-34),消去式(3.12-31)、式(3.12-32)中的 $h(z)$ 和 $g(z)$,并将偏导数转化为导数,得出

$$\frac{\mathrm{d}\dot{U}(z)}{\mathrm{d}z} = -j\omega\frac{\mu\ln b/a}{2\pi}\dot{I}(z) \tag{3.12-35}$$

$$\frac{\mathrm{d}\dot{I}(z)}{\mathrm{d}z} = -j\omega\frac{2\pi\hat{\varepsilon}}{\ln b/a}\dot{U}(z) = -j\omega\frac{2\pi(\varepsilon' - j\varepsilon'')}{\ln b/a}\dot{U}(z) \tag{3.12-36}$$

利用同轴线的分布电感 L_0、分布电导 G_0、分布电容 C_0 的计算结果,可得到传输线方程为

$$\frac{\mathrm{d}\dot{U}(z)}{\mathrm{d}z} = -j\omega L_0 \dot{I}(z) \tag{3.12-37}$$

$$\frac{\mathrm{d}\dot{I}(z)}{\mathrm{d}z} = -(G_0 + j\omega C_0)\dot{U}(z) \tag{3.12-38}$$

因为假设内外导体均为理想导体,故式(3.12-37)中不包括分布电阻 R_0。对于其他简单的传输线,可以进行类似分析。

3.13 波 导

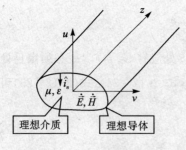

图 3.13-1 规则波导

广义来讲,所有能导引电磁波的系统都叫做波导。由波导所导引沿轴向传输的电磁波称为导行波,是相对于无界空间可以沿任意方向传播的电磁波而言的。狭义来讲,为与传输线进行区别,所谓的波导一般是指单根空心导体管,导行波存在于其内部,一般工作在微波的厘米波、毫米波波段。常见的波导有矩形波导、圆波导等。规则波导如图 3.13-1 所示。在波导中,通常根据场沿轴向分量的情况,将导行波分为 TE 波或 TM 波。

3.13.1 边界条件

在分析波导内的导波场时,假设波导沿轴向无限长,导波场沿轴向以行波形式存在,这样

可以使导波场关于轴向坐标的函数写成用指数函数表示的传播因子。在横向，由于波导被理想导体壁所限定，需要满足理想导体壁切向电场强度为零、法向磁场强度为零的边界条件，波导壁为切向电场、法向磁场的波节位置，这要求导波场横向分布函数应选用表示驻波的各种谐函数。

在波导内满足的场方程依然为矢量的亥姆霍兹方程，只是边界条件改变。导波场在波导所限定的边界处应满足理想导体边界条件：

$$\left.\begin{array}{l} \hat{i}_n \times \dot{\vec{E}} = 0 \\ \hat{i}_n \times \dot{\vec{H}} = \dot{\vec{K}}_f \\ \hat{i}_n \cdot \dot{\vec{E}} = \dot{\eta}_f/\varepsilon \\ \hat{i}_n \cdot \dot{\vec{H}} = 0 \end{array}\right\} \quad (3.13-1)$$

对 TE 波和 TM 波，根据微波技术介绍的纵向场法，全部横向场分量均可以用纵向（即 z 轴方向）场分量 $\dot{E}_z$ 和 $\dot{H}_z$ 表示出来。要求解 $\dot{E}_z$ 和 $\dot{H}_z$，还需要分别确定 $\dot{E}_z$ 和 $\dot{H}_z$ 的边界条件。

对 TM 波，如图 3.13-2 所示，根据理想导体表面边界条件式(3.13-1)的第一式，$\dot{E}_z$ 在波导内壁为切向分量，应满足

$$\dot{E}_z \big|_{\text{边界}} = 0 \quad (3.13-2)$$

即 $\dot{E}_z$ 满足数学物理方程中的第一类边界条件。

对 TE 波，如图 3.13-3 所示，根据理想导体表面边界条件式(3.13-1)的第四式，再根据后面式(3.13-9)表示的磁场横向场分量 $\dot{\vec{H}}_T$ 和 $\dot{H}_z$ 的关系，$\dot{H}_z$ 应满足

$$\dot{H}_n = \hat{i}_n \cdot \dot{\vec{H}}_T = -\frac{\gamma}{k_c^2} \frac{\partial \dot{H}_z}{\partial n} = 0 \quad (3.13-3)$$

$$\left.\frac{\partial \dot{H}_z}{\partial n}\right|_{\text{边界}} = 0 \quad (3.13-4)$$

即 $\dot{H}_z$ 满足数学物理方程中的第二类边界条件。

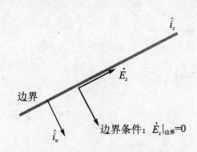

图 3.13-2　TM 波边界条件

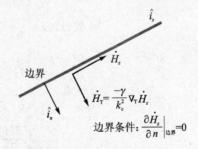

图 3.13-3　TE 波边界条件

3.13.2　场方程和解

在波导中，需要求解的方程为

$$\left.\begin{aligned}&\boldsymbol{\nabla}^2\dot{\vec{E}}+k^2\dot{\vec{E}}=0\\&\dot{\vec{H}}=\frac{\mathrm{j}}{\omega\mu}\boldsymbol{\nabla}\times\dot{\vec{E}}\\&\boldsymbol{\nabla}\cdot\dot{\vec{E}}=0\end{aligned}\right\} \qquad (3.13-5)$$

或者

$$\left.\begin{aligned}&\boldsymbol{\nabla}^2\dot{\vec{H}}+k^2\dot{\vec{H}}=0\\&\dot{\vec{E}}=-\frac{\mathrm{j}}{\omega\varepsilon}\boldsymbol{\nabla}\times\dot{\vec{H}}\\&\boldsymbol{\nabla}\cdot\dot{\vec{H}}=0\end{aligned}\right\} \qquad (3.13-6)$$

或者

$$\left.\begin{aligned}&\boldsymbol{\nabla}^2\dot{\vec{E}}+k^2\dot{\vec{E}}=0\\&\boldsymbol{\nabla}\cdot\dot{\vec{E}}=0\\&\boldsymbol{\nabla}^2\dot{\vec{H}}+k^2\dot{\vec{H}}=0\\&\boldsymbol{\nabla}\cdot\dot{\vec{H}}=0\end{aligned}\right\} \qquad (3.13-7)$$

上面三组方程是等效的,都可以用来求解无源空间的导波场问题。可以证明,在无源区域,只需要两个独立的标量波函数就可以表示所有其他的电磁场量。根据微波技术中的纵向场法,通常首先根据波导的轴线方向将导行波划分为 TE 波和 TM 波,而将两个独立的场分量选为电场强度和磁场强度的 z 分量。对 TE 波,只需要求解磁场强度的 z 分量 $\dot{H}_z$;对 TM 波,只需求解电场强度的 z 分量 $\dot{E}_z$。分别求解出 $\dot{E}_z$ 和 $\dot{H}_z$ 之后,便可以用它们表示出全部的场分量。

在波导内,求满足麦克斯韦方程在波导限定边界条件下导行波的解的问题具体为

$$\text{TM 波(E 波)}\begin{cases}\boldsymbol{\nabla}^2\dot{E}_z+k^2\dot{E}_z=0\\ \dot{E}_z\big|_{\text{边界}}=0\\ \dot{\vec{E}}_\mathrm{T}=\frac{-\gamma}{k_\mathrm{c}^2}\nabla_\mathrm{T}\dot{E}_z\\ \dot{\vec{H}}_\mathrm{T}=\frac{1}{\eta_\mathrm{TM}}\hat{i}_z\times\dot{\vec{E}}_\mathrm{T}\end{cases} \qquad (3.13-8)$$

$$\text{TE 波(H 波)}\begin{cases}\boldsymbol{\nabla}^2\dot{H}_z+k^2\dot{H}_z=0\\ \dfrac{\partial H_z}{\partial n}\bigg|_{\text{边界}}=0\\ \dot{\vec{H}}_\mathrm{T}=\dfrac{-\gamma}{k_\mathrm{c}^2}\nabla_\mathrm{T}\dot{H}_z\\ \dot{\vec{E}}_\mathrm{T}=\eta_\mathrm{TM}\hat{i}_z\times\dot{\vec{H}}_\mathrm{T}\end{cases} \qquad (3.13-9)$$

求解上述方程可以采用分离变量法,参见全绍辉编著的《微波技术基础》。

在波导中,场满足的方程与对应无界介质空间场满足的方程相同,区别仅在于多了边界条件的限定。对无界空间,最简单的一种解是均匀平面波,可以通过这种解的合成获得波导内的导波场解,即通过多列均匀平面波的线性组合,达到既满足方程,又满足边界条件的目的。

如图 3.13-4 所示,考虑对平行于 xOz 平面且沿与 $+z$ 轴成 ξ 角和 $-\xi$ 角方向传播的两列幅度相等的均匀平面波,电场极化方向沿 y 方向,即为对 z 方向的横电波,则电场强度可以表示为

$$\dot{E}_y = A(e^{-jkx\sin\xi} - e^{jkx\sin\xi})e^{-jkz\cos\xi} = -2jA\sin(kx\sin\xi)e^{-jkz\cos\xi} \quad (3.13-10)$$

令 $E_0 = -2jA$,$k_c = k\sin\xi$,$\gamma = jk\cos\xi$,则有

$$\gamma^2 = k_c^2 - k^2 \quad (3.13-11)$$

(如果令 $k_c = k\sin\xi$,$k_z = k\cos\xi$,则有 $k^2 = k_c^2 + k_z^2$。)

电场强度表达式为

$$\dot{E}_y = E_0\sin(k_c x)e^{-\gamma z} \quad (3.13-12)$$

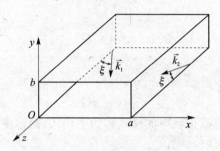

图 3.13-4 矩形波导

上述场解肯定满足波动方程,如果该场存在于矩形波导内,则还应该满足波导壁理想导体边界条件。式(3.13-12)的解自动满足 $y=0$、$y=b$ 波导壁的边界条件,且在 $x=0$ 波导壁满足 $\dot{E}_y = 0$ 的边界条件。由 $x=a$ 处边界 $\dot{E}_y = 0$ 的条件,要求

$$k_c = \frac{n\pi}{a}, \quad n = 1, 2, 3, \cdots \quad (3.13-13)$$

满足条件的 k_c 值称为求解问题的本征值或特征值。每确定一个 n 值,就确定一种可能存在的场,称为一种模式(或波型)。根据是否存在轴向场分量,波导中的模式分为 TE 模式和 TM 模式两大类。本例给出的解为 TE_{n0} 模式。

对于实数 k,传播常数 γ 可以表示为

$$\left.\begin{array}{l}\gamma = j\beta = j\sqrt{k^2 - \left(\dfrac{n\pi}{a}\right)^2}, \quad k > \dfrac{n\pi}{a} \\ \gamma = \alpha = \sqrt{\left(\dfrac{n\pi}{a}\right)^2 - k^2}, \quad k < \dfrac{n\pi}{a}\end{array}\right\} \quad (3.13-14)$$

当 $k > k_c = \dfrac{n\pi}{a}$,$\gamma = j\beta$ 时,波沿 $+z$ 方向传播,称此类模式为导通模式。

当 $k < k_c = \dfrac{n\pi}{a}$,$\gamma = \alpha$ 时,波沿 $+z$ 方向按指数衰减,称此类模式为截止模式,或凋落模式。

临界状态为 $k = k_c$,k_c 称为截止波数。由 k_c 定义的"波长"和"频率"称为截止波长 λ_c 和截止频率 f_c,分别为

$$\lambda_c = \frac{2\pi}{k_c} = \frac{2a}{n} \tag{3.13-15}$$

$$f_c = \frac{vk_c}{2\pi} = \frac{n}{2a\sqrt{\mu\varepsilon}} \tag{3.13-16}$$

当 $f < f_c$ 或 $\lambda > \lambda_c$ 时，对应模式被截止。定义每一种导通模式的波导因子为

$$G = \sqrt{1 - \left(\frac{k_c}{k}\right)^2} = \sqrt{1 - \left(\frac{f_c}{f}\right)^2} = \sqrt{1 - \left(\frac{\lambda}{\lambda_c}\right)^2} \tag{3.13-17}$$

则波导中导通模式的传播特性参量如下：

相位常数可表示为

$$\beta = kG \tag{3.13-18}$$

相波长（波导波长）可表示为

$$\lambda_g = \lambda/G \tag{3.13-19}$$

相速度可表示为

$$v_p = v/G \tag{3.13-20}$$

波阻抗可表示为

$$\eta_{TE} = \eta/G \tag{3.13-21}$$

$$\eta_{TM} = \eta G \tag{3.13-22}$$

在特定波导中，具有最低截止频率的模式称为主模式，简称主模。

3.14 谐振腔

3.14.1 边界条件

如图 3.14-1 所示，谐振腔的横向边界条件与对应的波导或传输线是相同的，区别在于轴向（即 z 方向）。对波导，为了求解导波场，通常假设沿 z 方向是无限长的，从而沿 z 方向为行波，即导波场关于 z 方向坐标变化的函数表示成 $Z(z) = e^{\mp \gamma z}$ 的传播因子形式。对谐振腔，在 z 轴方向也被导体封闭，从而沿 z 方向也是谐振或驻波状态，$Z(z)$ 函数应取正弦或余弦函数的形式。

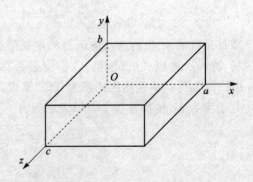

图 3.14-1 矩形谐振腔

3.14.2 场解和谐振条件

以矩形波导中的 TE_{10} 模式为例，其在横向四壁均满足切向场为零的条件，为使其满足 z 方向的边界条件，设解为

$$\dot{E}_y = \dot{E}_y^+ + \dot{E}_y^- = A\sin\frac{\pi x}{a}(e^{-j\beta z} - e^{j\beta z}) = E_0 \sin\frac{\pi x}{a}\sin\beta z \tag{3.14-1}$$

上述解的表示可以满足 $z=0$ 处切向电场为零的边界条件,为使场解在 $z=c$ 平面满足理想导体边界条件,即 $\dot{E}_y|_{z=c}=0$,可选取 $\beta c=\pi$,从而有

$$\beta=\frac{\pi}{c} \tag{3.14-2}$$

且有

$$\omega^2\mu\varepsilon=k^2=k_c^2+\beta^2=\left(\frac{\pi}{a}\right)^2+\left(\frac{\pi}{c}\right)^2 \tag{3.14-3}$$

可以看到,此时导波场的频率必须满足限定条件式(3.14-3),这个频率即为谐振腔的谐振频率。已知 $\omega=2\pi f$,则谐振频率 f 可以表示为

$$f=f_r=\frac{1}{2ac}\sqrt{\frac{a^2+c^2}{\varepsilon\mu}} \tag{3.14-4}$$

上面导出的导波场形式即为矩形谐振腔的 TE_{101} 模式。根据场方程可以得到 TE_{101} 模式所有场分量为

$$\left.\begin{aligned}\dot{E}_y&=E_0\sin\frac{\pi x}{a}\sin\frac{\pi z}{c}\\\dot{H}_x&=-\frac{j\pi E_0}{\omega\mu_0 c}\sin\frac{\pi x}{a}\cos\frac{\pi z}{c}\\\dot{H}_z&=\frac{j\pi E_0}{\omega\mu_0 a}\cos\frac{\pi x}{a}\sin\frac{\pi z}{c}\end{aligned}\right\} \tag{3.14-5}$$

电场和磁场的相位相差 90°,当磁场强度为最小值时,电场强度取得最大值;反之亦然。理想谐振腔内,只存在电能和磁能的相互转换,无能量损耗。

3.15 辐 射

在前面电磁波问题的分析过程中,首先分析了无界空间的均匀平面波,然后分析了两半无界空间交界面的反射和折射,接着分析了沿双导体传输线、单根导体波导管的导行波问题,最后讨论了电磁波在全封闭空间存在的谐振腔问题。在这些问题的分析中,电磁波满足的微分方程都是一样的,区别仅在于边界条件。

在上述问题分析中,都没有涉及到激励电磁波的源。无源空间的电磁波一定是被分布在有限或无限区域的某些源激励的。如图 3.15-1 所示,当源分布在有限区域内,求这些源在源以外无源空间所产生的电磁场的问题便是辐射问题。其求解思路如下:
① 源以外空间满足齐次波动方程。
② 源所在处满足非齐次波动方程。
③ 在源与无源空间交界及无穷远处应满足边界条件。

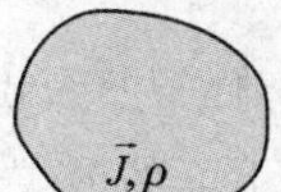

图 3.15-1 分布在有限区域的源

3.15.1 边界条件

在源所在区域和无源空间交界面,电磁场应满足一般的边界条件。辐射场在无穷远处则

应满足辐射条件。

如果场源分布在有限区域,则在离开场源很远的地方,场量的幅值随距离的变化至少按 $\frac{1}{R}$ 衰减,式中 R 为场点到源点的距离。对电场强度有

$$\lim_{R\to\infty} R\dot{E} = 有限值 \tag{3.15-1}$$

辐射条件是指

$$\lim_{R\to\infty} R\left[\hat{i}_R \times \dot{H} + \left(\frac{\varepsilon}{\mu}\right)^{\frac{1}{2}} \dot{E}\right] = 0 \tag{3.15-2}$$

令式(3.15-2)两端对 $\hat{i}_R$ 求标积,有

$$\lim_{R\to\infty} R\left[\hat{i}_R \cdot (\hat{i}_R \times \dot{H}) + \left(\frac{\varepsilon}{\mu}\right)^{\frac{1}{2}} \hat{i}_R \cdot \dot{E}\right] = 0 \tag{3.15-3}$$

即

$$\lim_{R\to\infty} R(\hat{i}_R \cdot \dot{E}) = 0 \tag{3.15-4}$$

上式表明,电场强度 $\dot{E}$ 在 $\hat{i}_R$ 方向的分量 $(\hat{i}_R \cdot \dot{E})$ 比 $\frac{1}{R}$ 减小要快,即当 $R\to\infty$ 时,对 $\frac{1}{R}$ 数量级来说,$\dot{E}$ 与 $\hat{i}_R$ 是垂直的。式(3.15-2)还可以表示为

$$\lim_{R\to\infty} R\left[\dot{E} - \left(\frac{\mu}{\varepsilon}\right)^{\frac{1}{2}} \dot{H} \times \hat{i}_R\right] = 0 \tag{3.15-5}$$

上式表明,当 $R\to\infty$ 时,对 $\frac{1}{R}$ 数量级来说,$\dot{E}$、$\dot{H}$、$\hat{i}_R$ 三者是互相垂直的,这和球心发出的 TEM 波向外传播的情况相同。因为 $R\to\infty$ 时,波源可以看作在球心,故式(3.15-1)和式(3.15-2)可以保证有限区域分布的源在无穷远处可近似看作是从球心发出的,把它们称为辐射的无穷远条件。

对磁场强度,辐射的无穷远条件可以表示为

$$\lim_{R\to\infty} R\dot{H} = 有限值 \tag{3.15-6}$$

$$\lim_{R\to\infty} R\left[\left(\frac{\varepsilon}{\mu}\right)^{\frac{1}{2}} \hat{i}_R \times \dot{E} - \dot{H}\right] = 0 \tag{3.15-7}$$

式(3.15-2)和式(3.15-7)又称为电磁场的辐射条件。利用麦克斯韦方程,通常还可将它们写成下面的形式:

$$\lim_{R\to\infty} R(\nabla \times \dot{H} + jk\hat{i}_R \times \dot{H}) = 0 \tag{3.15-8}$$

$$\lim_{R\to\infty} R(\nabla \times \dot{E} + jk\hat{i}_R \times \dot{E}) = 0 \tag{3.15-9}$$

或

$$\lim_{R\to\infty} R(j\omega\varepsilon\dot{E} + jk\hat{i}_R \times \dot{H}) = 0 \tag{3.15-10}$$

$$\lim_{R\to\infty} R(j\omega\mu\dot{H} - jk\hat{i}_R \times \dot{E}) = 0 \tag{3.15-11}$$

在均匀无界空间中,假定场源分布在有限区域内。为了导出辐射条件,对波函数 ψ 的性质进行以下假定:当源点和场点距离 $R \to \infty$ 时,$\psi \propto \dfrac{1}{R}$。另外,规定 ψ 满足条件

$$\lim_{R \to \infty} R \left(\frac{\partial \psi}{\partial R} + \mathrm{j} k \psi \right) = 0 \qquad (3.15-12)$$

上式称为索莫菲尔辐射条件。当波函数满足该式时,表示无穷远处不存在场源,波函数只表示外向波。

3.15.2 磁矢位和电标位的非齐次波动方程

考虑在均匀理想介质中,场方程为

$$\left.\begin{aligned} \nabla \times \dot{\vec{E}} &= -\mathrm{j}\omega\mu \dot{\vec{H}} \\ \nabla \times \dot{\vec{H}} &= \mathrm{j}\omega\varepsilon \dot{\vec{E}} + \dot{\vec{J}} \\ \nabla \cdot \dot{\vec{E}} &= \frac{\dot{\rho}}{\varepsilon} \\ \nabla \cdot \dot{\vec{H}} &= 0 \end{aligned}\right\} \qquad (3.15-13)$$

这里的 $\dot{\vec{J}}$、$\dot{\rho}$ 为外加的某种形式的电流密度和电荷密度源,二者满足电荷守恒定律。因为 $\nabla \cdot \dot{\vec{H}} = 0$,令

$$\dot{\vec{H}} = \frac{1}{\mu} \nabla \times \vec{A} \qquad (3.15-14)$$

称 $\vec{A}$ 为磁矢位,将上式代入式(3.15-13)的第一式,有

$$\nabla \times (\dot{\vec{E}} + \mathrm{j}\omega \vec{A}) = 0 \qquad (3.15-15)$$

任意标量场的梯度为无旋场,故可令

$$\dot{\vec{E}} + \mathrm{j}\omega \vec{A} = -\nabla \Phi \qquad (3.15-16)$$

式中,Φ 为电标位。将式(3.15-14)、式(3.15-16)代入式(3.15-13)的第二式,可得关于 $\vec{A}$ 的波动方程

$$\nabla \times \nabla \times \vec{A} - k^2 \vec{A} = \mu \dot{\vec{J}} - \mathrm{j}\omega\varepsilon\mu \nabla \Phi \qquad (3.15-17)$$

根据式(3.15-15)和式(3.15-16)所定义的磁矢位 $\vec{A}$ 和电标位 Φ 并不是唯一的,即给定的 $\dot{\vec{E}}$ 和 $\dot{\vec{H}}$ 并不对应唯一的 $\vec{A}$ 和 Φ。设 $\Psi(\vec{r})$ 为任意空间函数,则可做变换

$$\left.\begin{aligned} \vec{A} &\to \vec{A}' + \nabla \Psi \\ \Phi &\to \Phi' - \mathrm{j}\omega \Psi \end{aligned}\right\} \qquad (3.15-18)$$

根据式(3.15-14)和式(3.15-15)可知,$(\vec{A},\Phi)$ 与 $(\vec{A}',\Phi')$ 描述同一电磁场。之所以存在这种现象,是因为在式(3.15-14)和式(3.15-15)中,只给出 $\vec{A}$ 的旋度,而没有给出 $\vec{A}$ 的散度。从数学上,必须同时给出矢量场的旋度和散度才能确定矢量场。电磁场本身对 $\vec{A}$ 的散度没有任何限制,因而可以取 $\nabla \cdot \vec{A}$ 为任意值。从计算方便考虑,在不同问题中可以采用不同

的 $\nabla \cdot \vec{A}$ 取值条件，其中应用较为广泛的是所谓的洛伦兹条件，即使 $\nabla \cdot \vec{A}$ 满足

$$\nabla \cdot \vec{A} = -\mathrm{j}\omega\mu\varepsilon\Phi \tag{3.15-19}$$

此时建立起磁矢位和电标位的关系，可以通过单一的磁矢位来计算电磁场，而不需要计算电标位 Φ。这一结果可以通过洛伦兹条件式(3.15-19)与电荷守恒定律的一致性来理解，即根据式(3.15-19)可以导出电荷守恒定律。利用式(3.1-12)矢量恒等关系，在满足洛伦兹条件时，式(3.15-17)变为

$$\nabla^2 \vec{A} + k^2 \vec{A} = -\mu \vec{J} \tag{3.15-20}$$

将式(3.15-16)代入到式(3.15-13)的第三式，并利用式(3.15-19)，可得电标位 Φ 满足的方程为

$$\nabla^2 \Phi + k^2 \Phi = -\frac{\dot{\rho}}{\varepsilon} \tag{3.15-21}$$

将式(3.15-19)两边取梯度，并利用式(3.1-12)矢量恒等和式(3.15-16)、式(3.15-17)、式(3.15-20)，可得

$$\nabla \times \nabla \times \vec{A} = k^2 \vec{A} + \mu \vec{J} + \mathrm{j}\omega\mu\varepsilon(\dot{\vec{E}} + \mathrm{j}\omega\vec{A}) = \mu \dot{\vec{J}} + \mathrm{j}\omega\varepsilon\dot{\vec{E}} \tag{3.15-22}$$

上式两边取散度，并考虑到式(3.15-13)的第三式，即得电荷守恒定律

$$\nabla \cdot \dot{\vec{J}} + \mathrm{j}\omega\dot{\rho} = 0 \tag{3.15-23}$$

式(3.15-20)和式(3.15-21)为非齐次的波动方程。在洛伦兹条件下，电场强度和磁场强度可以单独由磁矢位函数 $\vec{A}$ 表示为

$$\left.\begin{array}{l}\dot{\vec{E}} = -\mathrm{j}\omega\vec{A} + \dfrac{\nabla\nabla\cdot\vec{A}}{\mathrm{j}\omega\mu\varepsilon} \\ \dot{\vec{H}} = \dfrac{1}{\mu}\nabla\times\vec{A}\end{array}\right\} \tag{3.15-24}$$

3.15.3 电流元

考察一位于坐标原点的交流电流元 $\dot{I}l$ 产生的场，如图 3.15-2 所示。当观察点趋向于原点时，该电流元产生的场趋于一静态电偶极子的场。在无穷远处，场应该满足辐射条件。原点之外，磁矢位满足齐次亥姆霍兹方程

$$\nabla^2 A_z + k^2 A_z = 0 \tag{3.15-25}$$

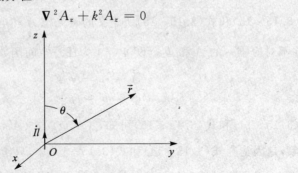

图 3.15-2 位于原点的 z 向电流元

在球坐标系下,场关于原点对称,有 $A_z = A_z(r)$,满足方程

$$\frac{1}{r^2}\frac{d}{dr}\left(r^2\frac{dA_z}{dr}\right) + k^2 A_z = 0 \tag{3.15-26}$$

其解可为

$$A_z = \frac{C}{r}e^{-jkr} \quad \text{和} \quad A_z = \frac{C}{r}e^{jkr} \tag{3.15-27}$$

取外行波解,有

$$A_z = \frac{C}{r}e^{-jkr} \tag{3.15-28}$$

对波动方程式(3.15-20),当 $k=0$ 时,其退化为泊松方程。对应本例电偶极子情况下的解为

$$A_z = \frac{\mu \dot{I}}{4\pi r} \tag{3.15-29}$$

所以式(3.15-28)的常数 C 必为

$$C = \frac{\mu \dot{I}}{4\pi} \tag{3.15-30}$$

式(3.15-28)可以解出为

$$A_z = \frac{\mu \dot{I} l}{4\pi r}e^{-jkr} \tag{3.15-31}$$

根据式(3.15-24),可以得到电流元的电磁场为

$$\left.\begin{aligned}\dot{E}_r &= \frac{\dot{I}l}{2\pi}e^{-jkr}\left(\frac{\eta}{r^2} + \frac{1}{j\omega\varepsilon r^3}\right)\cos\theta \\ \dot{E}_\theta &= \frac{\dot{I}l}{4\pi}e^{-jkr}\left(\frac{j\omega\mu}{r} + \frac{\eta}{r^2} + \frac{1}{j\omega\varepsilon r^3}\right)\sin\theta \\ \dot{H}_\varphi &= \frac{\dot{I}l}{4\pi}e^{-jkr}\left(\frac{jk}{r} + \frac{1}{r^2}\right)\sin\theta\end{aligned}\right\} \tag{3.15-32}$$

在很靠近电流元处,电场简化为一静电荷偶极子的电场,磁场简化为恒定电流元的磁场,称为准静态场。在远离电流元处,有

$$\left.\begin{aligned}\dot{E}_\theta &= \eta\frac{j\dot{I}l}{2\lambda r}e^{-jkr}\sin\theta \\ \dot{H}_\varphi &= \frac{j\dot{I}l}{2\lambda r}e^{-jkr}\sin\theta\end{aligned}\right\} \tag{3.15-33}$$

式(3.15-33)表示的电磁场为电流元的辐射场,电场强度和磁场强度方向垂直于传播方向,二者大小之比为无界空间的波阻抗。

位于 $\vec{r}'$ 处的任意方向电流元 $\dot{I}\vec{l}$ 所激发的磁矢位为

$$\vec{A}(\vec{r}) = \frac{\mu \dot{I}\vec{l}(\vec{r}')e^{-jk|\vec{r}-\vec{r}'|}}{4\pi|\vec{r}-\vec{r}'|} \tag{3.15-34}$$

由分布在体积 V 内的具有电流密度 $\vec{J}(\vec{r}')$ 的任意分布电流所激发的磁矢势为

$$\vec{A}(\vec{r}) = \frac{\mu}{4\pi}\int_V \frac{\vec{J}(\vec{r}')e^{-jk|\vec{r}-\vec{r}'|}}{|\vec{r}-\vec{r}'|}dV' \tag{3.15-35}$$

3.16 波的一般复数表示和参量

3.16.1 传播常数、相位常数、衰减常数

在直角坐标系中,复数形式的波函数的一般形式可以表示为
$$\psi(x,y,z) = A(x,y,z) e^{j\phi(x,y,z)} \tag{3.16-1}$$
相应的瞬时值表示为
$$\psi(x,y,z,t) = \text{Re}[\psi(x,y,z) e^{j\omega t}] = A(x,y,z)\cos[\omega t + \phi(x,y,z)] \tag{3.16-2}$$
复数波函数的模为瞬时波函数的幅度,相位是瞬时波函数的初相。初相固定的表面叫做等相位面,定义为
$$\phi(x,y,z) = \text{常数} \tag{3.16-3}$$
根据等相位面是平面、柱面、球面,将波分别称为平面波、柱面波、球面波。当幅度在等相位面上保持恒定时,波称为均匀波。

相位在某些方向的减少率叫做该方向的相位常数。在直角坐标系中,各方向的相位常数为
$$\beta_x = -\frac{\partial \phi}{\partial x}, \quad \beta_y = -\frac{\partial \phi}{\partial y}, \quad \beta_z = -\frac{\partial \phi}{\partial z} \tag{3.16-4}$$
定义矢量相位常数为
$$\vec{\beta} = -\nabla \phi \tag{3.16-5}$$
波的瞬时相位为 $\omega t + \phi(x,y,z)$,固定等相位面为
$$\omega t + \phi(x,y,z) = \text{常数} \tag{3.16-6}$$
当时间增加时,为维持式(3.16-6)不变,ϕ 必须减小。ϕ 对任意空间位移 $d\vec{s}$ 产生的相位变化为
$$\nabla \phi \cdot d\vec{s} = \frac{\partial \phi}{\partial x}dx + \frac{\partial \phi}{\partial y}dy + \frac{\partial \phi}{\partial z}dz \tag{3.16-7}$$
为能满足在任意时间增量时瞬时相位不变,应有
$$\omega dt + \nabla \phi \cdot d\vec{s} = 0 \tag{3.16-8}$$
波在指定方向的相速度为固定等相位面在该方向的速度。在直角坐标系下,沿直角坐标各方向的相速度为
$$\left. \begin{aligned} v_x &= -\frac{\omega}{\partial \phi/\partial x} = \frac{\omega}{\beta_x} \\ v_y &= -\frac{\omega}{\partial \phi/\partial y} = \frac{\omega}{\beta_y} \\ v_z &= -\frac{\omega}{\partial \phi/\partial z} = \frac{\omega}{\beta_z} \end{aligned} \right\} \tag{3.16-9}$$
沿波面法线的相速度为
$$v_p = -\frac{\omega}{|\nabla \phi|} = \frac{\omega}{\beta} \tag{3.16-10}$$

该相速度为波的最小相速度。如果波有衰减,则波函数可以表示为
$$\phi = A(x,y,z) e^{\theta(x,y,z)} \quad (3.16-11)$$
$\theta(x,y,z)$ 为一复数函数,其虚数部分为相位 ϕ。矢量传播常数可以表示为
$$\vec{\gamma} = -\nabla \theta(x,y,z) = \vec{\alpha} + j\vec{\beta} \quad (3.16-12)$$
式中,$\vec{\beta}$ 为矢量相位常数,$\vec{\alpha}$ 为矢量衰减常数。

3.16.2 波阻抗

在电磁场中,电场和磁场的分量之比称为波阻抗。电场强度方向、磁场强度方向与波阻抗的方向三者之间遵循右手螺旋法则。例如
$$\frac{\dot{E}_x}{\dot{H}_y} = Z_{xy}^+ \quad (3.16-13)$$
为在 $+z$ 方向的波阻抗。
$$-\frac{\dot{E}_x}{\dot{H}_y} = Z_{xy}^- \quad (3.16-14)$$
为在 $-z$ 方向的波阻抗。

坡印廷矢量可以用波阻抗表示。例如,其在 z 方向的分量可表示为
$$\dot{S}_z = \frac{1}{2}(\dot{\vec{E}} \times \dot{\vec{H}}^*)_z = \frac{1}{2}(\dot{E}_x \dot{H}_y^* - \dot{E}_y \dot{H}_x^*) = \frac{1}{2}(Z_{xy}^+ |\dot{H}_y|^2 + Z_{yx}^+ |\dot{H}_x|^2)$$
$$(3.16-15)$$

3.17 沿任意方向传播的平面波

3.17.1 平面波解满足的场定律

设平面波沿 ξ 方向传播,$\hat{i}_\xi$ 为 ξ 方向的单位矢量,其传播因子为 $e^{-jk\xi}$,可以表示为
$$e^{-jk\xi} = e^{-jk\vec{r} \cdot \hat{i}_\xi} = e^{-jk\hat{i}_\xi \cdot \vec{r}} = e^{-j\vec{k} \cdot \vec{r}} \quad (3.17-1)$$
式中,$\vec{r}$ 为观察点位置矢量,$\vec{k}$ 称为波矢量或传播矢量,可以表示为
$$\vec{k} = k\hat{i}_\xi \quad (3.17-2)$$
在理想介质中,波矢量大小等于媒质的波数。在一般各向同性媒质中可以推广表示为
$$k = \sqrt{-\hat{z}\hat{y}} \quad (3.17-3)$$
$\vec{k}$ 的方向为平面波传播方向。式(3.17-1)即为沿任意 $\vec{k}$ 方向传播的平面波的传播因子表示式。

已知时谐场在均匀媒质中平面波的场矢量解具有 $\dot{\vec{A}} = \dot{\vec{A}}_0 e^{-j\vec{k} \cdot \vec{r}}$ 的形式,且有
$$\nabla (e^{-j\vec{k} \cdot \vec{r}}) = -j\vec{k} e^{-j\vec{k} \cdot \vec{r}} \quad (3.17-4)$$
利用矢量恒等式

$$\nabla \times (\vec{A}f) = \nabla f \times \vec{A} + f\nabla \times \vec{A} \qquad (3.17-5)$$

$$\nabla \cdot (\vec{A}f) = \nabla f \cdot \vec{A} + f\nabla \cdot \vec{A} \qquad (3.17-6)$$

令其中 $\vec{A} = \dot{\vec{A}}_0$，为常矢量，$f = e^{-j\vec{k}\cdot\vec{r}}$，则有

$$\nabla \times \dot{\vec{A}} = \nabla \times (\dot{\vec{A}}_0 e^{-j\vec{k}\cdot\vec{r}}) = -j\vec{k} \times \dot{\vec{A}} \qquad (3.17-7)$$

$$\nabla \cdot \dot{\vec{A}} = \nabla \cdot (\dot{\vec{A}}_0 e^{-j\vec{k}\cdot\vec{r}}) = -j\vec{k} \cdot \dot{\vec{A}} \qquad (3.17-8)$$

即对平面波场，∇ 算符的作用与 $-j\vec{k}$ 等同，将 $\nabla = -j\vec{k}$ 代入复数形式麦克斯韦方程组式(1.10-13)中，并令 $\dot{\vec{J}}_f = 0$、$\dot{\rho}_f = 0$，可得

$$\left.\begin{array}{l} \vec{k} \times \dot{\vec{E}} = \omega \dot{\vec{B}} \\ \vec{k} \times \dot{\vec{H}} = -\omega \dot{\vec{D}} \\ \vec{k} \cdot \dot{\vec{D}} = 0 \\ \vec{k} \cdot \dot{\vec{B}} = 0 \end{array}\right\} \qquad (3.17-9)$$

上述各式称为无源媒质中平面波所满足的麦克斯韦方程。

3.17.2 复数波矢量

理想介质中，波数与频率及电磁参数的关系为

$$k^2 = \omega^2 \mu \varepsilon \qquad (3.17-10)$$

式(3.17-10)是将 $\vec{k}$ 矢量的分量与媒质参数及角频率联系起来的数学方程，它表征了媒质中平面波的传播特性，称为色散方程。在有损耗的各向同性媒质中，色散方程可以表示为

$$k^2 = -\hat{z}\hat{y} \qquad (3.17-11)$$

故波数 k 一般情况下为一复数，波矢量 $\vec{k}$ 为一复矢量。例如，在无界导电简单媒质中，$\sigma \neq 0$，则有

$$\varepsilon \to \dot{\varepsilon} = \varepsilon + \frac{\sigma}{j\omega} \qquad (3.17-12)$$

$$k = \beta - j\alpha = \sqrt{\omega^2 \mu \dot{\varepsilon}} \qquad (3.17-13)$$

$$\beta = \omega\sqrt{\frac{\mu\varepsilon}{2}}\left[\sqrt{1+\left(\frac{\sigma}{\omega\varepsilon}\right)^2}+1\right]^{\frac{1}{2}} \qquad (3.17-14)$$

$$\alpha = \omega\sqrt{\frac{\mu\varepsilon}{2}}\left[\sqrt{1+\left(\frac{\sigma}{\omega\varepsilon}\right)^2}-1\right]^{\frac{1}{2}} \qquad (3.17-15)$$

假设波沿 $+\xi$ 方向传播，传播因子可以表示为

$$e^{-jk\xi} = e^{-\alpha\xi}e^{-j\beta\xi} \qquad (3.17-16)$$

表示波沿 $+\xi$ 方向以相位常数 β 产生相移，同时幅度以衰减常数 α 衰减。波矢量 $\vec{k}$ 可以表示为

$$\vec{k} = k\hat{i}_\xi = (\beta - j\alpha)\hat{i}_\xi = \vec{\beta} - j\vec{\alpha} \qquad (3.17-17)$$

此时 $\vec{k}$ 为一复矢量，实部矢量和虚部矢量方向相同，表示在相移方向上同时伴有幅度衰

减,但等相位面和等振幅面仍然重合,为一均匀平面波。

当波矢量 $\vec{k}$ 为复矢量时,一般可以将其表示为

$$\vec{k} = \vec{\beta} - j\vec{\alpha} \tag{3.17-18}$$

式中,$\vec{\beta}$、$\vec{\alpha}$ 为两个实矢量,表示波为沿 $\vec{\beta}$ 方向传播和在 $\vec{\alpha}$ 方向衰减的平面波。只有当 $\vec{\beta}$、$\vec{\alpha}$ 方向相同时,等相面和等幅面才重合,此时仍为均匀平面波,只是波在传播方向上按指数规律衰减,如式(3.17-16)所示。

一般情况下,$\vec{\beta}$、$\vec{\alpha}$ 两者的方向不一定一致,仍然可以满足色散方程。此时等相面和等幅面不重合,称这种波为 $\vec{\alpha}$ 方向的凋落波或 $\vec{\beta}$ 方向传播的非均匀平面波。在无耗简单媒质中,设波矢量为 $\vec{k} = \vec{\beta} - j\vec{\alpha}$,为一复矢量,色散方程为

$$k^2 = \vec{k} \cdot \vec{k} = \beta^2 - \alpha^2 - j2\vec{\beta} \cdot \vec{\alpha} = \omega^2 \mu \varepsilon \tag{3.17-19}$$

方程成立的条件为

$$\left. \begin{array}{c} \vec{\beta} \cdot \vec{\alpha} = 0 \\ \beta^2 - \alpha^2 = \omega^2 \mu \varepsilon \end{array} \right\} \tag{3.17-20}$$

即 $\vec{\beta} \cdot \vec{\alpha} = 0$,满足 $\vec{\beta}$ 和 $\vec{\alpha}$ 为正交关系时,仍可满足各向同性媒质的色散方程,此时 β、α 仍可能有解。因此,在无耗媒质中也可能存在凋落波(如两种理想介质交界面发生全反射时的表面波)。

3.18 各向异性媒质中的平面波

3.18.1 寻常波和非寻常波

根据方程式(3.17-9),限定 $\vec{k}$ 为实矢量,再考虑到场的瞬时矢量和复矢量的关系,可知:波矢量 $\vec{k}$ 垂直于 $\vec{D}$ 且垂直于 $\vec{B}$,即 $\vec{k}$ 垂直于 $\vec{D}$ 和 $\vec{B}$ 所确定的平面;$\vec{D}$ 垂直于 $\vec{k}$ 和 $\vec{H}$,$\vec{B}$ 垂直于 $\vec{k}$ 和 $\vec{E}$。

由 $\vec{S} = \vec{E} \times \vec{H}$ 可知,$\vec{S}$ 垂直于 $\vec{E}$ 和 $\vec{H}$。在电磁各向同性媒质中,$\vec{D}$ 和 $\vec{E}$ 方向一致,$\vec{B}$ 和 $\vec{H}$ 方向一致,从而 $\vec{k}$ 和 $\vec{S}$ 方向一致。但在各向异性媒质中,由于 $\vec{D}$ 和 $\vec{E}$、$\vec{B}$ 和 $\vec{H}$ 方向不一致,导致 $\vec{k}$ 和 $\vec{S}$ 方向可能不同。图3.18-1中列出了几种情况。

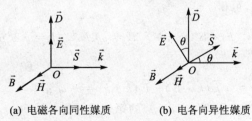

(a) 电磁各向同性媒质 (b) 电各向异性媒质

图 3.18-1 不同媒质中的 $\vec{k}$ 和 $\vec{S}$

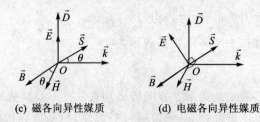

(c) 磁各向异性媒质　　(d) 电磁各向异性媒质

图 3.18 - 1　不同媒质中的 $\vec{k}$ 和 $\vec{S}$（续）

根据图 3.18-1，在电磁各向同性媒质中只能存在 $\vec{k} \parallel \vec{S}$ 的波，但在各向异性媒质中可能存在 $\vec{k} \parallel \vec{S}$ 的波，也可能存在 $\vec{k}$、$\vec{S}$ 方向不同的波。前者称为寻常波，简记为 o 波；后者称为非寻常波（或非常波），简记为 e 波。

3.18.2　色散方程

对于平面波解，已知麦克斯韦方程组可以表示为

$$\left.\begin{array}{l} \vec{k} \times \dot{\vec{E}} = \omega \dot{\vec{B}} \\ \vec{k} \times \dot{\vec{H}} = -\omega \dot{\vec{D}} \\ \vec{k} \cdot \dot{\vec{D}} = 0 \\ \vec{k} \cdot \dot{\vec{B}} = 0 \end{array}\right\} \quad (3.18-1)$$

对于一般的媒质（包括各向同性和各向异性），本构方程的一般表示式为

$$\left.\begin{array}{l} c\dot{\vec{D}} = \bar{\bar{P}} \cdot \dot{\vec{E}} + \bar{\bar{L}} \cdot c\dot{\vec{B}} \\ \dot{\vec{H}} = \bar{\bar{M}} \cdot \dot{\vec{E}} + \bar{\bar{Q}} \cdot c\dot{\vec{B}} \end{array}\right\} \quad (3.18-2)$$

式中，c 为光速。对于理想介质有

$$\left.\begin{array}{l} \bar{\bar{P}} = c\varepsilon \bar{\bar{I}} \\ \bar{\bar{Q}} = \dfrac{1}{c\mu} \bar{\bar{I}} \\ \bar{\bar{L}} = \bar{\bar{M}} = 0 \end{array}\right\} \quad (3.18-3)$$

则有

$$\left.\begin{array}{l} \dot{\vec{D}} = \varepsilon \dot{\vec{E}} \\ \dot{\vec{H}} = \dfrac{1}{\mu} \dot{\vec{B}} \end{array}\right\} \quad (3.18-4)$$

与推导波动方程类似，可得

$$\vec{k} \times (\vec{k} \times \dot{\vec{E}}) = \omega \vec{k} \times \dot{\vec{B}} = \omega \mu \vec{k} \times \dot{\vec{H}} = -\omega^2 \mu \dot{\vec{D}} \quad (3.18-5)$$

即

$$\vec{k}(\vec{k} \cdot \dot{\vec{E}}) - \dot{\vec{E}}(\vec{k} \cdot \vec{k}) = -\omega^2 \mu \dot{\vec{D}} \quad (3.18-6)$$

由式(3.18-1)的第三式及式(3.18-4)的第一式可得

$$\vec{k} \cdot \dot{\vec{D}} = \varepsilon \vec{k} \cdot \dot{\vec{E}} = 0 \quad (3.18-7)$$

因此式(3.18-6)为

$$(k^2 - \omega^2 \mu\varepsilon)\dot{\vec{E}} = 0 \tag{3.18-8}$$

若 $\dot{\vec{E}}$ 有非零解，则应满足

$$k^2 = \omega^2 \mu\varepsilon \tag{3.18-9}$$

上式为理想介质的色散方程，表征了 $\vec{k}$ 的模值与媒质参数 μ、ε 及角频率之间的关系。由式(3.18-9)可得平面波的相速为

$$v_p = \frac{\omega}{k} = \frac{1}{\sqrt{\mu\varepsilon}} \tag{3.18-10}$$

理想介质的折射率为

$$n = \frac{c}{v_p} = \frac{ck}{\omega} = c\sqrt{\mu\varepsilon} \tag{3.18-11}$$

对于理想介质，μ、ε 不是 ω 或 k 的函数，则色散方程式(3.18-9)表示的 k 与 ω 的关系是线性方程，媒质是非色散的。而对于有损耗媒质，由于 μ、ε 是 ω 或 k 的函数，色散方程是 k 与 ω 的复杂函数关系，因此媒质是色散的。

3.18.3 单轴媒质的色散方程

可以证明，无耗互易媒质本构矩阵是实的对称矩阵，即 $\bar{\bar{\varepsilon}}$、$\bar{\bar{\mu}}$ 是实的对称张量。而对称矩阵都可通过正交变换，选择适当坐标系使之成为对角阵。使对称矩阵在其中变换成对角阵的坐标系称为主坐标系或主轴坐标系。

单轴媒质的介电率张量的三个对角元素中有两个相同，另一个不同，这个具有不同介电率元素的坐标轴称为媒质的光轴。双轴介质的介电率张量的三个对角元素都不相同，因而具有两个不同方向的光轴。

单轴媒质只有一个光轴，通常设为 z 轴，则介电率张量成为

$$\bar{\bar{\varepsilon}} = \begin{bmatrix} \varepsilon & 0 & 0 \\ 0 & \varepsilon & 0 \\ 0 & 0 & \varepsilon_z \end{bmatrix} \tag{3.18-12}$$

在主坐标系中，有

$$\left. \begin{array}{l} \bar{\bar{Q}} = \dfrac{1}{c\mu}\bar{\bar{I}} \\ \bar{\bar{P}} = c\bar{\bar{\varepsilon}} \\ \bar{\bar{L}} = \bar{\bar{M}} = 0 \end{array} \right\} \tag{3.18-13}$$

因而有

$$\dot{\vec{D}} = \bar{\bar{\varepsilon}} \cdot \dot{\vec{E}} \tag{3.18-14}$$

即

$$\left. \begin{array}{l} \dot{D}_x = \varepsilon \dot{E}_x \\ \dot{D}_y = \varepsilon \dot{E}_y \\ \dot{D}_z = \varepsilon_z \dot{E}_z \end{array} \right\} \tag{3.18-15}$$

若 $\varepsilon_z > \varepsilon$，则称媒质为正单轴的；若 $\varepsilon_z < \varepsilon$，则称媒质为负单轴的。设媒质的磁化是各向同性的（即 μ 为常数），故仍有

$$\vec{k} \times (\vec{k} \times \dot{\vec{E}}) = -\omega^2 \mu \dot{\vec{D}} \quad (3.18-16)$$

将式(3.18-14)代入，有

$$\vec{k} \times (\vec{k} \times \dot{\vec{E}}) = -\omega^2 \mu \bar{\bar{\varepsilon}} \cdot \dot{\vec{E}} \quad (3.18-17)$$

将式(3.18-15)代入式(3.18-1)的第三式，可得

$$k_x \dot{E}_x + k_y \dot{E}_y + k_z \dot{E}_z \frac{\varepsilon_z}{\varepsilon} = 0 \quad (3.18-18)$$

即

$$\vec{k} \cdot \dot{\vec{E}} = \left(1 - \frac{\varepsilon_z}{\varepsilon}\right) k_z \dot{E}_z \quad (3.18-19)$$

将式(3.18-19)代入式(3.18-17)，可得

$$-k^2 \dot{\vec{E}} + \vec{k}\left(1 - \frac{\varepsilon_z}{\varepsilon}\right) k_z \dot{E}_z = -\omega^2 \mu \bar{\bar{\varepsilon}} \cdot \dot{\vec{E}} \quad (3.18-20)$$

写成矩阵形式，有

$$\begin{bmatrix} -k^2 + \omega^2\mu\varepsilon & 0 & \left(1 - \frac{\varepsilon_z}{\varepsilon}\right) k_x k_z \\ 0 & -k^2 + \omega^2\mu\varepsilon & \left(1 - \frac{\varepsilon_z}{\varepsilon}\right) k_y k_z \\ 0 & 0 & -k_x^2 - k_y^2 - \frac{\varepsilon_z k_z^2}{\varepsilon} + \omega^2\mu\varepsilon_z \end{bmatrix} \begin{bmatrix} \dot{E}_x \\ \dot{E}_y \\ \dot{E}_z \end{bmatrix} = [0]$$

$$(3.18-21)$$

上式中若 $\dot{\vec{E}}$ 有非零解，其系数行列式必为零，则应有

$$k^2 = \omega^2 \mu \varepsilon \quad (3.18-22)$$

或者

$$k_x^2 + k_y^2 + \frac{\varepsilon_z k_z^2}{\varepsilon} = \omega^2 \mu \varepsilon_z \quad (3.18-23)$$

上面两式均为单轴媒质的色散方程。式(3.18-22)为寻常波或（o 波）的色散方程。式(3.18-23)为非常波（e 波）的色散方程。

对于寻常波而言，$\vec{k}$ 的模值与其传播方向无关，其特性与各向同性媒质中的波完全相同。对于非常波，$\vec{k}$ 的模值是传播方向的函数。假设 $\vec{k}$ 矢量与光轴 z 的夹角为 θ，则式(3.18-23)可写为

$$k^2 \left(\sin^2\theta + \frac{\varepsilon_z}{\varepsilon} \cos^2\theta\right) = \omega^2 \mu \varepsilon_z \quad (3.18-24)$$

由上式可得非常波的相速及折射率为

$$v_e = \frac{\omega}{k} = \left(\frac{\sin^2\theta}{\mu\varepsilon_z} + \frac{\cos^2\theta}{\mu\varepsilon}\right)^{\frac{1}{2}} \quad (3.18-25)$$

$$n_e = \frac{c}{v_e} = c \left(\frac{\mu\varepsilon_z}{\sin^2\theta + \frac{\varepsilon_z}{\varepsilon}\cos^2\theta}\right)^{\frac{1}{2}} \quad (3.18-26)$$

由上述分析可知,在单轴媒质中存在着以不同相速度传播的两种特征波:寻常波(o 波)和非常波(e 波),这种现象称为双折射。当波沿着光轴 z 传播时(对应 $\theta = 0°$),$v_e = v_o$,此时单轴媒质中只有寻常波。

在一般情况下,色散方程表示 $\vec{k}$ 的各分量与媒质电磁参数及角频率 ω 的关系,可以表示为
$$f(k_x, k_y, k_z, \omega) = 0 \tag{3.18-27}$$

在以 k_x, k_y, k_z 为基矢的三维 $\vec{k}$ 空间中,色散方程为二次方程,它描述一个以媒质电磁参数和角频率为参量的二次曲面,称为 $\vec{k}$ 曲面或波面。以单轴媒质为例,其 o 波的色散方程为
$$k_x^2 + k_y^2 + k_z^2 = \omega^2 \mu \varepsilon \tag{3.18-28}$$
即
$$\frac{k_x^2}{\omega^2 \mu \varepsilon} + \frac{k_y^2}{\omega^2 \mu \varepsilon} + \frac{k_z^2}{\omega^2 \mu \varepsilon} = 1 \tag{3.18-29}$$

因此 o 波的 $\vec{k}$ 面是半径等于 $\omega\sqrt{\mu\varepsilon}$ 的球面。e 波的色散方程为
$$k_x^2 + k_y^2 + k_z^2 \frac{\varepsilon_z}{\varepsilon} = \omega^2 \mu \varepsilon_z \tag{3.18-30}$$
即
$$\frac{k_x^2}{\omega^2 \mu \varepsilon_z} + \frac{k_y^2}{\omega^2 \mu \varepsilon_z} + \frac{k_z^2}{\omega^2 \mu \varepsilon} = 1 \tag{3.18-31}$$

因此,e 波的 $\vec{k}$ 面是绕 k_z 轴的旋转椭球面,沿 k_z 的主轴长度为 $\omega\sqrt{\mu\varepsilon}$,横轴长度等于 $\omega\sqrt{\mu\varepsilon_z}$。

单轴媒质中 o 波、e 波的 $\vec{k}$ 面如图 3.18-2 所示。由图可见,e 波 $\vec{k}$ 面所描述的 $\vec{k}$ 的模值是随方向变化的。在某方向上 $\vec{k}$ 矢量与 $\vec{k}$ 面相交于一点,波的相速方向即为该点 $\vec{k}$ 的方向,而波的群速方向则在 $\vec{k}$ 面的法线方向上。

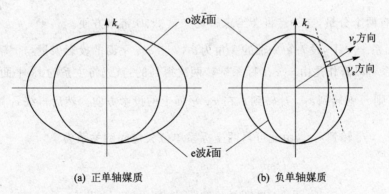

(a) 正单轴媒质 (b) 负单轴媒质

图 3.18-2 单轴媒质中 o 波、e 波的 $\vec{k}$ 面

3.19 kDB 坐标系

为了能够讨论一般均匀介质中波动特性和场矢量的解,首先要建立一个方便的坐标系,这

种坐标系叫做 kDB 坐标系，kDB 坐标系由波矢量 $\vec{k}$ 和 DB 平面组成。

3.19.1 坐标系的构成

kDB 坐标系具有单位矢量 $\hat{e}_1$、$\hat{e}_2$ 和 $\hat{e}_3$。令 $\vec{k} = \hat{e}_3 k$，因为 $\vec{k}$ 垂直于包括 $\vec{D}$、$\vec{B}$ 的平面，所以正交单位矢量 $\hat{e}_1$、$\hat{e}_2$ 为在 DB 平面上的两个互相垂直的单位矢量。

如图 3.19-1 所示，设主坐标系坐标轴为 x、y、z，取单位矢量 $\hat{e}_2$ 处在 z 轴和 $\vec{k}$ 决定的平面中并垂直于 $\hat{e}_3$，即 $\hat{e}_2$ 在 $\hat{i}_z$、$\vec{k}$ 平面及 DB 平面的交线上。取单位矢量 $\hat{e}_1$ 垂直于 z 轴和 $\vec{k}$ 所决定的平面，因为它垂直于 $\hat{e}_2$、$\hat{e}_3$，因此，$\hat{e}_1$ 在 xy 平面与 DB 平面的交线上。

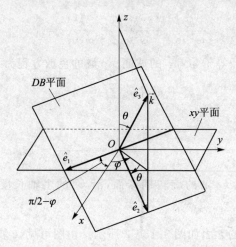

图 3.19-1 kDB 坐标系

由 $\hat{e}_1$、$\hat{e}_2$、$\hat{e}_3$ 所决定的直角坐标系称为 kDB 坐标系。在 kDB 坐标系中，任何均匀媒质的平面波 $\vec{D}$、$\vec{B}$ 只有两个分量，这一点将会给求解场矢量 $\vec{D}$、$\vec{B}$ 带来方便。

在主坐标系 xyz 下，设 $\vec{k}$ 与 z 轴的夹角为 θ，$\vec{k}$ 在 xy 平面的投影矢量与 x 轴的夹角为 φ，则 kDB 坐标系可以看作是由 xyz 坐标系旋转两次得到的：首先将主的 xy 平面绕 z 轴顺时针转 $\dfrac{\pi}{2} - \varphi$ 角，则 $\hat{i}_x$ 就转到 $\hat{e}_1$，$\hat{i}_y$ 转到 $\vec{k}$ 在 xy 平面上的投影方向。然后再绕 $\hat{e}_1$ 顺时针转 θ 角，则 $\hat{i}_z$ 就转到 $\hat{e}_3$，$\hat{i}_y$ 转到 $\hat{e}_2$。由此可得两坐标系单位矢量间的关系为

$$\left.\begin{aligned}\hat{e}_1 &= \hat{i}_x \sin\varphi - \hat{i}_y \cos\varphi \\ \hat{e}_2 &= \hat{i}_x \cos\theta\cos\varphi + \hat{i}_y \cos\theta\sin\varphi - \hat{i}_z \sin\theta \\ \hat{e}_3 &= \hat{i}_x \sin\theta\cos\varphi + \hat{i}_y \sin\theta\sin\varphi + \hat{i}_z \cos\theta\end{aligned}\right\} \quad (3.19-1)$$

设有一矢量 $\vec{A}$，在主坐标系和 kDB 坐标系中可分别表示为

$$\vec{A} = \hat{i}_x A_x + \hat{i}_y A_y + \hat{i}_z A_z \quad (3.19-2)$$

$$\vec{A}_k = \hat{e}_1 A_1 + \hat{e}_2 A_2 + \hat{e}_3 A_3 \quad (3.19-3)$$

写成矩阵形式则有

$$[A] = \begin{bmatrix} A_x \\ A_y \\ A_z \end{bmatrix} \quad (3.19-4)$$

$$[A_k] = \begin{bmatrix} A_1 \\ A_2 \\ A_3 \end{bmatrix} \quad (3.19-5)$$

二者之间的关系为

$$\left.\begin{aligned} A_1 &= \hat{e}_1 \cdot \vec{A} = \hat{e}_1 \cdot \hat{i}_x A_x + \hat{e}_1 \cdot \hat{i}_y A_y + \hat{e}_1 \cdot \hat{i}_z A_z = \sin\varphi A_x - \cos\varphi A_y \\ A_2 &= \hat{e}_2 \cdot \vec{A} = \hat{e}_2 \cdot \hat{i}_x A_x + \hat{e}_2 \cdot \hat{i}_y A_y + \hat{e}_2 \cdot \hat{i}_z A_z = \cos\theta\cos\varphi A_x + \cos\theta\sin\varphi A_y - \sin\theta A_z \\ A_3 &= \hat{e}_3 \cdot \vec{A} = \hat{e}_3 \cdot \hat{i}_x A_x + \hat{e}_3 \cdot \hat{i}_y A_y + \hat{e}_3 \cdot \hat{i}_z A_z = \sin\theta\cos\varphi A_x + \sin\theta\sin\varphi A_y + \cos\theta A_z \end{aligned}\right\}$$

$$(3.19-6)$$

式中，转换矩阵为

$$[T] = \begin{bmatrix} \sin\varphi & -\cos\varphi & 0 \\ \cos\theta\cos\varphi & \cos\theta\sin\varphi & -\sin\theta \\ \sin\theta\cos\varphi & \sin\theta\sin\varphi & \cos\theta \end{bmatrix} \quad (3.19-7)$$

其逆矩阵为

$$[T]^{-1} = [T]^\mathrm{T} = \begin{bmatrix} \sin\varphi & \cos\theta\cos\varphi & \sin\theta\cos\varphi \\ -\cos\varphi & \cos\theta\sin\varphi & \sin\theta\sin\varphi \\ 0 & -\sin\theta & \cos\theta \end{bmatrix} \quad (3.19-8)$$

将不同坐标系的矢量分量转换写成矩阵形式，则有

$$[A_k] = [T][A] \quad (3.19-9)$$

$$[A] = [T]^{-1}[A_k] \quad (3.19-10)$$

由上述关系可以得到两坐标系中场矢量的变换关系为

$$\left.\begin{aligned} [\dot{E}] &= [T]^{-1}[\dot{E}_k] \\ [\dot{D}] &= [T]^{-1}[\dot{D}_k] \\ [\dot{B}] &= [T]^{-1}[\dot{B}_k] \\ [\dot{H}] &= [T]^{-1}[\dot{H}_k] \end{aligned}\right\} \quad (3.19-11)$$

因为在 kDB 坐标系中，任何均匀媒质的平面波 $\vec{D}$、$\vec{B}$ 只有两个分量，故应首先解出场矢量 $\vec{D}$ 或 $\vec{B}$，然后再由 $\vec{D}$、$\vec{B}$ 解出 $\vec{E}$、$\vec{H}$。因此，本构方程采用以 $\vec{D}$、$\vec{B}$ 表示出 $\vec{E}$、$\vec{H}$ 的形式，有

$$\begin{bmatrix} \vec{\dot{E}} \\ \vec{\dot{H}} \end{bmatrix} = \begin{bmatrix} \bar{\bar{\kappa}} & \bar{\bar{\chi}} \\ \bar{\bar{\gamma}} & \bar{\bar{\upsilon}} \end{bmatrix} \cdot \begin{bmatrix} \vec{\dot{D}} \\ \vec{\dot{B}} \end{bmatrix} \quad (3.19-12)$$

即

$$\left.\begin{aligned} \vec{\dot{E}} &= \bar{\bar{\kappa}} \cdot \vec{\dot{D}} + \bar{\bar{\chi}} \cdot \vec{\dot{B}} \\ \vec{\dot{H}} &= \bar{\bar{\gamma}} \cdot \vec{\dot{D}} + \bar{\bar{\upsilon}} \cdot \vec{\dot{B}} \end{aligned}\right\} \quad (3.19-13)$$

式中，$\bar{\kappa}$、$\bar{\chi}$、$\bar{\gamma}$、$\bar{\upsilon}$ 均为二阶张量，可用一 3×3 阶矩阵表示，上式可写为

$$\left.\begin{aligned}[\dot{E}] &= [\kappa][\dot{D}] + [\chi][\dot{B}] \\ [\dot{H}] &= [\gamma][\dot{D}] + [\upsilon][\dot{B}]\end{aligned}\right\} \quad (3.19-14)$$

将矢量分量变换式(3.19-11)代入，均用矩阵表示，有

$$\left.\begin{aligned}[T]^{-1}[\dot{E}_k] &= [\kappa][T]^{-1}[\dot{D}_k] + [\chi][T]^{-1}[\dot{B}_k] \\ [T]^{-1}[\dot{H}_k] &= [\gamma][T]^{-1}[\dot{D}_k] + [\upsilon][T]^{-1}[\dot{B}_k]\end{aligned}\right\} \quad (3.19-15)$$

即有

$$\left.\begin{aligned}[\dot{E}_k] &= ([T][\kappa][T]^{-1})[\dot{D}_k] + ([T][\chi][T]^{-1})[\dot{B}_k] \\ [\dot{H}_k] &= ([T][\gamma][T]^{-1})[\dot{D}_k] + ([T][\upsilon][T]^{-1})[\dot{B}_k]\end{aligned}\right\} \quad (3.19-16)$$

因此可以得到

$$\left.\begin{aligned}[\kappa_k] &= [T][\kappa][T]^{-1} \\ [\chi_k] &= [T][\chi][T]^{-1} \\ [\upsilon_k] &= [T][\upsilon][T]^{-1} \\ [\gamma_k] &= [T][\gamma][T]^{-1}\end{aligned}\right\} \quad (3.19-17)$$

在 kDB 坐标系中，有

$$\left.\begin{aligned}\vec{\dot{E}}_k &= \bar{\kappa}_k \cdot \vec{\dot{D}}_k + \bar{\chi}_k \cdot \vec{\dot{B}}_k \\ \vec{\dot{H}}_k &= \bar{\gamma}_k \cdot \vec{\dot{D}}_k + \bar{\upsilon}_k \cdot \vec{\dot{B}}_k\end{aligned}\right\} \quad (3.19-18)$$

3.19.2 场方程和色散方程

在 kDB 坐标系中，无源均匀媒质内均匀平面波的麦克斯韦方程可以表示为

$$\left.\begin{aligned}\vec{k} \times \vec{\dot{E}}_k &= \omega \vec{\dot{B}}_k \\ \vec{k} \times \vec{\dot{H}}_k &= -\omega \vec{\dot{D}}_k \\ \vec{k} \cdot \vec{\dot{D}}_k &= 0 \\ \vec{k} \cdot \vec{\dot{B}}_k &= 0\end{aligned}\right\} \quad (3.19-19)$$

将本构方程式(3.19-18)代入式(3.19-19)的前两式有

$$\vec{k} \times (\bar{\kappa}_k \cdot \vec{\dot{D}}_k + \bar{\chi}_k \cdot \vec{\dot{B}}_k) = \omega \vec{\dot{B}}_k$$
$$\vec{k} \times (\bar{r}_k \cdot \vec{\dot{D}}_k + \bar{\upsilon}_k \cdot \vec{\dot{B}}_k) = -\omega \vec{\dot{D}}_k \quad (3.19-20)$$

在 kDB 坐标系中，矢量 $\vec{k}$ 与 $\hat{e}_3$ 的方向一致，即

$$\vec{k} = k\hat{e}_3 \quad (3.19-21)$$

定义张量 $\bar{k}$ 为

$$\bar{k} = -k\hat{e}_1\hat{e}_2 + k\hat{e}_2\hat{e}_1 = \begin{bmatrix} 0 & -k & 0 \\ k & 0 & 0 \\ 0 & 0 & 0 \end{bmatrix} \quad (3.19-22)$$

则对任意矢量 $\vec{A}$ 有

$$\bar{\bar{k}} \cdot \vec{A} = \vec{k} \times \vec{A} \tag{3.19-23}$$

麦克斯韦方程组式(3.19-19)的第一式变为

$$\bar{\bar{k}} \cdot \bar{\bar{\kappa}}_k \cdot \dot{\vec{D}}_k = \omega \bar{\bar{I}} \cdot \dot{\vec{B}}_k - \bar{\bar{k}} \cdot \bar{\bar{\chi}}_k \cdot \dot{\vec{B}}_k = (\omega \bar{\bar{I}} - \bar{\bar{k}} \cdot \bar{\bar{\chi}}_k) \cdot \dot{\vec{B}}_k \tag{3.19-24}$$

考虑到在 kDB 坐标系中，$\dot{\vec{D}}_k$、$\dot{\vec{B}}_k$ 只有两个分量，即 $\dot{D}_3 = \dot{B}_3 = 0$，将上式写成矩阵形式为

$$\begin{bmatrix} 0 & -k & 0 \\ k & 0 & 0 \\ 0 & 0 & 0 \end{bmatrix} \begin{bmatrix} \kappa_{11} & \kappa_{12} & \kappa_{13} \\ \kappa_{21} & \kappa_{22} & \kappa_{23} \\ \kappa_{31} & \kappa_{32} & \kappa_{33} \end{bmatrix} \begin{bmatrix} \dot{D}_1 \\ \dot{D}_2 \\ 0 \end{bmatrix} =$$

$$\left\{ \omega \begin{bmatrix} 1 & 0 & 0 \\ 0 & 1 & 0 \\ 0 & 0 & 1 \end{bmatrix} - \begin{bmatrix} 0 & -k & 0 \\ k & 0 & 0 \\ 0 & 0 & 0 \end{bmatrix} \begin{bmatrix} \chi_{11} & \chi_{12} & \chi_{13} \\ \chi_{21} & \chi_{22} & \chi_{23} \\ \chi_{31} & \chi_{32} & \chi_{33} \end{bmatrix} \right\} \begin{bmatrix} \dot{B}_1 \\ \dot{B}_2 \\ 0 \end{bmatrix} \tag{3.19-25}$$

经过演算化简可得

$$\begin{bmatrix} \kappa_{11} & \kappa_{12} \\ \kappa_{21} & \kappa_{22} \end{bmatrix} \begin{bmatrix} \dot{D}_1 \\ \dot{D}_2 \end{bmatrix} = -\begin{bmatrix} \chi_{11} & \chi_{12} - u \\ \chi_{21} + u & \chi_{22} \end{bmatrix} \begin{bmatrix} \dot{B}_1 \\ \dot{B}_2 \end{bmatrix} \tag{3.19-26}$$

同理可得

$$\begin{bmatrix} \upsilon_{11} & \upsilon_{12} \\ \upsilon_{21} & \upsilon_{22} \end{bmatrix} \begin{bmatrix} \dot{B}_1 \\ \dot{B}_2 \end{bmatrix} = -\begin{bmatrix} \gamma_{11} & \gamma_{12} + u \\ \gamma_{21} - u & \chi_{22} \end{bmatrix} \begin{bmatrix} \dot{D}_1 \\ \dot{D}_2 \end{bmatrix} \tag{3.19-27}$$

式中

$$u = \frac{\omega}{k} \tag{3.19-28}$$

是沿 $\vec{k}$ 方向的相速度。

也可以直接由麦克斯韦方程组式(3.19-19)的前两个方程推得

$$\omega \dot{D}_2 = -k \dot{H}_1 = -k(\upsilon_{11} \dot{B}_1 + \upsilon_{12} \dot{B}_2 + \gamma_{11} \dot{D}_1 + \gamma_{12} \dot{D}_2) \tag{3.19-29}$$

$$\omega \dot{D}_1 = k \dot{H}_2 = k(\upsilon_{21} \dot{B}_1 + \upsilon_{22} \dot{B}_2 + \gamma_{21} \dot{D}_1 + \gamma_{22} \dot{D}_2) \tag{3.19-30}$$

$$\omega \dot{B}_2 = k \dot{E}_1 = k(\kappa_{11} \dot{D}_1 + \kappa_{12} \dot{D}_2 + \chi_{11} \dot{B}_1 + \chi_{12} \dot{B}_2) \tag{3.19-31}$$

$$\omega \dot{B}_1 = -k \dot{E}_2 = -k(\kappa_{21} \dot{D}_1 + \kappa_{22} \dot{D}_2 + \chi_{21} \dot{B}_1 + \chi_{22} \dot{B}_2) \tag{3.19-32}$$

根据式(3.19-26)和式(3.19-27)两式或式(3.19-29)~式(3.19-32)，消去 $\dot{B}_1$、$\dot{B}_2$ 或 $\dot{D}_1$、$\dot{D}_2$，从而可以推导出关于单独的 $\dot{\vec{B}}_k$ 或 $\dot{\vec{D}}_k$ 的 2×2 阶矩阵方程。令 2×2 阶矩阵的行列式等于 0，可以得到媒质中存在非零解的条件，从而得出媒质的色散方程。

例如，对各向同性介质，以 $\dot{\vec{D}}$、$\dot{\vec{B}}$ 表示的本构关系为

$$\left. \begin{array}{l} \dot{\vec{E}} = \kappa \dot{\vec{D}} \\ \dot{\vec{H}} = \upsilon \dot{\vec{B}} \end{array} \right\} \tag{3.19-33}$$

式中，$\kappa = \dfrac{1}{\varepsilon}$，$\upsilon = \dfrac{1}{\mu}$。在 kDB 坐标系中，本构关系为

$$\left.\begin{array}{l}\dot{\vec{E}}_k = \kappa \dot{\vec{D}}_k \\ \dot{\vec{H}}_k = \upsilon \dot{\vec{B}}_k\end{array}\right\} \tag{3.19-34}$$

κ、υ 为标量，在坐标系变换条件下保持不变。将上式代入前面导出的式(3.19-26)和式(3.19-27)中，并注意有 $\kappa_{11} = \kappa_{22} = \kappa$，$\upsilon_{11} = \upsilon_{22} = \upsilon$ 以及本构矩阵的其他元素都为0，可得

$$\begin{bmatrix} \kappa & 0 \\ 0 & \kappa \end{bmatrix} \begin{bmatrix} \dot{D}_1 \\ \dot{D}_2 \end{bmatrix} = \begin{bmatrix} 0 & u \\ -u & 0 \end{bmatrix} \begin{bmatrix} \dot{B}_1 \\ \dot{B}_2 \end{bmatrix} \tag{3.19-35}$$

$$\begin{bmatrix} \upsilon & 0 \\ 0 & \upsilon \end{bmatrix} \begin{bmatrix} \dot{B}_1 \\ \dot{B}_2 \end{bmatrix} = \begin{bmatrix} 0 & -u \\ u & 0 \end{bmatrix} \begin{bmatrix} \dot{D}_1 \\ \dot{D}_2 \end{bmatrix} \tag{3.19-36}$$

消去上面两个方程中的 $\dot{\vec{B}}_k$，得到

$$\begin{bmatrix} u^2 - \kappa\upsilon & 0 \\ 0 & u^2 - \kappa\upsilon \end{bmatrix} \begin{bmatrix} \dot{D}_1 \\ \dot{D}_2 \end{bmatrix} = 0 \tag{3.19-37}$$

可以看出，如果介质中有非零波场，即 $\dot{\vec{D}}_k \neq 0$，则下述关系必然成立：

$$u^2 - \kappa\upsilon = 0 \tag{3.19-38}$$

上式即为各向同性介质的色散关系。平面波的相速 $u = \omega/k$ 为

$$u = \pm \sqrt{\kappa\upsilon} = \pm \dfrac{1}{\sqrt{\mu\varepsilon}} \tag{3.19-39}$$

式中，用"＋"、"－"号表示波的传播方向相反。用 ω 和 k 表示的色散关系为

$$k^2 = \omega^2 \mu\varepsilon \tag{3.19-40}$$

由式(3.19-37)可知，$\dot{\vec{D}}_k$ 不为零的情况有：$\begin{cases}\dot{D}_1 \neq 0 \\ \dot{D}_2 = 0\end{cases}$ 或 $\begin{cases}\dot{D}_1 = 0 \\ \dot{D}_2 \neq 0\end{cases}$ 或 $\begin{cases}\dot{D}_1 \neq 0 \\ \dot{D}_2 \neq 0\end{cases}$，所以 $\dot{\vec{D}}$ 极化可以是任何极化：线极化、圆极化或椭圆极化。

习题三

3-1 证明 $\dot{E}_x = E_0 \mathrm{e}^{-jkz}$、$\dot{E}_z = E_0 \mathrm{e}^{-jkz}$ 是否为一种可能存在的电磁波场。

3-2 推导非均匀媒质中的电场强度 $\dot{\vec{E}}$、磁场强度 $\dot{\vec{H}}$ 满足的波动方程，并说明与均匀媒质的波动方程的区别。这些方程对非各向同性的媒质是否成立？在非均匀媒质中，$\dot{\vec{E}}$、$\dot{\vec{H}}$ 散度是否为零？

3-3 推导任何无损耗的非磁性介质中，波数 k、波阻抗 η、相波长 λ、相速度 v_p 和自由空间中的对应参量 k_0、η_0、λ_0、c 的关系。

3-4 对媒质中的驻波场 $\begin{cases} \dot{E}_x = E_0 \sin kz \\ \dot{H}_y = j\dfrac{E_0}{\eta}\cos kz \end{cases}$，证明能量传播速度为

$$v_e = \frac{1}{\sqrt{\varepsilon\mu}} \frac{\sin 2kz \sin 2\omega t}{1 - \cos 2kz \cos 2\omega t}$$

3-5 已知一均匀平面波沿 $+z$ 方向传播，电场强度分量满足 $\dfrac{\dot{E}_x}{\dot{E}_y} = \pm j$，证明：① 该平面波是圆极化波；② $\dfrac{\dot{E}_x}{\dot{E}_y} = +j$ 时为右旋波，$\dfrac{\dot{E}_x}{\dot{E}_y} = -j$ 时为左旋波。

3-6 证明均匀平面波 $\begin{cases} \dot{E} = (\hat{i}_x A + \hat{i}_y B)e^{-jkz} \\ \dot{H} = (-\hat{i}_y B + \hat{i}_y A)\dfrac{1}{\eta}e^{-jkz} \end{cases}$ 可以表示为一右旋圆极化平面波和一左旋圆极化平面波之和。

3-7 对于金属（良导体），试证明：$\eta = R(1+j)$；$k = \dfrac{1}{\delta}(1-j)$；$R = \dfrac{1}{\sigma\delta}$。式中，$k$、$\eta$ 为媒质波数和波阻抗，R 是表面电阻，δ 是趋肤深度，σ 是电导率。

3-8 假设一均匀平面波垂直入射于空气与介质的交界面，假定介质是非磁性、无损耗，证明空气中的驻波比可以表示为

$$\rho = \sqrt{\varepsilon_r} = 折射率$$

式中，ε_r 是介质的相对介电常数。

3-9 设湖水的折射率为9，当一平面波垂直入射于平静的湖面时，试计算反射功率和折射功率相对于入射功率的百分数。

3-10 对于空气和下述媒质之间的交界面，计算波从空气入射到媒质以及波从媒质入射到空气两种情况下的极化角和临界角。① 水（$\varepsilon_r = 81$）；② 高密度玻璃（$\varepsilon_r = 9$）；③ 聚苯乙烯（$\varepsilon_r = 2.56$）。

3-11 对于由 $y = 0$ 和 $y = b$ 两平面导体所形成的平行板波导，证明场

$$\dot{E}_x = E_0 \sin\left(\frac{n\pi}{b}y\right)e^{-\gamma z}, \qquad n = 1,2,3,\cdots$$

规定一组 TE_n 模式，而场

$$\dot{H}_x = H_0 \cos\left(\frac{n\pi}{b}y\right)e^{-\gamma z}, \qquad n = 0,1,2,\cdots$$

规定一组 TM_n 模式。上述各式中，传播常数 γ 为

$$\gamma = \sqrt{\left(\frac{n\pi}{b}\right)^2 - k^2}$$

证明各 TE_n 和 TM_n 模式的截止频率为

$$f_c = \frac{n}{2b\sqrt{\varepsilon\mu}}$$

3-12 证明矩形波导 TE_{10} 模式的能量沿矩形波导的传播速度的时间平均值是

$$\langle v_e \rangle = \frac{\langle S_z \rangle}{\langle W \rangle} = \frac{1}{\sqrt{\varepsilon\mu}}\sqrt{1-\left(\frac{f_c}{f}\right)^2}$$

3-13 若一平面波是由下面两个椭圆极化波合成的

$$\begin{cases} E'_x = 6\cos\left(\omega t + \frac{\pi}{2}\right) \\ E'_y = 2\cos\omega t \end{cases} \quad 及 \quad \begin{cases} E''_x = 3\cos\left(\omega t + \frac{\pi}{2}\right) \\ E''_y = \cos\omega t \end{cases}$$

试分析合成波的极化状态，并写出表征合成波极化状态的三组极化参数。

3-14 设平面电磁波的电场 $\vec{E}$ 可以写为 $\vec{E} = \hat{i}_x E_0 + \hat{i}_y E_0 e^{j\frac{\pi}{3}}$，试求 E 极化的 a、b、ψ 参数及斯托克斯参数 S_0、S_1、S_2、S_3。

3-15 在各向异性的媒质中，若 $\vec{D}$ 与 $\vec{E}$ 的关系为 $\begin{bmatrix}\dot{D}_x \\ \dot{D}_y \\ \dot{D}_z\end{bmatrix} = \varepsilon_0 \begin{bmatrix} 4 & 0 & 0 \\ 0 & 9 & 0 \\ 0 & 0 & 2 \end{bmatrix} \begin{bmatrix}\dot{E}_x \\ \dot{E}_y \\ \dot{E}_z\end{bmatrix}$，一均匀平面波沿 z 方向传播，其频率为 1 GHz，设 $z = 0$ 处电场是线极化的，其表示式为 $\vec{E}(0) = (\hat{i}_x E_{x0} + \hat{i}_y E_{y0})\cos\omega t$。试求：

① 波传播多少距离其相位变化 π？

② 当电场强度 $\vec{E}$ 等分 x 轴与 y 轴之间的夹角时，$\vec{E}$ 和 $\vec{H}$ 之间的夹角是多少？

3-16 设一导电单轴媒质具有以下电磁参数

$$\varepsilon = \begin{bmatrix} \varepsilon & 0 & 0 \\ 0 & \varepsilon & 0 \\ 0 & 0 & \varepsilon_z \end{bmatrix}, \quad \sigma = \begin{bmatrix} \sigma & 0 & 0 \\ 0 & \sigma & 0 \\ 0 & 0 & \sigma_z \end{bmatrix}$$

求该媒质的色散方程，并分析该媒质中波的极化特性。

3-17 用 kDB 坐标系求双各向异性媒质的色散方程，并讨论该媒质中波的传播特性。

第4章 基本原理

引　言

电磁场的实际场源是电流与电荷。如果引入假想的等效磁流与磁荷的概念,则可得到极其重要的对偶性原理,利用对偶量之间的对偶关系,可以由一类电磁场问题的解直接导出另一类电磁场问题的解,从而减轻计算工作量。

镜像法、场的等效原理、感应定理与惠更斯原理,实质上都是通过等效源代替实际源。

巴俾涅原理给出了互补屏(障碍物)电磁场量之间的关系,可以从一种形式的绕射场得到另外一种形式的绕射场。

唯一性定理表明唯一地决定电磁场的条件,是镜像法、场的等效原理与感应定理等若干等效定理的理论基础。

4.1 磁型源的引入

4.1.1 磁荷和磁流

众所周知,产生电磁场的实际场源是电荷与电流。但是,为方便分析和计算某些电磁场问题,可以引入假想的等效场源:磁荷和磁流。例如,在磁化问题中计算磁性物质产生的电磁场时,基于磁化的磁荷模型,可引入等效面磁荷与体磁荷的概念。体磁荷密度定义为

$$\rho_M = -\nabla \cdot \vec{M}$$

面磁荷密度定义为

$$\eta_M = -\hat{i}_n \cdot (\mu_0 \vec{M}_1 - \mu_0 \vec{M}_2)$$

磁化的磁流为

$$\vec{J}_M = \frac{\partial \mu_0 \vec{M}}{\partial t}$$

式中,$\vec{M}$ 为磁化强度,有

$$\vec{M} = \lim_{\Delta V \to 0} \frac{\sum_{i=1}^{n} \vec{m}_i}{\Delta V} \quad (\text{A/m})$$

与磁化问题类似,在其他许多时变电磁场问题中,引入磁荷和磁流概念也会给分析和计算带来很多方便。在理想介质中,微分形式的复数场方程为

$$\nabla \times \dot{\vec{E}} = -j\omega\mu \dot{\vec{H}} \qquad (4.1-1)$$

$$\nabla \times \dot{\vec{H}} = j\omega\varepsilon \dot{\vec{E}} + \dot{\vec{J}} \qquad (4.1-2)$$

$$\nabla \cdot (\varepsilon \dot{\vec{E}}) = \dot{\rho} \qquad (4.1-3)$$

$$\nabla \cdot (\mu \dot{\vec{H}}) = 0 \qquad (4.1-4)$$

$$\nabla \cdot \dot{\vec{J}} = -j\omega\dot{\rho} \qquad (4.1-5)$$

根据麦克斯韦方程组形式上的对称性，可以引入满足连续性方程的磁荷与磁流，将场定律中的式(4.1-1)、式(4.1-4)、式(4.1-5)分别表示为

$$\nabla \times \dot{\vec{E}} = -j\omega\mu \dot{\vec{H}} - \dot{\vec{J}}_m \qquad (4.1-1)'$$

$$\nabla \cdot (\mu \dot{\vec{H}}) = \dot{\rho}_m \qquad (4.1-4)'$$

$$\nabla \cdot \dot{\vec{J}}_m = -j\omega\dot{\rho}_m \qquad (4.1-5)'$$

式中，$\dot{\vec{J}}_m$ 为体磁流密度，$\dot{\rho}_m$ 为体磁荷密度；式(4.1-5)′为磁流连续性方程，即磁荷守恒定律。与位移电流 $j\omega\varepsilon\dot{\vec{E}}$ 相对比，把 $j\omega\mu\dot{\vec{H}}$（即 $j\omega\dot{\vec{B}}$）称为位移磁流密度。需要注意，这里引入的一般意义上的磁荷与磁流概念是为了简化分析和计算，所引入的磁荷密度 $\dot{\rho}_m$ 和磁流密度 $\dot{\vec{J}}_m$ 并不是磁介质磁化时的等效磁荷 $\dot{\rho}_M$ 与等效磁化电流 $\dot{\vec{J}}_M$，或者说后者仅是前者应用的一个特例。

对一般的有耗和无耗各向同性媒质，式(4.1-1)、式(4.1-1)′可以统一表示为

$$\left. \begin{array}{l} -\nabla \times \dot{\vec{E}} = \hat{z}\dot{\vec{H}} + \dot{\vec{J}}_m \\ \nabla \times \dot{\vec{H}} = \hat{y}\dot{\vec{E}} + \dot{\vec{J}} \end{array} \right\} \qquad (4.1-6)$$

式中，$\hat{z}$ 和 $\hat{y}$ 分别为媒质的阻抗率和导纳率，$\dot{\vec{J}}$ 和 $\dot{\vec{J}}_m$ 是广义的电流源和磁流源。

式(4.1-1)′对应的积分形式为

$$\int_S \nabla \times \dot{\vec{E}} \cdot d\vec{S} = -j\omega\int_S (\mu\dot{\vec{H}}) \cdot d\vec{S} - \int_S \dot{\vec{J}}_m \cdot d\vec{S} \qquad (4.1.7)$$

应用斯托克斯定理，上式可改写为

$$\oint_C \dot{\vec{E}} \cdot d\vec{l} = -j\omega\int_S (\mu\dot{\vec{H}}) \cdot d\vec{S} - \int_S \dot{\vec{J}}_m \cdot d\vec{S} \qquad (4.1-8)$$

式(4.1-8)左边为电场强度沿闭合回路 C 的线积分，表示 C 上的感应电动势，即

$$\oint_C \dot{\vec{E}} \cdot d\vec{l} = \sum \dot{U} \qquad (4.1-9)$$

式(4.1-8)右边表示穿过 S 面的总磁流的负值，即

$$-j\omega\int_S (\mu\dot{\vec{H}}) \cdot d\vec{S} - \int_S \dot{\vec{J}}_m \cdot d\vec{S} = -\dot{I}_m^t \qquad (4.1-10)$$

$\int_S \dot{\vec{J}}_m \cdot d\vec{S}$ 为穿过面积 S 的磁流，$j\omega\int_S (\mu\dot{\vec{H}}) \cdot d\vec{S}$ 为穿过面积 S 的位移磁流，式(4.1-8)可以改写成电路形式，有

$$\sum \dot{U} = -\dot{I}_\mathrm{m} \tag{4.1-11}$$

即沿一个闭合回路 C 的感应电动势等于穿过以此回路为周界的任一曲面 S 上的总磁流的负值。

4.1.2 密绕螺线管等效为磁偶极子

如图 4.1-1 所示为一密绕螺线管,电感量为 L,通以角频率为 ω 的低频交流电流 $\dot{I}$,此时可以把载流密绕螺线管看成一个内部有磁流 $\dot{I}_\mathrm{m}$,两端分别有磁荷 $+\dot{Q}_\mathrm{m}$、$-\dot{Q}_\mathrm{m}$,长度为 l 的交变磁偶极子。根据电路关系,螺线管两端的感应电动势为

$$\dot{U} = -\mathrm{j}\omega L \dot{I} \tag{4.1-12}$$

根据式(4.1-11),可以求得通过环路的磁流为

$$\dot{I}_\mathrm{m} = -\dot{U} = \mathrm{j}\omega L \dot{I} \tag{4.1-13}$$

参考图 4.1-1(b),根据磁流连续性方程式(4.1-5)',可得

$$\dot{I}_\mathrm{m} = \mathrm{j}\omega \dot{Q}_\mathrm{m} \tag{4.1-14}$$

比较式(4.1-13)和式(4.1-14),可得

$$\dot{Q}_\mathrm{m} = L\dot{I} \tag{4.1-15}$$

因此,一个长度为 l 的载流密绕螺管对外可等效为一个 $\dot{Q}_\mathrm{m} = L\dot{I}$、长度为 l 的磁偶极子,即等效为 $\dot{I}_\mathrm{m} l = \mathrm{j}\omega L \dot{I} l$ 的磁流元。

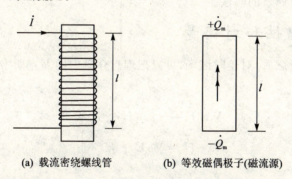

(a) 载流密绕螺线管　　(b) 等效磁偶极子(磁流源)

图 4.1-1　载流密绕螺线管和等效磁偶极子

4.1.3 小圆环电流等效为磁偶极子

多匝螺线管可以简化为小圆环电流的情况,如图 4.1-2 所示。首先将小圆环电流近似看

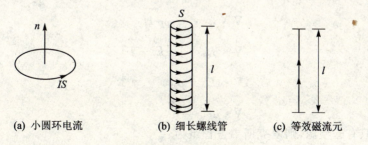

(a) 小圆环电流　　(b) 细长螺线管　　(c) 等效磁流元

图 4.1-2　小圆环电流情况

成长度为 l、面积为 S 的细长密绕螺线管。由于 S 是二阶小量，计算其电感时可以按照无限长螺线管处理，单位长匝数为 $1/l$，应用无限长螺线管自感公式可求得其电感量为

$$L = \mu S / l \tag{4.1-16}$$

因此，对小圆环电流，可求得如下等效磁偶极子的各个量：

$$\left.\begin{aligned} \text{磁流} \quad & \dot{I}_\mathrm{m} = \mathrm{j}\omega \frac{\mu \dot{I} S}{l} \\ \text{磁流元} \quad & \dot{I}_\mathrm{m} l = \mathrm{j}\omega\mu \dot{I} S \\ \text{磁荷} \quad & \dot{Q}_\mathrm{m} = \frac{\mu \dot{I} S}{l} \\ \text{磁偶极矩} \quad & \dot{Q}_\mathrm{m} l = \mu \dot{I} S \end{aligned}\right\} \tag{4.1-17}$$

根据上面所列小圆环电流的等效磁偶极子各量，应用对偶原理，可以由线电流元（电偶极子）的辐射场直接求出小圆环电流（磁偶极子）的辐射场。

4.2 对偶原理

有些书把对偶原理称为二重性原理，对偶性、对偶量又称为二重性、二重量。本书统一采用对偶原理、对偶性、对偶量的叫法。

4.2.1 对偶性和对偶量

引入磁荷和磁流概念后，对于时谐场，可以把理想介质中的麦克斯韦方程组写成下面的对称形式：

$$\left.\begin{aligned} \nabla \times \dot{\vec{E}} &= -\mathrm{j}\omega\mu \dot{\vec{H}} - \dot{\vec{J}}_\mathrm{m} \\ \nabla \times \dot{\vec{H}} &= \mathrm{j}\omega\varepsilon \dot{\vec{E}} + \dot{\vec{J}} \\ \nabla \cdot \varepsilon \dot{\vec{E}} &= \dot{\rho} \\ \nabla \cdot \mu \dot{\vec{H}} &= \dot{\rho}_\mathrm{m} \end{aligned}\right\} \tag{4.2-1}$$

上述电荷密度 $\dot{\rho}$ 和电流密度 $\dot{\vec{J}}$ 称为电型源，磁荷密度 $\dot{\rho}_\mathrm{m}$ 和磁流密度 $\dot{\vec{J}}_\mathrm{m}$ 称为磁型源。如果场源只有电型源，则麦克斯韦方程组为

$$\left.\begin{aligned} \nabla \times \dot{\vec{E}} &= -\mathrm{j}\omega\mu \dot{\vec{H}} \\ \nabla \times \dot{\vec{H}} &= \mathrm{j}\omega\varepsilon \dot{\vec{E}} + \dot{\vec{J}} \\ \nabla \cdot \varepsilon \dot{\vec{E}} &= \dot{\rho} \\ \nabla \cdot \mu \dot{\vec{H}} &= 0 \end{aligned}\right\} \tag{4.2-2}$$

如果场源只有磁型源，则麦克斯韦方程组为

第4章 基本原理

$$\left.\begin{array}{l} \nabla \times \dot{\vec{E}} = -j\omega\mu \dot{\vec{H}} - \dot{\vec{J}}_m \\ \nabla \times \dot{\vec{H}} = j\omega\varepsilon \dot{\vec{E}} \\ \nabla \cdot \varepsilon \dot{\vec{E}} = 0 \\ \nabla \cdot \mu \dot{\vec{H}} = \dot{\rho}_m \end{array}\right\} \quad (4.2-3)$$

从上述方程可以看出,只有电型源的麦克斯韦方程组与只有磁型源的麦克斯韦方程组相比,两个方程组的数学形式完全相同。

如果描述两种不同现象的方程是属于同样的数学形式,它们的解也将取相同的数学形式,则这种关系称为对偶性。同样形式的两个方程叫做对偶性方程。在对偶式中占有同样位置的量就叫做对偶量。

式(4.2-2)和式(4.2-3)的各方程互为对偶式,进行对偶量代换,二者可以互相转换,称为对偶原理。对偶量代换关系如表4.2-1所列。

表 4.2-1 对偶量代换关系

电型源	磁型源	电型源	磁型源
$\dot{\vec{E}}$	$\dot{\vec{H}}$	$\hat{y}$	$\hat{z}$
$\dot{\vec{H}}$	$-\dot{\vec{E}}$	$\hat{z}$	$\hat{y}$
$\dot{\vec{J}}$	$\dot{\vec{J}}_m$	k	k
$\dot{\rho}$	$\dot{\rho}_m$	η	$\dfrac{1}{\eta}$
μ 或 $\hat{\mu}$	ε 或 $\hat{\varepsilon}$	Φ	Φ_m
ε 或 $\hat{\varepsilon}$	μ 或 $\hat{\mu}$	$\vec{A}$	$\vec{A}_m$

4.2.2 对偶原理的应用

由对偶原理可知,可以通过取一种类型问题的解,进行符号的替换,得到另一种类型问题的解。根据上面的分析,如图4.2-1所示,磁流元 $\dot{I}_m l$ 的场与一个小圆环电流的场是等同的,且有

$$\dot{I}_m l = j\omega\mu \dot{I} S \quad (4.2-4)$$

(a) 磁流元　　(b) 小电流环

图 4.2-1 磁流元和小电流环

根据对偶原理,可以通过电流元的场求解对偶的磁流元的场,再进一步得到小圆环电流的场。已知无界空间电流元 $\dot{I} l$ 的场为

$$\left.\begin{array}{l} \dot{E}_r = \dfrac{\dot{I} l}{2\pi} e^{-jkr}\left(\dfrac{\eta}{r^2} + \dfrac{1}{j\omega\varepsilon r^3}\right)\cos\theta \\ \dot{E}_\theta = \dfrac{\dot{I} l}{4\pi} e^{-jkr}\left(\dfrac{j\omega\mu}{r} + \dfrac{\eta}{r^2} + \dfrac{1}{j\omega\varepsilon r^3}\right)\sin\theta \\ \dot{H}_\varphi = \dfrac{\dot{I} l}{4\pi} e^{-jkr}\left(\dfrac{jk}{r} + \dfrac{1}{r^2}\right)\sin\theta \end{array}\right\} \quad (4.2-5)$$

远场条件下的辐射场为

$$\left.\begin{array}{l}\dot{E}_\theta = \dfrac{\mathrm{j}\omega\mu \dot{I}l}{4\pi r}\sin\theta \mathrm{e}^{-\mathrm{j}kr}\\[2mm] \dot{H}_\varphi = \dfrac{\mathrm{j}k\dot{I}l}{4\pi r}\sin\theta \mathrm{e}^{-\mathrm{j}kr}\end{array}\right\} \tag{4.2-6}$$

根据表 4.2-1 作对偶代换,可得磁流元 $\dot{I}_\mathrm{m} l$ 在远场条件下的辐射场为

$$\left.\begin{array}{l}\dot{H}_\theta = \dfrac{\mathrm{j}\omega\varepsilon \dot{I}_\mathrm{m} l}{4\pi r}\sin\theta \mathrm{e}^{-\mathrm{j}kr}\\[2mm] -\dot{E}_\varphi = \dfrac{\mathrm{j}k\dot{I}_\mathrm{m} l}{4\pi r}\sin\theta \mathrm{e}^{-\mathrm{j}kr}\end{array}\right\} \tag{4.2-7}$$

又已知 $\dot{I}_\mathrm{m} l = \mathrm{j}\omega\mu \dot{I} S$,则可直接得到小圆环电流的远区辐射场为

$$\left.\begin{array}{l}\dot{E}_\varphi = \dfrac{\omega k\mu \dot{I} S}{4\pi r}\sin\theta \mathrm{e}^{-\mathrm{j}kr}\\[2mm] \dot{H}_\theta = -\dfrac{k^2 \dot{I} S}{4\pi r}\sin\theta \mathrm{e}^{-\mathrm{j}kr}\end{array}\right\} \tag{4.2-8}$$

利用对偶原理,可由一类问题的解,经过对偶量的替换,得到另一类问题的解;而且单一问题可以按照对偶原理分为两部分,从而使计算工作量减半。

例如,当均匀无界空间中同时存在分布在有限区域的电流源和磁流源时,由于线性媒质中的麦克斯韦方程是线性微分方程,因而总场可以分成两部分之和,一部分 $\vec{\dot{E}}'$、$\vec{\dot{H}}'$ 由电流源产生,另一部分 $\vec{\dot{E}}''$、$\vec{\dot{H}}''$ 由磁流源产生,总场为 $\vec{\dot{E}} = \vec{\dot{E}}' + \vec{\dot{E}}''$,$\vec{\dot{H}} = \vec{\dot{H}}' + \vec{\dot{H}}''$。

对于电流源产生的场 $\vec{\dot{E}}'$、$\vec{\dot{H}}'$,满足方程

$$\left.\begin{array}{l}\nabla \times \vec{\dot{H}}' = \mathrm{j}\omega\varepsilon\vec{\dot{E}}' + \vec{\dot{J}}\\[2mm] \nabla \times \vec{\dot{E}}' = -\mathrm{j}\omega\mu\vec{\dot{H}}'\end{array}\right\} \tag{4.2-9}$$

引入磁矢位 $\vec{A}$,则有

$$\left.\begin{array}{l}\vec{\dot{H}}' = \dfrac{1}{\mu}\nabla \times \vec{A}\\[2mm] \vec{\dot{E}}' = -\mathrm{j}\omega\vec{A} + \dfrac{1}{\mathrm{j}\omega\mu\varepsilon}\nabla\nabla\cdot\vec{A}\\[2mm] \vec{A} = \dfrac{\mu}{4\pi}\displaystyle\int_V \dfrac{\vec{\dot{J}}(\vec{r}')\mathrm{e}^{-\mathrm{j}k|\vec{r}-\vec{r}'|}}{|\vec{r}-\vec{r}'|}\mathrm{d}V'\end{array}\right\} \tag{4.2-10}$$

对于磁流源激发的场 $\vec{\dot{E}}''$、$\vec{\dot{H}}''$,满足方程

$$\left.\begin{array}{l}\nabla \times \vec{\dot{H}}'' = \mathrm{j}\omega\varepsilon\vec{\dot{E}}''\\[2mm] \nabla \times \vec{\dot{E}}'' = -\mathrm{j}\omega\mu\vec{\dot{H}}'' - \vec{\dot{J}}_\mathrm{m}\end{array}\right\} \tag{4.2-11}$$

引入与磁矢位 $\vec{A}$ 对偶的电矢位 $\vec{A}_\mathrm{m}$,应用对偶原理,作对偶量的替换,可得

$$\left.\begin{aligned}\vec{E}'' &= -\frac{1}{\varepsilon}\nabla\times\vec{A}_m \\ \vec{H}'' &= -j\omega\vec{A}_m + \frac{1}{j\omega\mu\varepsilon}\nabla\nabla\cdot\vec{A}_m \\ \vec{A}_m &= \frac{\varepsilon}{4\pi}\int_V \frac{\vec{J}_m(\vec{r}\,')e^{-jk|\vec{r}-\vec{r}\,'|}}{|\vec{r}-\vec{r}\,'|}dV'\end{aligned}\right\} \quad (4.2\text{-}12)$$

于是,均匀无界空间中,由电流源与磁流源共同激发的总场可以表示为

$$\left.\begin{aligned}\vec{E} &= -j\omega\vec{A} + \frac{1}{j\omega\mu\varepsilon}\nabla\nabla\cdot\vec{A} - \frac{1}{\varepsilon}\nabla\times\vec{A}_m \\ \vec{H} &= \frac{1}{\mu}\nabla\times\vec{A} - j\omega\vec{A}_m + \frac{1}{j\omega\mu\varepsilon}\nabla\nabla\cdot\vec{A}_m\end{aligned}\right\} \quad (4.2\text{-}13)$$

4.2.3 边界条件的对偶性

对于无界空间问题,可以不考虑边界条件。对有界空间,在应用对偶原理时,不仅要求方程具有对偶性,而且要求边界条件具有对偶性,否则不能应用对偶原理。

如图 4.2-2 所示,具有平面电壁边界的电偶极子与具有平面磁壁边界的磁偶极子才完全满足对偶条件。

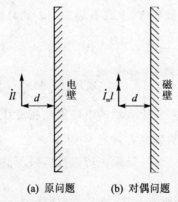

(a) 原问题   (b) 对偶问题

图 4.2-2 对偶问题要求边界条件具有对偶性

4.3 唯一性定理

电磁场问题研究中,需要处理各式各样的边值问题,即在某些给定边界条件下求解有限区域的电磁场的解。此时电磁场满足的方程并没有不同,改变的是边界条件。电磁场微分场定律规定了物理问题的一般性,边界条件则规定了具体问题的特殊性。正是因为不同电磁问题的边界条件不同,才产生了各式各样的电磁场解。

在处理边值问题时,会提出这样的问题:在给定的边界上究竟至少需要多少场分量的值,才能唯一确定有限区域内的电磁场?即在什么样的边界条件下,所求得的满足麦克斯韦方程组的解是唯一的?对这一问题的回答就是唯一性定理所表述的内容。下面分任意时变场和时谐场两种情况讨论唯一性定理。

4.3.1 任意时变场

如图 4.3-1 所示,设一有限区域 V,其外表面为 S_0,内表面为 $S_1,S_2,\cdots,S_N$。设体积 V 内为简单媒质且不存在外加的源,媒质电磁参数 μ、ε 和 σ 为空间坐标的任意函数。设 $t=0$ 时刻麦克斯韦方程组的任意两个解 $\vec{E}_1$、$\vec{H}_1$ 和 $\vec{E}_2$、$\vec{H}_2$ 在 V 内处处相同。现在的问题是:当 $t>0$ 时,在什么条件下,$\vec{E}_1$、$\vec{H}_1$ 和 $\vec{E}_2$、$\vec{H}_2$ 在 V 内永远处处相同,即场具有唯一性?

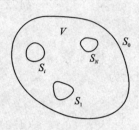

图 4.3-1 具有边界 S_0、S_1、$S_2,\cdots,S_N$ 的区域 V

由于 V 内的媒质是线性媒质,因此麦克斯韦方程组是线性方程组。如果 $\vec{E}_1$、$\vec{H}_1$ 和 $\vec{E}_2$、$\vec{H}_2$ 都是麦克斯韦方程组的解,则此二解的差 $\vec{E}=\vec{E}_1-\vec{E}_2$,$\vec{H}=\vec{H}_1-\vec{H}_2$ 都是麦克斯韦方程组的解。根据式(2.3-25)坡印廷定理可以导出

$$\int_V \left(\vec{E}\cdot\frac{\partial \vec{D}}{\partial t}+\vec{H}\cdot\frac{\partial \vec{B}}{\partial t}\right)dV+\int_V \sigma|\vec{E}|^2=-\int_{S_0+S_1+\cdots+S_N}(\vec{E}\times\vec{H})\cdot\hat{i}_n dS \quad (4.3-1)$$

因为 $(\vec{E}\times\vec{H})\cdot\hat{i}_n=-\vec{E}\cdot(\hat{i}_n\times\vec{H})=(\hat{i}_n\times\vec{E})\cdot\vec{H}$,故在 $t>0$ 时,若边界上 $\vec{E}_1$、$\vec{E}_2$ 切向分量相等,或 $\vec{H}_1$、$\vec{H}_2$ 切向分量相等,上式右边为零。此时有

$$\int_V\left(\vec{E}\cdot\frac{\partial\vec{D}}{\partial t}+\vec{H}\cdot\frac{\partial\vec{B}}{\partial t}\right)dV=$$
$$\frac{1}{2}\frac{d}{dt}\int_V(\varepsilon|\vec{E}|^2+\mu|\vec{H}|^2)dV=-\int_V\sigma|\vec{E}|^2 dV \quad (4.3-2)$$

上式右边永远小于或等于零,左边表示的电磁能量密度积分等于或大于零,并且在 $t=0$ 时刻等于零。为满足上式要求,只能是在区域 V 内 $\vec{E}=\vec{E}_1-\vec{E}_2=0$、$\vec{H}=\vec{H}_1-\vec{H}_2=0$,即两个解完全相同,解具有唯一性。这一结论也可以推广到 V 内包含各向异性媒质和场源位于 V 内的情况。

任意时变场唯一性定理可以概括如下:在一有限区域 V 中,如果 $t=0$ 时电场强度和磁场强度的起始值处处都是已知的,并且在 $t\geq 0$ 时边界面上电场强度的切向分量或磁场强度的切向分量也是已知的,那么在所有 $t>0$ 时刻,区域 V 内的电磁场就被唯一确定。

4.3.2 时谐场

时谐场实际上是任意时变场的一个特例,所以上节任意时变场的唯一性定理同样适用于时谐场。考虑到本书主要讲述时谐场,下面针对时谐场的情况再重新证明唯一性定理的条件。

如图 4.3-2 所示,假定电流源 $\dot{\vec{J}}$ 和磁流源 $\dot{\vec{J}}_m$ 作用于 S 所包围的广义线性媒质区域 V,在 V 内场满足复数场方程。设有两种可能的解 $\dot{\vec{E}}_1$、$\dot{\vec{H}}_1$ 和 $\dot{\vec{E}}_2$、$\dot{\vec{H}}_2$,二者之差为

图 4.3-2 S 面包围线性物质和源 $\dot{\vec{J}}$、$\dot{\vec{J}}_m$

$$\dot{\vec{E}} = \dot{\vec{E}}_1 - \dot{\vec{E}}_2 \tag{4.3-3}$$

$$\dot{\vec{H}} = \dot{\vec{H}}_1 - \dot{\vec{H}}_2 \tag{4.3-4}$$

根据场方程式(3.1-1a)和式(3.1-1b),可得差场 $\dot{\vec{E}}$、$\dot{\vec{H}}$ 满足的方程为

$$\left. \begin{aligned} -\nabla \times \dot{\vec{E}} &= \hat{z}\dot{\vec{H}} \\ \nabla \times \dot{\vec{H}} &= \hat{y}\dot{\vec{E}} \end{aligned} \right\} \tag{4.3-5}$$

对差场应用复数坡印廷定理式(2.12-41),有

$$\oint_S (\dot{\vec{E}} \times \dot{\vec{H}}^*) \cdot d\vec{S} + \int_V (\hat{z}|\dot{\vec{H}}|^2 + \hat{y}^*|\dot{\vec{E}}|^2) dV = 0 \tag{4.3-6}$$

可以看出,当在 S 面上有

$$\oint_S (\dot{\vec{E}} \times \dot{\vec{H}}^*) \cdot d\vec{S} = 0 \tag{4.3-7}$$

时,式(4.3-6)的体积分必须也为零,则有

$$\left. \begin{aligned} \int_V [\mathrm{Re}(\hat{z})|\dot{\vec{H}}|^2 + \mathrm{Re}(\hat{y})|\dot{\vec{E}}|^2] dV &= 0 \\ \int_V [\mathrm{Im}(\hat{z})|\dot{\vec{H}}|^2 - \mathrm{Im}(\hat{y})|\dot{\vec{E}}|^2] dV &= 0 \end{aligned} \right\} \tag{4.3-8}$$

$\hat{y}$、$\hat{z}$ 的一般表达式为

$$\hat{y} = \sigma + \omega\varepsilon'' + j\omega\varepsilon' \tag{4.3-9}$$

$$\hat{z} = \omega\mu'' + j\omega\mu' \tag{4.3-10}$$

代入到满足式(4.3-7)关系的式(4.3-6),则可得

$$\sigma\int_V |\dot{\vec{E}}|^2 dV + \omega\int_V (\varepsilon''|\dot{\vec{E}}|^2 + \mu''|\dot{\vec{H}}|^2) dV + j\omega\int_V (\mu'|\dot{\vec{H}}|^2 - \varepsilon'|\dot{\vec{E}}|^2) dV = 0 \tag{4.3-11}$$

从而有式(4.3-8)关系为

$$\sigma\int_V |\dot{\vec{E}}|^2 dV + \omega\int_V (\varepsilon''|\dot{\vec{E}}|^2 + \mu''|\dot{\vec{H}}|^2) dV = 0 \tag{4.3-12}$$

$$\omega\int_V (\mu'|\dot{\vec{H}}|^2 - \varepsilon'|\dot{\vec{E}}|^2) dV = 0 \tag{4.3-13}$$

对于一般有耗媒质,总满足:$\sigma > 0$(传导损耗),或 $\varepsilon'' > 0$(极化损耗),或 $\mu'' > 0$(磁化损耗)。对上述任意一种或几种可能有耗的情况,由式(4.3-12)、式(4.3-13)联立必可导出

$$\dot{\vec{E}} = 0 \tag{4.3-14}$$

$$\dot{\vec{H}} = 0 \tag{4.3-15}$$

由上面的推导可知,只要在边界上满足式(4.3-7)的条件,则 V 内的场就是唯一的。又因为

$$\oint_S \dot{\vec{E}} \times \dot{\vec{H}}^* \cdot d\vec{S} = \oint_S \dot{\vec{E}} \times \dot{\vec{H}}^* \cdot \hat{i}_n dS =$$

$$\oint_S (\hat{i}_n \times \dot{\vec{E}}) \cdot \dot{\vec{H}}^* dS = \oint_S \dot{\vec{E}} \cdot (\dot{\vec{H}} \times \hat{i}_n)^* dS =$$

$$\int_{S_1}(\hat{i}_n\times\vec{E})\cdot\vec{H}^*\,\mathrm{d}S+\int_{S_2}\vec{E}\cdot(\vec{H}\times\hat{i}_n)^*\,\mathrm{d}S \qquad (4.3-16)$$

式中，S_1 面、S_2 面是 S 面分成的两部分。由式(4.3-16)可知：

① 当 $\hat{i}_n\times\vec{E}=0$，即 $\hat{i}_n\times\vec{E}_1=\hat{i}_n\times\vec{E}_2$ 时，$\oint_S\vec{E}\times\vec{H}^*\cdot\mathrm{d}\vec{S}=0$，$S$ 面内的场唯一。

② 当 $\hat{i}_n\times\vec{H}=0$，即 $\hat{i}_n\times\vec{H}_1=\hat{i}_n\times\vec{H}_2$ 时，$\oint_S\vec{E}\times\vec{H}^*\cdot\mathrm{d}\vec{S}=0$，$S$ 面内的场唯一。

③ 当一部分面 S_1 上 $\hat{i}_n\times\vec{E}=0$，即 $\hat{i}_n\times\vec{E}_1=\hat{i}_n\times\vec{E}_2$，其余面 S_2 上 $\hat{i}_n\times\vec{H}=0$，即 $\hat{i}_n\times\vec{H}_1=\hat{i}_n\times\vec{H}_2$ 时，$\oint_S\vec{E}\times\vec{H}^*\cdot\mathrm{d}\vec{S}=0$，$S$ 面内的场唯一。

时谐场唯一性定理可总体概括为：在有损耗区域内，如果区域内的源确定，并且区域边界的电场 $\vec{E}$ 切向分量确定，或者区域边界的磁场 $\vec{H}$ 切向分量确定，或者一部分边界上电场 $\vec{E}$ 切向分量确定、另一部分区域边界磁场 $\vec{H}$ 切向分量确定，则区域内电磁场就被唯一确定。

上述时谐场唯一性定理的证明只适用于有耗媒质区域，对于无耗媒质区域，可看成是有耗媒质区域耗散趋于零的极限情况。

例如，已知对于分布在有限范围内的源的辐射情况，其矢位解为

$$\left.\begin{aligned}\vec{A}&=\frac{\mu}{4\pi}\int_V\frac{\vec{J}(\vec{r}')\mathrm{e}^{-jk|\vec{r}-\vec{r}'|}}{|\vec{r}-\vec{r}'|}\mathrm{d}V'\\ \vec{A}_\mathrm{m}&=\frac{\varepsilon}{4\pi}\int_V\frac{\vec{J}_\mathrm{m}(\vec{r}')\mathrm{e}^{-jk|\vec{r}-\vec{r}'|}}{|\vec{r}-\vec{r}'|}\mathrm{d}V'\end{aligned}\right\} \qquad (4.3-17)$$

对于有损耗媒质，$k=k'-jk''$，当 $r\to\infty$ 时，上述解将按指数 $\mathrm{e}^{-k''r}$ 消失，因此，相应的电场和磁场必然满足

$$\lim_{r\to\infty}\oint_S\vec{E}\times\vec{H}^*\cdot\mathrm{d}\vec{S}=0 \qquad (4.3-18)$$

按照唯一性定理，由式(4.3-17)导出的 $\vec{E}$、$\vec{H}$ 解必然是唯一解，从而有结论：在无界有损耗区域内，对于有限范围的规定源，任何满足式(4.3-18)的解必须恒等于矢位积分解。无损耗情况可作为有损耗情况耗散消失的极限情况来处理。

唯一性定理的重要性在于给出了唯一确定麦克斯韦方程组解的条件，因而不管采用什么方法，只要我们找到某确定区域内满足麦克斯韦方程组及唯一性定理所规定的边界条件的解，那么它就是唯一的。

4.4 镜像原理

镜像原理是根据唯一性定理提出的求解某些具有特定边界的电磁场边值问题的方法，其实质就是用原有源的镜像来代替边界对场的影响。镜像原理更多应用于理想导体边界的情况，原有源与虚设的镜像源应当保证在原有理想导体边界上的电场强度切向分量为零的条件。

4.4.1 电流元和磁流元对电壁的镜像

图 4.4-1(a)为平行或垂直放置于无界理想导体平面前的电流元和磁流元,图 4.4-1(b)给出其镜像元。与理想导体平面边界平行的电流元,其镜像元与其反向;与理想导体平面边界垂直的电流元,其镜像元与其同向。对于磁流元,其镜像元的情况正好与电流元的情况相反。

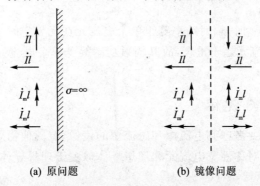

(a) 原问题   (b) 镜像问题

图 4.4-1 电流元和磁流元关于理想导体平面的镜像

4.4.2 垂直大地平面的电偶极子的场

如图 4.4-2(a)所示为一靠近大地平面的垂直于地平面放置的电流元,如果将大地平面视为理想导体平面,则可以利用图 4.4-2(b)所示的镜像法求其辐射场。原电流元和镜像电流元到场点的距离可以表示为

$$\left.\begin{array}{l} r_0 \approx r - d\cos\theta \\ r_i \approx r + d\cos\theta \end{array}\right\} \quad r \gg d \tag{4.4-1}$$

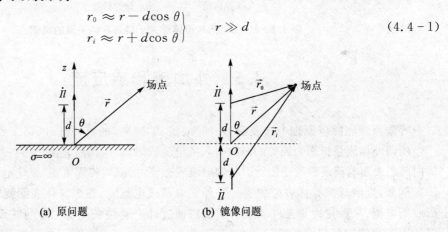

(a) 原问题   (b) 镜像问题

图 4.4-2 靠近地平面的电流元

两个电流元的辐射场可表示为单个电流元的辐射场之和,即

$$\left.\begin{array}{l} \dot{E}_\theta = \dfrac{\mathrm{j}\omega\mu \dot{I}l}{4\pi}\left(\dfrac{\mathrm{e}^{-\mathrm{j}kr_0}}{r_0} + \dfrac{\mathrm{e}^{-\mathrm{j}kr_i}}{r_i}\right)\sin\theta \approx \\ \quad \dfrac{\mathrm{j}\omega\mu \dot{I}l}{2\pi r}\mathrm{e}^{-\mathrm{j}kr}\cos(kd\cos\theta)\sin\theta \\ \dot{H}_\varphi = \dfrac{\dot{E}_\theta}{\eta} \end{array}\right\} \tag{4.4-2}$$

平均功率流密度为

$$\langle \vec{S} \rangle = \mathrm{Re}\left(\frac{1}{2}\dot{E}_\theta \dot{H}_\varphi^*\right) = \frac{1}{2\eta}|\dot{E}_\theta|^2 \hat{i}_r \quad (4.4-3)$$

对上半空间进行面积分,可得辐射功率为

$$P_\Sigma = \int_{\text{半球}} \langle \vec{S} \rangle \cdot \mathrm{d}\vec{A} = \pi\eta \left|\frac{\dot{I}l}{\lambda}\right|^2 \left[\frac{1}{3} - \frac{\cos 2kd}{(2kd)^2} + \frac{\sin 2kd}{(2kd)^2}\right] \quad (4.4-4)$$

可以看到,当 $kd \to \infty$ 时,辐射功率等于单个电流元在无界空间中的辐射功率;而当 $kd \to 0$ 时,镜像电流元与原电流元趋于重合,故其辐射功率等于单个电流元在无界空间中的辐射功率的两倍。

4.4.3 物质的镜像

应用镜像法时,不仅要考虑到电流源和磁流源的镜像,有其他物质存在时还要考虑到物质的镜像,使镜像问题维持对称性。电流元和理想导体球关于理想导体平面的镜像如图 4.4-3 所示。

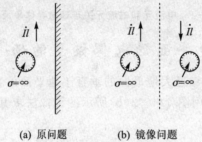

(a) 原问题　　(b) 镜像问题

图 4.4-3　电流元和导体球关于理想导体平面的镜像

4.5　外加流和感应流

等效原理和感应原理中涉及到"外加"的流和"感应"的流,所以区别二者概念是很重要的。所谓外加流是指作为纯粹的源所引入的电流或磁流;所谓感应流是指在外加场的作用下,物体内部或表面电荷或磁荷变化所引起的电流或磁流,可能为传导电流、极化电流、磁化电流等。

例如,当沿理想导体表面放置一层外加电荷或电流时,理想导体表面就同时产生感应面电荷或面电流,从而使边界条件满足。下面将通过几个实例来说明二者的联系和区别,作为学习等效原理和感应原理的基础。

4.5.1　无界平面外加流产生的场

【例1】　如图 4.5-1 所示,在 $z=0$ 平面外加无限大面电流,面电流密度为 $\dot{\vec{K}} = -\hat{i}_x \dot{K}$,求其产生的电磁场。

解:根据对称性,无限大面电流产生沿 $\pm z$ 方向传播的平面波,其传播特性由媒质波数 k 和波阻抗 η 确定。已知

$$\dot{\vec{K}} = -\hat{i}_x \dot{K} \quad (4.5-1)$$

根据边界条件可判断电场方向沿 x 轴，磁场沿 y 轴。设沿 $+z$ 方向传播的平面波为

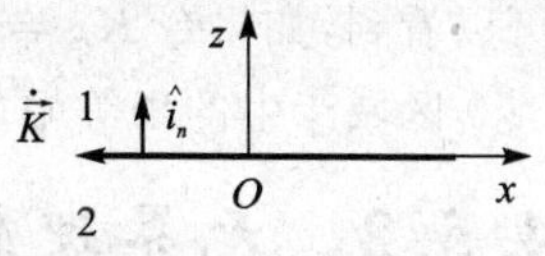

$$\left.\begin{aligned}\dot{\vec{E}}_1 &= \hat{i}_x A_1 \mathrm{e}^{-\mathrm{j}kz} \\ \dot{\vec{H}}_1 &= \hat{i}_y \frac{A_1}{\eta} \mathrm{e}^{-\mathrm{j}kz}\end{aligned}\right\} \tag{4.5-2}$$

图 4.5-1 无限大面电流

沿 $-z$ 方向传播的平面波为

$$\left.\begin{aligned}\dot{\vec{E}}_2 &= \hat{i}_x A_2 \mathrm{e}^{\mathrm{j}kz} \\ \dot{\vec{H}}_2 &= -\hat{i}_y \frac{A_2}{\eta} \mathrm{e}^{\mathrm{j}kz}\end{aligned}\right\} \tag{4.5-3}$$

在边界 $z=0$ 处，应满足边界条件

$$\left.\begin{aligned}\hat{i}_n \times (\dot{\vec{E}}_1 - \dot{\vec{E}}_2) &= 0 \\ \hat{i}_n \times (\dot{\vec{H}}_1 - \dot{\vec{H}}_2) &= \dot{\vec{K}}\end{aligned}\right\} \tag{4.5-4}$$

式中，$z=0$ 平面法线方向 $\hat{i}_n = \hat{i}_z$，将式(4.5-1)、式(4.5-2)、式(4.5-3)代入到式(4.5-4)，可得

$$\left.\begin{aligned}A_1 - A_2 &= 0 \\ A_1 + A_2 &= \eta \dot{K}\end{aligned}\right\} \tag{4.5-5}$$

解得 $A_1 = A_2 = \eta \dot{K}/2$，从而有

$$\left.\begin{aligned}\dot{\vec{E}}_1 &= \hat{i}_x \frac{\eta}{2} \dot{K} \mathrm{e}^{-\mathrm{j}kz} \\ \dot{\vec{H}}_1 &= \hat{i}_y \frac{1}{2} \dot{K} \mathrm{e}^{-\mathrm{j}kz}\end{aligned}\right\} \tag{4.5-6}$$

$$\left.\begin{aligned}\dot{\vec{E}}_2 &= \hat{i}_x \frac{\eta}{2} \dot{K} \mathrm{e}^{\mathrm{j}kz} \\ \dot{\vec{H}}_2 &= -\hat{i}_y \frac{1}{2} \dot{K} \mathrm{e}^{\mathrm{j}kz}\end{aligned}\right\} \tag{4.5-7}$$

作为对偶情况，考虑一无限大面磁流，如图 4.5-2 所示，在 $z=0$ 面磁流密度为

$$\dot{\vec{K}}_\mathrm{m} = -\hat{i}_y \dot{K}_\mathrm{m} \tag{4.5-8}$$

其解为

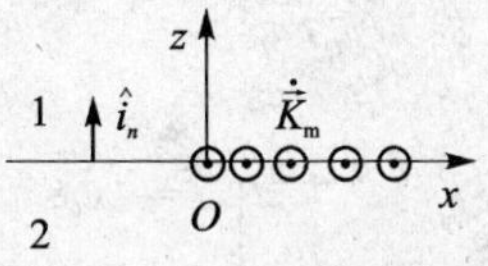

图 4.5-2 无限大面磁流

$$\left.\begin{aligned}\dot{\vec{E}}_1 &= \hat{i}_x \frac{\dot{K}_\mathrm{m}}{2} \mathrm{e}^{-\mathrm{j}kz} \\ \dot{\vec{H}}_1 &= \hat{i}_y \frac{1}{2\eta} \dot{K}_\mathrm{m} \mathrm{e}^{-\mathrm{j}kz}\end{aligned}\right\} \tag{4.5-9}$$

$$\left.\begin{aligned}\dot{\vec{E}}_2 &= -\hat{i}_x \frac{\dot{K}_\mathrm{m}}{2} \mathrm{e}^{\mathrm{j}kz} \\ \dot{\vec{H}}_2 &= \hat{i}_y \frac{\dot{K}_\mathrm{m}}{2\eta} \mathrm{e}^{\mathrm{j}kz}\end{aligned}\right\} \tag{4.5-10}$$

可以看到,如果令 $\dot{K}_m = \eta \dot{K}$,则上述面电流和面磁流在 $z > 0$ 区域产生的场完全相同,而在 $z < 0$ 区域产生的场等幅反相。

4.5.2 无界理想导体平面的感应流

【例2】 如图 4.5-3 所示,考虑一平面波垂直入射至理想导体的半空间,入射波电场为 $\dot{E}_i = \hat{i}_x \dot{E}_0 e^{-jkz}$,求导体表面感应面电流及 $z > 0$ 和 $z < 0$ 空间的场。

解: 已知入射波可以表示为

$$\left.\begin{aligned} \dot{E}_i &= \hat{i}_x \dot{E}_0 e^{-jkz} \\ \dot{H}_i &= \hat{i}_y \frac{\dot{E}_0}{\eta} e^{-jkz} \end{aligned}\right\} \quad (4.5-11)$$

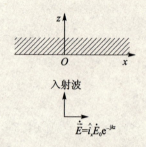

图 4.5-3 平面波正入射到理想导体壁

入射波将在理想导体表面激励起沿入射波电场方向的面电流密度 $\dot{K}$,该面电流再次辐射,即产生反射波。根据边界条件,反射波和入射波的电场和磁场方向共线。设反射波为

$$\left.\begin{aligned} \dot{E}_r &= \hat{i}_x A e^{jkz} \\ \dot{H}_r &= -\hat{i}_y \frac{A}{\eta} e^{jkz} \end{aligned}\right\} \quad (4.5-12)$$

在 $z = 0$ 处,根据理想导体边界条件,有

$$\left.\begin{aligned} \hat{i}_n \times (\dot{E}_i + \dot{E}_r) &= 0 \\ \hat{i}_n \times (\dot{H}_i + \dot{H}_r) &= \dot{K} \end{aligned}\right\} \quad (4.5-13)$$

可求得

$$\left.\begin{aligned} \dot{E}_r &= -\hat{i}_x \dot{E}_0 e^{jkz} \\ \dot{H}_r &= \hat{i}_y \frac{\dot{E}_0}{\eta} e^{jkz} \end{aligned}\right\} \quad (4.5-14)$$

$$\dot{K} = \hat{i}_x \frac{2\dot{E}_0}{\eta} \quad (4.5-15)$$

如图 4.5-4 所示,从等效的观点看,感应面电流 $\dot{K}$ 将取代导体,并同时向 $z > 0$ 和 $z < 0$ 两个半空间辐射。根据例1计算结果,在 $z > 0$ 区域场为 $\begin{cases} \dot{E}_1 = -\hat{i}_x \dot{E}_0 e^{-jkz} \\ \dot{H}_1 = -\hat{i}_y \frac{\dot{E}_0}{\eta} e^{-jkz} \end{cases}$,与入射波场抵消为零;在 $z < 0$ 区域场为 $\begin{cases} \dot{E}_2 = -\hat{i}_x \dot{E}_0 e^{jkz} \\ \dot{H}_2 = \hat{i}_y \frac{\dot{E}_0}{\eta} e^{jkz} \end{cases}$,为反射波场。

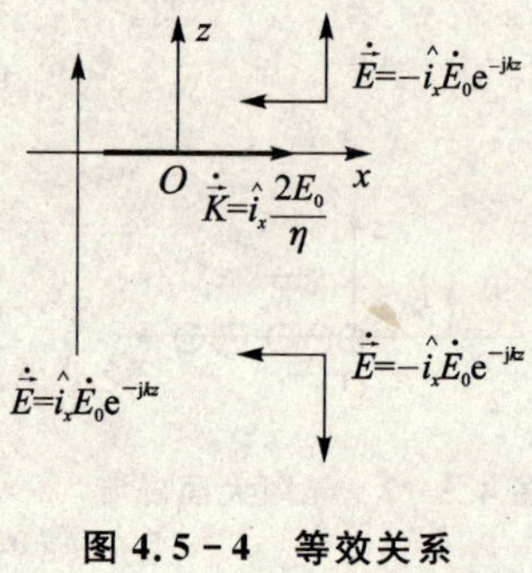

图 4.5-4 等效关系

4.5.3 产生相同场的不同源

【例3】 下面应用等效面电流的概念说明平面波沿 z 轴方向传播时的几种情况。设在 $z>0$ 的区域产生的电磁场为 $\begin{cases} \dot{\vec{E}} = \hat{i}_x \dot{E}_0 e^{-jkz} \\ \dot{\vec{H}} = \hat{i}_y \dfrac{\dot{E}_0}{\eta} e^{-jkz} \end{cases}$。

等效问题1：如图 4.5-5 所示，在 $z=0$ 处放置一密度为 $\dot{\vec{K}} = -\hat{i}_x \dot{E}_0/\eta$ 的面电流和密度为 $\dot{\vec{K}}_m = -\hat{i}_y \dot{E}_0$ 的面磁流，可在 $z>0$ 区域($+z$ 方向)产生同样的场；而在 $z<0$ 区域($-z$ 方向)产生的场为零。

等效问题2：如图 4.5-6 所示，在 $z=0$ 处放置一密度为 $\dot{\vec{K}} = -\hat{i}_x 2\dot{E}_0/\eta$ 的面电流，则可在 $z>0$ 区域($+z$ 方向)产生同样的场，而在 $z<0$ 区域($-z$ 方向)，产生场为 $\begin{cases} \dot{\vec{E}} = \hat{i}_x \dot{E}_0 e^{jkz} \\ \dot{\vec{H}} = -\hat{i}_y \dfrac{\dot{E}_0}{\eta} e^{jkz} \end{cases}$ 的平面波。

等效问题3：如图 4.5-7 所示，在 $z=0$ 处放置一密度为 $\dot{\vec{K}}_m = -\hat{i}_y 2\dot{E}_0$ 的面磁流，则可在 $z>0$ 区域($+z$ 方向)产生同样的场；而在 $z<0$ 区域($-z$ 方向)，产生场为 $\begin{cases} \dot{\vec{E}} = -\hat{i}_x \dot{E}_0 e^{jkz} \\ \dot{\vec{H}} = \hat{i}_y \dfrac{\dot{E}_0}{\eta} e^{jkz} \end{cases}$ 的平面波。

等效问题4：如图 4.5-8 所示，以理想导体代替 $z<0$ 区域。在电壁前放置一密度为 $\dot{\vec{K}} = -\hat{i}_x \dot{E}_0/\eta$ 的面电流和一密度为 $\dot{\vec{K}}_m = -\hat{i}_y \dot{E}_0$ 的面磁流。在 $z>0$ 区域($+z$ 方向)，面磁流和电壁共同产生的场将加倍，而面电流产生的场为零，因为电壁表面将感应有等幅而反向的面电流，它抵消了外加的 $\dot{\vec{K}}$ 的作用。

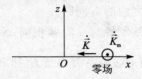

图 4.5-5 同时放置面电流和面磁流

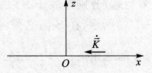

图 4.5-6 只放置面电流

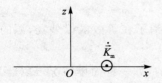

图 4.5-7 只放置面磁流

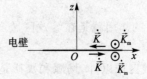

图 4.5-8 同时放置面电流、面磁流和电壁

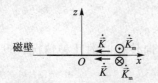

图 4.5 - 9　同时放置面电流、面磁流和磁壁

等效问题 5（等效问题 4 的对偶问题）：如图 4.5 - 9 所示，以理想磁体代替 $z<0$ 区域。在磁壁前放置一密度为 $\vec{K}=-\hat{i}_x\dot{E}_0/\eta$ 的面电流和一密度为 $\vec{K}_\mathrm{m}=-\hat{i}_y\dot{E}_0$ 的面磁流。在 $z>0$ 区域（$+z$ 方向），面电流和磁壁共同产生的场将加倍，而面磁流产生的场为零，因为磁壁表面将感应有等幅而反向的面磁流，它抵消了外加的 $\vec{K}_\mathrm{m}$ 的作用。

由上述几种等效关系可以看出：① 在不感兴趣的区域里，等效问题的解是无意义的，其取值可能多样化；② 对于感兴趣的区域，对同一种场，可能由不同的源产生。上述两点也将是等效原理要表述的内容。

4.6　等效原理

现提出以下问题：① 已知源分布，场是否唯一？ ② 已知场分布，源是否唯一？ 这两个问题已经通过 4.3 节的唯一性定理和 4.5 节的实例进行了一定程度的回答。

对第①个问题，在全部无界良态域空间内，场、源满足微分方程所确定的点关系，全部源和它们产生的场唯一对应；在有界区域内，如果规定了所考察区域的源和边界条件（边界切向电场或磁场），则场唯一确定。

对第②个问题，在有界区域内，已知场分布，源并不唯一。在规定区域之外的许多不同成分的源可以在该区域内产生同样的场。在某一空间区域内能产生同样电磁场的两种源称为对该区域内的等效源。因此，电磁场的实际源可以用一组等效源来代替，实际源的边值问题可以用等效源的解来代替，这就是场的等效原理。

4.6.1　等效原理的一般形式

如图 4.6 - 1(a)、(b)所示，线性媒质中存在电流源和磁流源，产生的场为 $\dot{\vec{E}}_a$、$\dot{\vec{H}}_a$ 和 $\dot{\vec{E}}_b$、$\dot{\vec{H}}_b$，现建立等效问题，分别等效于 S 之外的 a 问题和 S 之内的 b 问题。

如图 4.6 - 1(c)所示，在 S 面之外，规定场、媒质和源保持与 a 问题相同；S 面之内，规定场、媒质和源与 b 问题相同。为了支持这样的场，在 S 面上必须有表面流 $\vec{K}$ 和 $\vec{K}_\mathrm{m}$，表示为

$$\vec{K}=\hat{i}_n\times(\dot{\vec{H}}^a-\dot{\vec{H}}^b) \tag{4.6-1}$$

$$\vec{K}_\mathrm{m}=(\dot{\vec{E}}^a-\dot{\vec{E}}^b)\times\hat{i}_n \tag{4.6-2}$$

$\vec{K}$、$\vec{K}_\mathrm{m}$ 的作用就是在等效区域产生的场恰好抵消了在等效区以外场、源的变化对等效区域场的影响。

对于等效区域以外，场源和媒质是可以任意设定的，如一种简单情况可以选为自由空间、零场。本例中，对 S 面内的 b 场来说，S 面外的 a 场的选择是任意的。同样，对 S 面外的 a 场来说，S 面内的 b 场的选择也是任意的。

如图 4.6-1(d)所示，用相似的方式可以建立另外一个等效问题，等效于 S 面之外的 b 问题和 S 面之内的 a 问题，此时所需要的表面流反号，即应有

$$\dot{K} = \hat{i}_n \times (\dot{H}^b - \dot{H}^a) \tag{4.6-3}$$

$$\dot{K}_m = (\dot{E}^b - \dot{E}^a) \times \hat{i}_n \tag{4.6-4}$$

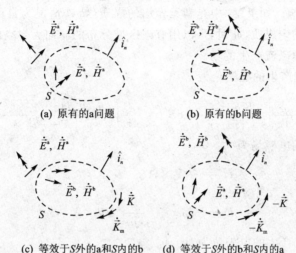

(a) 原有的a问题　　　(b) 原有的b问题

(c) 等效于S外的a和S内的b　　(d) 等效于S外的b和S内的a

图 4.6-1　等效原理的一般形式

4.6.2　Love 场等效原理

等效原理可以进一步简化成几种特殊形式。如图 4.6-2 所示，设 S 面将空间分为 V_1 和 V_2，实际的电流源和磁流源位于 V_1 中，空间各点的电磁场为 $\dot{E}、\dot{H}$。可以在 V_2 建立维持原来场 $\dot{E}、\dot{H}$ 的等效问题：令 S 之外 V_2 空间存在原来的场，在 S 之内 V_1 空间的场为零。为了支持这样的场，在 S 面上必须存在表面流 $\dot{K}、\dot{K}_m$，它们由 S 面上磁场 $\dot{H}$ 和电场 $\dot{E}$ 的切向分量规定，可表示为

$$\dot{K} = \hat{i}_n \times \dot{H} \tag{4.6-5}$$

$$\dot{K}_m = -\hat{i}_n \times \dot{E} \tag{4.6-6}$$

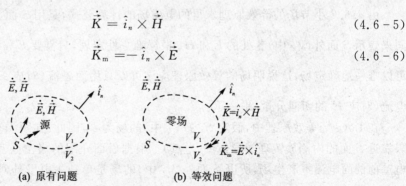

(a) 原有问题　　　　(b) 等效问题

图 4.6-2　在 S 面以外，同原有源产生相同场的等效流

$\hat{i}_n$ 是 S 面的外法线方向，$\dot{E}、\dot{H}$ 是实际源在 S 面上产生的原有场。根据唯一性定理，此时

S 面上场的切向边界条件不变,这样算出的场将是原来假定的实际源的场。此时可以通过 S 面上 $\vec{E}$、$\vec{H}$ 的切向分量所定义的等效源来代表 S 面之内的实际源,并在 S 面之外产生与原来实际源相同的 $\vec{E}$、$\vec{H}$,这种形式的场的等效原理,通常称为 Love 场等效原理。

在图 4.6-2 所示等效问题中,V_1 中的场等于零。因此,不管 V_1 空间中存在何种媒质,对 V_2 空间中的场均无影响。如果 V_2 中充满无界均匀媒质(特殊情况为自由空间),则可以认为整个空间都充满无界均匀媒质,此时,可以用有限区域分布的源向无界空间辐射的矢位积分解来求解等效面电流和面磁流产生的场。

S 面上等效面电流产生的磁矢位为

$$\vec{A} = \frac{\mu}{4\pi} \oint_S \frac{\vec{K} e^{-j|\vec{r}-\vec{r}'|}}{|\vec{r}-\vec{r}'|} dS' = \frac{\mu}{4\pi} \oint_S \frac{\hat{i}_n \times \vec{H} e^{-j|\vec{r}-\vec{r}'|}}{|\vec{r}-\vec{r}'|} dS' \quad (4.6-7)$$

等效面电流产生的电磁场为

$$\vec{H} = \frac{1}{\mu} \nabla \times \vec{A} \quad (4.6-8)$$

$$\vec{E} = -j\omega \vec{A} + \frac{1}{j\omega\mu\varepsilon} \nabla \nabla \cdot \vec{A} \quad (4.6-9)$$

S 面上等效面磁流产生的电矢位为

$$\vec{A}_m = \frac{\varepsilon}{4\pi} \oint_S \frac{\vec{K}_m e^{-j|\vec{r}-\vec{r}'|}}{|\vec{r}-\vec{r}'|} dS' = \frac{\varepsilon}{4\pi} \oint_S \frac{\vec{E} \times \hat{i}_n e^{-j|\vec{r}-\vec{r}'|}}{|\vec{r}-\vec{r}'|} dS' \quad (4.6-10)$$

等效面磁流产生的电磁场为

$$\vec{E} = -\frac{1}{\varepsilon} \nabla \times \vec{A}_m \quad (4.6-11)$$

$$\vec{H} = -j\omega \vec{A}_m + \frac{1}{j\omega\mu\varepsilon} \nabla \nabla \cdot \vec{A}_m \quad (4.6-12)$$

V_2 中的场等于上述等效面电流与面磁流产生的场的矢量和。

4.6.3 只用切向电场或切向磁场表示的等效原理

由 4.6.2 小节场的等效原理求得的电磁场的计算公式,是用 S 面上 $\vec{E}$ 和 $\vec{H}$ 的切向分量共同来表示 S 面外(V_2 中)各处的 $\vec{E}$ 和 $\vec{H}$。根据唯一性定理,只需要 $\vec{E}$ 和 $\vec{H}$ 一种场的切向分量就可以唯一地确定场,这说明场的等效原理应该可以只用面磁流(对应 $\vec{E}$ 的切向分量)或只用面电流(对应 $\vec{H}$ 的切向分量)来表示。

在 Love 场等效原理中,假定 S 内(V_1 中)的场为零,因此,如图 4.6-3(b)所示,可以在无限靠近 S 面的内侧放置理想导体壁(电壁)。根据后面介绍的洛伦兹互易定理可知,无限靠近电壁前的面电流不产生场,所以 S 面外(V_2 中)的场是单独由电壁外侧 S 面上的面磁流(密度为 $\vec{K}_m = -\hat{i}_n \times \vec{E}$)和电壁一起产生的。

同样,如图 4.6-3(c)所示,在无限靠近 S 面的内侧放置理想磁体壁(磁壁),此时,无限靠近磁壁前的面磁流不产生场,所以,S 面外(V_2 中)的场是单独由磁壁外侧 S 面上的面电流和磁壁一起产生的。

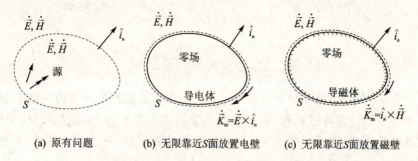

(a) 原有问题　　(b) 无限靠近S面放置电壁　　(c) 无限靠近S面放置磁壁

图 4.6-3　只用切向电场和切向磁场表示的等效原理

综上所述，对同一个原有问题，可以表示成三种等效问题。尽管在三种等效问题中，S 内均为零场，但由于 S 内放置不同的物质，三种情况下单独由面电流和单独由面磁流在 S 面外产生的部分场是不相同的，而总场是相同的。

4.6.4　等效原理的应用：半空间的场

如图 4.6-4(a)所示，在 $z<0$ 的左半空间有场源和媒质，$z>0$ 右半空间为自由空间。根据等效原理，可以用 $z=0$ 分界面上电场的切向分量表示 $z>0$ 右半空间的场。

对 $z>0$ 右半空间来说，原有问题图 4.6-4(a)可用 $z=0$ 平面上面电流 $\dot{\vec{K}}=\hat{i}_n\times\dot{\vec{H}}$ 和面磁流 $\dot{\vec{K}}_m=\dot{\vec{E}}\times\hat{i}_n$ 共同产生。如果在 $z<0$ 空间内，紧靠 $z=0$ 平面放置电壁，则可得到等效问题，如图 4.6-4(b)所示，即此时面电流 $\dot{\vec{K}}=\hat{i}_n\times\dot{\vec{H}}$ 不产生电磁场，$z>0$ 右半空间的场是由无限靠近 $z=0$ 处电壁、密度为 $\dot{\vec{K}}_m=\dot{\vec{E}}\times\hat{i}_n$ 的面磁流产生的。

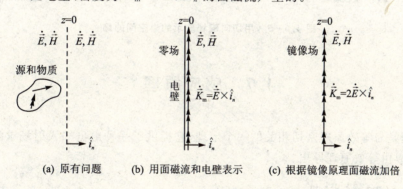

(a) 原有问题　　(b) 用面磁流和电壁表示　　(c) 根据镜像原理面磁流加倍

图 4.6-4　用切向电场表示的半空间的场

再根据镜像原理，$z=0$ 处的电壁对 $z>0$ 右半空间的影响，可以用面磁流对电壁的镜像面磁流来代替，此镜像面磁流与如图 4.6-4(b)所示面磁流大小相等、方向相同。面磁流与镜像磁流分别位于 $z=0$ 平面的两侧，而且两者均无限靠近于 $z=0$ 平面。因此，在计算 $z>0$ 右半空间场时，可以认为两者重合，于是得到如图 4.6-4(c)所示的等效问题。$z=0$ 平面上密度为 $\dot{\vec{K}}_m=2\dot{\vec{E}}\times\hat{i}_n$ 的面磁流向自由空间辐射，在 $z>0$ 平面右半空间内产生的场等于原来的场。此场可以用磁流向无界空间激发的电矢位计算，电场为

$$\vec{E}(\vec{r}) = -\nabla \times \int_{z=0\text{平面}} \frac{\vec{E}(\vec{r}') \times \hat{i}_n}{2\pi |\vec{r}-\vec{r}'|} e^{-jk|\vec{r}-\vec{r}'|} dS' =$$

$$\nabla \times \int_{z=0\text{平面}} \frac{\hat{i}_n \times \vec{E}(\vec{r}')}{2\pi |\vec{r}-\vec{r}'|} e^{-jk|\vec{r}-\vec{r}'|} dS' \quad (4.6-13)$$

上式为一数学恒等式,对满足矢量波动方程 $\nabla \times \nabla \times \vec{E} - k^2 \vec{E} = 0$ 的任何 $\vec{E}$ 场都有效。

如图 4.6-5 所示,若将图 4.6-4(b)中的电壁换成图 4.6-5(b)中的磁壁,则面磁流换成面电流。根据对偶原理,可得如图 4.6-5(c)所示的等效关系,在 $z > 0$ 右半空间,电磁场由 $z=0$ 平面上密度为 $\vec{K} = 2\hat{i}_n \times \vec{H}$ 的面电流向自由空间辐射产生。磁场强度 $\vec{H}$ 的表达式为

$$\vec{H}(\vec{r}) = \nabla \times \int_{z=0\text{平面}} \frac{\hat{i}_n \times \vec{H}(\vec{r}')}{2\pi |\vec{r}-\vec{r}'|} e^{-jk|\vec{r}-\vec{r}'|} dS' \quad (4.6-14)$$

上式也是一个数学恒等式,它对满足方程 $\nabla \times \nabla \times \vec{H} - k^2 \vec{H} = 0$ 的任何 $\vec{H}$ 场都有效。

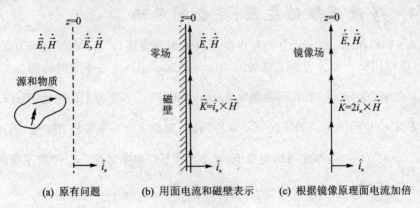

图 4.6-5 用切向磁场表示的半空间的场

4.7 感应原理

感应原理是与等效原理密切相关的一个定理,它提供了一种由已知入射场求障碍物散射场的方法,可以由等效原理导出。

4.7.1 一般形式

如图 4.7-1 所示,一组源在有障碍物的情况下进行辐射,定义入射场 $\vec{E}^i$、$\vec{H}^i$ 为无障碍物时的场,散射场 $\vec{E}^s$、$\vec{H}^s$ 为有障碍物时的场 $\vec{E}$、$\vec{H}$ 和入射场之差,即有

$$\left.\begin{array}{l}\vec{E}^s = \vec{E} - \vec{E}^i \\ \vec{H}^s = \vec{H} - \vec{H}^i\end{array}\right\} \quad (4.7-1)$$

散射场的源为障碍物上被入射场激励的传导流、极化流、磁化流。在障碍物之外,散射场

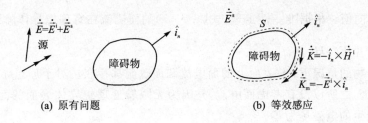

图 4.7-1 感应定理的说明

为无源场。

现在选取无限靠近障碍物表面但并不重合的 S 面包围障碍物。根据一般形式的等效原理,选取 a 问题为:S 面内外均为障碍物的散射场;选取 b 问题为:S 面内外均为实际问题的媒质和总场,则在 S 面内外可以建立如下等效问题:S 面以外(障碍物以外)只存在散射场(a 场),S 面以内仍为原来场和媒质(b 场)。为支持这些场,S 面上必须存在表面流,即有

$$\dot{K} = \hat{i}_n \times (\dot{H}^s - \dot{H}) \tag{4.7-2}$$

$$\dot{K}_m = (\dot{E}^s - \dot{E}) \times \hat{i}_n \tag{4.7-3}$$

根据入射场、散射场、总场的关系,上式可简化为

$$\dot{K} = -\hat{i}_n \times \dot{H}^i \tag{4.7-4}$$

$$\dot{K}_m = -\dot{E}^i \times \hat{i}_n \tag{4.7-5}$$

根据唯一性定理和等效原理,这些等效流在有障碍物存在而辐射时,就产生假定的场,即在 S 面之内为 $\dot{E}$、$\dot{H}$,在 S 面之外为 $\dot{E}^s$、$\dot{H}^s$,这就是感应定理。

如图 4.7-2(a)所示,当障碍物为理想导体时,可以将感应定理简化。此时在 S 面上的电场 $\dot{E}$ 必须满足边界条件 $\hat{i}_n \times \dot{E} = 0$,由式(4.7-1)可得

$$\hat{i}_n \times \dot{E}^s = -\hat{i}_n \times \dot{E}^i \tag{4.7-6}$$

现已知 S 面上的 $\dot{E}^s$ 的切向分量,可以构成如图 4.7-2(b)所示的感应定理表示法。保留理想导体障碍物,并规定 S 面外存在 $\dot{E}^s$、$\dot{H}^s$ 场。为支持这种场,在 S 面上必须存在等效磁流

$$\dot{K}_m = \dot{E}^s \times \hat{i}_n = \hat{i}_n \times \dot{E}^i \tag{4.7-7}$$

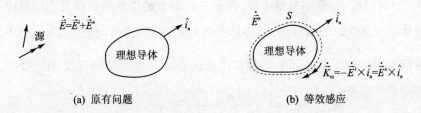

图 4.7-2 感应定理对理想导体的应用

此面磁流导致 $\dot{E}$ 的切向分量从导体表面(S 面以内)上的零值跃变到 S 面以外(无限靠近

S 面)的 $\dot{\vec{E}}^s$ 的切向值。根据唯一性定理,式(4.7-7)的面磁流在有理想导体障碍物而辐射时,在 S 面外必定产生 $\dot{\vec{E}}^s$、$\dot{\vec{H}}^s$ 场。

在一般障碍物的情况下,S 表面上的面电流和面磁流都存在。对于理想导体障碍物,S 面上只保留面磁流。之所以没有考虑面电流,是因为无限靠近理想导体表面的面电流和理想导体作用后共同产生的电磁场为零。

4.7.2 理想导体平板的后向散射截面

如图 4.7-3 所示,根据感应原理可以计算理想导体平板的后向散射截面。

设导体平板位于 $z=0$ 平面内,平面波垂直于平板入射,并令入射场只有 x 方向分量,即

$$\dot{E}_x^i = \dot{E}_0 e^{-jkz} \tag{4.7-8}$$

如图 4.7-4(a)所示选取 S 面,为一无限靠近理想导体平板的 z 方向尺寸趋于导体平板厚度的扁平长方体表面。根据感应定理式(4.7-7),散射场是由对源一边(法线方向为 $-\hat{i}_z$)的磁流 $\dot{K}_{my} = -\dot{E}_0$ 和离开源一侧(法线方向为 $+\hat{i}_z$)的磁流 $\dot{K}_{my} = \dot{E}_0$ 产生的,如图 4.7-4(b)所示。这些磁流在原来的理想导体平板存在时辐射,即产生散射场。

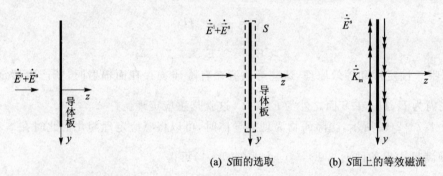

(a) S 面的选取   (b) S 面上的等效磁流

图 4.7-3 理想导体板的散射   图 4.7-4 感应原理应用于理想导体板

作为近似处理,将各磁流元的场用靠近无限大电壁的磁流元的场来处理,即近似认为导体平板为无限大电壁。而在求沿 $-\hat{i}_z$ 方向的散射场时,$+\hat{i}_z$ 一侧的 S 面上的面磁流不起作用,如图 4.7-5(a)所示。

如图 4.7-5(b)所示,根据镜像原理,位于 $-\hat{i}_z$ 轴上的接收器所能看到的磁流 $\dot{K}_{my} = -\dot{E}_0$ 在有理想导体平板存在时的辐射场,即导体平板的后向散射场,与磁流 $2\dot{K}_{my} = -2\dot{E}_0$ 在自由空间的辐射场相同。磁流元 $\dot{\vec{K}}_m dS'$ 对应的电矢位 $d\vec{A}_m$ 和散射电场强度 $d\dot{\vec{E}}^s$ 为

$$d\vec{A}_m = \frac{\varepsilon}{4\pi} \frac{\dot{\vec{K}}_m(\vec{r}') e^{-jk|\vec{r}-\vec{r}'|}}{|\vec{r}-\vec{r}'|} dS' \tag{4.7-9}$$

$$d\dot{\vec{E}}^s = -\frac{1}{\varepsilon} \nabla \times d\vec{A}_m \tag{4.7-10}$$

在远离理想导体平板处,有

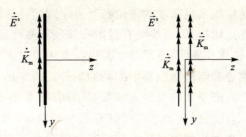

(a) 只有 $-z$ 一侧磁流起作用   (b) 根据镜像法磁流加倍

图 4.7-5 图 4.7-4 所示问题的近似处理

$$\left.\begin{array}{l}|\vec{r}-\vec{r}'| \to r \\ \nabla \times (\hat{i}_y \mathrm{e}^{-\mathrm{j}kr}) = -\mathrm{j}\vec{k} \times (\hat{i}_y \mathrm{e}^{-\mathrm{j}kr})\end{array}\right\} \quad (4.7-11)$$

从而磁流元 $\dot{\vec{K}}_\mathrm{m} \mathrm{d}S'$ 的后向散射电场强度为

$$\mathrm{d}\dot{E}_x^\mathrm{s} = \frac{-\mathrm{j}k\dot{E}_0 \mathrm{d}S'}{2\pi r} \mathrm{e}^{-\mathrm{j}kr} \quad (4.7-12)$$

在整个导体平板上积分,则可得远场的后向散射电场强度为

$$\dot{E}_x^\mathrm{s} = \int_{\text{平板}} \mathrm{d}\dot{E}_x^\mathrm{s} = \frac{-\mathrm{j}k\dot{E}_0 A}{2\pi r} \mathrm{e}^{-\mathrm{j}kr} \quad (4.7-13)$$

式中,A 为导体板面积。已知障碍物的雷达散射截面定义为

$$\sigma = \lim_{r \to \infty} \left(4\pi r^2 \frac{\langle S^\mathrm{s} \rangle}{\langle S^\mathrm{i} \rangle} \right) \quad (4.7-14)$$

式中,$\langle S^\mathrm{i} \rangle$ 为入射波坡印廷矢量时间平均值,$\langle S^\mathrm{s} \rangle$ 为散射波坡印廷矢量时间平均值,与入射波和散射波电场强度的关系为

$$\left.\begin{array}{l}\langle S^\mathrm{i} \rangle = \dfrac{1}{2\eta} |\dot{\vec{E}}^\mathrm{i}|^2 \\ \langle S^\mathrm{s} \rangle = \dfrac{1}{2\eta} |\dot{\vec{E}}^\mathrm{s}|^2\end{array}\right\} \quad (4.7-15)$$

从而式(4.7-14)又可以表示为

$$\sigma = \lim_{r \to \infty} \left(4\pi r^2 \frac{|\dot{\vec{E}}^\mathrm{s}|^2}{|\dot{\vec{E}}^\mathrm{i}|^2} \right) \quad (4.7-16)$$

将入射波和导体平板后向散射波电场强度代入,可导出导体平板的后向雷达散射截面为

$$\sigma \approx \frac{k^2 A^2}{\pi} = \frac{4\pi A^2}{\lambda^2} \quad (4.7-17)$$

上式适用于垂直入射到电大尺寸的理想导体平板的情况。

4.8 洛伦兹互易定理

洛伦兹互易定理联系了两组电磁场的电场强度和磁场强度,是电磁理论中最有用的定理之一。电路理论中的互易定理是电磁场的洛伦兹互易定理的特殊情况。

互易定理的一些实际应用包括:天线具有发射和接收互易性的证明;微波电路互易性的证明;微波器件的若干基本性质的证明;波导和空腔谐振器中模式正交性的证明;由探针、小环或耦合空隙激励或耦合到波导和空腔谐振器中的场的展开式的导出;等等。

洛伦兹互易定理对于时谐场和任意时变场都是适用的,本书仅以时谐场为例讨论互易定理。对任意线性媒质而言,任意时变场总是可以看成不同频率的时谐场的傅里叶级数或傅里叶积分,从这一意义来说,本书根据时谐场得到的互易定理也具有通用性。

4.8.1 源对场的反应

在推导互易定理之前,需要了解反应(reaction)的概念,反应又称为相互作用(interaction)。

考虑一组以 $\dot{\vec{J}}_a$ 和 $\dot{\vec{J}}_{ma}$ 表示的时谐源 a,处于以 $\dot{\vec{J}}_b$ 和 $\dot{\vec{J}}_{mb}$ 表示的源 b 产生的场 $\dot{\vec{E}}_b$ 和 $\dot{\vec{H}}_b$ 中,则源 a 对场 b 的反应为

$$\langle a,b \rangle = \int_V (\dot{\vec{J}}_a \cdot \dot{\vec{E}}_b - \dot{\vec{J}}_{ma} \cdot \dot{\vec{H}}_b) dV \qquad (4.8-1)$$

反应为一复数,具有功率的量纲。它与复功率的不同表现在两个方面:第一,在功率的定义中,电流密度和磁场强度是复数共轭的;第二,反应被定义为一个源相对于另一个源产生的场。当一个源和它自己的场相互作用时,称为自反应,可表示为

$$\langle a,a \rangle = \int_V (\dot{\vec{J}}_a \cdot \dot{\vec{E}}_a - \dot{\vec{J}}_{ma} \cdot \dot{\vec{H}}_a) dV \qquad (4.8-2)$$

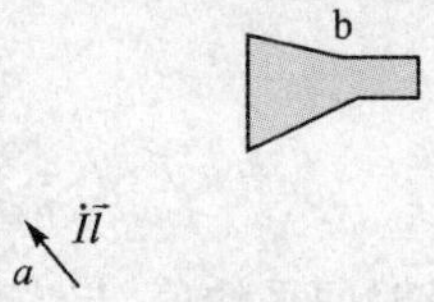

例如:如图 4.8-1 所示,考虑源 a 为位于 $\vec{r}_0$ 处的一电偶极子的情况,其电流密度可以表示为

$$\dot{\vec{J}}_a = I\vec{l}\delta(\vec{r}-\vec{r}_0) \qquad (4.8-3)$$

图 4.8-1 电偶极子对场的反应

其对天线产生的 b 场的反应为

$$\langle a,b \rangle = \int_V I\vec{l} \cdot \dot{\vec{E}}_b \delta(\vec{r}-\vec{r}_0) dV = I\vec{l} \cdot \dot{\vec{E}}_b(\vec{r}_0) \qquad (4.8-4)$$

该反应正比于用这个偶极子测得的在 $\vec{l}$ 方向上的电场。当偶极子 $I\vec{l}$ 为单位量时,这个反应就等于源 b 在偶极子方向上所产生的场强。

4.8.2 互易定理的导出

设在同一线性各向同性媒质中同时存在两组相同频率的交流源:电流 $\dot{\vec{J}}_1$ 和磁流 $\dot{\vec{J}}_{m1}$、电流 $\dot{\vec{J}}_2$ 和磁流 $\dot{\vec{J}}_{m2}$。设 $\dot{\vec{E}}_1$、$\dot{\vec{H}}_1$ 是由电流 $\dot{\vec{J}}_1$ 和磁流 $\dot{\vec{J}}_{m1}$ 产生的电磁场,$\dot{\vec{E}}_2$、$\dot{\vec{H}}_2$ 是由电流 $\dot{\vec{J}}_2$ 和磁流 $\dot{\vec{J}}_{m2}$ 产生的电磁场,于是有

$$\nabla \times \dot{\vec{H}}_1 = \dot{\vec{J}}_1 + j\omega\varepsilon\dot{\vec{E}}_1 \qquad (4.8-5)$$

$$\nabla \times \dot{\vec{E}}_1 = -\dot{\vec{J}}_{m1} - j\omega\mu\dot{\vec{H}}_1 \qquad (4.8-6)$$

$$\nabla \times \dot{\vec{H}}_2 = \dot{\vec{J}}_2 + j\omega\varepsilon\dot{\vec{E}}_2 \qquad (4.8-7)$$

$$\nabla \times \dot{\vec{E}}_2 = -\dot{\vec{J}}_{m2} - j\omega\mu\dot{\vec{H}}_2 \qquad (4.8-8)$$

用 $\dot{\vec{H}}_2$ 点乘式(4.8-6)，$-\dot{\vec{E}}_1$ 点乘式(4.8-7)，然后相加，可得

$$\dot{\vec{H}}_2 \cdot \nabla \times \dot{\vec{E}}_1 - \dot{\vec{E}}_1 \cdot \nabla \times \dot{\vec{H}}_2 = -(\dot{\vec{J}}_2 \cdot \dot{\vec{E}}_1 + \dot{\vec{J}}_{m1} \cdot \dot{\vec{H}}_2) - j\omega(\varepsilon\dot{\vec{E}}_1 \cdot \dot{\vec{E}}_2 + \mu\dot{\vec{H}}_1 \cdot \dot{\vec{H}}_2)$$
$$(4.8-9)$$

同理，用 $\dot{\vec{H}}_1$ 点乘式(4.8-8)，用 $-\dot{\vec{E}}_2$ 点乘式(4.8-5)，相加后可得

$$\dot{\vec{H}}_1 \cdot \nabla \times \dot{\vec{E}}_2 - \dot{\vec{E}}_2 \cdot \nabla \times \dot{\vec{H}}_1 = -(\dot{\vec{J}}_1 \cdot \dot{\vec{E}}_2 + \dot{\vec{J}}_{m2} \cdot \dot{\vec{H}}_1) - j\omega(\varepsilon\dot{\vec{E}}_1 \cdot \dot{\vec{E}}_2 + \mu\dot{\vec{H}}_1 \cdot \dot{\vec{H}}_2)$$
$$(4.8-10)$$

式(4.8-9)、式(4.8-10)相减，并利用矢量微分恒等式

$$\nabla \cdot (\vec{A} \times \vec{B}) = \vec{B} \cdot \nabla \times \vec{A} - \vec{A} \cdot \nabla \times \vec{B}$$

可得

$$\nabla \cdot (\dot{\vec{E}}_1 \times \dot{\vec{H}}_2) - \nabla \cdot (\dot{\vec{E}}_2 \times \dot{\vec{H}}_1) = \dot{\vec{J}}_1 \cdot \dot{\vec{E}}_2 - \dot{\vec{J}}_2 \cdot \dot{\vec{E}}_1 - \dot{\vec{J}}_{m1} \cdot \dot{\vec{H}}_2 + \dot{\vec{J}}_{m2} \cdot \dot{\vec{H}}_1$$
$$(4.8-11)$$

上式为洛伦兹互易定理的微分形式。应用高斯定理，可以从式(4.8-11)导出洛伦兹互易定理的积分形式，即有

$$\oint_S [(\dot{\vec{E}}_1 \times \dot{\vec{H}}_2) - (\dot{\vec{E}}_2 \times \dot{\vec{H}}_1)] \cdot \hat{i}_n dS =$$
$$\int_V (\dot{\vec{J}}_1 \cdot \dot{\vec{E}}_2 - \dot{\vec{J}}_2 \cdot \dot{\vec{E}}_1 - \dot{\vec{J}}_{m1} \cdot \dot{\vec{H}}_2 + \dot{\vec{J}}_{m2} \cdot \dot{\vec{H}}_1) dV \qquad (4.8-12)$$

式中，S 为包围体积 V 的封闭面，$\hat{i}_n$ 为闭合面 S 的外法线单位矢量。

4.8.3 特殊情况下的互易定理

由普遍情况下的洛伦兹互易定理的一般表达式可以导出几种特殊情况下的洛伦兹互易定理的简化形式。

1. 两组源 $\dot{\vec{J}}_1$、$\dot{\vec{J}}_{m1}$ 和 $\dot{\vec{J}}_2$、$\dot{\vec{J}}_{m2}$ 均在体积 V 外

此时体积 V 为无源空间，式(4.8-12)简化为

$$\oint_S [(\dot{\vec{E}}_1 \times \dot{\vec{H}}_2) - (\dot{\vec{E}}_2 \times \dot{\vec{H}}_1)] \cdot \hat{i}_n dS = 0 \qquad (4.8-13)$$

2. 两组源 $\dot{\vec{J}}_1$、$\dot{\vec{J}}_{m1}$ 和 $\dot{\vec{J}}_2$、$\dot{\vec{J}}_{m2}$ 均在体积 V 内

此时式(4.8-13)仍成立，洛伦兹互易定理简化为

$$\int_V (\dot{\vec{J}}_1 \cdot \dot{\vec{E}}_2 - \dot{\vec{J}}_2 \cdot \dot{\vec{E}}_1 - \dot{\vec{J}}_{m1} \cdot \dot{\vec{H}}_2 + \dot{\vec{J}}_{m2} \cdot \dot{\vec{H}}_1) dV = 0 \qquad (4.8-14)$$

证明：如图 4.8-2 所示，由于两组源 $\dot{\vec{J}}_1$、$\dot{\vec{J}}_{m1}$ 和 $\dot{\vec{J}}_2$、$\dot{\vec{J}}_{m2}$ 均在体积 V 内，因此 V 外的空间 V_1 为无源空间。包围 V_1 的闭合面为闭合面 S 及半径 $r \to \infty$ 的球面 S_0。由式(4.8-13)有

$$\oint_{S+S_0} [(\dot{\vec{E}}_1 \times \dot{\vec{H}}_2) - (\dot{\vec{E}}_2 \times \dot{\vec{H}}_1)] \cdot \hat{i}'_n dS = 0 \quad (4.8-15)$$

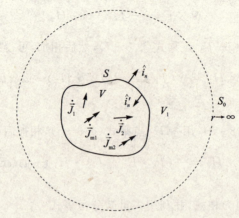

图 4.8-2 两组源均在 V 内

由于两组源均在 V 内,即场源分布在有限空间内,此时无限远辐射场为沿 $\vec{r}$ 方向的 TEM 波,其中 $\dot{\vec{H}} = \frac{1}{\eta} \hat{i}_r \times \dot{\vec{E}}$。在球坐标系下有 $\dot{E}_\theta = \eta \dot{H}_\varphi$, $\dot{E}_\varphi = -\eta \dot{H}_\theta$,因而有

$$(\dot{\vec{E}}_1 \times \dot{\vec{H}}_2) \cdot \hat{i}'_n - (\dot{\vec{E}}_2 \times \dot{\vec{H}}_1) \cdot \hat{i}'_n = (\hat{i}'_n \times \dot{\vec{E}}_1) \cdot \dot{\vec{H}}_2 - (\hat{i}'_n \times \dot{\vec{E}}_2) \cdot \dot{\vec{H}}_1 =$$
$$(\hat{i}_r \times \dot{\vec{E}}_1) \cdot \dot{\vec{H}}_2 - (\hat{i}_r \times \dot{\vec{E}}_2) \cdot \dot{\vec{H}}_1 =$$
$$\eta \dot{\vec{H}}_1 \cdot \dot{\vec{H}}_2 - \eta \dot{\vec{H}}_1 \cdot \dot{\vec{H}}_2 = 0 \quad (4.8-16)$$

故有

$$\oint_{\substack{S_0 \\ r \to \infty}} [(\dot{\vec{E}}_1 \times \dot{\vec{H}}_2) - (\dot{\vec{E}}_2 \times \dot{\vec{H}}_1)] \cdot \hat{i}'_n dS = 0 \quad (4.8-17)$$

将式(4.8-17)代入式(4.8-15),有

$$\oint_S [(\dot{\vec{E}}_1 \times \dot{\vec{H}}_2) - (\dot{\vec{E}}_2 \times \dot{\vec{H}}_1)] \cdot \hat{i}'_n dS = 0 \quad (4.8-18)$$

将 $\hat{i}'_n$ 替换为 $-\hat{i}_n$,可得

$$\oint_S [(\dot{\vec{E}}_1 \times \dot{\vec{H}}_2) - (\dot{\vec{E}}_2 \times \dot{\vec{H}}_1)] \cdot \hat{i}_n dS = 0 \quad (4.8-19)$$

式(4.8-19)与式(4.8-13)完全相同,可见在 V 内包含两组源时,式(4.8-13)仍然成立,故有式(4.8-14)成立。

3. 包围体积 V 的闭合面 S 为电壁或磁壁

此时在 S 面上有

电壁: $\quad \hat{i}_n \times \dot{\vec{E}}_1 = 0, \quad \hat{i}_n \times \dot{\vec{E}}_2 = 0$

磁壁: $\quad \hat{i}_n \times \dot{\vec{H}}_1 = 0, \quad \hat{i}_n \times \dot{\vec{H}}_2 = 0$

此时式(4.8-12)中面积分等于零,洛伦兹互易定理简化为

$$\int_V (\dot{\vec{J}}_1 \cdot \dot{\vec{E}}_2 - \dot{\vec{J}}_2 \cdot \dot{\vec{E}}_1 - \dot{\vec{J}}_{m1} \cdot \dot{\vec{H}}_2 + \dot{\vec{J}}_{m2} \cdot \dot{\vec{H}}_1) dV = 0 \quad (4.8-20)$$

需要指出的是,尽管情况 2 与情况 3 中洛伦兹互易定理表示式(4.8-14)、式(4.8-20)完全相同,但两者成立的条件却不同。对于情况 2,要求两组源必须都在体积 V 内;而对于情况 3,则要求 S 面为电壁或磁壁。

4. 体积内只有一组源

若 V 内只有一组源 $\vec{J}_1$、$\vec{J}_{m1}$,则洛伦兹互易定理简化为

$$\oint_S [(\vec{E}_1 \times \vec{H}_2) - (\vec{E}_2 \times \vec{H}_1)] \cdot \hat{i}_n \mathrm{d}S = \int_V (\vec{J}_1 \cdot \vec{E}_2 - \vec{J}_{m1} \cdot \vec{H}_2) \mathrm{d}V \quad (4.8-21)$$

若 V 内只有一组源 $\vec{J}_2$、$\vec{J}_{m2}$,则洛伦兹互易定理简化为

$$\oint_S [(\vec{E}_1 \times \vec{H}_2) - (\vec{E}_2 \times \vec{H}_1)] \cdot \hat{i}_n \mathrm{d}S = -\int_V (\vec{J}_2 \cdot \vec{E}_1 - \vec{J}_{m2} \cdot \vec{H}_1) \mathrm{d}V \quad (4.8-22)$$

除了上述几种情况外,还有其他情况也可将洛伦兹互易定理简化。如对于不含磁流的空间,则有 $\vec{J}_{m1} = \vec{J}_{m2} = 0$,等等。

以源 a 代替源 1,源 b 代替源 2,相应的场也用角标 a、b 表示,则式(4.8-14)、式(4.8-20)整理可得

$$\int_V (\vec{J}_a \cdot \vec{E}_b - \vec{J}_{ma} \cdot \vec{H}_b) \mathrm{d}V = \int_V (\vec{J}_b \cdot \vec{E}_a - \vec{J}_{mb} \cdot \vec{H}_a) \mathrm{d}V \quad (4.8-23)$$

式(4.8-14)、式(4.8-20)的互易定理可以表示为

$$\langle a, b \rangle = \langle b, a \rangle \quad (4.8-24)$$

即如果两个源均在体积 V 内,或者边界 S 是电壁或磁壁,则源 a 对场 b 的反应等于源 b 对场 a 的反应。

4.8.4 应 用

1. 场的互易性

假设在全空间只在某区域 V 内存在两个电流元 $\vec{J}_1$ 和 $\vec{J}_2$,或者被电壁或磁壁封闭的某区域 V 内只存在两个电流元 $\vec{J}_1$ 和 $\vec{J}_2$。电流元的表示式为

$$\left.\begin{array}{l} \vec{J}_1 = \dot{I}_1 \vec{l}_1 \delta(\vec{r} - \vec{r}_1) \\ \vec{J}_2 = \dot{I}_2 \vec{l}_2 \delta(\vec{r} - \vec{r}_2) \end{array}\right\} \quad (4.8-25)$$

根据式(4.8-14)或式(4.8-20)有

$$\dot{I}_1 \vec{l}_1 \cdot \vec{E}_2 = \dot{I}_2 \vec{l}_2 \cdot \vec{E}_1 \quad (4.8-26)$$

上式表明,若 $\vec{J}_1$、$\vec{J}_2$ 均为单位电流元,则位于点 $\vec{r}_1$ 处的单位电流元在点 $\vec{r}_2$ 处产生的电场 $\vec{E}_1$ 沿 $\vec{J}_2$ 方向的分量,等于位于点 $\vec{r}_2$ 处的单位电流元在点 $\vec{r}_1$ 处产生的电场 $\vec{E}_2$ 沿 $\vec{J}_1$ 方向的分量,这一重要结论通常称为场的互易性。

2. 无限靠近理想导体表面的面电流不产生电磁场

根据镜像法,平行放置于无限大理想导体平面的面电流的镜像是与其方向相反的面电流。

当面电流无限靠近理想导体表面时,与其镜像重合抵消,可知理想导体平面的面电流不产生电磁场。上述结论可以适用于放置在任意理想导体表面的面电流情况。根据洛伦兹互易定理可以证明:无限靠近理想导体表面的面电流不产生电磁场。

如图 4.8-3 所示,设有一理想导体,当无限靠近理想导体表面放置有面电流 $\dot{K}_1$ 时,空间各处的电磁场为 $\dot{E}_1$、$\dot{H}_1$。对同一理想导体,当空间有一电流源 $\dot{J}_2$ 时,空间各处的电磁场为 $\dot{E}_2$、$\dot{H}_2$。考虑到面电流密度 $\dot{K}_1$ 是载流层厚度 d 无限减小而体电流密度 $\dot{J}_1$ 无限增大时两者乘积的极限值,即有

$$\dot{K}_1 = \lim_{\substack{d \to 0 \\ J_1 \to \infty}} \dot{J}_1 d \qquad (4.8-27)$$

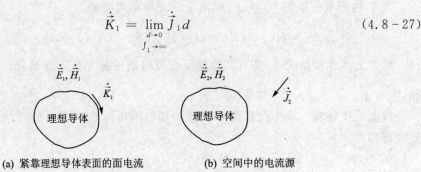

(a) 紧靠理想导体表面的面电流　　(b) 空间中的电流源

图 4.8-3　紧靠理想导体表面的面电流和空间中的电流源

根据洛伦兹互易定理式(4.8-14),有

$$\int_V \dot{J}_1 \cdot \dot{E}_2 \mathrm{d}V = \int_S \dot{K}_1 \cdot \dot{E}_2 \mathrm{d}S = \int_V \dot{J}_2 \cdot \dot{E}_1 \mathrm{d}V \qquad (4.8-28)$$

式中,V 为理想导体表面与半径无穷大的球面之间的体积,S 为面电流 $\dot{K}_1$ 所在的无限靠近理想导体表面但并不重合的曲面。显然,在理想导体表面上,$\dot{E}_2$ 的切向分量等于零。因此,在理想导体平面上,$\dot{E}_2$ 与 $\dot{K}_1$ 处处垂直,于是有

$$\int_S \dot{K}_1 \cdot \dot{E}_2 \mathrm{d}S = 0 \qquad (4.8-29)$$

由此可得

$$\int_V \dot{J}_2 \cdot \dot{E}_1 \mathrm{d}V = 0 \qquad (4.8-30)$$

式(4.8-30)中,$\dot{J}_2$ 为任意矢量,且不等于零,则必有 $\dot{E}_1 = 0$。由此可见,无限靠近理想导体表面的面电流不产生电磁场。

同理,应用洛伦兹互易定理可以证明:无限靠近理想磁体表面的面磁流在空间不产生电磁场。

4.9　惠更斯原理

惠更斯原理是将波前上的每一点作为一个新的波源,根据这些源在波传播方向上所产生

场的叠加找出波的传播规律。电磁理论中的惠更斯原理则是在预先选择的闭合面上直接给出等效面电流密度源和面磁流密度源分布,使这些等效源产生与原来的实际源相同的电磁场。这些等效源就称为惠更斯源。惠更斯原理提供一种比较简单的计算方法,可以不用考虑实际源分布,而只需考虑等效源。它是等效原理的一种特殊形式,有时也将其称为等效原理。

下面根据洛伦兹互易定理来导出惠更斯原理,并且证明,在等效区域以外,等效源产生的电磁场为零。

4.9.1 用洛伦兹互易定理导出惠更斯原理

如图 4.9-1 所示,设实际源为 $\vec{J}_1$、$\vec{J}_{m1}$,作一闭合面 S_h,将实际源都包含在 S_h 面内。设 P 为 S_h 面外任一点。为计算实际源在点 P 产生的场,在 P 点引入一个试验源,设其为一个单位电偶极子点源,可以表示为

$$\vec{J}_2 = \hat{i}_P \delta(x-x_P)\delta(y-y_P)\delta(z-z_P) \tag{4.9-1}$$

式中,$\hat{i}_P$ 为单位矢量,其方向的选择与所求 P 点处的场分量有关。作一个包围 P 点和 S_h 面的闭合面 S,其体积为 V。根据洛伦兹互易定理式(4.8-14),并应用 δ 函数的性质,可求得

$$\int_V (\vec{J}_1 \cdot \vec{E}_2 - \vec{J}_{m1} \cdot \vec{H}_2) dV = \hat{i}_P \cdot \vec{E}_1(P) \tag{4.9-2}$$

式中,$\vec{E}_2$、$\vec{H}_2$ 为位于点 P 的电偶极子点源产生的电场和磁场,$\vec{E}_1(P)$ 为实际源在点 P 的电场,式(4.9-2)确定了 $\vec{E}_1(P)$ 在 $\hat{i}_P$ 方向上的分量。

S_h 称为惠更斯面。下面确定在该闭合面上的惠更斯源密度:等效面电流 $\vec{K}$ 和等效面磁流 $\vec{K}_m$。如图 4.9-2 所示,将实际源拿走,在 S_h 面上放置等效源 $\vec{K}$ 和 $\vec{K}_m$ 后,在体积 V 对 $\vec{K}$、$\vec{K}_m$ 与在点 P 的点源 $\vec{J}_2$ 应用洛伦兹互易定理,并考虑到面电流和面磁流仅分布在 S_h 面上,面电流和面磁流密度实际上是载流层厚度无限减小而体电流和体磁流密度无限增大时两者乘积的极限值,即有

$$\vec{K} = \lim_{\substack{d\to 0 \\ J\to\infty}} \vec{J} d \tag{4.9-3}$$

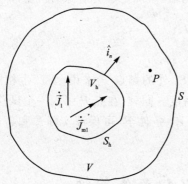

图 4.9-1 实际源产生的场

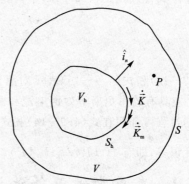

图 4.9-2 惠更斯源产生的场

$$\dot{K}_{\mathrm{m}} = \lim_{\substack{d \to 0 \\ \dot{J}_{\mathrm{m}} \to \infty}} \dot{J}_{\mathrm{m}} d \tag{4.9-4}$$

可得

$$\int_V (\dot{J} \cdot \dot{E}_2 - \dot{J}_{\mathrm{m}} \cdot \dot{H}_2) dV = \oint_{S_{\mathrm{h}}} (\dot{K} \cdot \dot{E}_2 - \dot{K}_{\mathrm{m}} \cdot \dot{H}_2) dS = \hat{i}_P \cdot \dot{E}_{\mathrm{h1}}(P) \tag{4.9-5}$$

式中,$\dot{E}_{\mathrm{h1}}(P)$ 为 S_{h} 面上的惠更斯源在点 P 产生的电场。如果 S_{h} 面上的 $\dot{K}$、$\dot{K}_{\mathrm{m}}$ 确实是实际源的等效源,则对于 S_{h} 面与 S 面之间体积中的任一点 P,必须有

$$\hat{i}_P \cdot \dot{E}_1(P) \equiv \hat{i}_P \cdot \dot{E}_{\mathrm{h1}}(P) \tag{4.9-6}$$

考虑到 $\hat{i}_P$ 方向的任意性,从而必须有

$$\dot{E}_1(P) \equiv \dot{E}_{\mathrm{h1}}(P) \tag{4.9-7}$$

如图 4.9-1 所示,S_{h} 只包含实际源,不包含 P 点,对 S_{h} 面包围的体积 V_{h} 来说,根据上节洛伦兹互易定理表示式(4.8-21),可得

$$\oint_{S_{\mathrm{h}}} [(\dot{E}_1 \times \dot{H}_2) - (\dot{E}_2 \times \dot{H}_1)] \cdot \hat{i}_n dS = \int_{V_{\mathrm{h}}} (\dot{J}_1 \cdot \dot{E}_2 - \dot{J}_{\mathrm{m1}} \cdot \dot{H}_2) dV \tag{4.9-8}$$

由于 $\dot{J}_1$、$\dot{J}_{\mathrm{m1}}$ 均在 V_{h} 内,因此,式(4.9-2)和式(4.9-8)中的体积分相等,即有

$$\int_{V_{\mathrm{h}}} (\dot{J}_1 \cdot \dot{E}_2 - \dot{J}_{\mathrm{m1}} \cdot \dot{H}_2) dV = \int_V (\dot{J}_1 \cdot \dot{E}_2 - \dot{J}_{\mathrm{m1}} \cdot \dot{H}_2) dV \tag{4.9-9}$$

式(4.9-2)可改写为

$$\oint_{S_{\mathrm{h}}} [(\dot{E}_1 \times \dot{H}_2) - (\dot{E}_2 \times \dot{H}_1)] \cdot \hat{i}_n dS = \hat{i}_P \cdot \dot{E}_1(P) \tag{4.9-10}$$

根据式(4.9-10)、式(4.9-6)和式(4.9-5),应有

$$\oint_{S_{\mathrm{h}}} (\dot{K} \cdot \dot{E}_2 - \dot{K}_{\mathrm{m}} \cdot \dot{H}_2) dS = \oint_{S_{\mathrm{h}}} [(\dot{E}_1 \times \dot{H}_2) - (\dot{E}_2 \times \dot{H}_1)] \cdot \hat{i}_n dS \tag{4.9-11}$$

根据三矢量混合积的性质,上式右端被积函数可改写为

$$(\dot{E}_1 \times \dot{H}_2) \cdot \hat{i}_n = (\hat{i}_n \times \dot{E}_1) \cdot \dot{H}_2 = -(\dot{E}_1 \times \hat{i}_n) \cdot \dot{H}_2 \tag{4.9-12}$$

$$-(\dot{E}_2 \times \dot{H}_1) \cdot \hat{i}_n = (\dot{H}_1 \times \dot{E}_2) \cdot \hat{i}_n = (\hat{i}_n \times \dot{H}_1) \cdot \dot{E}_2 \tag{4.9-13}$$

将上述两式代入到式(4.9-11)中,比较等式两端,可确定惠更斯源的密度,即有

$$\dot{K} = \hat{i}_n \times \dot{H}_1 \tag{4.9-14}$$

$$\dot{K}_{\mathrm{m}} = \dot{E}_1 \times \hat{i}_n \tag{4.9-15}$$

式(4.9-14)和式(4.9-15)表示对惠更斯面 S_{h} 外的场点 P 来说,要产生相同的电场强度,S_{h} 面上应具有的惠更斯等效面电流和面磁流密度。同理,在点 P 引入一个试验磁偶极子,通过类似的过程可证明在式(4.9-14)和式(4.9-15)条件下,可保证实际源和惠更斯源产生的磁场强度恒等,即有 $\dot{H}_1(P) \equiv \dot{H}_{\mathrm{h1}}(P)$。

4.9.2 惠更斯源在等效区域以外产生的场

惠更斯源在 S_{h} 面以外产生和实际源相同的场,惠更斯源在 S_{h} 面内产生的场是多少呢?

第4章 基本原理

通过和 Love 场等效原理进行比较，可以预计到非等效区域外的场应该为零。下面通过洛伦兹互易定理证明。

如图 4.9 - 3 所示，设在惠更斯面内一点 P 处引入一单位电偶极子点源 $\dot{J}_2$，并将 S_h 面视为包围并无限靠近惠更斯源 $\dot{K}$、$\dot{K}_m$ 但并不重合的曲面。在 S_h 以内对惠更斯源与 $\dot{J}_2$ 应用洛伦兹互易定理，此时由于 S_h 面包含了所有两组源，由上节洛伦兹互易定理式(4.8 - 14)，并考虑到面电流和面磁流是体电流和体磁流的极限情况，可求得

$$\int_{S_h}(\dot{K}\cdot\dot{E}_2-\dot{K}_m\cdot\dot{H}_2)\mathrm{d}S=\hat{i}_P\cdot\dot{E}_{h1}(P) \qquad (4.9-16)$$

将式(4.9 - 14)、式(4.9 - 15)代入上式，式(4.9 - 16)可改写为

$$\oint_{S_h}(\dot{E}_1\times\dot{H}_2-\dot{E}_2\times\dot{H}_1)\cdot\hat{i}_n\mathrm{d}S=\hat{i}_P\cdot\dot{E}_{h1}(P) \qquad (4.9-17)$$

由于 S_h 面内包含两组源，根据上节式(4.8 - 19)可知，式(4.9 - 17)左边积分为零。因为 $\hat{i}_P$ 的方向是任意的，$\hat{i}_P\cdot\dot{E}_{h1}(P)\equiv 0$，即

$$\dot{E}_{h1}(P)\equiv 0 \qquad (4.9-18)$$

上述结果说明：惠更斯等效源在 S_h 外部(对应等效区域)产生与实际源相同的场，而在 S_h 内部(对应实际源一侧)产生的场为零。

如果惠更斯面 S_h 外部为自由空间，则不管原来问题中惠更斯面 S_h 内部存在什么样的媒质，都可以将整个空间当作自由空间来处理，从而可以通过积分计算源产生的矢位，进而计算场。

如图 4.9 - 4 所示，如果实际源位于 S_h 外部，S_h 面上的惠更斯源仍由式(4.9 - 14)、式(4.9 - 15)确定，但此时惠更斯源在 S_h 外部产生的场为零。

因为已证明惠更斯源在惠更斯面 S_h 的实际源一侧产生的场为零，因此，可以在零场区域中填充任何媒质而不改变 P 点的场，如：自由空间、理想导体、理想磁体等。需要注意的是，填充这些不同媒质后，计算惠更斯源产生电磁场的方法会有所不同。

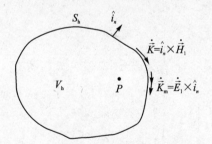

图 4.9 - 3　惠更斯源在惠更斯面内产生的场

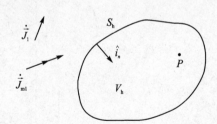

图 4.9 - 4　实际源位于 S_h 外部

4.10　巴俾涅原理

巴俾涅原理主要论述互补的理想导电或导磁平面屏的绕射特性。根据巴俾涅原理，可以

由一种类型的解很快找出另一种类型的解。在天线问题中,可根据巴俾涅原理建立一种结构的阻抗与另一种结构的阻抗之间的关系。

4.10.1 电屏与互补磁屏的巴俾涅原理

如图 4.10-1 所示为一无限大的平面屏,其中一部分面积 S 为理想导体(电壁),称为电屏;其余部分面积 A 为理想磁体(磁壁),称为磁屏。S 屏和 A 屏构成互补屏。

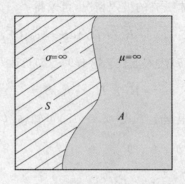

图 4.10-1 理想导体和理想磁体构成的无限大平面屏

设有一任意分布的实际电流源 $\dot{J}$ 位于 $z<0$ 的半空间内,此电流源在线性空间中任一点产生的电磁场为 $\dot{E}_i$、$\dot{H}_i$。

如图 4.10-2 所示,在 $z=0$ 平面放置一电屏,假设电屏上只有一个面积为 A 的孔,此屏称为电屏 I。如果用无限薄的理想磁体填满屏 I 的孔 A,然后将第一个屏的理想导体拿掉,则形成图示第二个屏(磁屏),称为磁屏 II。磁屏 II 是电屏 I 的磁互补屏。

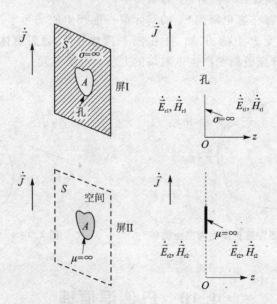

图 4.10-2 存在电屏和其磁互补屏时同一电流源的场

当存在电屏 I 时,电流源 $\dot{J}$ 在 $z>0$ 区域中产生的传输场为 $\dot{E}_{t1}$、$\dot{H}_{t1}$,在 $z<0$ 区域中产生

的反射场为 $\vec{E}_{r1}$、$\vec{H}_{r1}$。在存在磁屏 II 的情况下，电流源 $\vec{J}$ 在 $z>0$ 区域中产生的传输场为 $\vec{E}_{t2}$、$\vec{H}_{t2}$，在 $z<0$ 区域中产生的反射场为 $\vec{E}_{r2}$、$\vec{H}_{r2}$。巴俾涅原理的第一个关系式为

$$\left.\begin{aligned}\vec{E}_{t1}+\vec{E}_{t2}&=\vec{E}_i\\ \vec{H}_{t1}+\vec{H}_{t2}&=\vec{H}_i\end{aligned}\right\} \quad (4.10-1)$$

对电屏 I，$z=0$ 平面是由电壁所占的面积 S 和由空气所占的面积 A 组成的；对磁屏 II，$z=0$ 平面是由空气所占的面积 S 和由理想磁体所占的面积 A 组成的。为证明式(4.10-1)的结果，下面用 $z=0$ 平面上的场或惠更斯源来表示 $\vec{E}_{t1}$、$\vec{H}_{t1}$ 和 $\vec{E}_{t2}$、$\vec{H}_{t2}$。

首先计算存在电屏 I 情况下的 $\vec{E}_{t1}$、$\vec{H}_{t1}$，这些场可以用如下惠更斯源来计算，即

$$\left.\begin{aligned}\vec{K}_{m1}(A)&=\vec{E}_{t1}(0)\times\hat{i}_n\\ \vec{K}_1(A)&=\hat{i}_n\times\vec{H}_{t1}(0)\end{aligned}\right\}\text{在 }A\text{ 面上} \quad (4.10-2)$$
$$\vec{K}_1(S)=\hat{i}_n\times\vec{H}_{t1}(0),\text{在 }S\text{ 面上}$$

在 S 面上不存在面磁流是因为理想导体表面的切向电场为零。式(4.10-2)所表示的惠更斯源是在不存在屏的情况下起作用的，根据惠更斯源的特性，在 $z<0$ 区域中，这些惠更斯源产生的场等于零。

在存在磁屏 II 的情况下，场 $\vec{E}_{t2}$、$\vec{H}_{t2}$ 则由下面表示的惠更斯源来计算，即

$$\left.\begin{aligned}\vec{K}_{m2}(A)&=\vec{E}_{t2}(0)\times\hat{i}_n,\text{在 }A\text{ 面上}\\ \vec{K}_{m2}(S)&=\vec{E}_{t2}(0)\times\hat{i}_n\\ \vec{K}_2(S)&=\hat{i}_n\times\vec{H}_{t2}(0)\end{aligned}\right\}\text{在 }S\text{ 面上} \quad (4.10-3)$$

在 S 面上不存在面电流是因为理想磁体表面的切向磁场为零。式(4.10-3)所表示的惠更源也是在不存在屏的情况下起作用的，并且在 $z<0$ 区域中产生的场等于零。

在线性媒质中麦克斯韦方程是线性方程，根据场的叠加原理，如果上述两种情况下的惠更斯源 $\vec{K}_{m1}(A)$、$\vec{K}_1(A)$、$\vec{K}_1(S)$、$\vec{K}_{m2}(A)$、$\vec{K}_{m2}(S)$、$\vec{K}_2(S)$ 同时起作用，则它们在 $z>0$ 区域中产生的合成场为 $\vec{E}_{t1}+\vec{E}_{t2}$、$\vec{H}_{t1}+\vec{H}_{t2}$，而在 $z<0$ 区域中的场等于零。

更进一步，引入一个磁壁无限趋近于 A 面，引入一个电壁无限趋近于 S 面，则 A 面上的面磁流 $\vec{K}_{m1}(A)$、$\vec{K}_{m2}(A)$ 以及 S 面上的面电流 $\vec{K}_1(S)$、$\vec{K}_2(S)$ 是不起作用的。因此，合成场 $\vec{E}_{t1}+\vec{E}_{t2}$、$\vec{H}_{t1}+\vec{H}_{t2}$ 是由靠近 A 面的磁壁和 A 面上的面电流 $\vec{K}_1(A)=\hat{i}_n\times\vec{H}_{t1}(0)$ 及靠近 S 面的电壁和 S 面上的面磁流 $\vec{K}_{m2}(S)=\vec{E}_{t2}(0)\times\hat{i}_n$ 共同产生的，即 $z>0$ 区域中的合成场 $\vec{E}_{t1}+\vec{E}_{t2}$、$\vec{H}_{t1}+\vec{H}_{t2}$ 完全由 A 面上 $\vec{H}_{t1}(0)$ 的切向分量和 S 面上 $\vec{E}_{t2}(0)$ 的切向分量共同决定。

下面考虑不存在任何屏的情况下电流源 $\vec{J}$ 产生的场。根据等效原理，在 $z>0$ 区域中的

场完全由 $z=0$ 平面上 $\dot{\vec{E}}_i(0)$、$\dot{\vec{H}}_i(0)$ 的切向分量确定。同样,可以放置无限靠近 S 面的电壁和无限靠近 A 面的磁壁,从而电流源 $\dot{\vec{J}}$ 在 $z>0$ 区域中产生的场由 A 面上的 $\hat{i}_n \times \dot{\vec{H}}_i(0)$ 和 S 面上的 $\dot{\vec{E}}_i(0) \times \hat{i}_n$ 确定。

比较两种情况,如果 A 面上有 $\hat{i}_n \times \dot{\vec{H}}_{t1}(0) = \hat{i}_n \times \dot{\vec{H}}_i(0)$,在 S 面上有 $\dot{\vec{E}}_{t2}(0) \times \hat{i}_n = \dot{\vec{E}}_i(0) \times \hat{i}_n$,则存在电屏 I 与存在磁屏 II 情况下的合成场必然等于不存在任何屏情况下的入射场。

可以证明:电屏 I 感应面电流产生一个散射场 $\dot{\vec{H}}_{s1}$,且有 $\dot{\vec{H}}_{t1} = \dot{\vec{H}}_i + \dot{\vec{H}}_{s1}$,但是,在电屏 I 所在平面($z=0$ 平面)的空气孔面 A 上,$\dot{\vec{H}}_{s1}$ 的切向分量等于零,即 $\hat{i}_n \times \dot{\vec{H}}_{s1} = 0$。电屏 I 上的感应面电流元 $\dot{\vec{K}}\mathrm{d}S'$ 在空气孔面 A 上任一点产生的磁场为

$$\mathrm{d}\dot{\vec{H}}_{s1} = \frac{1}{\mu_0} \nabla \times \mathrm{d}\dot{\vec{A}} = \frac{1}{4\pi} \nabla \times \left(\dot{\vec{K}}\mathrm{d}S' \frac{\mathrm{e}^{-jkR}}{R} \right) = \frac{1}{4\pi} \nabla \left(\frac{\mathrm{e}^{-jkR}}{R} \right) \times \dot{\vec{K}}\mathrm{d}S' \quad (4.10-4)$$

$$R = |\vec{r} - \vec{r}'| = \sqrt{(x-x')^2 + (y-y')^2 + (z-z')^2} = \sqrt{(x-x')^2 + (y-y')^2}$$
(4.10-5)

因为 R 不含 z 坐标($z=0$),因此,$\nabla \left(\frac{\mathrm{e}^{-jkR}}{R} \right)$ 为 $z=0$ 平面内的矢量,而 $\dot{\vec{K}}\mathrm{d}S'$ 也是 $z=0$ 平面内的矢量,两矢量的叉积必然垂直于 $z=0$ 平面,所以有

$$\hat{i}_n \times \mathrm{d}\dot{\vec{H}}_{s1} = 0 \quad (4.10-6)$$

$$\hat{i}_n \times \dot{\vec{H}}_{s1} = 0 \quad (4.10-7)$$

同理,磁屏 II 上的感应面磁流产生一个散射场 $\dot{\vec{E}}_{s2}$,且有 $\dot{\vec{E}}_{t2} = \dot{\vec{E}}_i + \dot{\vec{E}}_{s2}$,在磁屏 II 所在平面($z=0$ 平面)的空气孔面 S 上,$\dot{\vec{E}}_{s2}$ 的切向分量等于零,即

$$\hat{i}_n \times \dot{\vec{E}}_{s2} = 0 \quad (4.10-8)$$

综上所述,上面的合成场和入射场都是由相同的惠更斯源(由 S 面上相同的电场切向分量、A 面上相同的磁场切向分量所决定的惠更斯源)确定的,所以,在 $z>0$ 区域内,它们是相等的,即满足

$$\begin{cases} \dot{\vec{E}}_{t1} + \dot{\vec{E}}_{t2} = \dot{\vec{E}}_i \\ \dot{\vec{H}}_{t1} + \dot{\vec{H}}_{t2} = \dot{\vec{H}}_i \end{cases}$$

4.10.2 其他形式的巴俾涅原理

考虑到图 4.10-2 选取的屏 II 是与电屏 I 互补的磁屏,为和互补电屏进行区别,可将式(4.10-1)的角标"2"替换为"m",即有

$$\left. \begin{array}{l} \dot{\vec{E}}_{t1} + \dot{\vec{E}}_{tm} = \dot{\vec{E}}_i \\ \dot{\vec{H}}_{t1} + \dot{\vec{H}}_{tm} = \dot{\vec{H}}_i \end{array} \right\} \quad (4.10-9)$$

上式是适用于互补电屏与磁屏的巴俾涅原理的第一个关系式。根据式(4.10-9)可以导出其他一些推论。如果将场 $\dot{E}_{tm}$、$\dot{H}_{tm}$ 看成是入射场与感应流产生的散射场之和,即

$$\left. \begin{aligned} \dot{E}_{tm} &= \dot{E}_i + \dot{E}_{sm} \\ \dot{H}_{tm} &= \dot{H}_i + \dot{H}_{sm} \end{aligned} \right\} \quad (4.10-10)$$

则式(4.10-9)可改写为

$$\left. \begin{aligned} \dot{E}_{t1} + \dot{E}_i + \dot{E}_{sm} &= \dot{E}_i \\ \dot{H}_{t1} + \dot{H}_i + \dot{H}_{sm} &= \dot{H}_i \end{aligned} \right\} \quad (4.10-11)$$

由此可得

$$\left. \begin{aligned} \dot{E}_{t1} &= -\dot{E}_{sm} \\ \dot{H}_{t1} &= -\dot{H}_{sm} \end{aligned} \right\} \quad (4.10-12)$$

上式表明,通过一个电屏的传输场等于互补磁屏上感应面磁流产生的散射场的负值。如果将 $\dot{E}_{t1}$、$\dot{H}_{t1}$ 看成是入射场与感应流产生的散射场之和,即

$$\left. \begin{aligned} \dot{E}_{t1} &= \dot{E}_i + \dot{E}_{s1} \\ \dot{H}_{t1} &= \dot{H}_i + \dot{H}_{s1} \end{aligned} \right\} \quad (4.10-13)$$

则式(4.10-9)可改写为

$$\left. \begin{aligned} \dot{E}_i + \dot{E}_{s1} + \dot{E}_{tm} &= \dot{E}_i \\ \dot{H}_i + \dot{H}_{s1} + \dot{H}_{tm} &= \dot{H}_i \end{aligned} \right\} \quad (4.10-14)$$

由此可得

$$\left. \begin{aligned} \dot{E}_{tm} &= -\dot{E}_{s1} \\ \dot{H}_{tm} &= -\dot{H}_{s1} \end{aligned} \right\} \quad (4.10-15)$$

式(4.10-15)表明,通过一个磁屏的传输场等于互补电屏上感应面电流产生的散射场的负值。

实际中,磁屏应用较少,根据式(4.10-9)、式(4.10-12)、式(4.10-15)及对偶原理,可以导出其他几种问题的巴俾涅原理,包括一个电屏和它的互补电屏的情况。以 O 代表式(4.10-9)所表示的原问题,对应图 4.10-2,有

I. 源与问题 O 的源对偶,屏与问题 O 的屏相同;

II. 完全与问题 O 对偶(即源和屏均与问题 O 对偶);

III. 完全与问题 I 对偶(即源与问题 II 对偶,屏与问题 O 对偶);

IV. 问题 III 的源旋转一个角度,使得入射场等于问题 II 的入射场;

V. 将问题 IV 的源与屏旋转一个角度,使得源回到问题 III 的位置,即源与问题 O 相同,但屏转过一个角度。

巴俾涅原理的很多表示法都是由上述问题及其他问题组合而成的。以 $\dot{J}_m = D(\dot{J})$ 表示

与电流对偶的磁流,对偶关系可按表 4.10-1 选择。

表 4.10-1 电流源和磁流源的对偶关系

电流源 $\vec{J}$	磁流源 $\vec{J}_m$
$\vec{J}$	$Y_0 \vec{J}_m$
$\vec{E}_1$	$Z_0 \vec{H}_2$
$\vec{H}_1$	$-Y_0 \vec{E}_2$

表 4.10-1 中, $Z_0 = 1/Y_0 = \eta_0 = (\mu_0/\varepsilon_0)^{1/2}$,为自由空间波阻抗,$\vec{E}_1$、$\vec{H}_1$ 为电流源 $\vec{J}$ 产生的场,$\vec{E}_2$、$\vec{H}_2$ 为对偶磁流元 $\vec{J}_m = D(\vec{J}) = Z_0 \vec{J}$ 产生的场。表中对偶原理的表示与 4.2 节的对偶原理有所不同,目的是使表达式中各项均具有相同的量纲。

实际中最常见的是电屏和它们的互补电屏引起的绕射问题,根据巴俾涅原理可写出

$$\left. \begin{array}{l} \vec{E}_{t1} + Z_0 \vec{H}_{te}^{II} = \vec{E}_i \\ \vec{H}_{t1} - Y_0 \vec{E}_{te}^{II} = \vec{H}_i \end{array} \right\} \quad (4.10-16)$$

式(4.10-16)将有电屏时一电流源产生的场 $\vec{E}_i$、$\vec{H}_i$、$\vec{E}_{t1}$、$\vec{H}_{t1}$ 与对偶磁流源由互补电屏引入的绕射场 $\vec{E}_{te}^{II}$、$\vec{H}_{te}^{II}$ 联系起来。

4.11 相似原理

在研究一些物理现象和工程问题时,经常需要了解外形完全相似的两个研究对象所发生的物理过程之间的关系,以便通过对实物模型物理过程的研究了解实物本身的物理过程。

例如:在应用力学中,用风洞对缩比飞机模型进行吹风实验,所得数据可用于推算一系列形状相同、尺寸不同的实际物体。在电磁散射中,对隐身飞机特性进行研究时,通常需要先对缩比飞机模型进行 RCS 测试,以减少模型的制造费用,并可以降低测试场的尺寸。

4.11.1 电磁学相似原理

在简单媒质中,设媒质介电常数为 ε,磁导率为 μ,电导率为 σ,则无外加源条件下,麦克斯韦方程的两个旋度方程为

$$\nabla \times \vec{E} + \mu \frac{\partial \vec{H}}{\partial t} = 0 \quad (4.11-1)$$

$$\nabla \times \vec{H} - \varepsilon \frac{\partial \vec{E}}{\partial t} - \sigma \vec{E} = 0 \quad (4.11-2)$$

为了建立相似关系下场方程的关系,需要将场方程写成无量纲的形式。令

$$\left. \begin{array}{l} \vec{E} = E_0 \bar{E} \\ \vec{H} = H_0 \bar{H} \end{array} \right\} \quad (4.11-3)$$

$$\left.\begin{array}{l}\varepsilon = \varepsilon_0 \bar{\varepsilon} \\ \mu = \mu_0 \bar{\mu} \\ \sigma = \sigma_0 \bar{\sigma}\end{array}\right\} \quad (4.11-4)$$

$$\left.\begin{array}{l}l = l_0 \bar{l} \\ t = t_0 \bar{t}\end{array}\right\} \quad (4.11-5)$$

$$\left.\begin{array}{l}x = l_0 \bar{x} \\ y = l_0 \bar{y} \\ z = l_0 \bar{z}\end{array}\right\} \quad (4.11-6)$$

式中，$\bar{E}$、$\bar{H}$、$\bar{\varepsilon}$、$\bar{\mu}$、$\bar{\sigma}$、$\bar{x}$、$\bar{y}$、$\bar{z}$、$\bar{l}$、$\bar{t}$ 是一个系统中各物理变量的无量纲量值，具有通用性。$\bar{E}$、$\bar{H}$、$\bar{\varepsilon}$、$\bar{\mu}$、$\bar{\sigma}$ 的量纲分别是 E_0、H_0、ε_0、μ_0、σ_0，$\bar{x}$、$\bar{y}$、$\bar{z}$、$\bar{l}$ 的量纲是 l_0，$\bar{t}$ 的量纲是 t_0，上述量纲与具体应用场合有关，决定物理量的绝对数值。可以导出，式(4.11-1)、式(4.11-2)各相关量可表示为

$$\nabla \times \vec{E} = \begin{vmatrix} \hat{i}_x & \hat{i}_y & \hat{i}_z \\ \dfrac{\partial}{\partial x} & \dfrac{\partial}{\partial y} & \dfrac{\partial}{\partial z} \\ E_x & E_y & E_z \end{vmatrix} = \dfrac{E_0}{l_0} \begin{vmatrix} \hat{i}_x & \hat{i}_y & \hat{i}_z \\ \dfrac{\partial}{\partial \bar{x}} & \dfrac{\partial}{\partial \bar{y}} & \dfrac{\partial}{\partial \bar{z}} \\ \bar{E}_x & \bar{E}_y & \bar{E}_z \end{vmatrix} = \dfrac{E_0}{l_0} \bar{\nabla} \times \bar{E} \quad (4.11-7)$$

式中

$$\bar{\nabla} = \hat{i}_x \dfrac{\partial}{\partial \bar{x}} + \hat{i}_y \dfrac{\partial}{\partial \bar{y}} + \hat{i}_z \dfrac{\partial}{\partial \bar{z}} = \dfrac{1}{l_0}\left(\hat{i}_x \dfrac{\partial}{\partial x} + \hat{i}_y \dfrac{\partial}{\partial y} + \hat{i}_z \dfrac{\partial}{\partial z}\right) = \dfrac{1}{l_0} \nabla \quad (4.11-8)$$

$$\nabla \times \vec{H} = \dfrac{H_0}{l_0} \bar{\nabla} \times \bar{H} \quad (4.11-9)$$

$$\dfrac{\partial \vec{E}}{\partial t} = \dfrac{E_0}{t_0} \dfrac{\partial \bar{E}}{\partial \bar{t}} \quad (4.11-10)$$

$$\dfrac{\partial \vec{H}}{\partial t} = \dfrac{H_0}{t_0} \dfrac{\partial \bar{H}}{\partial \bar{t}} \quad (4.11-11)$$

式(4.11-1)、式(4.11-2)可以写为

$$\bar{\nabla} \times \bar{E} + \dfrac{\mu_0 l_0}{t_0} \dfrac{H_0}{E_0} \bar{\mu} \dfrac{\partial \bar{H}}{\partial \bar{t}} = 0 \quad (4.11-12)$$

$$\bar{\nabla} \times \bar{H} - \dfrac{\varepsilon_0 l_0}{t_0} \dfrac{E_0}{H_0} \bar{\varepsilon} \dfrac{\partial \bar{E}}{\partial \bar{t}} - \sigma_0 l_0 \dfrac{E_0}{H_0} \bar{\sigma} \bar{E} = 0 \quad (4.11-13)$$

进一步根据式(4.11-12)和式(4.11-13)可导出只包含电场强度 $\bar{E}$ 或磁场强度 $\bar{H}$ 的方程，有

$$\bar{\nabla} \times \bar{\nabla} \times \bar{E} + \dfrac{\mu_0 \varepsilon_0 l_0^2}{t_0^2} \bar{\mu} \bar{\varepsilon} \dfrac{\partial^2 \bar{E}}{\partial \bar{t}^2} + \dfrac{\mu_0 \sigma_0 l_0^2}{t_0} \bar{\mu} \bar{\sigma} \dfrac{\partial \bar{E}}{\partial \bar{t}} = 0 \quad (4.11-14)$$

$$\bar{\nabla} \times \bar{\nabla} \times \bar{H} + \dfrac{\mu_0 \varepsilon_0 l_0^2}{t_0^2} \bar{\mu} \bar{\varepsilon} \dfrac{\partial^2 \bar{H}}{\partial \bar{t}^2} + \dfrac{\mu_0 \sigma_0 l_0^2}{t_0} \bar{\mu} \bar{\sigma} \dfrac{\partial \bar{H}}{\partial \bar{t}} = 0 \quad (4.11-15)$$

式(4.11-14)、式(4.11-15)是对任意电磁问题都满足的通用方程。要使电磁学的两个边值问题彼此相似，则需满足的充分必要条件为：在这两个问题中，必须使式(4.11-14)、式(4.11-15)中的各系数完全相等，即有

$$\mu_0 \varepsilon_0 \left(\frac{l_0}{t_0}\right)^2 \bar{\mu}\bar{\varepsilon} = \mu\varepsilon \left(\frac{l_0}{t_0}\right)^2 = C_1 \qquad (4.11-16)$$

$$\mu_0 \sigma_0 \frac{l_0^2}{t_0} \bar{\mu}\bar{\sigma} = \mu\sigma \frac{l_0^2}{t_0} = C_2 \qquad (4.11-17)$$

式中，C_1、C_2 为常数。由式(4.11-16)和式(4.11-17)可知，要使电磁学的两个边值问题彼此相似，可能包含以下情况：

① 在理想电介质(对应 $\sigma=0$)或理想导体(对应 $\sigma=\infty$)的条件下，介电常数 ε 和磁导率 μ 不变，当尺寸变化为原来的 $1/N$（即 l_0 取为原来的 $1/N$）、工作频率变化为原来的 N 倍（即 t_0 取为原来的 $1/N$）时，两种情况下的电磁问题相似，这就是最常用的电尺寸不变的相似原理。

② 若介电常数 ε 和磁导率 μ 不变，导体电导率 σ 为有限值，则在尺寸缩小为原来的 $1/N$ 时，需要同时满足工作频率变化为原来的 N 倍且电导率增大为原来的 N 倍的条件，两种情况下的电磁问题相似。

③ 若工作频率和介电常数 ε 不变，则当尺寸变化为原来的 $1/N$ 而磁导率变化为原来的 N^2 倍时，两种情况下的电磁问题相似。这种相似在实际中实现起来非常困难。

4.11.2 缩比模型的雷达散射截面

如图 4.11-1 所示，在目标雷达散射截面（即 Radar Cross Section，简称为 RCS）测量中，实际测试场一般不能对大型目标进行 1:1 实测，而只能对目标缩比模型进行测量，因而需了解目标缩比模型 RCS 和实际目标 RCS 的关系。根据 RCS 定义式，有

$$\sigma = 4\pi \lim_{R\to\infty} R^2 \frac{|\dot{\vec{E}}^s|^2}{|\dot{\vec{E}}^i|^2} = 4\pi \lim_{R\to\infty} R^2 \frac{|\dot{\vec{H}}^s|^2}{|\dot{\vec{H}}^i|^2} \qquad (4.11-18)$$

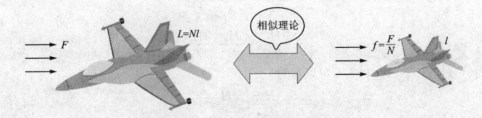

图 4.11-1 目标实物和缩比模型

注意，这里的字母 σ 不是前面的电导率，上式和以下各式均用来表示目标的 RCS。式中 $\dot{\vec{E}}^i$、$\dot{\vec{H}}^i$ 为入射场，$\dot{\vec{E}}^s$、$\dot{\vec{H}}^s$ 为散射场，二者与总场的关系为

$$\dot{\vec{E}} = \dot{\vec{E}}^s + \dot{\vec{E}}^i \qquad (4.11-19)$$

$$\dot{\vec{H}} = \dot{\vec{H}}^s + \dot{\vec{H}}^i \qquad (4.11-20)$$

将式(4.11-19)、式(4.11-20)表示成无量纲形式，有

$$\dot{\vec{E}} = E_0 \bar{E} = E_0(\bar{E}^s + \bar{E}^i) = E_0 \bar{E}^s + E_0 \bar{E}^i = \dot{\vec{E}}^s + \dot{\vec{E}}^i \qquad (4.11-21)$$

$$\dot{\vec{H}} = H_0 \bar{H} = H_0(\bar{H}^s + \bar{H}^i) = H_0 \bar{H}^s + H_0 \bar{H}^i = \dot{\vec{H}}^s + \dot{\vec{H}}^i \qquad (4.11-22)$$

式中

$$\begin{rcases} \dot{E}^s = E_0 \bar{E}^s \\ \dot{E}^i = E_0 \bar{E}^i \\ \dot{H}^s = H_0 \bar{H}^s \\ \dot{H}^i = H_0 \bar{H}^i \end{rcases} \quad (4.11-23)$$

根据叠加原理，入射场和散射场均满足式(4.11-14)、式(4.11-15)场定律以及相似条件。令 $R = \bar{R} l_0$，式(4.11-18)可写为

$$\sigma = 4\pi \lim_{\bar{R} \to \infty} \bar{R}^2 l_0^2 \frac{|E_0 \bar{E}^s|^2}{|E_0 \bar{E}^i|^2} = 4\pi l_0^2 \lim_{\bar{R} \to \infty} \bar{R}^2 \frac{|\bar{E}^s|^2}{|\bar{E}^i|^2} = 4\pi l_0^2 \lim_{\bar{R} \to \infty} \bar{R}^2 \frac{|\bar{H}^s|^2}{|\bar{H}^i|^2} \quad (4.11-24)$$

在满足相似条件下，当目标缩小为原来的 $1/N$，即 l_0 减少为原来的 $1/N$ 时，设其 RCS 为 σ'，则 σ' 与 σ 的关系为

$$\frac{\sigma'}{\sigma} = \frac{1}{N^2} \quad (4.11-25)$$

写成对数形式，有

$$\sigma' - \sigma = 10 \lg \left(\frac{1}{N^2} \right) \quad (4.11-26)$$

$$\sigma' = \sigma - 20 \lg N \quad (4.11-27)$$

根据式(4.11-25)、式(4.11-26)、式(4.11-27)，在满足相似条件时，缩比目标 RCS 与原目标 RCS 的关系只由二者之间几何尺寸关系确定。例如，半径为 a 的理想导体球的光学区 RCS 为

$$\sigma = \pi a^2 \quad (4.11-28)$$

在其半径减少为原来的 $1/N$ 而频率增加为原来的 N 倍时，满足相似条件，其光学区 RCS 为

$$\sigma' = \pi \left(\frac{a}{N} \right)^2 \quad (4.11-29)$$

上式结果与用式(4.11-25)计算的结果相同。

习题四

4-1 证明在 $z = 0$ 平面的电流层 $\dot{\vec{K}} = \hat{i}_x K_0$ 将在无界均匀媒质中产生外向平面行波

$$\dot{E}_x = \begin{cases} \dfrac{-\eta K_0}{2} e^{-jkz}, & z > 0 \\ \dfrac{-\eta K_0}{2} e^{jkz}, & z < 0 \end{cases}$$

4-2 如图4.1所示,设矩形波导中 $z=0$ 截面上的电流层为 $\dot{\vec{K}} = \hat{i}_y K_0 \sin\left(\frac{\pi}{a}x\right)$,求其在 $z>0$ 和 $z<0$ 空间激励的电磁场。

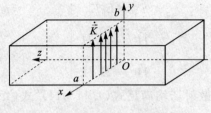

图4.1 题4-2图

4-3 假定在4-2题波导中 $z=0$ 截面上存在的不是电流层,而是磁流层 $\dot{\vec{K}}_m = \hat{i}_y K_{m0} \cdot \sin\frac{\pi}{a}x$,证明此磁流形成的场是

$$\dot{E}_x = \begin{cases} -\dfrac{K_{m0}}{2}\sin\left(\dfrac{\pi}{a}x\right)e^{-j\beta z}, & z>0 \\ \dfrac{K_{m0}}{2}\sin\left(\dfrac{\pi}{a}x\right)e^{j\beta z}, & z<0 \end{cases}$$

4-4 假定在题4-2的 $z=0$ 截面上同时存在两种流层

$$\dot{\vec{K}} = \hat{i}_x \frac{A}{\eta_w}\sin\left(\frac{\pi}{a}x\right)$$

$$\dot{\vec{K}}_m = \hat{i}_y A\sin\left(\frac{\pi}{a}x\right)$$

式中,$\eta_w = j\dfrac{\omega\mu}{\gamma}$ 为波导模式波阻抗,γ 为传播常数。证明它们将形成的场是

$$\dot{E}_x = \begin{cases} -A\sin\left(\dfrac{\pi}{a}x\right), & z>0 \\ 0, & z<0 \end{cases}$$

4-5 在题4-2中,假定在 $z=-d$ 的横截面上放置一"短路板"(即理想导体或电壁)。证明题4-2电流层产生的场为

$$\dot{E}_x = \begin{cases} -\dfrac{K_0\eta_w}{2}(1-e^{-j2\beta d})\sin\left(\dfrac{\pi}{a}x\right)e^{-j\beta z}, & z>0 \\ -jK_0\eta_w e^{-j\beta d}\sin\left(\dfrac{\pi}{a}x\right)\sin[\beta(d+z)], & -d<z<0 \end{cases}$$

4-6 对具有 z 方向磁偶极矩为 $\dot{I}_m S$ 的无限小磁流环,求其场。如果 $\dot{I}l = -j\omega\varepsilon \dot{I}_m S$,证明此无限小的磁流环将产生与具有 z 向电偶极矩为 $\dot{I}l$ 的电流元同样的场。

4-7 证明场

$$\dot{E}_y = \begin{cases} -\dfrac{K_0\eta_w}{2}\sin\left(\dfrac{\pi}{a}x\right)e^{-j\beta z}, & z>0 \\ -\dfrac{K_0\eta_w}{2}\sin\left(\dfrac{\pi}{a}x\right)e^{j\beta z}, & z<0 \end{cases}, \quad \dot{E}_y = \begin{cases} \dfrac{K_0\eta_w}{2}\sin\left(\dfrac{\pi}{a}x\right)e^{j\beta z}, & z>0 \\ \dfrac{K_0\eta_w}{2}\sin\left(\dfrac{\pi}{a}x\right)e^{-j\beta z}, & z<0 \end{cases}$$

均是题4-2的解,其中 $\dot{\vec{K}} = \hat{i}_y K_0 \sin\left(\dfrac{\pi}{a}x\right)$。唯一性定理如何说明这两个解?在物理基础上

如何加以说明？列出这个问题的若干其他可能的解，并作物理解释。

4-8 证明在 $r = a$ 的球面上的流层

$$\dot{\vec{K}} = -\hat{i}_\theta \frac{\dot{I}l}{4\pi} e^{-jka} \left(\frac{jk}{a} + \frac{1}{a^2} \right) \sin \theta$$

$$\dot{\vec{K}}_m = -\hat{i}_\varphi \frac{\dot{I}l}{4\pi} e^{-jka} \left(\frac{j\omega\mu}{a} + \frac{\eta}{a^2} + \frac{1}{j\omega\varepsilon a^3} \right) \sin \theta$$

在 $r > a$ 的区域形成下式表示的场，在 $r < a$ 区域形成零场。

$$\left. \begin{aligned} \dot{E}_r &= \frac{\dot{I}l}{2\pi} e^{-jkr} \left(\frac{\eta}{r^2} + \frac{1}{j\omega\varepsilon r^3} \right) \cos \theta \\ \dot{E}_\theta &= \frac{\dot{I}l}{4\pi} e^{-jkr} \left(\frac{j\omega\mu}{r} + \frac{\eta}{r^2} + \frac{1}{j\omega\varepsilon r^3} \right) \sin \theta \\ \dot{H}_\varphi &= \frac{\dot{I}l}{4\pi} e^{-jkr} \left(\frac{jk}{r} + \frac{1}{r^2} \right) \sin \theta \end{aligned} \right\}$$

4-9 如图 4.2 所示为一垂直于接地平面的载流直线，并在接地平面馈电，称为单极天线。试证明：① 其场与中心馈电的偶极子天线的场相同。② 该单极天线的增益是两倍于相应偶极子天线的增益，而其辐射电阻是偶极子天线辐射电阻的一半。例如，$\lambda/4$ 单极天线的辐射电阻是 36.6 Ω。

4-10 如图 4.3 所示为代表在 y 方向宽度为 a 和在 z 方向宽度为 b 的矩形导体平板。令入射平面波为 $\dot{E}_z^i = E_0 e^{jk(x\cos\varphi_0 + y\sin\varphi_0)}$，应用感应原理，并取与 4.7.2 小节中一样的近似，证明当 r 很大时在 xy 平面的散射场是

$$\dot{E}_z^s \approx \frac{kE_0 ab e^{-jkr}}{j2\pi r} \cdot \frac{\sin\left[k\left(\frac{a}{2}\right)(\sin\varphi + \sin\varphi_0)\right]}{k\left(\frac{a}{2}\right)(\sin\varphi + \sin\varphi_0)} \cos\varphi$$

其散射截面为

$$A_e \approx 4\pi \left[\frac{ab\cos\varphi_0 \sin(ka\sin\varphi_0)}{\lambda ka\sin\varphi_0} \right]^2$$

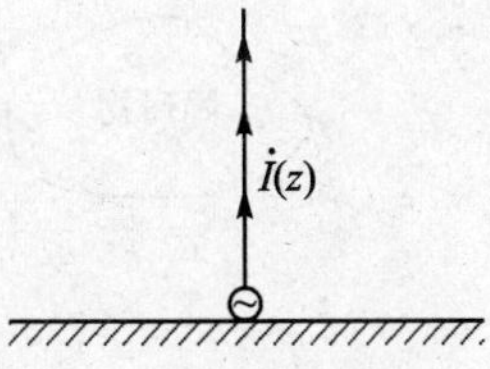

图 4.2 题 4-9 图 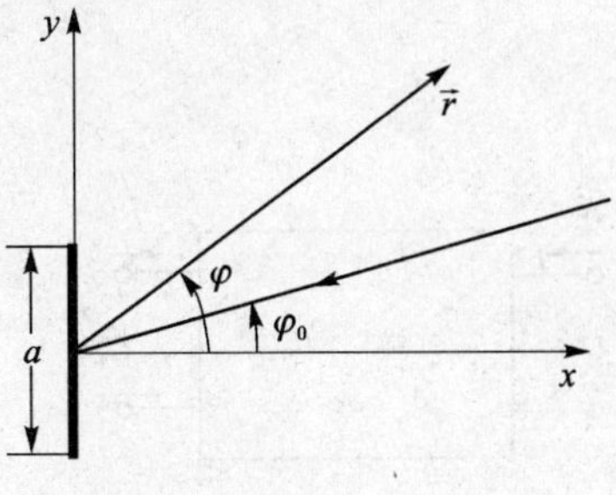　　图 4.3 题 4-10 图

4-11 已知图 4.4 所示线状偶极子天线的电流分布为 $\dot{I}(z) = I_m \sin\left[k\left(\frac{L}{2} - |z|\right)\right]$，应用互易定理计算其在 r 很大时的辐射场 $\dot{E}_\theta$ 可以表示为

$$\dot{E}_\theta = \frac{\mathrm{j}\eta I_\mathrm{m} \mathrm{e}^{-\mathrm{j}kr}}{2\pi r}\left[\frac{\cos\left(k\dfrac{L}{2}\cos\theta\right)-\cos\left(k\dfrac{L}{2}\right)}{\sin\theta}\right]$$

提示:在计算时,在远处(大的 r)放置一 θ 向电流元。

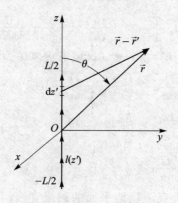

图 4.4　题 4-11 图

4-12　对图 4.5 所示二端口网络所加的电压源,根据洛伦兹互易定理,证明在满足源 1 对场 2 的反应和源 2 对场 1 的反应相等条件时,由

$$\begin{bmatrix}\dot{I}_1\\\dot{I}_2\end{bmatrix}=\begin{bmatrix}Y_{11}&Y_{12}\\Y_{21}&Y_{22}\end{bmatrix}\begin{bmatrix}\dot{U}_1\\\dot{U}_2\end{bmatrix}$$

所规定的导纳矩阵满足互易性关系,即 $Y_{12}=Y_{21}$。

4-13　令图 4.6 代表障碍物存在时的两副天线,令 $\dot{U}_1$ 是单位电流源加于天线(2)而在天线(1)所接收的电压,$\dot{U}_2$ 是单位电流源加于天线(1)而在天线(2)所接收的电压。令 $\dot{U}_1^\mathrm{i}$ 和 $\dot{U}_2^\mathrm{i}$ 是障碍物不存在时的相应电压,散射电压的定义为

$$\dot{U}_1^\mathrm{s}=\dot{U}_1-\dot{U}_1^\mathrm{i},\qquad \dot{U}_2^\mathrm{s}=\dot{U}_2-\dot{U}_2^\mathrm{i}$$

证明:$\dot{U}_1^\mathrm{s}=\dot{U}_2^\mathrm{s}$。

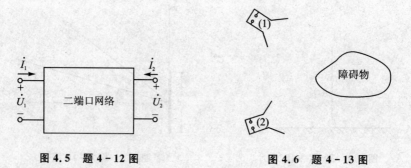

图 4.5　题 4-12 图　　　　图 4.6　题 4-13 图

4-14　证明无限靠近理想磁体表面的面磁流不产生电磁场。

4-15　查找一篇相关科研论文或资料,应用到以下原理或定理:① 等效原理;② 感应原理;③ 互易定理;④ 惠更斯原理;⑤ 巴俾涅原理。写出并解释论文有关内容。

第 5 章 平面波

引 言

电磁场的基本解法分为两种：一种是从场方程直接求解，另一种是通过各种辅助位函数求解。无论直接或间接求解，对各向同性媒质，最后都归结为求解一个齐次或非齐次的矢量或标量的波动方程问题，它们都是二阶偏微分方程。

对均匀简单媒质，麦克斯韦方程组为

$$\left. \begin{aligned} \boldsymbol{\nabla} \times \dot{\vec{E}} &= -j\omega\mu\dot{\vec{H}} \\ \boldsymbol{\nabla} \times \dot{\vec{H}} &= \dot{\vec{J}} + j\omega\varepsilon\dot{\vec{E}} \\ \boldsymbol{\nabla} \cdot \dot{\vec{E}} &= \frac{\dot{\rho}}{\varepsilon} \\ \boldsymbol{\nabla} \cdot \dot{\vec{H}} &= 0 \end{aligned} \right\} \tag{5.0-1}$$

可以导出电场强度和磁场强度满足的波动方程为

$$\left. \begin{aligned} -\boldsymbol{\nabla} \times \boldsymbol{\nabla} \times \dot{\vec{E}} + k^2 \dot{\vec{E}} &= j\omega\mu\dot{\vec{J}} + \boldsymbol{\nabla}\left(\frac{\dot{\rho}}{\varepsilon}\right) \\ -\boldsymbol{\nabla} \times \boldsymbol{\nabla} \times \dot{\vec{H}} + k^2 \dot{\vec{H}} &= -\boldsymbol{\nabla} \times \dot{\vec{J}} \end{aligned} \right\} \tag{5.0-2}$$

根据矢量拉普拉斯运算的定义

$$\boldsymbol{\nabla}^2 \vec{A} = \boldsymbol{\nabla}(\boldsymbol{\nabla} \cdot \vec{A}) - \boldsymbol{\nabla} \times \boldsymbol{\nabla} \times \vec{A} \tag{5.0-3}$$

式(5.0-2)可进一步表示为

$$\left. \begin{aligned} (\boldsymbol{\nabla}^2 + k^2)\dot{\vec{E}} &= j\omega\mu\dot{\vec{J}} + \boldsymbol{\nabla}\left(\frac{\dot{\rho}}{\varepsilon}\right) \\ (\boldsymbol{\nabla}^2 + k^2)\dot{\vec{H}} &= -\boldsymbol{\nabla} \times \dot{\vec{J}} \end{aligned} \right\} \tag{5.0-4}$$

可以导出磁矢位 $\vec{A}$ 和电标位 Φ 满足的方程为

$$\left. \begin{aligned} (\boldsymbol{\nabla}^2 + k^2)\vec{A} &= -\mu\dot{\vec{J}} \\ (\boldsymbol{\nabla}^2 + k^2)\Phi &= -\frac{\dot{\rho}}{\varepsilon} \end{aligned} \right\} \tag{5.0-5}$$

电矢位 $\vec{A}_m$ 和磁标位 Φ_m 所满足的方程为

$$\left. \begin{aligned} (\boldsymbol{\nabla}^2 + k^2)\vec{A}_m &= -\varepsilon\dot{\vec{J}}_m \\ (\boldsymbol{\nabla}^2 + k^2)\Phi_m &= -\frac{\dot{\rho}_m}{\mu} \end{aligned} \right\} \tag{5.0-6}$$

上述方程均是非齐次的标量和矢量波动方程。之所以引入一些辅助位函数,是因为相对电场强度和磁场强度满足的非齐次波动方程而言,等式右端关于源的部分不包含对源量的空间导数(旋度、散度或梯度),这给其求解带来方便。关于求解标量和矢量波动方程,涉及到以下三种基本方法:

① 分离变量法,用于求解齐次标量波动方程。

$$\nabla^2 \psi + k^2 \psi = 0 \qquad (5.0-7)$$

将分离变量法分别应用于直角坐标系、圆柱坐标系和圆球坐标系,可得到不同的波函数 ψ 表示。

② 矢量波动方程的直接解法。根据已知标量波函数,可以构造出三种常用坐标系中的矢量波函数。矢量波动方程的解由这些矢量波函数的线性组合来构成。

③ 积分法,也称为格林函数法,适用于非齐次标量和矢量波动方程。它先求解出单位点源所产生的场,然后再乘以源分布并作源所在区域的积分而得到分布源的场。积分法包括用傅里叶变换及标量格林定理解标量波动方程,以及用矢量格林定理和并矢格林函数求解矢量波动方程。

本章将研究在直角坐标系下的标量波动方程和其解——标量波函数。

5.1 解的构成

5.1.1 用电磁矢量位表示一般解

到目前为止,已经通过一些特例研究了波动方程在无界空间和有界空间的解,有如下一些情况:

- 无界空间中的均匀平面波。
- 两半无界媒质交界平面的反射和折射,每一种媒质中的波均按无界空间中的平面波处理。
- 分布在有限区域的电流源、磁流源的辐射波,其矢量位函数可以表示为对源的积分,根据矢量位函数可以确定电磁场解。
- 通过一些特例,如波导、谐振腔等,分析了有界无源空间中的电磁波解,指出此时边界条件决定了解的最终形式。

下面将说明,对于任意的无外加源的广义线性、各向同性媒质空间(包括有界或无界情况),只需要先求解两个独立的标量波函数,用这两个波函数可以表示无源空间的任意 TM 波和 TE 波,二者合在一起可以表示无源空间的任意电磁波解。

在均匀无外加源的区域,考虑广义线性、各向同性媒质的情况,媒质阻抗率为 $\hat{z} = j\omega\hat{\mu}$,导纳率为 $\hat{y} = \hat{\sigma} + j\omega\hat{\varepsilon}$,而 $\hat{\sigma}、\hat{\varepsilon}、\hat{\mu}$ 为媒质复数电导率、复数介电常数、复数磁导率。场方程为

$$\left.\begin{aligned} -\nabla \times \vec{E} &= \hat{z}\vec{H}, & \nabla \cdot \vec{H} &= 0 \\ \nabla \times \vec{H} &= \hat{y}\vec{E}, & \nabla \cdot \vec{E} &= 0 \end{aligned}\right\} \qquad (5.1-1)$$

由于 $\dot{\vec{E}}、\dot{\vec{H}}$ 是无散场，可以引入磁矢位 $\vec{A}$ 和电矢位 $\vec{A}_m$ 来表示场。对磁矢位 $\vec{A}$ 和电标位 Φ，有

$$\dot{\vec{H}} = \frac{1}{\hat{\mu}} \nabla \times \vec{A} \tag{5.1-2}$$

$$\left(\dot{\vec{E}} + \frac{\hat{z}}{\hat{\mu}} \vec{A} \right) = -\nabla \Phi \tag{5.1-3}$$

根据对偶原理，对电矢位 $\vec{A}_m$ 和磁标位 Φ_m，有

$$\dot{\vec{E}} = -\frac{1}{\hat{\varepsilon}} \nabla \times \vec{A}_m \tag{5.1-4}$$

$$\left(\dot{\vec{H}} + \frac{\hat{y}}{\hat{\varepsilon}} \vec{A}_m \right) = -\nabla \Phi_m \tag{5.1-5}$$

可以导出矢量位满足一般的矢量波动方程，即有

$$\left. \begin{aligned} \nabla \times \nabla \times \vec{A} - k^2 \vec{A} &= -\hat{\mu}\hat{y}\,\nabla\Phi \\ \nabla \times \nabla \times \vec{A}_m - k^2 \vec{A}_m &= -\hat{\varepsilon}\hat{z}\,\nabla\Phi_m \end{aligned} \right\} \tag{5.1-6}$$

式中，$k^2 = -\hat{z}\hat{y}$，根据式(5.1-2)～式(5.1-6)，可导出用磁矢位和电矢位表示的电磁场为

$$\left. \begin{aligned} \dot{\vec{E}} &= -\frac{1}{\hat{\varepsilon}} \nabla \times \vec{A}_m + \frac{1}{\hat{\mu}\hat{y}} \nabla \times \nabla \times \vec{A} \\ \dot{\vec{H}} &= \frac{1}{\hat{\mu}} \nabla \times \vec{A} + \frac{1}{\hat{\varepsilon}\hat{z}} \nabla \times \nabla \times \vec{A}_m \end{aligned} \right\} \tag{5.1-7}$$

为唯一确定矢位函数，需进一步规定矢位函数的散度取值条件。可选择位函数满足

$$\left. \begin{aligned} \nabla \cdot \vec{A} &= -\hat{\mu}\hat{y}\Phi \\ \nabla \cdot \vec{A}_m &= -\hat{\varepsilon}\hat{z}\Phi_m \end{aligned} \right\} \tag{5.1-8}$$

则式(5.1-6)可简化为

$$\left. \begin{aligned} \nabla^2 \vec{A} + k^2 \vec{A} &= 0 \\ \nabla^2 \vec{A}_m + k^2 \vec{A}_m &= 0 \end{aligned} \right\} \tag{5.1-9}$$

在直角坐标系下，矢位函数各分量满足的方程为标量波动方程

$$\nabla^2 \psi + k^2 \psi = 0 \tag{5.1-10}$$

当满足式(5.1-8)时，将式(5.1-9)代入式(5.1-7)，有

$$\left. \begin{aligned} \dot{\vec{E}} &= -\frac{1}{\hat{\varepsilon}} \nabla \times \vec{A}_m - \frac{\hat{z}}{\hat{\mu}} \vec{A} + \frac{1}{\hat{\mu}\hat{y}} \nabla (\nabla \cdot \vec{A}) \\ \dot{\vec{H}} &= \frac{1}{\hat{\mu}} \nabla \times \vec{A} - \frac{\hat{y}}{\hat{\varepsilon}} \vec{A}_m + \frac{1}{\hat{\varepsilon}\hat{z}} \nabla (\nabla \cdot \vec{A}_m) \end{aligned} \right\} \tag{5.1-11}$$

5.1.2 TM 波

选择

$$\vec{A}_m = 0, \qquad \vec{A} = \hat{i}_z \hat{\mu} \psi \tag{5.1-12}$$

则有

$$\left.\begin{aligned}\dot{\vec{E}} &= -\frac{\hat{z}}{\hat{\mu}}\vec{A} + \frac{1}{\hat{\mu}\hat{y}}\nabla(\nabla\cdot\vec{A}) \\ \dot{\vec{H}} &= \frac{1}{\hat{\mu}}\nabla\times\vec{A}\end{aligned}\right\} \quad (5.1-13)$$

在式(5.1-12)中,选择 $\vec{A}$ 的表达式中有 $\hat{\mu}$ 因子是为了消除磁场强度 $\dot{\vec{H}}$ 表达式中的 $\hat{\mu}$。在直角坐标系下,式(5.1-13)可展开为

$$\left.\begin{aligned}\dot{E}_x &= \frac{1}{\hat{y}}\frac{\partial^2\psi}{\partial x\partial z}, & \dot{H}_x &= \frac{\partial\psi}{\partial y} \\ \dot{E}_y &= \frac{1}{\hat{y}}\frac{\partial^2\psi}{\partial y\partial z}, & \dot{H}_y &= -\frac{\partial\psi}{\partial x} \\ \dot{E}_z &= \frac{1}{\hat{y}}\left(\frac{\partial^2}{\partial z^2}+k^2\right)\psi, & \dot{H}_z &= 0\end{aligned}\right\} \quad (5.1-14)$$

上述场表达式中,z 方向磁场分量 $\dot{H}_z$ 为零,称为对 z 方向的横磁(TM)波。在均匀无源区域内,可以选择足够一般的标量波函数 ψ,以表示任意的对 z 方向的 TM 波。

5.1.3 TE 波

同理,根据对偶原理,选择

$$\vec{A} = 0, \qquad \vec{A}_m = \hat{i}_z\hat{\varepsilon}\psi \quad (5.1-15)$$

则有

$$\left.\begin{aligned}\dot{\vec{E}} &= -\frac{1}{\hat{\varepsilon}}\nabla\times\vec{A}_m \\ \dot{\vec{H}} &= -\frac{\hat{y}}{\hat{\varepsilon}}\vec{A}_m + \frac{1}{\hat{\varepsilon}\hat{z}}\nabla(\nabla\cdot\vec{A}_m)\end{aligned}\right\} \quad (5.1-16)$$

选择 $\vec{A}_m$ 的表达式中有 $\hat{\varepsilon}$ 因子是为了消除电场强度 $\dot{\vec{E}}$ 表达式中的 $\hat{\varepsilon}$。在直角坐标系下,式(5.1-16)可以表示为

$$\left.\begin{aligned}\dot{E}_x &= -\frac{\partial\psi}{\partial y}, & \dot{H}_x &= \frac{1}{\hat{z}}\frac{\partial^2\psi}{\partial x\partial z} \\ \dot{E}_y &= \frac{\partial\psi}{\partial x}, & \dot{H}_y &= \frac{1}{\hat{z}}\frac{\partial^2\psi}{\partial y\partial z} \\ \dot{E}_z &= 0, & \dot{H}_z &= \frac{1}{\hat{z}}\left(\frac{\partial^2}{\partial z^2}+k^2\right)\psi\end{aligned}\right\} \quad (5.1-17)$$

表达式中 z 方向电场分量 $\dot{E}_z$ 为零,称为对 z 方向的横电(TE)波。同样,在均匀无源区域内,可以选择足够一般的标量波函数 ψ,以表示任意的对 z 方向的 TE 波。

5.1.4 任意场的 TM 波和 TE 波分解

假设电磁场既非横电波又非横磁波,则根据式(5.1-14),可按照

$$\frac{\partial^2\psi^{TM}}{\partial z^2} + k^2\psi^{TM} = \hat{y}\dot{E}_z \quad (5.1-18)$$

求得 ψ^{TM}，以产生对 z 方向的 TM 波场，其与原来场之差为一 TE 波场。根据式(5.1-17)，这一 TE 波场可由下列表达式所确定的波函数产生：

$$\frac{\partial^2 \psi^{TE}}{\partial z^2} + k^2 \psi^{TE} = \hat{z}\dot{H}_z \tag{5.1-19}$$

这说明，在均匀无源区域内，任何场都能表示成由标量波函数 ψ^{TM} 表示的 TM 波场和标量波函数 ψ^{TE} 表示的 TE 波场之和。对任一固定单位矢量 $\hat{i}_c$，定义

$$\vec{A} = \hat{i}_c \hat{\mu} \psi^{TM}, \qquad \vec{A}_m = \hat{i}_c \hat{\varepsilon} \psi^{TE} \tag{5.1-20}$$

有

$$\left.\begin{aligned}\dot{\vec{E}} &= -\nabla \times (\hat{i}_c \psi^{TE}) + \frac{1}{\hat{y}} \nabla \times \nabla \times (\hat{i}_c \psi^{TM}) \\ \dot{\vec{H}} &= \nabla \times (\hat{i}_c \psi^{TM}) + \frac{1}{\hat{z}} \nabla \times \nabla \times (\hat{i}_c \psi^{TE})\end{aligned}\right\} \tag{5.1-21}$$

式中，ψ^{TM}、ψ^{TE} 均为满足标量波动方程的标量波函数。

综上所述，无源区域矢位函数所满足的矢量波动方程为

$$\left.\begin{aligned}(\nabla^2 + k^2)\vec{A} &= 0 \\ (\nabla^2 + k^2)\vec{A}_m &= 0\end{aligned}\right\} \tag{5.1-22}$$

在直角坐标系下，矢位函数每一分量满足的标量波动方程为

$$\nabla^2 \psi + k^2 \psi = 0$$

并且有结论：在无源区域中，只需要两个标量波函数，即 $\psi \to \vec{A} = \hat{i}_z \hat{\mu} \psi^{TM}$（表示 TM 波）和 $\psi \to \vec{A}_m = \hat{i}_z \hat{\varepsilon} \psi^{TE}$（表示 TE 波），就可以表示普遍的电磁场量。求出所有的满足边界条件的 ψ，就可以求出所有的 TM 或 TE 波的解。上述结论适用于任何无源区域和任意坐标系。

5.2 平面波函数

5.2.1 波函数分离变量

直角坐标系下，标量波动方程为

$$\frac{\partial^2 \psi}{\partial x^2} + \frac{\partial^2 \psi}{\partial y^2} + \frac{\partial^2 \psi}{\partial z^2} + k^2 \psi = 0 \tag{5.2-1}$$

将波函数分离变量，分别写成关于三个坐标函数的乘积，有

$$\psi = X(x)Y(y)Z(z) \tag{5.2-2}$$

代入波动方程得

$$\frac{1}{X}\frac{d^2 X}{dx^2} + \frac{1}{Y}\frac{d^2 Y}{dy^2} + \frac{1}{Z}\frac{d^2 Z}{dz^2} + k^2 = 0 \tag{5.2-3}$$

上式每一项都是某一坐标的函数，由于每一坐标都能独立变化，只有当各项都不依赖于坐标变量，即等于一常数时，上式才能对所有坐标取值都成立，从而有

$$\frac{1}{X}\frac{d^2 X}{dx^2} = -k_x^2, \qquad \frac{1}{Y}\frac{d^2 Y}{dy^2} = -k_y^2, \qquad \frac{1}{Z}\frac{d^2 Z}{dz^2} = -k_z^2 \tag{5.2-4}$$

式中,k_x、k_y、k_z 都是不依赖于坐标变量的常数,称为分离常数。$X(x)$、$Y(y)$、$Z(z)$ 满足的二阶常微分方程为

$$\left.\begin{aligned} \frac{\mathrm{d}^2 X}{\mathrm{d}x^2} + k_x^2 X &= 0 \\ \frac{\mathrm{d}^2 Y}{\mathrm{d}y^2} + k_y^2 Y &= 0 \\ \frac{\mathrm{d}^2 Z}{\mathrm{d}z^2} + k_z^2 Z &= 0 \end{aligned}\right\} \quad (5.2-5)$$

k_x、k_y、k_z 三者中只有两个是独立的,三者满足关系

$$k_x^2 + k_y^2 + k_z^2 = k^2 \quad (5.2-6)$$

式(5.2-5)的各式具有相同形式,称为谐方程,其解称为谐函数,以 $h(k_x x)$、$h(k_y y)$、$h(k_z z)$ 来表示。谐函数形式为正余弦函数或指数函数,以 $h(k_x x)$ 为例,即有

$$h(k_x x) \sim \sin k_x x, \quad \cos k_x x, \quad \mathrm{e}^{\mathrm{j}k_x x}, \quad \mathrm{e}^{-\mathrm{j}k_x x} \quad (5.2-7)$$

这些谐函数中的任意两个都是线性独立的,其任意的线性组合都是谐方程的解。标量波方程的基本解可表示为

$$\psi_{k_x k_y k_z} = h(k_x x) h(k_y y) h(k_z z) \quad (5.2-8)$$

式中,$\psi_{k_x k_y k_z}$ 称为基本波函数。基本波函数的任意组合也是波动方程的解。考虑到 k_x、k_y、k_z 只有两个是独立的,对其中任意两个分离常数的所有可能取值对应的波函数求和,就能构成更一般的波函数。对 k_x、k_y 取离散值的情况,有

$$\psi = \sum_{k_x} \sum_{k_y} B_{k_x k_y} \psi_{k_x k_y k_z} = \sum_{k_x} \sum_{k_y} B_{k_x k_y} h(k_x x) h(k_y y) h(k_z z) \quad (5.2-9)$$

式中,$B_{k_x k_y}$ 为任意常数,k_x、k_y 由边界条件确定,又称为本征值或特征值;对应特定本征值的基本波函数又称为本征函数,此时称波函数 ψ 具有离散谱。如果分离常数 k_x、k_y 可以连续变化,则波动方程的一般解为

$$\psi = \int_{k_x} \int_{k_y} f(k_x, k_y) \psi_{k_x k_y k_z} \mathrm{d}k_x \mathrm{d}k_y = $$
$$\int_{k_x} \int_{k_y} f(k_x, k_y) h(k_x x) h(k_y y) h(k_z z) \mathrm{d}k_x \mathrm{d}k_y \quad (5.2-10)$$

式中,$f(k_x, k_y)$ 是一解析函数,积分在复数 k_x 和 k_y 区域内的任何路径上进行,此时称波函数 ψ 具有连续谱。在有限区域内,波函数通常具有离散谱,如波导和谐振腔问题;而在无限区域内,波函数通常具有连续谱,如天线向无界空间辐射问题。

5.2.2 谐函数的物理意义

已知谐函数可以表示为

$$h(k_x x) = \mathrm{e}^{-\mathrm{j}k_x x} \quad (5.2-11)$$

当 k_x 是正实数时,式(5.2-11)表示沿 $+x$ 方向进行的无衰减行波;当 k_x 是复数时,$\mathrm{Re}(k_x) > 0$,按照 $\mathrm{Im}(k_x)$ 是负或正,式(5.2-11)表示在 $+x$ 方向幅度衰减或增强的行波。

$$h(k_x x) = \mathrm{e}^{+\mathrm{j}k_x x} \quad (5.2-12)$$

当 k_x 是正实数时,式(5.2-12)表示沿 $-x$ 方向进行的无衰减行波;当 k_x 是复数时,式(5.2-12)表示波的幅度沿传播方向有衰减或增强。

k_x 是纯虚数时，$h(k_x x) = e^{-jk_x x}$ 和 $h(k_x x) = e^{+jk_x x}$ 表示凋落场；k_x 是实数时，$h(k_x x) = \sin k_x x$ 和 $h(k_x x) = \cos k_x x$ 代表纯驻波。

以谐函数 $h(k_x x)$ 为例，其具体形式和物理意义如表 5.2-1 表列。

表 5.2-1 谐函数性质[①]

$h(k_x x)$	零[②]	无限大[②]	$k_x = \beta - j\alpha$ 的具体化	具体表示	物理解释
$\cos k_x x$	$kx = \left(n + \dfrac{1}{2}\right)\pi$	$k_x x \to \pm j\infty$	k_x 实数	$\cos \beta x$	驻波
			k_x 虚数	$\cosh \alpha x$	两种凋落场
			k_x 复数	$\cos \beta x \cosh \alpha x + j\sin \beta x \sinh \alpha x$	局部化驻波
$\sin k_x x$	$k_x x = n\pi$	$k_x x \to \pm j\infty$	k_x 实数	$\sin \beta x$	驻波
			k_x 虚数	$-j\sinh \alpha x$	两种凋落场
			k_x 复数	$\sin \beta x \cosh \alpha x - j\cos \beta x \sinh \alpha x$	局部化驻波
$e^{+jk_x x}$	$k_x x \to +j\infty$	$k_x x \to -j\infty$	k_x 实数	$e^{j\beta x}$	$-x$ 行波
			k_x 虚数	$e^{\alpha x}$	凋落场
			k_x 复数	$e^{\alpha x} e^{j\beta x}$	衰减行波
$e^{-jk_x x}$	$k_x x \to -j\infty$	$k_x x \to +j\infty$	k_x 实数	$e^{-j\beta x}$	$+x$ 行波
			k_x 虚数	$e^{-\alpha x}$	凋落场
			k_x 复数	$e^{-\alpha x} e^{-j\beta x}$	衰减行波

① 在 $k_x = 0$，谐函数是 $h(0x) = 1, x$。
② 此列列出主要奇异点的渐近行为。

5.3 无界空间的平面波

对无界空间，沿 x、y、z 坐标轴方向均可设为行波状态，基本波函数可以表示为

$$\psi = e^{-jk_x x} e^{-jk_y y} e^{-jk_z z} \tag{5.3-1}$$

5.3.1 TEM 波

引入波矢量 $\vec{k}$，可表示为

$$\vec{k} = \hat{i}_x k_x + \hat{i}_y k_y + \hat{i}_z k_z \tag{5.3-2}$$

k_x、k_y、k_z 应满足

$$\vec{k} \cdot \vec{k} = k_x^2 + k_y^2 + k_z^2 = k^2 \tag{5.3-3}$$

位置矢量为

$$\vec{r} = \hat{i}_x x + \hat{i}_y y + \hat{i}_z z \tag{5.3-4}$$

则式(5.3-1)可以表示为

$$\psi = e^{-j\vec{k}\cdot\vec{r}} \tag{5.3-5}$$

对于实数波矢量 $\vec{k}$，根据第 3 章波的基本理论，可以求得矢量相位常数为

$$\vec{\beta} = -\nabla(-\vec{k}\cdot\vec{r}) = \vec{k} \tag{5.3-6}$$

故等相面是垂直于 $\vec{k}$ 的平面，在等相面上波的振幅恒定，即等相面和等幅面重合，说明式(5.3-5)表示沿 $\vec{k}$ 方向传播的均匀平面波。

对复数波矢量 $\vec{k}$，引入两个实数矢量 $\vec{\alpha}$ 和 $\vec{\beta}$，可将 $\vec{k}$ 表示为

$$\vec{k} = \vec{\beta} - j\vec{\alpha} \tag{5.3-7}$$

根据第 3 章波的基本理论，可求得矢量传播常数为

$$\vec{\gamma} = -\nabla(-j\vec{k}\cdot\vec{r}) = \vec{\alpha} + j\vec{\beta} \tag{5.3-8}$$

垂直于 $\vec{\beta}$ 的曲面为等相位面，垂直于 $\vec{\alpha}$ 的曲面为等振幅面。故当 $\vec{k}$ 是复数矢量时，式(5.3-5)表示在 $\vec{\beta}$ 方向传播和 $\vec{\alpha}$ 方向衰减的平面波。例如，前面介绍的在两半无限大媒质交界平面发生全反射时，透射波的表达式为

$$\left.\begin{array}{l}\dot{E}_x = E_0 e^{-j\beta y} e^{-\alpha z} \\ \dot{\vec{H}} = -\left(\hat{i}_y \dfrac{j\alpha}{k} + \hat{i}_z \dfrac{\beta}{k}\right)\dfrac{E_0}{\eta} e^{-j\beta y} e^{-\alpha z}\end{array}\right\} \tag{5.3-9}$$

此时透射波场为沿 $+y$ 方向传播、$+z$ 方向衰减的平面波，沿 $+z$ 方向是电抗性场或凋落场。

5.3.2 TM 波

根据式(5.3-1)，假设 $\vec{A} = \hat{i}_z \mu \psi$，则可得到对 z 方向的横磁(TM)波，根据式(5.1-14)，电磁场解为

$$\dot{\vec{H}} = -\hat{i}_x j k_y \psi + \hat{i}_y j k_x \psi = \nabla\psi \times \hat{i}_z = j\psi \hat{i}_z \times \vec{k} \tag{5.3-10}$$

$$\hat{y}\dot{\vec{E}} = j k_z(\hat{i}_x j k_x + \hat{i}_y j k_y + \hat{i}_z j k_z)\psi + \hat{i}_z k^2 \psi = $$
$$(-k_z \vec{k} + \hat{i}_z k^2)\psi \tag{5.3-11}$$

当 $\vec{k}$ 是实数矢量时，有

$$\left.\begin{array}{l}\vec{k}\cdot\dot{\vec{H}} = 0 \\ \hat{y}\vec{k}\cdot\dot{\vec{E}} = (-k_z k^2 + k_z k^2)\psi = 0\end{array}\right\} \tag{5.3-12}$$

$$\left.\begin{array}{l}\hat{i}_z \cdot \dot{\vec{H}} = 0 \\ \hat{i}_z \cdot \dot{\vec{E}} \neq 0\end{array}\right\} \tag{5.3-13}$$

故此波为对 $\vec{k}$ 方向的横电磁(TEM)波、对 z 方向的横磁(TM)波。

5.3.3 TE 波

当取 $\vec{A}_m = \hat{i}_z \varepsilon \psi$ 时，则可得到对 z 方向的横电(TE)波。根据式(5.1-17)，电磁场解为

$$\left.\begin{aligned}\dot{\vec{E}} &= j\psi\vec{k}\times\hat{i}_z \\ \hat{z}\dot{\vec{H}} &= (-k_z\vec{k}+\hat{i}_z k^2)\psi\end{aligned}\right\} \tag{5.3-14}$$

当 $\vec{k}$ 为实数矢量时，上式表示对 $\vec{k}$ 方向的 TEM 波和对 z 方向的 TE 波。

所有上述这些场都是平面波，在均匀区域内的任意电磁场均可作为这些平面波的叠加。

5.4 矩形波导

假设矩形波导沿纵向（z 轴方向）为无限长，即导波场沿 z 方向为行波状态。矩形波导横向（x 方向和 y 方向）被波导壁封闭，即沿横向应为驻波状态。求解矩形波导导波场的基本波函数可以表示为

$$\psi = h(k_x x)h(k_y y)e^{-jk_z z} \tag{5.4-1}$$

式中，$h(k_x x)$、$h(k_y y)$ 取正弦函数或余弦函数的形式，需根据边界条件确定。

5.4.1 TM 波

对矩形波导内的 TM 波，将式(5.4-1)代入到式(5.1-14)可得通解。电场纵向分量可以表示为

$$\dot{E}_z = \frac{1}{\hat{y}}(k^2-k_z^2)\psi = \frac{1}{\hat{y}}(k^2-k_z^2)h(k_x x)h(k_y y)e^{-jk_z z} \tag{5.4-2}$$

根据矩形波导内壁理想导体的边界条件

$$\dot{E}_z\big|_{\text{边界}} = 0 \tag{5.4-3}$$

考虑 $x=0$、$y=0$ 处 $\dot{E}_z$ 为零，则 $h(k_x x)$、$h(k_y y)$ 应取正弦函数的形式，即有

$$\dot{E}_z = \frac{1}{\hat{y}}(k^2-k_z^2)\psi = \frac{1}{\hat{y}}(k^2-k_z^2)\sin(k_x x)\sin(k_y y)e^{-jk_z z} \tag{5.4-4}$$

再考虑到 $x=a$、$y=b$ 处 $\dot{E}_z$ 为零，则 k_x、k_y、k_z 的取值应满足

$$\left.\begin{aligned} k_x &= \frac{m\pi}{a} \\ k_y &= \frac{n\pi}{b} \\ k_z &= \sqrt{k^2-k_x^2-k_y^2}\end{aligned}\right\} \tag{5.4-5}$$

式中，m、n 为模式指数，有 $m=1,2,3,\cdots,n=1,2,3,\cdots$。可以导出 TM 波的基本波函数为

$$\psi_{mn}^{\text{TM}} = \sin\frac{m\pi}{a}x\sin\frac{n\pi}{b}y e^{-jk_z z} \tag{5.4-6}$$

将式(5.4-6)代入到式(5.1-14)中，即得到矩形波导 TM_{mn} 模式的电磁场表示。定义截止波数为

$$k_c = \sqrt{k_x^2+k_y^2} = \sqrt{\left(\frac{m\pi}{a}\right)^2+\left(\frac{n\pi}{b}\right)^2} \tag{5.4-7}$$

满足

$$k_c < k \tag{5.4-8}$$

的模式,可以得到实数的 k_z,从而可以在矩形波导内导通。而满足

$$k_c > k \tag{5.4-9}$$

的模式的 k_z 为纯虚数,这些模式在矩形波导内截止。

5.4.2 TE 波

对矩形波导的 TE 波,将式(5.4-1)代入到式(5.1-17)可得通解表示,根据理想导体壁切向电场为零的条件可以确定 k_x、k_y、k_z 的取值。等效的磁场纵向分量 $\dot{H}_z$ 的边界条件为

$$\left. \frac{\partial \dot{H}_z}{\partial n} \right|_{\text{边界}} = 0 \tag{5.4-10}$$

磁场纵向分量可以表示为

$$\dot{H}_z = \frac{1}{\hat{z}}(k^2 - k_z^2)\psi = \frac{1}{\hat{z}}(k^2 - k_z^2)\cos(k_x x)\cos(k_y y)e^{-jk_z z} \tag{5.4-11}$$

根据边界条件式(5.4-10),可以确定 k_x、k_y、k_z 的取值为

$$\left. \begin{array}{l} k_x = \dfrac{m\pi}{a} \\ k_y = \dfrac{n\pi}{b} \\ k_z = \sqrt{k^2 - k_x^2 - k_y^2} \end{array} \right\} \tag{5.4-12}$$

式中,m、n 为矩形波导 TE_{mn} 模的模式指数,有 $m=0,1,2,3,\cdots$,$n=0,1,2,3,\cdots$,m、n 不能同时为零。TE 模式的基本波函数为

$$\psi_{mn}^{TE} = \cos\frac{m\pi}{a}x \cos\frac{n\pi}{b}y e^{-jk_z z} \tag{5.4-13}$$

将式(5.4-13)代入到式(5.1-17)可得 TE_{mn} 模式的电磁场表示。与矩形波导 TM_{mn} 模式一样,其中一些模式是导通的,一些模式是截止的。根据式(5.4-7)可以确定这些模式的 k_c,根据式(5.4-8)、式(5.4-9)可以判断哪些模式导通,哪些模式截止。

5.5 矩形谐振腔

对矩形谐振腔,与矩形波导的区别是沿 z 轴方向不是无限长,而是被两个理想导体壁封闭,从而沿 z 轴方向谐函数的形式也应该取为正弦或余弦函数,以表示驻波。根据 z 轴方向边界条件可以确定 k_z 值。

5.5.1 TM 波

对 TM 波,根据 z 方向边界条件可以确定 k_z 表示为

$$k_z = \frac{p\pi}{c} \tag{5.5-1}$$

式中,p 为非负整数,基本波函数可以表示为

$$\psi_{mnp}^{\text{TM}} = \sin\frac{m\pi}{a}x \sin\frac{n\pi}{b}y \cos\frac{p\pi}{c}z \tag{5.5-2}$$

式中，m、n 为正整数。将上式代入到式(5.1-14)，可得矩形谐振腔内 TM_{mnp} 模式的电磁场解。只有当电磁波频率满足一定条件时，该频率电磁波才能在矩形谐振腔内以 TM_{mnp} 模式的电磁场存在，这一频率即为谐振频率。谐振频率由下面的表达式确定，即

$$k_x^2 + k_y^2 + k_z^2 = \left(\frac{m\pi}{a}\right)^2 + \left(\frac{n\pi}{b}\right)^2 + \left(\frac{p\pi}{c}\right)^2 = k^2 \tag{5.5-3}$$

当谐振腔内媒质为理想介质时，有

$$\left(\frac{m\pi}{a}\right)^2 + \left(\frac{n\pi}{b}\right)^2 + \left(\frac{p\pi}{c}\right)^2 = \omega^2 \mu\varepsilon = (2\pi f)^2 \mu\varepsilon \tag{5.5-4}$$

从而 TM_{mnp} 模式的谐振频率为

$$(f_r)_{mnp} = \frac{1}{2\sqrt{\mu\varepsilon}} \sqrt{\left(\frac{m}{a}\right)^2 + \left(\frac{n}{b}\right)^2 + \left(\frac{p}{c}\right)^2} \tag{5.5-5}$$

5.5.2 TE 波

对矩形谐振腔的 TE_{mnp} 模式，可以进行类似分析，其基本波函数为

$$\psi_{mnp}^{\text{TE}} = \cos\frac{m\pi}{a}x \cos\frac{n\pi}{b}y \sin\frac{p\pi}{c}z \tag{5.5-6}$$

式中，m、n 为非负整数，但不能同时为零，p 为正整数。

5.6 备用模式组

在矩形波导或谐振腔中，如前面两节所述，通常按 z 方向划分 TE 波或 TM 波。在某些情况下，也需要按 x 方向或 y 方向划分 TE 波或 TM 波，称这些模式为备用模式。

5.6.1 对 y 方向的 TM 波

如果选择

$$\vec{A} = \hat{i}_y \hat{\mu} \psi \tag{5.6-1}$$

则可得到对 y 方向的 TM 波，场的各分量为

$$\left. \begin{array}{ll} \dot{E}_x = \dfrac{1}{\hat{y}} \dfrac{\partial^2 \psi}{\partial y \partial x}, & \dot{H}_x = \dfrac{\partial \psi}{\partial z} \\[2mm] \dot{E}_y = \dfrac{1}{\hat{y}} \left(\dfrac{\partial^2}{\partial y^2} + k^2 \right)\psi, & \dot{H}_y = 0 \\[2mm] \dot{E}_z = \dfrac{1}{\hat{y}} \dfrac{\partial^2 \psi}{\partial y \partial z}, & \dot{H}_z = -\dfrac{\partial \psi}{\partial x} \end{array} \right\} \tag{5.6-2}$$

5.6.2 对 y 方向的 TE 波

如果选择

$$\vec{A}_m = \hat{i}_y \hat{\varepsilon} \psi \tag{5.6-3}$$

则可得到对 y 方向的 TE 波，场的各分量为

$$\left.\begin{aligned}\dot{E}_x &= -\frac{\partial \psi}{\partial z}, & \dot{H}_x &= \frac{1}{\hat{z}}\frac{\partial^2 \psi}{\partial y \partial x} \\ \dot{E}_y &= 0, & \dot{H}_y &= \frac{1}{\hat{z}}\left(\frac{\partial^2}{\partial y^2}+k^2\right)\psi \\ \dot{E}_z &= \frac{\partial \psi}{\partial x}, & \dot{H}_z &= \frac{1}{\hat{z}}\frac{\partial^2 \psi}{\partial y \partial z}\end{aligned}\right\} \quad (5.6-4)$$

任意场可以作为式(5.6-2)和式(5.6-4)情况场的叠加。

例如，在矩形波导中，为满足边界条件，对 y 的 TM 模式（记为 TMy_{mn} 模式）为

$$\psi_{mn}^{\mathrm{TM}y} = \sin\frac{m\pi x}{a}\cos\frac{n\pi y}{b}\mathrm{e}^{-jk_z z} \quad (5.6-5)$$

式中，$m = 1,2,\cdots;n = 0,1,2,3,\cdots$；电磁场由式(5.6-5)代入式(5.6-2)求得。

对 y 的 TE 模式（记为 TEy_{mn} 模式）为

$$\psi_{mn}^{\mathrm{TE}y} = \cos\frac{m\pi x}{a}\sin\frac{n\pi y}{b}\mathrm{e}^{-jk_z z} \quad (5.6-6)$$

式中，$m = 0,1,2,3,\cdots;n = 1,2,\cdots$；电磁场由式(5.6-6)代入式(5.6-4)求得。

除零阶模式外，上述模式场中同时含有 $\dot{E}_z$ 和 $\dot{H}_z$ 分量，称为混合模式。

同理，令 $\vec{A} = \hat{i}_x\hat{\mu}\psi$ 和 $\vec{A}_{\mathrm{m}} = \hat{i}_x\hat{\varepsilon}\psi$，可以分别求得对 x 的 TM 和 TE 模式组。

5.7 场的激励和模式展开

除了波导横向边界条件限定外，波导输入端口的激励将进一步决定在波导内存在何种模式。波导的激励可分为孔隙激励（aperture excitation）和流量激励（current excitation）两种。孔隙激励是指已知激励面的切向电场分布，波导内部的场通过输入端口处的孔隙耦合产生；流量激励是指已知激励面的面电流分布（对应切向磁场的不连续性），波导内部的场通过输入端口处的电流辐射产生。根据等效原理和对偶原理，这两种激励方式可以互相转换。

5.7.1 孔隙激励

首先看孔隙激励。如图 5.7-1 所示，在波导中，假设在波导始端 $z = 0$ 横截面上已知 $\dot{E}_y = 0$ 和 $\dot{E}_x = f(x,y)$，波导终端匹配，希望确定 $z > 0$ 区域的场。因 $\dot{E}_y = 0$，取场为各 TEy 模式的叠加，即有

$$\psi = \sum_{m=0}^{\infty}\sum_{n=1}^{\infty} A_{mn}\cos\frac{m\pi x}{a}\sin\frac{n\pi y}{b}\mathrm{e}^{-\gamma_{mn} z} \quad (5.7-1)$$

式中，γ_{mn} 为各导通或截止模式传播常数，A_{mn} 为各模式幅度。将 ψ 代入式(5.6-4)，可得到场的各分量。当 $z = 0$ 时，$\dot{E}_x$ 可表示为

$$\dot{E}_x\Big|_{z=0} = \sum_{m=0}^{\infty}\sum_{n=1}^{\infty} \gamma_{mn}A_{mn}\cos\frac{m\pi x}{a}\sin\frac{n\pi y}{b} \quad (5.7-2)$$

上式为二重傅里叶级数，傅里叶系数为

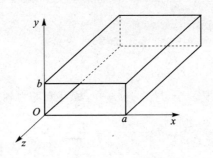

图 5.7-1 孔隙激励

$$\gamma_{mn}A_{mn} = E_{mn} = \frac{2\varepsilon_m}{ab}\int_0^b \mathrm{d}y \int_0^a \mathrm{d}x \dot{E}_x|_{z=0} \cos\frac{m\pi x}{a} \sin\frac{n\pi y}{b} \tag{5.7-3}$$

式中,ε_m 为诺埃曼数字,当 $m = 0$ 时,$\varepsilon_m = 1$,当 $m > 0$ 时 $\varepsilon_m = 2$。根据式(5.7-3)可以确定 A_{mn}。

同理,可计算在 $z = 0$ 横截面上 $\dot{E}_x = 0$ 和 $\dot{E}_y = f(x,y)$ 的解。一般情况下,当在 $z = 0$ 横截面上同时已知非零 $\dot{E}_x$ 和 $\dot{E}_y$ 时,解为 $\dot{E}_x = 0$ 和 $\dot{E}_y = 0$ 两种情况的叠加。

在 $z = 0$ 横截面上已知 $\dot{H}_x$ 和 $\dot{H}_y$ 的场解,可以利用对偶原理求得。

5.7.2 流量激励

对于流量激励,如图 5.7-2 所示,考虑 $z = 0$ 横截面上有 y 向电流层 $\dot{\vec{K}} = \hat{i}_y f(x,y)$ 的矩形波导。假设波导在两个方向上的端口都是匹配的,即只有从这个电流层向外行进的波存在。

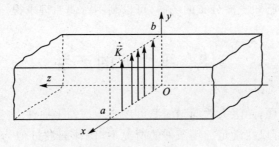

图 5.7-2 流量激励

根据边界条件,在 $z = 0$ 处两侧场量应满足

$$\left.\begin{array}{l}\hat{i}_n \times (\dot{\vec{E}}_1 - \dot{\vec{E}}_2) = 0 \\ \hat{i}_n \times (\dot{\vec{H}}_1 - \dot{\vec{H}}_2) = \dot{\vec{K}}\end{array}\right\} \tag{5.7-4}$$

即有

$$\left.\begin{array}{l}\hat{i}_z \times (\dot{\vec{E}}_1 - \dot{\vec{E}}_2) = 0 \\ \hat{i}_z \times (\dot{\vec{H}}_1 - \dot{\vec{H}}_2) = \hat{i}_y f(x,y)\end{array}\right\} \tag{5.7-5}$$

根据上述边界条件,容易导出

$$\left.\begin{array}{l}\dot{E}_x\big|_{z=0+} = \dot{E}_x\big|_{z=0-}\\ \dot{E}_y\big|_{z=0+} = \dot{E}_y\big|_{z=0-}\\ \dot{H}_y\big|_{z=0+} = \dot{H}_y\big|_{z=0-} = 0\end{array}\right\} \quad (5.7-6)$$

根据边界条件可确定 $\dot{H}_y\big|_{z>0} = \dot{H}_y\big|_{z<0} = 0$，故可取场为各 TMy 模式的叠加，即有

$$\left.\begin{array}{l}\psi^+ = \sum\limits_{m=1}^{\infty}\sum\limits_{n=0}^{\infty} B_{mn}^+ \sin\dfrac{m\pi x}{a}\cos\dfrac{n\pi y}{b}\mathrm{e}^{-\gamma_{mn}z}, \quad z>0\\ \psi^- = \sum\limits_{m=1}^{\infty}\sum\limits_{n=0}^{\infty} B_{mn}^- \sin\dfrac{m\pi x}{a}\cos\dfrac{n\pi y}{b}\mathrm{e}^{\gamma_{mn}z}, \quad z<0\end{array}\right\} \quad (5.7-7)$$

将上述波函数代入式(5.6-2)中可得到场的各分量，根据式(5.7-5)的电场边界条件有

$$B_{mn}^+ = B_{mn}^- = B_{mn} \quad (5.7-8)$$

根据式(5.7-5)的磁场边界条件有

$$\dot{K}_y = [H_x^- - H_x^+]_{z=0} = \sum_{m=1}^{\infty}\sum_{n=1}^{\infty} 2\gamma_{mn} B_{mn} \sin\frac{m\pi x}{a}\cos\frac{n\pi y}{b} \quad (5.7-9)$$

式(5.7-9)为以 y 表示的傅里叶余弦级数和以 x 表示的傅里叶正弦级数，傅里叶系数为

$$2\gamma_{mn} B_{mn} = J_{mn} = \frac{2\varepsilon_n}{ab}\int_0^b \mathrm{d}y \int_0^a \mathrm{d}x \dot{K}_y \sin\frac{m\pi x}{a}\cos\frac{n\pi y}{b} \quad (5.7-10)$$

根据式(5.7-10)可以确定 B_{mn}，从而可以确定场。同理，可计算在 $z=0$ 横截面上 $\dot{K}_y = 0$ 和 $\dot{K}_x = f(x,y)$ 条件下的场。一般情况下，当在 $z=0$ 横截面上同时已知非零 $\dot{K}_x$ 和 $\dot{K}_y$ 时，解为 $\dot{K}_x = 0$ 和 $\dot{K}_y = 0$ 两种情况的叠加。

在 $z=0$ 横截面上已知磁流分布的场解，可以利用对偶原理求得。

5.8 平面波的产生

根据 4.5.1 小节例题，无限大的均匀面源可以产生均匀平面波。然而，这样的面源在实际中并不存在。实际中，可以在满足远场条件的情况下，使球面波近似为平面波，或者采用紧缩场系统，将球面波"校正"为平面波。

5.8.1 远场条件

天线和 RCS 测量需要在均匀平面波照射的条件下进行。为满足这一条件，可以将发射天线与被测目标充分远离，以使到达被测目标的球面波近似呈现均匀平面波的特征。为此，发射天线和被测目标的最小测试距离一般应满足远场条件

$$R_{\min} \geqslant \frac{2D^2}{\lambda} \quad (5.8-1)$$

式中，D 为被测目标横向尺寸，λ 为波长。根据式(5.8-1)计算的波长、目标尺寸、最小测试距离关系如表 5.8-1 所列。

可以看到，当被测目标口径尺寸增大，工作频率变高时，为满足测试需要的远场条件，需要把被测目标放在离发射天线很远的地方。通过计算可知，即使满足远场条件，在被测目标边缘

仍然有 22.5°的相位偏离,从而导致目标测量误差。对于某些特殊需要的目标,如赋形波束天线,为了减小这种误差,发射天线与被测目标的距离应该更大,典型值为 $4D^2/\lambda$ 或 $8D^2/\lambda$,实际中已经很难满足要求。

表 5.8-1 波长、目标尺寸、最小测试距离的关系

波长/m \ 测试距离/m \ 目标尺寸/m	0.1	1	2	5	10
1	0.02	2	8	50	200
0.1	0.2	20	80	500	2 000
0.01	2.0	200	800	5 000	20 000
0.001	20	2 000	8 000	50 000	200 000
0.000 1	200	20 000	80 000	500 000	2 000 000

传统的外场测量方法不仅在满足远场条件上存在困难,而且还存在着保密性差、干扰杂波多、受气候影响大等诸多缺点。为了克服这些缺点,可以将测量转入室内进行,并且采用所谓紧缩场系统。紧缩场系统可以在较短的距离上获得较大尺寸的平面波照射区域,从而增大可测目标的尺寸,扩展测量频段,提高测量效率。

5.8.2 紧缩场

紧缩场的英文名字为 Compact Antenna Test Range 或 Compact Range,简称 CATR 或 CR,即"紧缩的天线测试场地"或"紧缩的测试场"。其基本原理是借助于透镜或抛物面反射器,将一个点源或线源辐射的球面波或柱面波"校正"为平面波。

紧缩场的"校正"作用可以通过单旋转抛物面实现,也可以通过双抛物柱面组合或一个旋转抛物面和一个旋转双曲面组合来实现,分别称为单反射面紧缩场、双柱面紧缩场和前馈卡塞格伦紧缩场。

图 5.8-1 为单反射面紧缩场原理示意,位于旋转抛物面焦点的馈源天线发出的准球面波被单旋转抛物面校正为准均匀平面波。由于反射面总是有限尺寸,为了抑制边缘绕射的影响,反射面边缘通常设计成锯齿形状。图 5.8-2 是反射面的一种投影口径设计图。图 5.8-3 是一单反射面紧缩场照片。

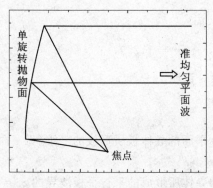

图 5.8-1 单反射面紧缩场侧视图

图 5.8-2 反射面正视投影口径

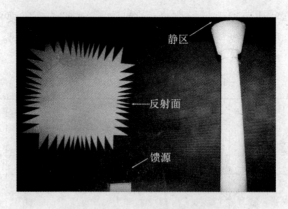

图 5.8-3 单反射面紧缩场

目前,紧缩场系统已经越来越多地应用到天线和 RCS 测量当中,成为天线技术和隐身技术研究的必备设备之一。

习题五

5-1 在式(5.1-14)中,令 $\psi = e^{-jky}$,试计算电场强度和磁场强度各分量,并将此场用各种可能的方式分类(驻波、极化,等等)。

5-2 在式(5.1-17)中,令 $\psi = e^{-jkx}$,试计算电场强度和磁场强度各分量,并将此场用各种可能的方式分类(驻波、极化,等等)。

5-3 对于 $k = \beta - j\alpha$,证明
$$\sin kx = \sin \beta x \cosh \alpha x - j\cos \beta x \sinh \alpha x$$
$$\cos kx = \cos \beta x \cosh \alpha x + j\sin \beta x \sinh \alpha x$$

5-4 现需要一根空气填充的铜制矩形波导,具体要求为:① 在 2∶1 的频率范围内工作在单模状态;② 中心频率为 10 GHz;③ 满足前两个条件下具有最大功率容量。试确定传播模式的衰减常数和波导尺寸。

5-5 对于由 $y = 0$ 和 $y = b$ 两平面的导体所形成的平行平板波导,证明
$$\psi_n^{\text{TE}} = \cos\left(\frac{n\pi}{b}y\right)e^{-jk_z z}, \qquad n = 1,2,3,\cdots$$
是按照式(5.1-17)产生二维 TE_n 模式的波函数,而
$$\psi_n^{\text{TM}} = \sin\left(\frac{n\pi}{b}y\right)e^{-jk_z z}, \qquad n = 1,2,3,\cdots$$
是按照式(5.1-14)产生二维 TM_n 模式的波函数。证明
$$\psi_0^{\text{TM}} = ye^{-jk_z z}$$
产生 TEM 模式。

5-6 证明由 $x = 0$、$x = a$、$y = 0$、$y = b$ 平面的导体板所形成的二维(无 z 向变化)谐振器的谐振频率等于矩形波导的截止频率。

5-7 假设在覆盖 $y = 0$ 和 $y = b$ 平面上的导体所形成的平行平板波导的 $z = 0$ 平面上有 y 向面电流 $\dot{K}_y$,并且该波导在 $+z$ 和 $-z$ 方向上都匹配,证明该电流层所形成的场是

$$\sum_{n=0}^{\infty} A_n \cos\left(\frac{n\pi}{b}y\right) e^{-\gamma_n |z|} = \begin{cases} \dot{H}_x, & z>0 \\ -\dot{H}_x, & z<0 \end{cases}$$

式中

$$A_n = \frac{\varepsilon_n}{2b} \int_0^b \dot{K}_y(y) \cos\left(\frac{n\pi}{b}y\right) dy$$

ε_n 为诺埃曼数字。

第 6 章 柱面波

引 言

空间存在的可能的波的形式与激励源和边界条件有关。例如在无界空间中,无限大的面电流和面磁流可以激励起平面波。如果在无界空间中,激励源为理想的无限长线源,则可激励起柱面波。本章将学习各种柱面波函数。

6.1 波函数

6.1.1 波动方程在柱坐标系下的解

在柱面坐标系下,以 ρ、φ、z 分别表示径向坐标、角向坐标和轴向坐标,则标量波动方程可以表示为

$$\frac{1}{\rho}\frac{\partial}{\partial\rho}\left(\rho\frac{\partial\psi}{\partial\rho}\right)+\frac{1}{\rho^2}\frac{\partial^2\psi}{\partial\varphi^2}+\frac{\partial^2\psi}{\partial z^2}+k^2\psi=0 \tag{6.1-1}$$

在柱坐标系下分离变量,有

$$\psi = R(\rho)\phi(\varphi)Z(z) \tag{6.1-2}$$

将式(6.1-2)代入式(6.1-1),两边除以 ψ,得

$$\frac{1}{\rho R}\frac{\mathrm{d}}{\mathrm{d}\rho}\left(\rho\frac{\mathrm{d}R}{\mathrm{d}\rho}\right)+\frac{1}{\rho^2\phi}\frac{\mathrm{d}^2\phi}{\mathrm{d}\varphi^2}+\frac{1}{Z}\frac{\mathrm{d}^2Z}{\mathrm{d}z^2}+k^2=0 \tag{6.1-3}$$

上式中第四项为常数,前三项是关于 ρ、φ、z 的函数,等式在 ρ、φ、z 取任意值的条件下均成立,考虑到 ρ、φ、z 坐标的独立性,必然关于每一坐标的函数均等于常数,可导出

$$\frac{1}{Z}\frac{\mathrm{d}^2Z}{\mathrm{d}z^2}=-k_z^2 \tag{6.1-4}$$

$$\frac{\rho}{R}\frac{\mathrm{d}}{\mathrm{d}\rho}\left(\rho\frac{\mathrm{d}R}{\mathrm{d}\rho}\right)+\frac{1}{\phi}\frac{\mathrm{d}^2\phi}{\mathrm{d}\varphi^2}+(k^2-k_z^2)\rho^2=0 \tag{6.1-5}$$

$$\frac{1}{\phi}\frac{\mathrm{d}^2\phi}{\mathrm{d}\varphi^2}=-n^2 \tag{6.1-6}$$

$$\frac{\rho}{R}\frac{\mathrm{d}}{\mathrm{d}\rho}\left(\rho\frac{\mathrm{d}R}{\mathrm{d}\rho}\right)-n^2+(k^2-k_z^2)\rho^2=0 \tag{6.1-7}$$

现在波动方程已经分解为关于三个坐标变量的常微分方程,分离常数 k_ρ 和 k_z 应该满足

$$k_\rho^2+k_z^2=k^2 \tag{6.1-8}$$

所有分离的方程写在一起为

$$\left.\begin{array}{r}\rho\dfrac{\mathrm{d}}{\mathrm{d}\rho}\left(\rho\dfrac{\mathrm{d}R}{\mathrm{d}\rho}\right)+\left[(k_\rho\rho)^2-n^2\right]R=0\\[2mm]\dfrac{\mathrm{d}^2\phi}{\mathrm{d}\varphi^2}+n^2\phi=0\\[2mm]\dfrac{\mathrm{d}^2Z}{\mathrm{d}z^2}+k_z^2Z=0\end{array}\right\} \quad (6.1-9)$$

式中,ϕ 和 Z 的方程都是谐方程,其解为谐函数,一般用 $h(n\varphi)$ 和 $h(k_z z)$ 来表示。

$h(n\varphi)$ 可能的形式为

$$\cos n\varphi, \quad \sin n\varphi, \quad \mathrm{e}^{\mathrm{j}n\varphi}, \quad \mathrm{e}^{-\mathrm{j}n\varphi} \quad (6.1-10)$$

$h(k_z z)$ 可能的形式为

$$\cos k_z z, \quad \sin k_z z, \quad \mathrm{e}^{\mathrm{j}k_z z}, \quad \mathrm{e}^{-\mathrm{j}k_z z} \quad (6.1-11)$$

R 的方程是 n 阶贝塞尔方程,其解为贝塞尔函数,一般以 $B_n(k_\rho\rho)$ 表示,可选用的形式包括

$$B_n(k_\rho\rho)\sim J_n(k_\rho\rho), \quad N_n(k_\rho\rho), \quad H_n^{(1)}(k_\rho\rho), \quad H_n^{(2)}(k_\rho\rho) \quad (6.1-12)$$

式中,$J_n(k_\rho\rho)$ 称为贝塞尔函数或第一类贝塞尔函数,$N_n(k_\rho\rho)$ 称为诺埃曼函数或第二类贝塞尔函数,$H_n^{(1)}(k_\rho\rho)$ 称为第一种汉克尔函数或第三类贝塞尔函数,$H_n^{(2)}(k_\rho\rho)$ 称为第二种汉克尔函数或第四类贝塞尔函数。上述各类贝塞尔函数中的任意两个都是贝塞尔方程的独立解,$B_n(k_\rho\rho)$ 一般为其中任意两个函数的线性组合。

6.1.2 贝塞尔函数的物理性质

各类贝塞尔函数表示沿径向的柱面波,其性质可以通过与谐函数表示的平面波函数进行类比来理解。各类贝塞尔函数在 $\rho\to\infty$ 时的渐近式与谐函数的对应关系为

$$\left.\begin{array}{l}J_n(k_\rho\rho)\sim\cos k_\rho\rho\\N_n(k_\rho\rho)\sim\sin k_\rho\rho\\H_n^{(1)}(k_\rho\rho)\sim\mathrm{e}^{\mathrm{j}k_\rho\rho}\\H_n^{(2)}(k_\rho\rho)\sim\mathrm{e}^{-\mathrm{j}k_\rho\rho}\end{array}\right\} \quad (6.1-13)$$

对实数 k_ρ,J_n 函数和 N_n 函数表现为振荡行为,代表柱面驻波。图 6.1-1 是各阶第一类贝塞尔函数曲线,图 6.1-2 是各阶第二类贝塞尔函数曲线。

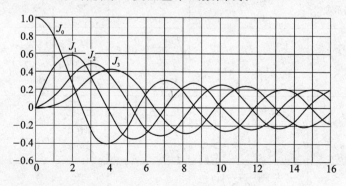

图 6.1-1 第一类贝塞尔函数

对实数 k,$H_n^{(1)}$ 和 $H_n^{(2)}$ 代表柱面行波。$H_n^{(1)}$ 代表沿径向的内行波,$H_n^{(2)}$ 代表沿径向的外

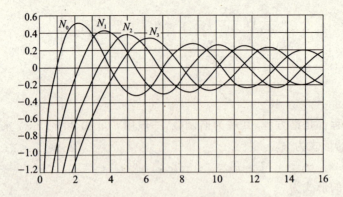

图 6.1-2　第二类贝塞尔函数

行波。如果 k 为复数，则 $H_n^{(1)}$ 和 $H_n^{(2)}$ 表示的行波幅度将在传播方向上衰减或增强。

当 k_ρ 为虚数时，通常采用修正的贝塞尔函数 I_n 和 K_n，其定义为

$$\left.\begin{array}{l} I_n(\alpha\rho) = j^n J_n(-j\alpha\rho) \\ K_n(\alpha\rho) = \dfrac{\pi}{2}(-j)^{n+1} H_n^{(2)}(-j\alpha\rho) \end{array}\right\} \quad (6.1-14)$$

当 $\alpha\rho$ 是实数时，它们也是实数。修正贝塞尔函数在 $\rho \to \infty$ 时的渐近行为可以通过与指数函数进行类比来理解，有

$$\left.\begin{array}{l} I_n(\alpha\rho) \to e^{\alpha\rho} \\ K_n(\alpha\rho) \to e^{-\alpha\rho} \end{array}\right\} \quad (6.1-15)$$

因此，修正贝塞尔函数表示柱坐标系下凋落类型的场。

平面波函数和柱面波函数均是波方程的解，都可能在无源空间中存在。解是平面波还是柱面波形式，取决于激励和边界条件。例如，在水面上的波，如果是石子垂直落下产生的，相当于被"二维线源"激励，则在水面上将产生"贝塞尔函数"形式的波；如果是风吹过水面产生的，相当于被"二维面源"激励，则在水面上将产生"谐函数"形式的波。贝塞尔方程的解的性质如表 6.1-1 所列。

表 6.1-1　贝塞尔方程的解的性质（$\gamma = 1.781$）[①,②]

$B_n(k_\rho\rho)$	另一种表示式	小自变数公式 ($k_\rho\rho \to 0$)	大自变数公式 ($|k_\rho\rho| \to \infty$)	零	无限大	物理解释
$J_n(k_\rho\rho)$	$\dfrac{1}{2}[H_n^{(1)}(k_\rho\rho) + H_n^{(2)}(k_\rho\rho)]$	$1, \quad n=0$ $\dfrac{(k_\rho\rho)^n}{2^n n!}, \quad n>0$	$\sqrt{\dfrac{2}{\pi k_\rho\rho}}\cos\left(k_\rho\rho - \dfrac{n\pi}{2} - \dfrac{\pi}{4}\right)$	沿实数轴有无数的零	$k_\rho\rho \to +j\infty$	k_ρ 实数—驻波 k_ρ 虚数—两种凋落场 k_ρ 复数—局部化驻波
$N_n(k_\rho\rho)$	$\dfrac{1}{2j}[H_n^{(1)}(k_\rho\rho) - H_n^{(2)}(k_\rho\rho)]$	$-\dfrac{2}{\pi}\ln\left(\dfrac{2}{\gamma k_\rho\rho}\right), n=0$ $-\dfrac{2^n(n-1)!}{\pi(k_\rho\rho)^n}, n>0$	$\sqrt{\dfrac{2}{\pi k_\rho\rho}}\sin\left(k_\rho\rho - \dfrac{n\pi}{2} - \dfrac{\pi}{4}\right)$	沿实数轴有无数的零	$k_\rho\rho = 0$ $k_\rho\rho \to \pm j\infty$	k_ρ 实数—驻波 k_ρ 虚数—两种凋落场 k_ρ 复数—局部化驻波
$H_n^{(1)}(k_\rho\rho)$	$J_n(k_\rho\rho) + jN_n(k_\rho\rho)$	$1 - j\dfrac{2}{\pi}\ln\left(\dfrac{2}{\gamma k_\rho\rho}\right), n=0$ $\dfrac{(k_\rho\rho)^n}{2^n n!} - j\dfrac{2^n(n-1)!}{\pi(k_\rho\rho)^n}, n>0$	$\sqrt{\dfrac{-2j}{\pi k_\rho\rho}} j^{-n} e^{jk_\rho\rho}$	$k_\rho\rho \to j\infty$	$k_\rho\rho = 0$ $k_\rho\rho \to -j\infty$	k_ρ 实数—向内行波 k_ρ 虚数—凋落场 k_ρ 复数—衰减行波

续表 6.1-1

$B_n(k_\rho\rho)$	另一种表示式	小自变数公式 ($k_\rho\rho \to 0$)	大自变数公式 ($|k_\rho\rho| \to \infty$)	零	无限大	物理解释
$H_n^{(2)}(k_\rho\rho)$	$J_n(k_\rho\rho) - jN_n(k_\rho\rho)$	$1 + j\dfrac{2}{\pi}\ln\left(\dfrac{2}{\gamma k_\rho\rho}\right), n=0$ $\dfrac{(k_\rho\rho)^n}{2^n n!} + j\dfrac{2^n(n-1)!}{\pi(k_\rho\rho)^n},$ $n>0$	$\sqrt{\dfrac{2j}{\pi k_\rho\rho}} j^n e^{-jk_\rho\rho}$	$k_\rho\rho \to -j\infty$	$k_\rho\rho = 0$ $k_\rho\rho \to j\infty$	k_ρ 实数—向外行波 k_ρ 虚数—凋落场 k_ρ 复数—衰减行波

① 当 $k_\rho = -j\alpha$ 时，用函数 $I_n(jk_\rho\rho) = I_n(\alpha\rho) = j^n J_n(-j\alpha\rho)$ 和 $K_n(jk_\rho\rho) = K_n(\alpha\rho) = \dfrac{\pi}{2}(-j)^{n+1} H_n^{(2)}(-j\alpha\rho)$。

② 当 $k_\rho = 0$ 时，在 $n=0$ 的贝塞尔函数是 1 和 $\ln\rho$，在 $n \neq 0$ 的贝塞尔函数是 ρ^n 和 ρ^{-n}。

在柱坐标系下，标量波方程的基本解为

$$\psi_{k_\rho, n, k_z} = B_n(k_\rho\rho)h(n\varphi)h(k_z z) \tag{6.1-16}$$

这种波函数称为基本波函数，其中 k_ρ 和 k_z 非独立，满足关系

$$k_\rho^2 + k_z^2 = k^2 \tag{6.1-17}$$

基本波函数的线性组合也是亥姆霍兹方程的解。在 n 和 k_ρ 或 n 和 k_z 的各种可能值的基础上，可求得亥姆霍兹方程的通解。如果 k_z 取离散值，则通解的形式为

$$\psi = \sum_n \sum_{k_z} C_{n,k_z} \psi_{k_\rho,n,k_z} = \sum_n \sum_{k_z} C_{n,k_z} B_n(k_\rho\rho)h(n\varphi)h(k_z z) \tag{6.1-18}$$

C_{n,k_z} 是待定常数。如果 k_z 或 k_ρ 连续变化，则通解的形式为

$$\psi = \sum_n \int_{k_z} f_n(k_z) B_n(k_\rho\rho)h(n\varphi)h(k_z z) dk_z \tag{6.1-19}$$

$$\psi = \sum_n \int_{k_\rho} g_n(k_\rho) B_n(k_\rho\rho)h(n\varphi)h(k_z z) dk_\rho \tag{6.1-20}$$

积分在复数平面的任意围线上进行，$f_n(k_z)$ 和 $g_n(k_\rho)$ 是根据边界条件确定的函数。式(6.1-19)构成傅里叶积分，式(6.1-20)构成傅里叶-贝塞尔积分。

6.1.3 TM 波和 TE 波的一般表示

根据第 5 章 5.1 节解的构成，可以在柱坐标系下，以波函数 ψ 表示对 z 方向任意的 TM 波或 TE 波。

令 $\vec{A} = \hat{i}_z \hat{\mu}\psi, \vec{A}_m = 0$，可以得到对 z 方向的任意 TM 波，各场量可以表示为

$$\left. \begin{array}{ll} \dot{E}_\rho = \dfrac{1}{\hat{y}} \dfrac{\partial^2 \psi}{\partial \rho \partial z}, & \dot{H}_\rho = \dfrac{1}{\rho} \dfrac{\partial \psi}{\partial \rho} \\ \dot{E}_\varphi = \dfrac{1}{\hat{y}\rho} \dfrac{\partial^2 \psi}{\partial \varphi \partial z}, & \dot{H}_\varphi = -\dfrac{\partial \psi}{\partial \rho} \\ \dot{E}_z = \dfrac{1}{\hat{y}}\left(\dfrac{\partial^2}{\partial z^2} + k^2\right)\psi, & \dot{H}_z = 0 \end{array} \right\} \tag{6.1-21}$$

上式中 ψ 及本征值 k_ρ、n、k_z 的具体形式由边界条件确定。令 $\vec{A}_m = \hat{i}_z \hat{\varepsilon}\psi, \vec{A} = 0$，可以得到对 z 方向的任意 TE 波，各场量可以表示为

$$\left.\begin{array}{ll} \dot{E}_\rho = -\dfrac{1}{\rho}\dfrac{\partial \psi}{\partial \rho}, & \dot{H}_\rho = \dfrac{1}{\hat{z}}\dfrac{\partial^2 \psi}{\partial \rho \partial z} \\[2mm] \dot{E}_\varphi = \dfrac{\partial \psi}{\partial \rho}, & \dot{H}_\varphi = \dfrac{1}{\hat{z}\rho}\dfrac{\partial^2 \psi}{\partial \varphi \partial z} \\[2mm] \dot{E}_z = 0, & \dot{H}_z = \dfrac{1}{\hat{z}}\left(\dfrac{\partial^2}{\partial z^2}+k^2\right)\psi \end{array}\right\} \quad (6.1-22)$$

上式中 ψ 及本征值 k_ρ、n、k_z 的具体形式由边界条件确定。$\dot{E}_z$ 和 $\dot{H}_z$ 都存在时的任意场可表示为式(6.1-21)和式(6.1-22)的叠加。

6.2 柱形波导

柱形波导是指沿 z 轴方向横截面几何和物理参数固定不变,并且横截面边界与柱坐标系的坐标面共形的波导,最常见的柱形波导为圆波导。柱形波导可以导引沿 z 轴方向的平面波。

6.2.1 圆波导

如图 6.2-1 所示为圆波导。在圆波导内,假设波沿 z 轴方向导行,即为沿 z 轴方向的行波,沿 φ 方向和 ρ 方向为驻波,其基本波函数可取为

$$\psi = J_n(k_\rho \rho) \begin{Bmatrix} \sin n\varphi \\ \cos n\varphi \end{Bmatrix} e^{-jk_z z} \quad (6.2-1)$$

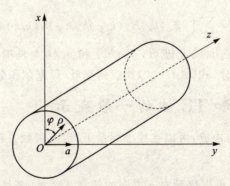

图 6.2-1 圆波导

式(6.2-1)中沿径向变化的函数选为第一类贝塞尔函数,是考虑到圆波导内 $\rho=0$ 处场应为有限值。对应于每一组分离常数 k_ρ、n、k_z 的基本波函数 ψ 代表一种模式或波型。除 $n=0$ 的情况之外,每一组分离常数对应两种不同极化的场模式,称为模式极化简并。

对 z 方向的 TM 波,可以用仅有 z 分量 $\hat{\mu}\psi$ 的磁矢位 $\vec{A}$ 来表示。将 $\hat{\mu}\psi$ 代入式(6.1-21),可以求得 TM 波的所有场量。电场强度的 z 方向分量可以表示为

$$\dot{E}_z = \dfrac{1}{\hat{y}}(k^2-k_z^2)\psi \quad (6.2-2)$$

在圆波导内壁应满足理想导体边界条件,可导出

$$\dot{E}_z\big|_{\rho=a}=0 \Rightarrow J_n(k_\rho a)=0 \quad (6.2-3)$$

即 $k_\rho a$ 应该为第一类贝塞尔函数 $J_n(x)$ 的零点,据此可以求出所有可能的分离常数 k_ρ。以 x_{np} 表示 n 阶贝塞尔函数的第 p 个零点,则有

$$k_\rho = \frac{x_{np}}{a} \tag{6.2-4}$$

从而 TM_{np} 模式的基本波函数可表示为

$$\psi_{np}^{TM} = J_n\left(\frac{x_{np}\rho}{a}\right)\begin{Bmatrix}\sin n\varphi \\ \cos n\varphi\end{Bmatrix} e^{-jk_z z} \tag{6.2-5}$$

式中,$n = 0, 1, 2, \cdots; p = 1, 2, 3, \cdots$,模式沿 z 轴方向为平面波,其相位常数 k_z 可由下式确定,即

$$\left(\frac{x_{np}}{a}\right)^2 + k_z^2 = k^2 \tag{6.2-6}$$

$$k_z = \sqrt{k^2 - \left(\frac{x_{np}}{a}\right)^2} \tag{6.2-7}$$

当 $k > k_c = k_\rho = \dfrac{x_{np}}{a}$ 时,对应模式导通;当 $k < k_c = k_\rho = \dfrac{x_{np}}{a}$ 时,对应模式截止。

对 z 方向的 TE 模式,可以由仅有 z 轴方向分量 $\hat{e}\psi$ 的 $\vec{A}_m$ 来表示,并由理想导体边界条件可导出

$$\dot{E}_\varphi\big|_{\rho=a} = \frac{\partial \psi}{\partial \rho}\bigg|_{\rho=a} = 0 \tag{6.2-8}$$

$$J_n'(k_\rho a) = 0 \tag{6.2-9}$$

分离常数 k_ρ 为

$$k_\rho = \frac{x'_{np}}{a} \tag{6.2-10}$$

x'_{np} 为 n 阶贝塞尔函数 $J_n(x)$ 导函数 $J_n'(x)$ 的第 p 个零点。圆波导中 TE_{np} 模式对应的基本波函数可表示为

$$\psi_{np}^{TE} = J_n\left(\frac{x'_{np}\rho}{a}\right)\begin{Bmatrix}\sin n\varphi \\ \cos n\varphi\end{Bmatrix} e^{-jk_z z} \tag{6.2-11}$$

式中,$n = 0, 1, 2, \cdots; p = 1, 2, 3, \cdots$。$TE_{np}$ 模式沿 z 轴方向的相位常数 k_z 可由下式确定,即

$$\left(\frac{x'_{np}}{a}\right)^2 + k_z^2 = k^2 \tag{6.2-12}$$

$$k_z = \sqrt{k^2 - \left(\frac{x'_{np}}{a}\right)^2} \tag{6.2-13}$$

当 $k > k_c = k_\rho = \dfrac{x'_{np}}{a}$ 时,对应模式导通;当 $k < k_c = k_\rho = \dfrac{x'_{np}}{a}$ 时,对应模式截止。对所有的 TM 和 TE 模式,可计算出截止频率和截止波长。

对 TM 波有

$$\left.\begin{aligned}(f_c)_{np}^{TM} &= \frac{x_{np}}{2\pi a\sqrt{\varepsilon\mu}} \\ (\lambda_c)_{np}^{TM} &= \frac{2\pi a}{x_{np}}\end{aligned}\right\} \tag{6.2-14}$$

对 TE 波有

$$(f_c)_{np}^{TE} = \frac{x'_{np}}{2\pi a \sqrt{\varepsilon\mu}}$$
$$(\lambda_c)_{np}^{TE} = \frac{2\pi a}{x'_{np}}$$
(6.2-15)

6.2.2 其他柱形波导

如图 6.2-2 所示，其他横截面边界与柱坐标系坐标面共形的柱形波导的解也可以在柱坐标系下分离变量求解。这些波导都是由覆盖整个 $\rho =$ 常数及 $\varphi =$ 常数坐标面的理想导体构成的。在求解时，均假设沿 z 方向为无限长。

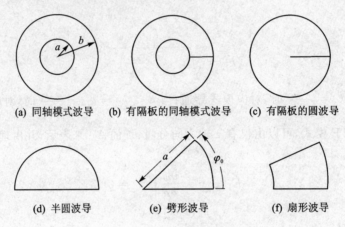

(a) 同轴模式波导   (b) 有隔板的同轴模式波导   (c) 有隔板的圆波导

(d) 半圆波导   (e) 劈形波导   (f) 扇形波导

图 6.2-2 各种柱形波导横截面示意图

6.3 环向波和径向波

在柱坐标系下，柱形波导可以存在沿轴向的导行波，也可以存在沿角向和径向的导行波，分别称为环向波和径向波。

6.3.1 环向波

在圆波导内可以有沿圆周方向传播的环向波，这是一种平面波，其等相位面是 $\varphi =$ 常数的平面，其基本波函数为

$$\psi = B_n(k_\rho \rho) h(k_z z) e^{\pm jn\varphi} \tag{6.3-1}$$

式中，$B_n(k_\rho \rho)$ 及 $h(k_z z)$ 是实函数。

6.3.2 径向波

沿半径方向传播的波称为径向波，这是一种柱面波，其基本波函数可以表示为

$$\psi = h(k_z z) h(n\varphi) \begin{Bmatrix} H_n^{(1)}(k_\rho \rho) \\ H_n^{(2)}(k_\rho \rho) \end{Bmatrix} \tag{6.3-2}$$

式中，$h(k_z z)$、$h(n\varphi)$ 是实函数。这些波沿半径方向传播，等相位面是 $\rho =$ 常数的圆柱面。

可支持径向波的基本结构有平行平板、劈、喇叭等,如图 6.3-1 所示。在求解时,均假设这些结构沿半径方向无限长。

对如图 6.3-1(a)所示的平行平板,平板间的波可以是平面波或径向柱面波,选用哪种波函数取决于激励方式。如果激励源是平板间的平行于 z 轴方向的线源,则该线源可以激励起垂直于线源方向传播的柱面波;如果激励源是平板间的平行于 z 轴方向的无限长面源,则该面源可以激励起垂直于面源方向传播的平面波。对柱面波,假设激励源位于 z 轴或无穷远,则在 $z=0$ 和 $z=a$ 平面满足电场强度切向分量 $\dot{E}_\rho = \dot{E}_\varphi = 0$ 边界条件的 TM 波函数为

$$\psi_{mn}^{\text{TM}} = \cos\left(\frac{m\pi}{a}z\right)\cos(n\varphi)\begin{Bmatrix} H_n^{(1)}(k_\rho\rho) \\ H_n^{(2)}(k_\rho\rho) \end{Bmatrix} \qquad (6.3-3)$$

式中,$m=0,1,2,\cdots;n=0,1,2,\cdots$。分离常量 k_ρ 为

$$k_\rho = \sqrt{k^2 - \left(\frac{m\pi}{a}\right)^2} \qquad (6.3-4)$$

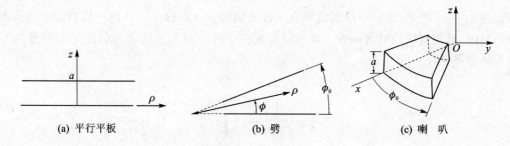

(a) 平行平板 (b) 劈 (c) 喇叭

图 6.3-1 径向波导

在 $z=0$ 和 $z=a$ 平面,满足电场强度切向分量 $\dot{E}_\rho = \dot{E}_\varphi = 0$ 边界条件的 TE 波函数为

$$\psi_{mn}^{\text{TE}} = \sin\left(\frac{m\pi}{a}z\right)\cos(n\varphi)\begin{Bmatrix} H_n^{(1)}(k_\rho\rho) \\ H_n^{(2)}(k_\rho\rho) \end{Bmatrix} \qquad (6.3-5)$$

式中,$m=1,2,3,\cdots;n=0,1,2,\cdots$。

径向波的相位常数是径向距离 ρ 的函数。对式(6.3-3)和式(6.3-5)的基本波函数 ψ,根据 $H_n^{(1)}$ 和 $H_n^{(2)}$ 的定义,相位常数为

$$\beta_\rho = \frac{\partial}{\partial\rho}\left[\arctan\frac{N_n(k_\rho\rho)}{J_n(k_\rho\rho)}\right] = \frac{2}{\pi\rho}\frac{1}{J_n^2(k_\rho\rho) + N_n^2(k_\rho\rho)} \qquad (6.3-6)$$

应用贝塞尔函数的渐近公式,对实数 k_ρ 可求得

$$\beta_\rho \xrightarrow[k_\rho\rho\to\infty]{} k_\rho \qquad (6.3-7)$$

即在半径趋于无穷大时,柱面波趋于平面波。

对如图 6.3-1(b)所示的劈形径向波导,对 z 方向的 TM 波,需在 $\varphi=0$ 和 $\varphi=\varphi_0$ 平面满足电场强度切向分量 $\dot{E}_z = 0$ 的边界条件,其基本波函数为

$$\psi_p^{\text{TM}} = \sin\left(\frac{p\pi}{\varphi_0}\varphi\right)\begin{Bmatrix} H_{p\pi/\varphi_0}^{(1)}(k_\rho\rho) \\ H_{p\pi/\varphi_0}^{(2)}(k_\rho\rho) \end{Bmatrix} \qquad (6.3-8)$$

对 z 方向的 TE 波,需在 $\varphi=0$ 和 $\varphi=\varphi_0$ 平面满足电场强度切向分量 $\dot{E}_\rho = 0$ 的边界条件,其基本波函数为

$$\psi_p^{\text{TE}} = \cos\left(\frac{p\pi}{\varphi_0}\varphi\right)\begin{Bmatrix} H_{p\pi/\varphi_0}^{(1)}(k_\rho \rho) \\ H_{p\pi/\varphi_0}^{(2)}(k_\rho \rho) \end{Bmatrix} \tag{6.3-9}$$

同理，对如图 6.3-1(c)所示的扇形喇叭波导，满足边界条件的 TM 模式和 TE 模式的基本波函数为

$$\psi_{mp}^{\text{TM}} = \cos\left(\frac{m\pi}{a}z\right)\sin\left(\frac{p\pi}{\varphi_0}\varphi\right)\begin{Bmatrix} H_{p\pi/\varphi_0}^{(1)}(k_\rho \rho) \\ H_{p\pi/\varphi_0}^{(2)}(k_\rho \rho) \end{Bmatrix} \tag{6.3-10}$$

$$\psi_{mp}^{\text{TE}} = \sin\left(\frac{m\pi}{a}z\right)\cos\left(\frac{p\pi}{\varphi_0}\varphi\right)\begin{Bmatrix} H_{p\pi/\varphi_0}^{(1)}(k_\rho \rho) \\ H_{p\pi/\varphi_0}^{(2)}(k_\rho \rho) \end{Bmatrix} \tag{6.3-11}$$

6.4 圆柱形谐振腔

如图 6.4-1 所示，如果一段圆波导在 z 轴方向的 $z=0$ 和 $z=d$ 两个横截面上均由理想导体所封闭，就得到圆柱形谐振腔。此时还需要在这两个面上满足电场强度切向分量为零的理想导体边界条件。

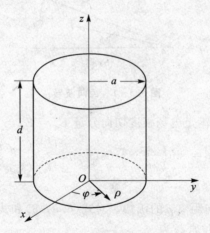

图 6.4-1 圆柱形谐振腔

对 z 方向的 TM 模式，基本波函数可表示为

$$\psi_{npq}^{\text{TM}} = J_n\left(\frac{x_{np}\rho}{a}\right)\begin{Bmatrix} \sin n\varphi \\ \cos n\varphi \end{Bmatrix}\cos\left(\frac{q\pi}{d}z\right) \tag{6.4-1}$$

$n = 0,1,2,\cdots; p = 1,2,3,\cdots; q = 0,1,2,\cdots$。

对 z 方向的 TE 模式，基本波函数可表示为

$$\psi_{npq}^{\text{TE}} = J_n\left(\frac{x'_{np}\rho}{a}\right)\begin{Bmatrix} \sin n\varphi \\ \cos n\varphi \end{Bmatrix}\sin\left(\frac{q\pi}{d}z\right) \tag{6.4-2}$$

$n = 0,1,2,\cdots; p = 1,2,3,\cdots; q = 1,2,3,\cdots$。

对 TM 模式和 TE 模式，分离常数方程为

$$\left(\frac{x_{np}}{a}\right)^2 + \left(\frac{q\pi}{d}\right)^2 = k^2 \tag{6.4-3}$$

$$\left(\frac{x'_{np}}{a}\right)^2 + \left(\frac{q\pi}{d}\right)^2 = k^2 \qquad (6.4-4)$$

已知 $k = 2\pi f\sqrt{\varepsilon\mu}$，可解出 TM 模式和 TE 模式的谐振频率为

$$\left.\begin{aligned}(f_r)_{npq}^{\text{TM}} &= \frac{1}{2\pi a\sqrt{\varepsilon\mu}}\sqrt{x_{np}^2 + \left(\frac{q\pi a}{d}\right)^2} \\ (f_r)_{npq}^{\text{TE}} &= \frac{1}{2\pi a\sqrt{\varepsilon\mu}}\sqrt{x'^{\,2}_{np} + \left(\frac{q\pi a}{d}\right)^2}\end{aligned}\right\} \qquad (6.4-5)$$

6.5 柱面波的源

无限长的理想线源可以激励起垂直于线源方向并沿半径方向传播的柱面波。不同阶的柱面波函数对应着不同的线源。本节均考虑柱面波的二维源，即源函数与 z 坐标无关。

6.5.1 无限长交流丝

如图 6.5-1 所示，假设存在沿 z 轴方向的无限长的定值交流丝，则其场为对 z 方向的 TM 模式，可用仅有 z 分量 $\hat{\mu}\psi$ 的 $\vec{A}$ 来表示，有

$$A_z = \hat{\mu}\psi = \hat{\mu}CH_0^{(2)}(k\rho) \qquad (6.5-1)$$

式(6.5-1)代表沿半径方向的外行波，式中 C 为一常数，可由安培环路定理确定：

$$\lim_{\rho\to 0}\oint \dot{H}_\varphi \rho\,\mathrm{d}\varphi = \dot{I} \qquad (6.5-2)$$

根据 $\dot{\vec{H}} = \dfrac{1}{\hat{\mu}}\nabla\times\vec{A}$，有

$$\dot{H}_\varphi = -\frac{\partial\psi}{\partial\rho} = -C\frac{\partial}{\partial\rho}\left[H_0^{(2)}(k\rho)\right] \stackrel{\rho\to 0}{\approx} \frac{\mathrm{j}2C}{\pi\rho}$$
$$(6.5-3)$$

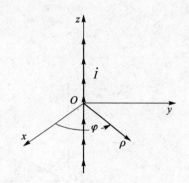

图 6.5-1 一条无线长的定值交流丝

可求得

$$C = \frac{\dot{I}}{4\mathrm{j}} \qquad (6.5-4)$$

因而有

$$A_z = \hat{\mu}\psi = \frac{\hat{\mu}\dot{I}}{4\mathrm{j}}H_0^{(2)}(k\rho) \qquad (6.5-5)$$

该交流丝是基本的二维源，根据式(6.2-21)可得其电磁场的表达式为

$$\left.\begin{aligned}\dot{E}_z &= \frac{-k^2\dot{I}}{4\omega\hat{\varepsilon}}H_0^{(2)}(k\rho) \\ \dot{H}_\varphi &= \frac{-k\dot{I}}{4\mathrm{j}}H_0^{(2)\prime}(k\rho)\end{aligned}\right\} \qquad (6.5-6)$$

根据上式可知，电场强度平行于交流丝，磁场强度环绕交流丝，等相位面是圆柱面，电场强度和磁场强度一般不同相。在远距离可得

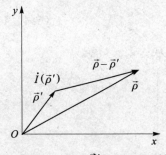

图 6.5-2 位于 $\vec{\rho}'$ 处平行于 z 轴的无限长交流丝

$$\left.\begin{array}{l}\dot{E}_z = -\eta k \dot{I} \sqrt{\dfrac{j}{8\pi k\rho}}\, e^{-jk\rho} \\[2mm] \dot{H}_\varphi = k \dot{I} \sqrt{\dfrac{j}{8\pi k\rho}}\, e^{-jk\rho}\end{array}\right\} \quad \rho \gg \lambda \qquad (6.5-7)$$

表示一外行波,在局部趋于平面波,波的幅度按 $\rho^{-\frac{1}{2}}$ 下降。

如图 6.5-2 所示,如果交流丝不是沿 z 轴,而是位于 $\vec{\rho}'$ 处,但平行于 z 轴,则其磁矢位可表示为

$$A_z(\vec{\rho}) = \frac{\hat{\mu} \dot{I}(\vec{\rho}')}{4j} H_0^{(2)}(k|\vec{\rho}-\vec{\rho}'|) \qquad (6.5-8)$$

6.5.2 较高阶的源

如图 6.5-3 所示,两条或更多的 z 轴方向电流丝的解能用每一电流元所产生的磁矢位 A_z 的总和来表示。推导可得:二维偶极子线源的磁矢位是阶数 $n=1$ 的柱面波函数,二维四极子线源的磁矢位是阶数 $n=2$ 的柱面波函数,即有

$$A_z = \frac{\hat{\mu} k \dot{I} s}{4j} H_1^{(2)}(k\rho) \cos\varphi \qquad (6.5-9)$$

$$A_z = \frac{\hat{\mu} k^2 \dot{I} s_1 s_2}{8j} H_2^{(2)}(k\rho) \sin 2\varphi \qquad (6.5-10)$$

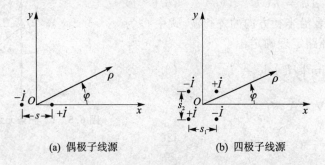

(a) 偶极子线源 (b) 四极子线源

图 6.5-3 较高阶的柱面波的源

二维 $2n$ 阶多极子线源的磁矢位为 n 阶柱面波函数。

对于无限长交流磁流丝,可以通过引入电矢位 $\vec{A}_m$ 代替 $\vec{A}$,通过对偶原理进行分析。

6.6 二维辐射

对电流或磁流的任意二维分布,可将其分为许多流丝元,再求所有的流丝元所形成的场的总和来构成所需要的解。如果 $\dot{j}_z$ 不依赖于 z,则对每一电流元 $\dot{j}_z dS'$ 产生的磁矢位为

$$dA_z = \frac{\hat{\mu} \dot{j}_z dS'}{4j} H_0^{(2)}(k|\vec{\rho}-\vec{\rho}'|) \qquad (6.6-1)$$

dS' 为垂直于 z 轴方向的面元。对整个源求和,可得

$$A_z = \frac{\hat{\mu}}{4\mathrm{j}} \int \dot{J}_z(\vec{\rho}') H_0^{(2)}(k|\vec{\rho}-\vec{\rho}'|) \mathrm{d}S' \tag{6.6-2}$$

对任意的二维电流分布 $\vec{J}(\vec{\rho}')$，可得磁矢位

$$\vec{A}(\vec{\rho}) = \frac{\hat{\mu}}{4\mathrm{j}} \int \vec{J}(\vec{\rho}') H_0^{(2)}(k|\vec{\rho}-\vec{\rho}'|) \mathrm{d}S' \tag{6.6-3}$$

对任意的二维磁流分布 $\vec{J}_\mathrm{m}(\vec{\rho}')$，可得电矢位

$$\vec{A}_\mathrm{m}(\vec{\rho}) = \frac{\hat{\varepsilon}}{4\mathrm{j}} \int \vec{J}_\mathrm{m}(\vec{\rho}') H_0^{(2)}(k|\vec{\rho}-\vec{\rho}'|) \mathrm{d}S' \tag{6.6-4}$$

当场点远离源点时，对于大的 $k|\vec{\rho}-\vec{\rho}'|$，可利用汉克尔函数渐近式

$$H_0^{(2)}(k|\vec{\rho}-\vec{\rho}'|) \to \sqrt{\frac{2\mathrm{j}}{\pi k|\vec{\rho}-\vec{\rho}'|}} \mathrm{e}^{-\mathrm{j}k|\vec{\rho}-\vec{\rho}'|} \tag{6.6-5}$$

且当 $\rho \gg \rho'$ 时，有

$$|\vec{\rho}-\vec{\rho}'| \to \rho - \rho' \cos(\varphi-\varphi') \tag{6.6-6}$$

此时矢位公式可以简化为

$$\left.\begin{aligned}\vec{A} &= \frac{\hat{\mu}\mathrm{e}^{-\mathrm{j}k\rho}}{\sqrt{8\mathrm{j}\pi k\rho}} \int \vec{J}(\rho') \mathrm{e}^{\mathrm{j}k\rho'\cos(\varphi-\varphi')} \mathrm{d}S' \\ \vec{A}_\mathrm{m} &= \frac{\hat{\varepsilon}\mathrm{e}^{-\mathrm{j}k\rho}}{\sqrt{8\mathrm{j}\pi k\rho}} \int \vec{J}_\mathrm{m}(\rho') \mathrm{e}^{\mathrm{j}k\rho'\cos(\varphi-\varphi')} \mathrm{d}S' \end{aligned}\right\} \tag{6.6-7}$$

根据电磁矢位可计算电流和磁流产生的电磁场。

6.7 波的变换

波的变换通常包括如下两种：
① 将某一种坐标制的基本波函数以另一种坐标制的基本波函数来表示；
② 同一种坐标制下坐标原点平移或坐标系旋转条件下波的变换，即不同参考位置波的变换。

对第①种，常见的有：平面波和柱面波的变换，平面波和球面波的变换，柱面波和球面波的变换。

6.7.1 平面波和柱面波的变换

在分析无限长理想导体圆柱对垂直入射平面波的散射场时，为了运算方便，需要将平面波函数变换为柱面波函数。假设平面波表示为 $\mathrm{e}^{-\mathrm{j}x}$，将其用柱面波来表示，有

$$\mathrm{e}^{-\mathrm{j}x} = \mathrm{e}^{-\mathrm{j}\rho\cos\varphi} = \sum_{n=-\infty}^{\infty} a_n J_n(\rho) \mathrm{e}^{\mathrm{j}n\varphi} \tag{6.7-1}$$

式中，a_n 是待定系数。波沿 z 方向均匀，所以取谐函数 $h(k_z z)=1$；波在原点有限，所以对径向坐标 ρ 的函数选为第一类贝塞尔函数；波沿 φ 方向有 2π 的周期性，所以 n 为整数。利用角向谐函数的正交性，将上式的两边同乘以 $\mathrm{e}^{-\mathrm{j}m\varphi}$，并从 0 到 2π 对 φ 积分，有

$$\int_0^{2\pi} e^{-j\rho\cos\varphi} e^{-jm\varphi} d\varphi = 2\pi a_m J_m(\rho) \tag{6.7-2}$$

式(6.7-2)左边对 ρ 求 m 次导数，并令 $\rho = 0$，可得

$$j^{-m}\int_0^{2\pi} \cos^m\varphi \, e^{-jm\varphi} d\varphi = \frac{2\pi j^{-m}}{2^m} \tag{6.7-3}$$

式(6.7-2)右边对 ρ 求 m 次导数，并令 $\rho = 0$，利用贝塞尔函数的性质，可得

$$2\pi a_m \frac{d^m[J_m(\rho)]}{d\rho^m}\bigg|_{\rho=0} = \frac{2\pi a_m}{2^m} \tag{6.7-4}$$

式(6.7-4)和式(6.7-3)应相等，比较可得

$$a_m = j^{-m} \tag{6.7-5}$$

从而有

$$e^{-jx} = e^{-j\rho\cos\varphi} = \sum_{n=-\infty}^{\infty} j^{-n} J_n(\rho) e^{jn\varphi} \tag{6.7-6}$$

$$J_n(\rho) = \frac{j^n}{2\pi}\int_0^{2\pi} e^{-j\rho\cos\varphi} e^{-jn\varphi} d\varphi \tag{6.7-7}$$

式(6.7-6)即是将平面波 e^{-jx} 以柱面波表示的波的变换，式(6.7-7)是第一类贝塞尔函数的积分表示式。对更一般的情况，假设波数为 k，则向 $+x$ 方向传播的平面波可以表示为

$$e^{-jkx} = e^{-jk\rho\cos\varphi} = \sum_{n=-\infty}^{\infty} j^{-n} J_n(k\rho) e^{jn\varphi} \tag{6.7-8}$$

$$J_n(k\rho) = \frac{j^n}{2\pi}\int_0^{2\pi} e^{-jk\rho\cos\varphi} e^{-jn\varphi} d\varphi \tag{6.7-9}$$

6.7.2 柱面波的相加原理

为方便分析导体圆柱对柱面波的散射等问题，另一种波的变换是相对于不同参考位置的柱面波之间的变换，即在同一坐标制下，仅由坐标原点平移或坐标系旋转所形成的柱面波之间的变换，这种变换关系又称为柱面波的相加原理或加法原理，反映的是作为自变量的空间坐标变换满足标量或矢量相加关系时，作为因变量的波函数之间的关系。

考虑波函数

$$\psi = H_0^{(2)}(|\vec{\rho} - \vec{\rho}\,'|) = H_0^{(2)}\left[\sqrt{\rho^2 + \rho'^2 - 2\rho\rho'\cos(\varphi - \varphi')}\right] \tag{6.7-10}$$

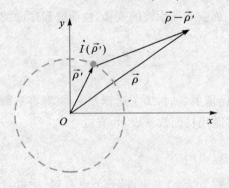

图 6.7-1 坐标原点平移

如图 6.7-1 所示，上式将 ψ 看作是在 $\vec{\rho}\,'$ 点的线源的场，并以原点在源所在位置的柱面波函数表示。下面改用以 $\rho = 0$ 为参考位置的柱面波函数来表示 ψ。

因为 $\psi = H_0^{(2)}(|\vec{\rho} - \vec{\rho}\,'|)$ 在 $\rho = 0$ 是有限的，且对 φ 有 2π 的周期性，因此，在 $\rho < \rho'$ 区域内，可以选用的圆柱坐标系中的二维波函数为 $J_n(\rho)e^{jn\varphi}$；在 $\rho > \rho'$ 区域内，因为 $\psi = H_0^{(2)}(|\vec{\rho} - \vec{\rho}\,'|)$ 代表向外行波，故可以选用的二维波函数为 $H_n^{(2)}(\rho)e^{jn\varphi}$。

由于 $\psi = H_0^{(2)}(|\vec{\rho} - \vec{\rho}'|)$ 满足源点和场点位置的互换性,即将场点位置 $\vec{\rho}$ 与源点位置 $\vec{\rho}'$ 互换,ψ 值不变,因而用圆柱坐标系中的二维波函数表示的 $\psi = H_0^{(2)}(|\vec{\rho} - \vec{\rho}'|)$ 展开式中,不带撇的场点坐标与带撇的源点坐标必须是对称的,因此,$\psi = H_0^{(2)}(|\vec{\rho} - \vec{\rho}'|)$ 可表示为

$$\psi = \begin{cases} \sum_{n=-\infty}^{\infty} b_n H_n^{(2)}(\rho') J_n(\rho) e^{jn(\varphi-\varphi')}, & \rho < \rho' \\ \sum_{n=-\infty}^{\infty} b_n J_n(\rho') H_n^{(2)}(\rho) e^{jn(\varphi-\varphi')}, & \rho > \rho' \end{cases} \quad (6.7-11)$$

式中,b_n 为待定常数。由于 ψ 是 $(\varphi - \varphi')$ 的偶函数,所以上式两个区域的角向函数均写成相同的形式。为了确定 b_n,令 $\rho' \to \infty$,$\varphi' = 0$,则有

$$[\rho^2 + \rho'^2 - 2\rho\rho'\cos(\varphi-\varphi')]^{\frac{1}{2}} \approx \rho' - \rho\cos\varphi \quad (6.7-12)$$

应用汉克尔函数在自变量趋于无穷大时的渐近表达式

$$\left. \begin{array}{l} H_n^{(1)}(x) \xrightarrow[x \to \infty]{} \sqrt{\dfrac{2}{j\pi x}} j^{-n} e^{jx} \\ H_n^{(2)}(x) \xrightarrow[x \to \infty]{} \sqrt{\dfrac{2j}{\pi x}} j^n e^{-jx} \end{array} \right\} \quad (6.7-13)$$

ψ 的原有表示式变为

$$\psi = H_0^{(2)}(|\vec{\rho} - \vec{\rho}'|) \xrightarrow[\substack{\rho' \to \infty \\ \varphi' = 0}]{} \sqrt{\dfrac{2j}{\pi \rho'}} e^{-j\rho'} e^{j\rho\cos\varphi} \quad (6.7-14)$$

而 ψ 的变换表达式变为

$$\psi \xrightarrow[\substack{\rho' \to \infty \\ \varphi' = 0}]{} \sqrt{\dfrac{2j}{\pi \rho'}} e^{-j\rho'} \sum_{n=-\infty}^{\infty} b_n j^n J_n(\rho) e^{jn\varphi} \quad (6.7-15)$$

由平面波的柱面波展开式(6.7-8)可导出

$$e^{jx} = e^{j\rho\cos\varphi} = \sum_{n=-\infty}^{\infty} j^{-n} J_n(-\rho) e^{jn\varphi} = \sum_{n=-\infty}^{\infty} j^{-n} \cdot j^{2n} J_n(\rho) e^{jn\varphi} = \sum_{n=-\infty}^{\infty} j^n J_n(\rho)^{jn\varphi} \quad (6.7-16)$$

将式(6.7-16)代入到式(6.7-14),并比较式(6.7-14)和式(6.7-15)可得 $b_n = 1$,从而有

$$H_0^{(2)}(|\vec{\rho} - \vec{\rho}'|) = \begin{cases} \sum_{n=-\infty}^{\infty} H_n^{(2)}(\rho') J_n(\rho) e^{jn(\varphi-\varphi')}, & \rho < \rho' \\ \sum_{n=-\infty}^{\infty} J_n(\rho') H_n^{(2)}(\rho) e^{jn(\varphi-\varphi')}, & \rho > \rho' \end{cases} \quad (6.7-17)$$

此式称为汉克尔函数的相加原理,上角标(2)换成(1)同样有效。根据 $H_n^{(1)} = H_n^{(2)*}$,将 $H_0^{(2)}$ 和 $H_0^{(1)}$ 的相加原理相加可得

$$J_0(|\vec{\rho} - \vec{\rho}'|) = \sum_{n=-\infty}^{\infty} J_n(\rho') J_n(\rho) e^{jn(\varphi-\varphi')} \quad (6.7-18)$$

式(6.7-18)称为第一类贝塞尔函数的相加原理。从 $H_0^{(1)}$ 的相加原理减去 $H_0^{(2)}$ 的相加原理,就得到第二类贝塞尔函数的相加原理。

6.8 圆柱对平面波的散射

如图 6.8-1 所示，对于平面波从理想介质（电磁参数为 μ、ε）入射于无限长理想导体圆柱的情况，可根据波的电场极化方向分为两种情况：一是电场极化方向平行于 z 轴，二是电场极化方向垂直于 z 轴。对任意椭圆极化波入射场，可以分解为上述两种线极化场的叠加。下面分别求解两种极化情况下理想导体圆柱的散射场。

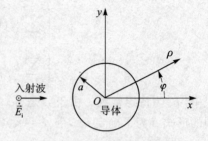

图 6.8-1 圆柱的散射

6.8.1 电场方向平行于 z 轴

如果入射波电场沿 z 轴方向极化，即电场方向平行于 z 轴，则入射波电场强度可表示为

$$\dot{E}_z^i = \dot{E}_0 e^{-jkx} = \dot{E}_0 e^{-jk\rho\cos\varphi} \tag{6.8-1}$$

应用波的变换公式(6.7-8)，将入射平面波表示成柱面波，有

$$\dot{E}_z^i = \dot{E}_0 \sum_{n=-\infty}^{\infty} j^{-n} J_n(k\rho) e^{jn\varphi} \tag{6.8-2}$$

有理想导体圆柱存在时，总场为入射场和散射场之和，即

$$\dot{E}_z = \dot{E}_z^i + \dot{E}_z^s \tag{6.8-3}$$

散射场为外行波，其关于径向坐标 ρ 的函数取为第二种汉克尔函数，设其电场强度为

$$\dot{E}_z^s = \dot{E}_0 \sum_{n=-\infty}^{\infty} j^{-n} a_n H_n^{(2)}(k\rho) e^{jn\varphi} \tag{6.8-4}$$

则总电场强度可以表示为

$$\dot{E}_z = \dot{E}_0 \sum_{n=-\infty}^{\infty} j^{-n} [J_n(k\rho) + a_n H_n^{(2)}(k\rho)] e^{jn\varphi} \tag{6.8-5}$$

在圆柱上，$\rho = a$，必须满足电场强度切向分量 $\dot{E}_z = 0$ 的边界条件，可求得

$$a_n = \frac{-J_n(ka)}{H_n^{(2)}(ka)} \tag{6.8-6}$$

从而可以确定散射场。圆柱上面的表面电流为

$$\dot{K}_z = \dot{H}_\varphi \big|_{\rho=a} = \frac{1}{j\omega\mu} \frac{\partial \dot{E}_z}{\partial \rho} \bigg|_{\rho=a} \tag{6.8-7}$$

应用式(6.8-5)和式(6.8-6)，可得

$$\dot{K}_z = \frac{-2\dot{E}_0}{\omega\mu\pi a} \sum_{n=-\infty}^{\infty} \frac{j^{-n} e^{jn\varphi}}{H_n^{(2)}(ka)} \tag{6.8-8}$$

在一细圆柱上，$n = 0$ 项变为主要的，圆柱等效于一电流丝，应用 $H_0^{(2)}$ 函数的小自变数公式，可求得总电流为

$$\dot{I} = \int_0^{2\pi} \dot{K}_z a \, d\varphi \approx \frac{2\pi \dot{E}_0}{j\omega\mu \ln ka} \tag{6.8-9}$$

由此可知，在一细圆柱线上的电流和入射场相位差 $90°$。

6.8.2 电场方向垂直于 z 轴

当入射波电场极化方向垂直于 z 轴方向时,入射波磁场强度可以表示为

$$\dot{H}_z^i = \dot{H}_0 e^{-jkx} = \dot{H}_0 \sum_{n=-\infty}^{\infty} j^{-n} J_n(k\rho) e^{jn\varphi} \tag{6.8-10}$$

总磁场强度可以表示为入射场和散射场之和,即

$$\dot{H}_z = \dot{H}_z^i + \dot{H}_z^s \tag{6.8-11}$$

散射场为外行波,设其磁场强度为

$$\dot{H}_z^s = \dot{H}_0 \sum_{n=-\infty}^{\infty} j^{-n} b_n H_n^{(2)}(k\rho) e^{jn\varphi} \tag{6.8-12}$$

则总磁场强度为

$$\dot{H}_z = \dot{H}_0 \sum_{n=-\infty}^{\infty} j^{-n} [J_n(k\rho) + b_n H_n^{(2)}(k\rho)] e^{jn\varphi} \tag{6.8-13}$$

边界条件为:$\rho = a$,$\dot{E}_\varphi = 0$,根据场方程有

$$\dot{E}_\varphi = \frac{1}{j\omega\varepsilon}(\nabla \times \hat{i}_z H_z)_\varphi = \frac{jk}{\omega\varepsilon} \dot{H}_0 \sum_{n=-\infty}^{\infty} j^{-n} [J_n'(k\rho) + b_n H_n'^{(2)}(k\rho)] e^{jn\varphi} \tag{6.8-14}$$

将边界条件代入可求得

$$b_n = \frac{-J_n'(ka)}{H_n'^{(2)}(ka)} \tag{6.8-15}$$

当入射波电场极化方向垂直于 z 轴方向时,圆柱上的表面电流为

$$\dot{K}_\varphi = \dot{H}_z|_{\rho=a} = \frac{j2\dot{H}_0}{\pi ka} \sum_{n=-\infty}^{\infty} \frac{j^{-n} e^{jn\varphi}}{H_n'^{(2)}(ka)} \tag{6.8-16}$$

对任意电场极化的入射波情况,可以用式(6.8-1)和式(6.8-10)的叠加来处理。

习题六

6-1 ① 证明 $\psi = \ln \rho e^{-jkz}$ 是标量亥姆霍兹方程的一个解。② 按照式(6.1-21)确定此 ψ 所形成的 TM 场。③ 在 $z =$ 常数 的平面上绘出瞬时电场线和磁场线示意图。④ 什么样的实际结构能支持这种波?⑤ 重复 TE 波的情况。

6-2 一个圆波导的主模式截止频率为 9 GHz。① 如果它是空气填充的,其内直径是多少?② 求以后 10 个最低阶模式的截止频率。③ 重复 $\varepsilon_r = 4$ 的情况。

6-3 证明图 6.1 所示的劈形波导能支持

$$\psi^{TM} = J_n(k_\rho \rho) \sin n\varphi e^{\pm jk_z z}$$

所规定的各种 TM 模式,式中

$$n = \frac{\pi}{\varphi_0}, \frac{2\pi}{\varphi_0}, \frac{3\pi}{\varphi_0}, \ldots$$

而 $k_\rho a$ 是 $J_n(x)$ 的零点。同时可以支持

$$\psi^{TE} = J_n(k_\rho \rho) \cos n\varphi e^{\pm jk_z z}$$

所规定的各种 TE 模式，式中

$$n = 0, \frac{\pi}{\varphi_0}, \frac{2\pi}{\varphi_0}, \cdots$$

而 $k_\rho a$ 是 $J'_n(x)$ 的零点。

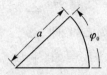

图 6.1 题 6-3 图

6-4 考虑由同心理想导体圆筒 $\rho = a$ 和 $\rho = b$ 所形成的二维"环形波导"。如果 n 是

$$-\frac{B}{A} = \frac{J_n(ka)}{N_n(ka)} = \frac{J_n(kb)}{N_n(kb)}$$

的根，证明波函数 $\psi = [AJ_n(k\rho) + BN_n(k\rho)]\mathrm{e}^{-\mathrm{j}n\varphi}$ 按照式(6.1-21)规定对 z 的 TM 环形模式。如果 n 是

$$-\frac{B}{A} = \frac{J'_n(ka)}{N'_n(ka)} = \frac{J'_n(kb)}{N'_n(kb)}$$

的根，证明上面的波函数按照式(6.1-22)规定对 z 的 TE 环形模式。

6-5 证明二维圆柱形谐振腔(无 z 方向变化，导体是在 $\rho = a$ 的柱面)的谐振频率等于圆波导的截止频率。

6-6 如图 6.2 所示为一沿 z 轴的二维 x 方向线电流元，证明其场可得自 $\vec{H} = \frac{1}{\mu}\boldsymbol{\nabla}\times\vec{A}$，式中

$$A_z = \hat{\mu}\frac{\dot{I}_x l}{4\mathrm{j}}H_0^{(2)}(k\rho)$$

证明这个场与在 $y = -s/2$ 处的 z 轴方向线磁流 $+\dot{I}_\mathrm{m}$ 和在 $y = s/2$ 处的 z 轴方向线磁流 $-\dot{I}_\mathrm{m}$ 在 $s \to 0$ 时所形成的二维磁偶极子的场相同。

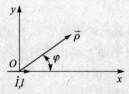

图 6.2 题 6-6 图

6-7 推导下列波的变换：

$$\sin(\rho\sin\varphi) = 2\sum_{n=0}^{\infty}J_{2n+1}(\rho)\sin[(2n+1)\varphi]$$

第 7 章 球面波

引 言

在无源空间的电磁波,除了可以按平面波函数、柱面波函数的形式存在以外,还可以按球面波函数的形式存在。本章将学习标量齐次波方程在球坐标系下的解——球面波函数。

7.1 波函数

7.1.1 波动方程在球坐标系下的解

如图 7.1-1 所示,在球坐标系下的坐标变量选为 r、θ、φ,标量波方程的形式为

$$\frac{1}{r^2}\frac{\partial}{\partial r}\left(r^2\frac{\partial \psi}{\partial r}\right) + \frac{1}{r^2\sin\theta}\frac{\partial}{\partial \theta}\left(\sin\theta\frac{\partial \psi}{\partial \theta}\right) + \frac{1}{r^2\sin^2\theta}\frac{\partial^2 \psi}{\partial \varphi^2} + k^2\psi = 0 \quad (7.1-1)$$

分离变量有

$$\psi = R(r)\Theta(\theta)\phi(\varphi) \quad (7.1-2)$$

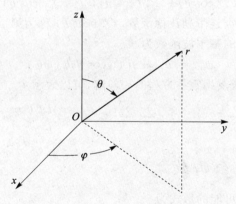

图 7.1-1 球坐标系

将式(7.1-2)代入到式(7.1-1),并除以 ψ,乘以 $r^2\sin^2\theta$,可得

$$\frac{\sin^2\theta}{R}\frac{d}{dr}\left(r^2\frac{dR}{dr}\right) + \frac{\sin\theta}{\Theta}\frac{d}{d\theta}\left(\sin\theta\frac{d\Theta}{d\theta}\right) + \frac{1}{\phi}\frac{d^2\phi}{d\varphi^2} + k^2r^2\sin^2\theta = 0 \quad (7.1-3)$$

考虑到 r、θ、φ 坐标的独立性,上式中关于 φ 坐标的函数应该等于常数,可分离出

$$\frac{1}{\phi}\frac{d^2\phi}{d\varphi^2} = -m^2 \quad (7.1-4)$$

将上式代入式(7.1-3),并除以 $\sin^2\theta$,可得

$$\frac{1}{R}\frac{\mathrm{d}}{\mathrm{d}r}\left(r^2\frac{\mathrm{d}R}{\mathrm{d}r}\right)+\frac{1}{\Theta\sin\theta}\frac{\mathrm{d}}{\mathrm{d}\theta}\left(\sin\theta\frac{\mathrm{d}\Theta}{\mathrm{d}\theta}\right)-\frac{m^2}{\sin^2\theta}+k^2r^2=0 \qquad (7.1-5)$$

考虑到 r、θ 坐标的独立性,上式中关于 r、θ 坐标的函数均应该等于常数,可分离出

$$\frac{1}{\Theta\sin\theta}\frac{\mathrm{d}}{\mathrm{d}\theta}\left(\sin\theta\frac{\mathrm{d}\Theta}{\mathrm{d}\theta}\right)-\frac{m^2}{\sin^2\theta}=-n(n+1) \qquad (7.1-6)$$

$$\frac{1}{R}\frac{\mathrm{d}}{\mathrm{d}r}\left(r^2\frac{\mathrm{d}R}{\mathrm{d}r}\right)-n(n+1)+k^2r^2=0 \qquad (7.1-7)$$

所有分离出的常微分方程写在一起为

$$\left.\begin{array}{l}\dfrac{\mathrm{d}}{\mathrm{d}r}\left(r^2\dfrac{\mathrm{d}R}{\mathrm{d}r}\right)+\left[(kr)^2-n(n+1)\right]R=0 \\[2mm] \dfrac{1}{\sin\theta}\dfrac{\mathrm{d}}{\mathrm{d}\theta}\left(\sin\theta\dfrac{\mathrm{d}\Theta}{\mathrm{d}\theta}\right)+\left[n(n+1)-\dfrac{m^2}{\sin^2\theta}\right]\Theta=0 \\[2mm] \dfrac{\mathrm{d}^2\phi}{\mathrm{d}\varphi^2}+m^2\phi=0\end{array}\right\} \qquad (7.1-8)$$

其中关于 ϕ 的方程为谐方程,其解为谐函数 $h(m\varphi)$,表示沿 φ 方向的平面波。$h(m\varphi)$ 可能的形式有:$\cos m\varphi$、$\sin m\varphi$、$\mathrm{e}^{jm\varphi}$、$\mathrm{e}^{-jm\varphi}$。

关于 R 的方程为 n 阶球贝塞尔方程,解为 n 阶球贝塞尔函数 $b_n(kr)$,表示沿径向的球面波,可以用柱面贝塞尔函数表示为

$$b_n(kr)=\sqrt{\frac{\pi}{2kr}}B_{n+1/2}(kr) \qquad (7.1-9)$$

关于 Θ 的方程为 m 阶 n 次连带勒让德方程,其解为 m 阶 n 次连带勒让德函数 $L_n^m(\cos\theta)$,具体为

$$L_n^m(\cos\theta)\sim P_n^m(\cos\theta), \qquad Q_n^m(\cos\theta) \qquad (7.1-10)$$

式中,$P_n^m(\cos\theta)$ 称为第一类连带勒让德函数,$Q_n^m(\cos\theta)$ 称为第二类连带勒让德函数。

综上所述,球坐标系下的基本波函数为

$$\psi_{m,n}=b_n(kr)L_n^m(\cos\theta)h(m\varphi) \qquad (7.1-11)$$

基本波函数的线性组合构成亥姆霍兹方程的一般解,可以表示为

$$\psi=\sum_m\sum_n C_{m,n}\psi_{m,n}=\sum_m\sum_n C_{m,n}b_n(kr)L_n^m(\cos\theta)h(m\varphi) \qquad (7.1-12)$$

式中,$C_{m,n}$ 是常数。

7.1.2 球贝塞尔函数

球贝塞尔函数 $b_n(kr)$ 可能的形式为

$$b_n(kr)\sim j_n(kr), \quad n_n(kr), \quad h_n^{(1)}(kr), \quad h_n^{(2)}(kr) \qquad (7.1-13)$$

定性看,球贝塞尔函数和相应的柱面贝塞尔函数行为是相同的。当 k 是实数时,$j_n(kr)$ 和 $n_n(kr)$ 代表驻波,$h_n^{(1)}(kr)$ 代表内行波,$h_n^{(2)}(kr)$ 代表外行波。

当变量 $x=kr\to\infty$ 时,球贝塞尔函数的渐近公式为

$$j_m(x)\to\frac{1}{x}\cos\left[x-(m+1)\frac{\pi}{2}\right] \qquad (7.1-14)$$

$$n_m(x)\to\frac{1}{x}\sin\left[x-(m+1)\frac{\pi}{2}\right] \qquad (7.1-15)$$

$$h_m^{(1)}(x) \to \frac{1}{x} e^{j\left[x-(m+1)\frac{\pi}{2}\right]} \qquad (7.1-16)$$

$$h_m^{(2)}(x) \to \frac{1}{x} e^{-j\left[x-(m+1)\frac{\pi}{2}\right]} \qquad (7.1-17)$$

整数阶球贝塞尔函数可以用初等函数表示为

$$j_n(x) = x^n \left(-\frac{\mathrm{d}}{x\mathrm{d}x}\right)^n \left(\frac{\sin x}{x}\right) \qquad (7.1-18)$$

例如当 $n=0$ 时,各类球贝塞尔函数为

$$j_0(x) = \frac{\sin x}{x} \qquad (7.1-19)$$

$$n_0(x) = -\frac{\cos x}{x} \qquad (7.1-20)$$

$$h_0^{(1)}(x) = \frac{e^{jx}}{jx} \qquad (7.1-21)$$

$$h_0^{(2)}(x) = \frac{e^{-jx}}{-jx} \qquad (7.1-22)$$

与柱面贝塞尔函数类似,对包含 $r=0$ 的内部边值问题,在 $r=0$ 处为有限值的唯一球贝塞尔函数为 $j_n(kr)$,表示沿径向的驻波;在 $r\to\infty$ 的外部边值问题中,代表球外有意义场的球贝塞尔函数为 $h_n^{(2)}(kr)$,表示沿径向的外行波。

7.1.3 勒让德函数

连带勒让德函数 $P_n^m(\cos\theta)$ 和 $Q_n^m(\cos\theta)$ 表示球面上沿 θ 方向的驻波。图 7.1-2 和图 7.1-3 是 $m=0$ 时的几种勒让德函数曲线。

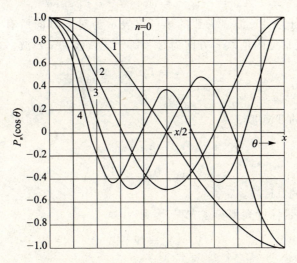

图 7.1-2 第一类勒让德函数 $P_n(\cos\theta)$

对连带勒让德函数,除了 n 为整数的 $P_n^m(\cos\theta)$ 以外,其他所有的解在 $\theta=0$ 或 $\theta=\pi$ 都有奇异点。故如果 ψ 在包括 0 到 π 的 θ 区间内是有限的,则 n 必定为一整数,且 $L_n^m(\cos\theta)$ 必为 $P_n^m(\cos\theta)$。

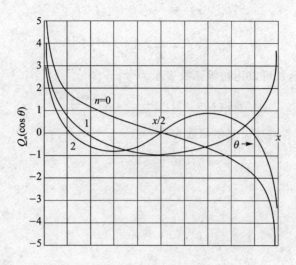

图 7.1-3　第二类勒让德函数 $Q_n(\cos\theta)$

7.1.4　TM 波和 TE 波的一般表示

在球坐标系下，以波函数 ψ 表示电磁场时，仍可以按 z 轴方向为参考分为 TM 波和 TE 波。选择磁矢位

$$\vec{A} = \hat{i}_z\hat{\mu}\psi = \hat{i}_r\hat{\mu}\psi\cos\theta - \hat{i}_\theta\hat{\mu}\psi\sin\theta \tag{7.1-23}$$

可以表示对 z 方向的任意 TM 波。选择电矢位

$$\vec{A}_\mathrm{m} = \hat{i}_z\hat{\varepsilon}\psi = \hat{i}_r\hat{\varepsilon}\psi\cos\theta - \hat{i}_\theta\hat{\varepsilon}\psi\sin\theta \tag{7.1-24}$$

可以表示对 z 方向的任意 TE 波。一般的场可以表示为对 z 方向所有 TM 场和 TE 场的叠加。在球坐标系下，更常见的是以 $\vec{r}$ 方向为参考划分 TM 波和 TE 波。令

$$\left.\begin{array}{l}\vec{A} = \hat{i}_r\hat{\mu}A_r\\ \vec{A}_\mathrm{m} = 0\end{array}\right\} \tag{7.1-25}$$

则可以表示对 r 方向的 TM 波。令

$$\left.\begin{array}{l}\vec{A}_\mathrm{m} = \hat{i}_r\hat{\varepsilon}A_{mr}\\ \vec{A} = 0\end{array}\right\} \tag{7.1-26}$$

则可以表示对 r 方向的 TE 波。

A_r、A_{mr} 本身不满足标量亥姆霍兹方程，因为

$$\left.\begin{array}{l}(\nabla^2\vec{A})_r \neq \nabla^2 A_r\\ (\nabla^2\vec{A}_\mathrm{m})_r \neq \nabla^2 A_{mr}\end{array}\right\} \tag{7.1-27}$$

要确定 A_r 和 A_{mr} 所满足的方程，可直接利用矢量位满足的矢量波动方程式(5.1-6)。在式(5.1-6)中，令 $\vec{A} = \hat{i}_r A_r$，并在球坐标系下展开第一式，所得 θ 和 φ 分量方程分别是

$$\left.\begin{array}{l}\dfrac{\partial^2 A_r}{\partial r\partial\theta}=-\hat{\mu}\hat{y}\;\dfrac{\partial\Phi}{\partial\theta}\\[2mm]\dfrac{\partial^2 A_r}{\partial r\partial\varphi}=-\hat{\mu}\hat{y}\;\dfrac{\partial\Phi}{\partial\varphi}\end{array}\right\}\qquad(7.1-28)$$

上式中,如果选择

$$-\hat{\mu}\hat{y}\Phi = \dfrac{\partial A_r}{\partial r} \qquad (7.1-29)$$

则式(7.1-28)同样满足。

将式(7.1-29)代入到式(5.1-6)的第一式所得的 r 分量方程,有

$$\dfrac{\partial^2 A_r}{\partial r^2}+\dfrac{1}{r^2\sin\theta}\dfrac{\partial}{\partial\theta}\left(\sin\theta\dfrac{\partial A_r}{\partial\theta}\right)+\dfrac{1}{r^2\sin^2\theta}\dfrac{\partial^2 A_r}{\partial\varphi^2}+k^2 A_r=0 \qquad (7.1-30)$$

可以证明此式即为

$$(\nabla^2+k^2)\dfrac{A_r}{r}=0 \qquad (7.1-31)$$

所以 $\dfrac{A_r}{r}$ 是标量波方程的解。

同理可以推得电矢位径向分量 A_{mr} 所满足的方程为

$$(\nabla^2+k^2)\dfrac{A_{mr}}{r}=0 \qquad (7.1-32)$$

因而 $\dfrac{A_{mr}}{r}$ 也是标量波方程的解。

为此,如果选择

$$\vec{A}=\vec{r}\hat{\mu}\psi^{\text{TM}}=\hat{i}_r\hat{\mu}r\psi^{\text{TM}} \qquad (7.1-33)$$

及

$$\vec{A}_m=\vec{r}\hat{\varepsilon}\psi^{\text{TE}}=\hat{i}_r\hat{\varepsilon}r\psi^{\text{TE}} \qquad (7.1-34)$$

$\vec{r}=\hat{i}_r r$ 为从原点出发的矢径,则 ψ^{TM}、ψ^{TE} 均满足标量亥姆霍兹方程,是球坐标系下的标量波函数。电磁场解可表示为

$$\left.\begin{array}{l}\dot{\vec{E}}=-\nabla\times\vec{r}\psi^{\text{TE}}+\dfrac{1}{\hat{y}}\nabla\times\nabla\times\vec{r}\psi^{\text{TM}}\\[2mm]\dot{\vec{H}}=\nabla\times\vec{r}\psi^{\text{TM}}+\dfrac{1}{\hat{z}}\nabla\times\nabla\times\vec{r}\psi^{\text{TE}}\end{array}\right\} \qquad (7.1-35)$$

引入另一种类型的球面贝塞尔函数,定义为

$$\hat{B}_n(kr)=krb_n(kr)=\sqrt{\dfrac{\pi kr}{2}}B_{n+1/2}(kr) \qquad (7.1-36)$$

其定性行为与相应的柱面贝塞尔函数相同。

以 $\hat{B}_n$ 表示的 A_r 和 A_{mr} 的一般形式为

$$\sum_{m,n}C_{m,n}\hat{B}_n(kr)L_n^m(\cos\theta)h(m\varphi) \qquad (7.1-37)$$

在求出 A_r、A_{mr} 后,电磁场可以表示为

$$\left.\begin{aligned}\dot{E}_r &= \frac{1}{\hat{\mu}\hat{y}}\left(\frac{\partial^2}{\partial r^2}+k^2\right)A_r \\ \dot{E}_\theta &= \frac{1}{\hat{\varepsilon}}\frac{-1}{r\sin\theta}\frac{\partial A_{mr}}{\partial\varphi}+\frac{1}{\hat{\mu}\hat{y}r}\frac{\partial^2 A_r}{\partial r\partial\theta} \\ \dot{E}_\varphi &= \frac{1}{\hat{\varepsilon}}\frac{1}{r}\frac{\partial A_{mr}}{\partial\theta}+\frac{1}{\hat{\mu}\hat{y}r\sin\theta}\frac{\partial^2 A_r}{\partial r\partial\varphi} \\ \dot{H}_r &= \frac{1}{\hat{\varepsilon}\hat{z}}\left(\frac{\partial^2}{\partial r^2}+k^2\right)A_{mr} \\ \dot{H}_\theta &= \frac{1}{\hat{\mu}}\frac{1}{r\sin\theta}\frac{\partial A_r}{\partial\varphi}+\frac{1}{\hat{\varepsilon}\hat{z}r}\frac{\partial^2 A_{mr}}{\partial r\partial\theta} \\ \dot{H}_\varphi &= -\frac{1}{\hat{\mu}}\frac{1}{r}\frac{\partial A_r}{\partial\theta}+\frac{1}{\hat{\varepsilon}\hat{z}r\sin\theta}\frac{\partial^2 A_{mr}}{\partial r\partial\varphi}\end{aligned}\right\} \quad (7.1-38)$$

当 $A_{mr}=0$、$A_r\neq 0$ 时,得到对 r 方向的 TM 场;当 $A_r=0$、$A_{mr}\neq 0$ 时,得到对 r 方向的 TE 场。

7.2 球面上的正交关系

7.2.1 m 阶 n 次连带勒让德函数和带谐函数

对 m 阶 n 次连带勒让德函数 $P_n^m(\cos\theta)$,在 θ 的 0 到 π 区间构成完备正交函数系。以同一 m 而不同 n 的连带勒让德函数为基本函数族,可在区间 $0\leqslant\theta\leqslant\pi$ 上,把函数 $f(\theta)$ 展开为广义傅里叶级数,有

$$f(\theta)=\sum_{n=m}^{\infty}a_n P_n^m(\cos\theta) \quad (7.2-1)$$

系数为

$$a_n=\frac{2n+1}{2}\frac{(n-m)!}{(n+m)!}\int_0^\pi f(\theta)P_n^m(\cos\theta)\sin\theta\mathrm{d}\theta \quad (7.2-2)$$

在单位球面上,$m=0$ 时,勒让德函数 $P_n(\cos\theta)$ 将球面沿 θ 方向分成 $n+1$ 个带域,球面驻波有 n 条波节线,函数值在其上正负交替,故称 $P_n(\cos\theta)$ 为带谐函数。

带谐函数 $P_n(\cos\theta)$ 在 θ 的 0 到 π 区间构成完备正交函数系。以带谐函数 $P_n(\cos\theta)$ 为基本函数族,可在区间 $0\leqslant\theta\leqslant\pi$ 上,把函数 $f(\theta)$ 展开为广义傅里叶级数,有

$$f(\theta)=\sum_{n=0}^{\infty}a_n P_n(\cos\theta) \quad (7.2-3)$$

系数为

$$a_n=\frac{2n+1}{2}\int_0^\pi f(\theta)P_n(\cos\theta)\sin\theta\mathrm{d}\theta \quad (7.2-4)$$

7.2.2 球谐函数和格谐函数

球面波函数中的连带勒让德函数与关于 φ 的谐函数的乘积常称为球函数或球谐函数,以

$S_n^m(\theta,\varphi)$ 表示：

$$S_n^m(\theta,\varphi) = P_n^m(\cos\theta) \begin{Bmatrix} e^{jm\varphi} \\ e^{-jm\varphi} \\ \cos m\varphi \\ \sin m\varphi \end{Bmatrix} \quad (7.2-5)$$

式中，变量 θ 及 φ 的取值范围分别为 $0 \leqslant \theta \leqslant \pi$ 及 $0 \leqslant \varphi \leqslant 2\pi$。

在单位球面上，球函数 $P_n^m(\cos\theta)\sin m\varphi$ 和函数 $P_n^m(\cos\theta)\cos m\varphi$ 是周期性的，表示沿 θ 方向（经线方向）、φ 方向（纬线方向）两方向的驻波，标号 m、n 决定了球面上驻波波节线的数目。

若 $m \neq 0$，则平行于赤道的波节线的数目为 $n-m$，即球面上驻波共有 $n-m$ 条波节纬线。此时还有 m 条波节经线，球面被分割成矩形域或方格，在其上函数正负交替，形成格状，故函数 $P_n^m(\cos\theta)\cos m\varphi$ 和 $P_n^m(\cos\theta)\sin m\varphi$ 又称为格谐函数或田谐函数，可以表示为

$$\left. \begin{aligned} T_{mn}^e(\theta,\varphi) &= P_n^m(\cos\theta)\cos m\varphi \\ T_{mn}^o(\theta,\varphi) &= P_n^m(\cos\theta)\sin m\varphi \end{aligned} \right\} \quad (7.2-6)$$

图 7.2-1 是格谐函数 $P_5^3(\cos\theta)\sin 3\varphi$ 在展开球面上的分布。可以看到，沿 φ 方向有三条波节经线（$\varphi=0°$、$180°$，$\varphi=60°$、$-120°$，$\varphi=120°$、$-60°$），沿 θ 方向有两条波节纬线（$\theta=70.5°$、$\theta=109.5°$）。格谐函数在球面上（$0 \leqslant \theta \leqslant \pi$ 及 $0 \leqslant \varphi \leqslant 2\pi$）构成正交函数系。对任一良态函数 $f(\theta,\varphi)$，可在球面上按格谐函数展开，表示为

$$f(\theta,\varphi) = \sum_{n=0}^{\infty}\sum_{m=0}^{\infty} a_{mn}T_{mn}^e + b_{mn}T_{mn}^o =$$

$$\sum_{n=0}^{\infty}\sum_{m=0}^{\infty} (a_{mn}\cos m\varphi + b_{mn}\sin m\varphi)P_n^m(\cos\theta) \quad (7.2-7)$$

系数为

$$\left. \begin{aligned} a_{0n} &= \frac{2n+1}{4\pi}\int_0^{2\pi}d\varphi\int_0^{\pi}d\theta f(\theta,\varphi)\sin\theta \\ a_{mn} &= \frac{2n+1}{2\pi}\frac{(n-m)!}{(n+m)!}\int_0^{2\pi}d\varphi\int_0^{\pi}d\theta f(\theta,\varphi)T_{mn}^e(\theta,\varphi)\sin\theta \\ b_{mn} &= \frac{2n+1}{2\pi}\frac{(n-m)!}{(n+m)!}\int_0^{2\pi}d\varphi\int_0^{\pi}d\theta f(\theta,\varphi)T_{mn}^o(\theta,\varphi)\sin\theta \end{aligned} \right\} \quad (7.2-8)$$

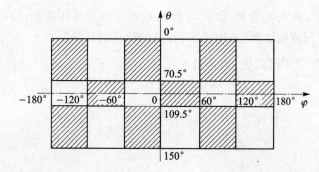

图 7.2-1 格谐函数 $P_5^3(\cos\theta)\sin 3\varphi$ 在球面的分布

将格谐函数乘以一组任意常数，然后相加，获得 n 次面谐函数，有

$$Y_n(\theta,\varphi) = \sum_{m=0}^{n}(a_{nm}\cos m\varphi + b_{nm}\sin m\varphi)P_n^m(\cos\theta) \qquad (7.2-9)$$

面谐函数亦构成球面上的完备正交系。

7.3 球形波导

7.3.1 空间作为波导

在球坐标系下,可以将整个无界空间看成是"波导",可以导引沿径向的内行波或外行波。对沿径向的 TM 波,可由下面的球面波函数导出,即

$$(A_r)_{mn}^{\mathrm{i}} = \hat{\mu} T_{mn}^{\mathrm{i}}(\theta,\varphi)\begin{Bmatrix}\hat{H}_n^{(1)}(kr)\\ \hat{H}_n^{(2)}(kr)\end{Bmatrix} \qquad (7.3-1)$$

电场强度和磁场强度为

$$\dot{\vec{H}}_{mn}^{\mathrm{TMi}} = \frac{1}{\hat{\mu}}\nabla\times\hat{i}_r(A_r)_{mn}^{\mathrm{i}} \qquad (7.3-2)$$

$$\dot{\vec{E}}_{mn}^{\mathrm{TMi}} = \frac{1}{\hat{y}}\nabla\times\dot{\vec{H}}_{mn}^{\mathrm{TMi}} \qquad (7.3-3)$$

对沿径向的 TE 波,可由下面的球面波函数导出,即

$$(A_{mr})_{mn}^{\mathrm{i}} = \hat{\varepsilon} T_{mn}^{\mathrm{i}}(\theta,\varphi)\begin{Bmatrix}\hat{H}_n^{(1)}(kr)\\ \hat{H}_n^{(2)}(kr)\end{Bmatrix} \qquad (7.3-4)$$

电场强度和磁场强度为

$$\dot{\vec{E}}_{mn}^{\mathrm{TEi}} = -\frac{1}{\hat{\varepsilon}}\nabla\times\hat{i}_r(A_{mr})_{mn}^{\mathrm{i}} \qquad (7.3-5)$$

$$\dot{\vec{H}}_{mn}^{\mathrm{TEi}} = -\frac{1}{\hat{z}}\nabla\times\dot{\vec{E}}_{mn}^{\mathrm{TEi}} \qquad (7.3-6)$$

7.3.2 其他径向波导

如图 7.3-1 所示,将 $\theta =$ 常数 和 $\varphi =$ 常数 的面以理想导体覆盖,沿径向敞开,则可以获得若干支持径向球面行波的结构,即构成所谓的球面"径向波导"。

以圆锥面为例,对 TM 模式场,选择电矢位 $\vec{A}_\mathrm{m} = 0$,磁矢位 $\vec{A}$ 只有径向分量 A_r,其模式函数为

$$(A_r)_{mv} = \hat{\mu} P_v^m(\cos\theta)\begin{Bmatrix}\cos m\varphi\\ \sin m\varphi\end{Bmatrix}H_v^{(1)}(kr) \qquad (7.3-7\mathrm{a})$$

或

$$(A_r)_{mv} = \hat{\mu} P_v^m(\cos\theta)\begin{Bmatrix}\cos m\varphi\\ \sin m\varphi\end{Bmatrix}H_v^{(2)}(kr) \qquad (7.3-7\mathrm{b})$$

式中,$m = 0,1,2,\cdots$。在边界 $\theta = \theta_1$ 处,需满足边界条件 $\dot{E}_r = \dot{E}_\varphi = 0$,参量 v 必须使得

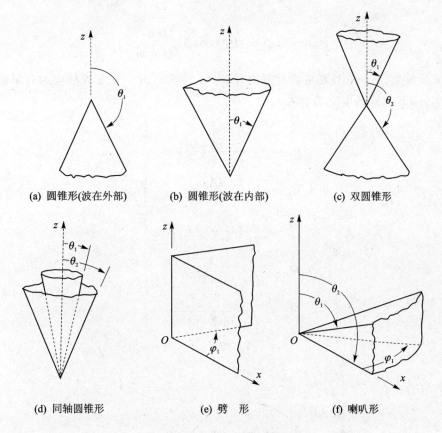

(a) 圆锥形(波在外部)　(b) 圆锥形(波在内部)　(c) 双圆锥形

(d) 同轴圆锥形　(e) 劈　形　(f) 喇叭形

图 7.3-1　若干球形径向波导

$$P_v^m(\cos\theta_1) = 0 \qquad (7.3-8)$$

对 TE 模式场,选择磁矢位 $\vec{A} = 0$,电矢位 $\vec{A}_m$ 只有径向分量 A_{mr},其模式函数为

$$(A_{mr})_{mv} = \hat{\varepsilon} P_v^m(\cos\theta) \begin{Bmatrix} \cos m\varphi \\ \sin m\varphi \end{Bmatrix} H_v^{(1)}(kr) \qquad (7.3-9a)$$

或

$$(A_{mr})_{mv} = \hat{\varepsilon} P_v^m(\cos\theta) \begin{Bmatrix} \cos m\varphi \\ \sin m\varphi \end{Bmatrix} H_v^{(2)}(kr) \qquad (7.3-9b)$$

式中,$m = 0,1,2,\cdots$。在边界 $\theta = \theta_1$ 处,需满足边界条件 $\dot{E}_\varphi = 0$,参量 v 必须使得

$$\left[\frac{\mathrm{d}}{\mathrm{d}\theta}P_v^m(\cos\theta)\right]_{\theta=\theta_1} = 0 \qquad (7.3-10)$$

7.4　谐振腔

7.4.1　球形谐振腔

如图 7.4-1 所示,由理想导体球面封闭的结构即构成球形谐振腔。对 r 方向的 TE 模式,

可选择

$$A_{mr} = \hat{\varepsilon}\hat{J}_n(kr)P_n^m(\cos\theta)\begin{Bmatrix}\cos m\varphi\\ \sin m\varphi\end{Bmatrix} \quad (7.4-1)$$

式中，m、n 是整数。$r=0$ 处场应为有限值，故选用 $\hat{J}_n(kr)$；$\theta=0$、π 处场应为有限值，故选用 $P_n^m(\cos\theta)$。TE 模式的电磁场解为

$$\begin{rcases}E_r = 0\\ \dot{E}_\theta = \dfrac{1}{\hat{\varepsilon}}\dfrac{-1}{r\sin\theta}\dfrac{\partial A_{mr}}{\partial\varphi}\\ \dot{E}_\varphi = \dfrac{1}{\hat{\varepsilon}}\dfrac{1}{r}\dfrac{\partial A_{mr}}{\partial\theta}\\ \dot{H}_r = \dfrac{1}{\hat{\varepsilon}\hat{z}}\left(\dfrac{\partial^2}{\partial r^2}+k^2\right)A_{mr}\\ \dot{H}_\theta = \dfrac{1}{\hat{\varepsilon}\hat{z}r}\dfrac{\partial^2 A_{mr}}{\partial r\partial\theta}\\ \dot{H}_\varphi = \dfrac{1}{\hat{\varepsilon}\hat{z}r\sin\theta}\dfrac{\partial^2 A_{mr}}{\partial r\partial\varphi}\end{rcases} \quad (7.4-2)$$

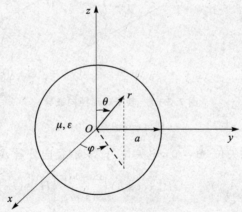

图 7.4-1 球形谐振腔

为保证边界 $r=a$ 处电场强度切向分量 $\dot{E}_\theta = \dot{E}_\varphi = 0$ 的条件，ka 必须是球贝塞尔函数的零点，即有

$$\hat{J}_n(ka) = 0 \quad (7.4-3)$$

以 u_{np} 表示 n 阶球面贝塞尔函数的第 p 个零点，则有

$$k = \frac{u_{np}}{a} \quad (7.4-4)$$

上式即为球形谐振腔对 r 方向 TE 波的谐振条件。对 r 方向的 TE 模式函数为

$$(A_{mr})_{mnp} = \hat{\varepsilon}\hat{J}_n\left(\frac{u_{np}}{a}r\right)P_n^m(\cos\theta)\begin{Bmatrix}\cos m\varphi\\ \sin m\varphi\end{Bmatrix} \quad (7.4-5)$$

式中，$m=0,1,2,\cdots$；$n=1,2,3,\cdots$；$p=1,2,3,\cdots$。对 r 方向的 TM 模式，同样可选择

$$A_r = \hat{\mu}\hat{J}_n(kr)P_n^m(\cos\theta)\begin{Bmatrix}\cos m\varphi\\ \sin m\varphi\end{Bmatrix} \qquad (7.4-6)$$

电磁场解为

$$\left.\begin{aligned}\dot{E}_r &= \frac{1}{\hat{\mu}\hat{y}}\left(\frac{\partial^2}{\partial r^2}+k^2\right)A_r\\ \dot{E}_\theta &= \frac{1}{\hat{\mu}\hat{y}r}\frac{\partial^2 A_r}{\partial r\partial\theta}\\ \dot{E}_\varphi &= \frac{1}{\hat{\mu}\hat{y}r\sin\theta}\frac{\partial^2 A_r}{\partial r\partial\varphi}\\ \dot{H}_r &= 0\\ \dot{H}_\theta &= \frac{1}{\hat{\mu}}\frac{1}{r\sin\theta}\frac{\partial A_r}{\partial\varphi}\\ \dot{H}_\varphi &= -\frac{1}{\hat{\mu}}\frac{1}{r}\frac{\partial A_r}{\partial\theta}\end{aligned}\right\} \qquad (7.4-7)$$

为保证边界 $r=a$ 处电场强度切向分量 $\dot{E}_\theta = \dot{E}_\varphi = 0$ 的边界条件，ka 必须是球面贝塞尔函数导数的零点，即

$$\hat{J}'_n(ka) = 0 \qquad (7.4-8)$$

以 u'_{np} 表示 n 阶球面贝塞尔函数导数的第 p 个零点，则

$$k = \frac{u'_{np}}{a} \qquad (7.4-9)$$

上式即为球形谐振腔对 r 方向 TM 波的谐振条件。

对 r 方向的 TM 模式函数为

$$(A_r)_{mnp} = \hat{\mu}\hat{J}_n\left(\frac{u'_{np}}{a}r\right)P_n^m(\cos\theta)\begin{Bmatrix}\cos m\varphi\\ \sin m\varphi\end{Bmatrix} \qquad (7.4-10)$$

式中，$m = 0, 1, 2, \cdots; n = 1, 2, 3, \cdots; p = 1, 2, 3, \cdots$。

对介电常数和磁导率分别为 ε、μ 的理想介质，TE 和 TM 模式场的谐振频率为

$$\left.\begin{aligned}(f_r)_{mnp}^{\text{TE}} &= \frac{u_{np}}{2\pi a\sqrt{\varepsilon\mu}}\\ (f_r)_{mnp}^{\text{TM}} &= \frac{u'_{np}}{2\pi a\sqrt{\varepsilon\mu}}\end{aligned}\right\} \qquad (7.4-11)$$

7.4.2 其他谐振腔

如图 7.4-2 所示，将球坐标系下的"径向"波导以一个或两个理想导体球面加以封闭，就构成若干谐振腔。对每一种情况，场都能以与对应径向波导相同的模式函数来表示，只是需要将球面行波函数 $\hat{H}_n^{(1)}(kr)$ 和 $\hat{H}_n^{(2)}(kr)$ 换成球面驻波函数 $\hat{J}_n(kr)$ 和 $\hat{N}_n(kr)$，并且要在径向球面边界处满足理想导体边界条件。

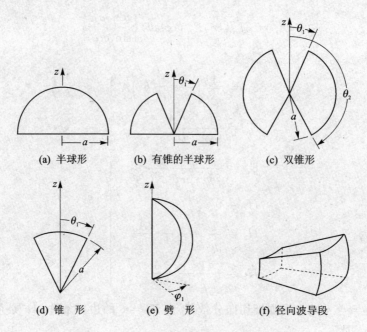

(a) 半球形　　(b) 有锥的半球形　　(c) 双锥形

(d) 锥形　　(e) 劈形　　(f) 径向波导段

图 7.4-2　以球面波函数表示的若干谐振腔

7.5　球面波的源

图 7.5-1 是若干可以激励球面波的源，其中(a)为电流元，(b)为磁流元，(c)、(d)、(e)为电流元偶极子，(f)为电流元四极子。

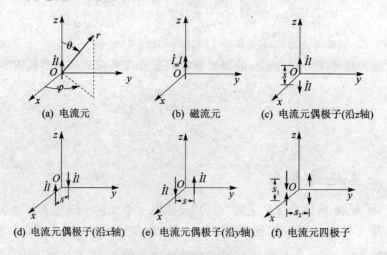

(a) 电流元　　(b) 磁流元　　(c) 电流元偶极子(沿z轴)

(d) 电流元偶极子(沿x轴)　　(e) 电流元偶极子(沿y轴)　　(f) 电流元四极子

图 7.5-1　若干球面波的源

7.5.1　电流元和磁流元

如图 7.5-1(a)所示，最低阶球面波的源是电流元，可以用零阶波函数表示为

$$A_z = \frac{\hat{\mu}\dot{I}l}{4\pi r}\mathrm{e}^{-\mathrm{j}kr} = \frac{\hat{\mu}k\dot{I}l}{4\pi \mathrm{j}}h_0^{(2)}(kr) \qquad (7.5-1)$$

沿 z 轴方向的电流元的场也可以由

$$A_r = \frac{\mathrm{j}\hat{\mu}k\dot{I}l}{4\pi}\left(1+\frac{1}{\mathrm{j}kr}\right)\mathrm{e}^{-\mathrm{j}kr}\cos\theta =$$

$$\frac{\mathrm{j}\hat{\mu}k\dot{I}l}{4\pi}\hat{H}_1^{(2)}(kr)P_1(\cos\theta) \qquad (7.5-2)$$

来表示,说明电流元所产生的电磁场是对 r 方向的 TM 波。对如图 7.5-1(b)所示磁流元所产生的电磁场,可以通过对偶原理确定。

7.5.2 电流元偶极子

如图 7.5-1(c)、(d)、(e)所示,分别为沿 z 轴、x 轴、y 轴放置的沿 z 向的电流元偶极子,其对应的波函数为

$$A_z = \frac{\hat{\mu}k^2\dot{I}ls}{4\pi \mathrm{j}}h_1^{(2)}(kr)P_1(\cos\theta) \qquad (7.5-3)$$

$$A_z = \frac{\hat{\mu}k^2\dot{I}ls}{4\pi \mathrm{j}}h_1^{(2)}(kr)P_1^1(\cos\theta)\cos\varphi \qquad (7.5-4)$$

$$A_z = \frac{\hat{\mu}k^2\dot{I}ls}{4\pi \mathrm{j}}h_1^{(2)}(kr)P_1^1(\cos\theta)\sin\varphi \qquad (7.5-5)$$

7.5.3 电流元四极子

如图 7.5-1(f)所示,为位于 yOz 平面的电流元四极子,其波函数为

$$A_z = \frac{\mathrm{j}\hat{\mu}k^3\dot{I}ls_1s_2}{12\pi}h_2^{(2)}(kr)P_2^1(\cos\theta)\sin\varphi \qquad (7.5-6)$$

推导可得,每一个 n 阶波函数相当于 $2n$ 个 z 轴方向电流元的组合。

7.6 波的变换

球坐标系下波的变换一般包括:
① 不同坐标制下波的变换,如平面波到球面波的变换,柱面波到球面波的变换。
② 从一种球面坐标制到另一种球面坐标制的球面波之间的变换,即不同参考位置球面波的变换。

7.6.1 平面波和球面波的变换

平面波和球面波之间可以进行变换。首先将平面波 $\mathrm{e}^{\mathrm{j}z}$ 以球面波表示。该平面波在原点是有限的,并不依赖于 φ,因而具有展开式

$$\mathrm{e}^{\mathrm{j}z} = \mathrm{e}^{\mathrm{j}r\cos\theta} = \sum_{n=0}^{\infty} a_n j_n(r) P_n(\cos\theta) \qquad (7.6-1)$$

式中，a_n 为待定系数。将上式每一边乘以 $P_q(\cos\theta)\sin\theta$，并从 0 到 π 对 θ 积分，根据勒让德函数的正交性，等式右边除 $q=n$ 之外的各项均为零，有

$$\int_0^\pi e^{jr\cos\theta} P_n(\cos\theta)\sin\theta d\theta = \frac{2a_n}{2n+1}j_n(r) \tag{7.6-2}$$

左边对 r 求 n 次导数，在 $r=0$ 计算可得

$$j^n \int_0^\pi \cos^n\theta P_n(\cos\theta)\sin\theta d\theta = \frac{j^n 2^{n+1}(n!)^2}{(2n+1)!} \tag{7.6-3}$$

右边也对 r 求 n 次导数，在 $r=0$ 算出的结果是

$$\frac{2a_n}{2n+1}\frac{d^n[j_n(r)]}{dr^n}\bigg|_{r=0} = \frac{2^{n+1}(n!)^2}{(2n+1)(2n+1)!}a_n \tag{7.6-4}$$

式(7.6-4)和式(7.6-3)应相等，比较可得

$$a_n = j^n(2n+1) \tag{7.6-5}$$

从而有

$$e^{jz} = e^{jr\cos\theta} = \sum_{n=0}^\infty j^n(2n+1)j_n(r)P_n(\cos\theta) \tag{7.6-6}$$

$$j_n(r) = \frac{j^{-n}}{2}\int_0^\pi e^{jr\cos\theta}P_n(\cos\theta)\sin\theta d\theta \tag{7.6-7}$$

7.6.2 柱面波和球面波的变换

柱面波和球面波之间也可以进行变换。考虑柱面波 $J_0(\rho)$，其在 $r=0$ 为有限值，并且关于 $\theta=\frac{\pi}{2}$ 平面对称，故可以表示为

$$J_0(\rho) = J_0(r\sin\theta) = \sum_{n=0}^\infty b_n j_{2n}(r)P_{2n}(\cos\theta) \tag{7.6-8}$$

式中，b_n 为待定系数。将式(7.6-8)两边同时乘以 $P_q(\cos\theta)\sin\theta$，并从 0 到 π 对 θ 积分，利用勒让德函数的正交性，结果为

$$\int_0^\pi J_0(r\sin\theta)P_{2n}(\cos\theta)\sin\theta d\theta = \frac{2b_n}{4n+1}j_{2n}(r) \tag{7.6-9}$$

为确定 b_n，上式两边对 r 求 $2n$ 次导数，并令 $r=0$，可求得

$$b_n = \frac{(-1)^n(4n+1)(2n-1)!}{2^{2n-1}n!(n-1)!} \tag{7.6-10}$$

从而有

$$J_0(\rho) = J_0(r\sin\theta) =$$
$$\sum_{n=0}^\infty \frac{(-1)^n(4n+1)(2n-1)!}{2^{2n-1}n!(n-1)!} j_{2n}(r) P_{2n}(\cos\theta) \tag{7.6-11}$$

根据式(7.6-9)和式(7.6-10)可得到 $j_{2n}(r)$ 的积分表达式。

7.6.3 球面波的相加原理

仅由坐标原点平移或坐标系旋转而形成的不同参考位置的球面波之间可以进行变换。如图 7.6-1 所示，在 $\vec{r}'$ 处的点源对应的球面波函数为相对该位置的零阶第二种汉克尔函数，可以表示为

$$h_0^{(2)}(|\vec{r}-\vec{r}'|) = -\frac{\mathrm{e}^{-\mathrm{j}|\vec{r}-\vec{r}'|}}{\mathrm{j}|\vec{r}-\vec{r}'|} \tag{7.6-12}$$

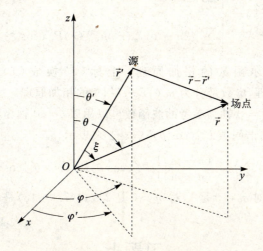

图 7.6-1 $\vec{r}$ 和 $\vec{r}'$ 的球面坐标

现将这种场用以 $r=0$ 为参考位置的球面波函数来表示。设场点位置矢量 $\vec{r}$ 相对源点位置矢量 $\vec{r}'$ 的夹角为 ξ，考虑到该场对 $\vec{r}'$ 轴具有旋转对称性，则该场在角向可以用关于角 ξ 的勒让德函数表示。根据坐标变换关系，有

$$\cos\xi = \cos\theta\cos\theta' + \sin\theta\sin\theta'\cos(\varphi-\varphi') \tag{7.6-13}$$

在 $r<r'$ 区域，$r=0$ 处场应为有限值，可以选用的球面波函数为 $j_n(r)P_n(\cos\xi)$；在 $r>r'$ 区域，为外行波，可以选用的球面波函数为 $j_n(r)P_n(\cos\xi)$；再考虑到式(7.6-12)中场点位置 $\vec{r}$ 和源点位置 $\vec{r}'$ 的互换性，有

$$h_0^{(2)}(|\vec{r}-\vec{r}'|) = \begin{cases} \sum_{n=0}^{\infty} c_n h_n^{(2)}(r')j_n(r)P_n(\cos\xi), & r<r' \\ \sum_{n=0}^{\infty} c_n j_n(r')h_n^{(2)}(r)P_n(\cos\xi), & r>r' \end{cases} \tag{7.6-14}$$

式中，c_n 为待定常数。如果将源移至无穷远，在原点附近的场近似为平面波，利用第二种汉克尔函数的渐近式 $h_n^{(2)}(x) = \dfrac{\mathrm{j}^{n+1}}{x}\mathrm{e}^{-\mathrm{j}x}$，式(7.6-14)左边为

$$h_0^{(2)}(|\vec{r}-\vec{r}'|) \xrightarrow[\theta'\to 0]{r'\to\infty} \frac{\mathrm{je}^{-\mathrm{j}r'}}{r'}\mathrm{e}^{\mathrm{j}r\cos\theta} \tag{7.6-15}$$

式(7.6-14)右边为

$$\xrightarrow[\theta'\to 0]{r'\to\infty} \frac{\mathrm{je}^{-\mathrm{j}r'}}{r'} \sum_{n=0}^{\infty} c_n \mathrm{j}^n P_n(\cos\theta) \tag{7.6-16}$$

将式(7.6-16)、式(7.6-15)与式(7.6-6)比较，可得 $c_n = 2n+1$，从而可以将以 $\vec{r}'$ 位置为参考的球面波表示为以坐标原点为参考的球面波，即有

$$h_0^{(2)}(|\vec{r}-\vec{r}'|) = \begin{cases} \sum_{n=0}^{\infty}(2n+1)h_0^{(2)}(r')j_n(r)P_n(\cos\xi), & r<r' \\ \sum_{n=0}^{\infty}(2n+1)j_n(r')h_0^{(2)}(r)P_n(\cos\xi), & r>r' \end{cases} \quad (7.6-17)$$

上式为球面汉克尔函数的相加原理。上标(2)换成(1)也有效。实数部分为 $j_0(|\vec{r}-\vec{r}'|)$ 的相加原理，虚数部分为 $n_0(|\vec{r}-\vec{r}'|)$ 的相加原理。

在图 7.6-1 中，以 $\xi=0$ 轴为参考的波函数可以用以 $\theta=0$ 轴为参考的波函数表示，即将带谐函数 $P_n(\cos\xi)$ 用格谐函数 $P_n^m(\cos\theta)h(m\varphi)$ 来表示，有

$$P_n(\cos\xi) = \sum_{m=1}^{n}\varepsilon_m\frac{(n-m)!}{(n+m)!}P_n^m(\cos\theta)P_n^m(\cos\theta')\cos m(\varphi-\varphi') \quad (7.6-18)$$

式中，ε_m 是诺埃曼数字(对 $m=0$ 是 1，对 $m>0$ 是 2)，式(7.6-18)是勒让德函数的相加原理。

习题七

7-1 证明下列两式是等同的。

$$\frac{\partial^2 A_r}{\partial r^2} + \frac{1}{r^2\sin\theta}\frac{\partial}{\partial\theta}\left(\sin\theta\frac{\partial A_r}{\partial\theta}\right) + \frac{1}{r^2\sin^2\theta}\frac{\partial^2 A_r}{\partial\varphi^2} + k^2 A_r = 0$$

$$(\nabla^2 + k^2)\frac{A_r}{r} = 0$$

7-2 考虑位于两个同心理想导体球 $r=a$ 和 $r=b(b>a)$ 之间的谐振腔，证明对 r 的 TE 模式的特征方程是

$$\frac{\hat{J}_n'(kb)}{\hat{J}_n'(ka)} = \frac{\hat{N}_n'(kb)}{\hat{N}_n'(ka)}$$

而对 r 的 TM 模式的特征方程是

$$\frac{\hat{J}_n(kb)}{\hat{J}_n(ka)} = \frac{\hat{N}_n(kb)}{\hat{N}_n(ka)}$$

7-3 考虑函数

$$f(\theta,\varphi) = \begin{cases} 1, & 0<\theta<\frac{\pi}{2} \\ 0, & \frac{\pi}{2}<\theta<\pi \end{cases}$$

试确定该函数有式(7.2-7)形式的二维傅里叶-勒让德级数的系数 a_{mn} 和 b_{mn}。

7-4 证明一电流元 $\dot{I}l$ 的场是以 TM 波为主的空间球面波模式，而一磁流元 $\dot{I}_m l$ 的场是以 TE 波为主的空间球面波模式。

7-5 如图 7.1 所示为原点放置的两磁流元 $\dot{I}_m l$，证明在 $s \to 0$ 的极限情况，场可按 $\vec{H} = \frac{1}{\hat{\mu}}\nabla \times \hat{i}_z A_{mz}$ 得出。式中

$$A_{mz} = \frac{\hat{\mu}k^2 \dot{I}_m ls}{4\pi j} h_1^{(2)}(kr) P_1(\cos\theta)$$

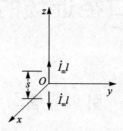

图 7.1 题 7-5 图

7-6 推导下列波的变换：

$$\frac{e^{-j|\vec{r}-\vec{r}'|}}{|\vec{r}-\vec{r}'|} = \frac{1}{jrr'} \sum_{n=0}^{\infty} (2n+1)\hat{J}_n(r')\hat{H}_n^{(2)}(r) P_n(\cos\xi), \qquad r > r'$$

式中，ξ 是 $\vec{r}$ 和 $\vec{r}'$ 之间的夹角。

第 8 章 口径近场的多域分析

引　言

实际中,一般并不存在可以激励理想平面波、柱面波、球面波的源。如 5.8.2 小节所述,紧缩场可以产生幅度和相位近似均匀的准平面波。通过本章的分析可以看到,对这一准均匀平面波的分析可以等效为对一有限口径辐射近场的分析。

在本章,将分析电大尺寸赋形口径近场辐射的多变换域特征。多变换域是指时域、频域、空域、角域。电大尺寸是指所分析的口径尺寸一般不小于 30 个波长。赋形是指所分析的口径形状有多种,并且边缘会采用如直角锯齿、等腰锯齿等一些特殊处理。近场是指所分析的区域到口径垂直距离一般小于 2 倍口径尺寸,此时观察点处于口径辐射的菲涅耳区。

本章的内容用到了前面章节所学习的等效原理、平面波、柱面波、球面波等知识。从这一意义来说,本章的内容可以看做是前 7 章所学电磁和微波理论面向实际工程的一种应用。

8.1 口径近场计算的卷积法

8.1.1 口面场卷积

如图 8.1-1 所示为一个微波暗室单反射面紧缩场纵剖面示意图。$M_1M_2M_3M_4$ 为暗室墙壁,ABC 为反射面,COD 为反射面投影口径面,S 是馈源所在位置。$C'O'D'$ 是与口径面 COD 平行的近场区观察面。

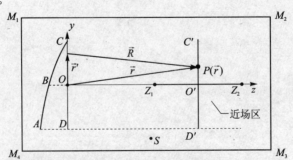

图 8.1-1　微波暗室单反射面紧缩场纵剖面示意图

如图 8.1-1 所示建立坐标系,x 轴沿水平方向(垂直纸面向里),y 轴沿竖直方向,坐标原点选为 O 点。为了计算观察面 $C'O'D'$ 上的近场分布,设口径面 COD 的切向电场强度为 $\vec{E}_A(x',y',0)$,$(x',y',0)$ 表示口径面上等效源点坐标。根据等效原理,COD 面上的等效面磁

流为

$$\vec{K}_m = -\hat{i}_z \times \vec{E}_A \tag{8.1-1}$$

对应的电矢位为

$$\vec{A}_m = \frac{\varepsilon}{4\pi} \int_{COD} \frac{\vec{K}_m e^{-jkR}}{R} dS' \tag{8.1-2}$$

式中，ε 为媒质介电常数，k 为媒质波数。等效磁流在 COD 面右半空间任意观察点 $P(\vec{r})$ 处产生的电场强度可以表示为

$$\vec{E}(\vec{r}) = \vec{E}(x,y,z) = -\frac{1}{\varepsilon} \nabla \times \vec{A}_m =$$

$$-\frac{1}{4\pi} \int_{COD} [\vec{R} \times (\hat{i}_z \times \vec{E}_A)](1+jkR) \frac{e^{-jkR}}{R^3} dS' \tag{8.1-3}$$

式中，$\vec{R}$ 是场点相对于源点的位置矢量，$R = |\vec{r} - \vec{r}'|$ 为场点和源点的距离，式(8.1-3)为沿口径面 COD 的面积分。将式(8.1-3)展开，可得到3个标量面积分，即

$$E_x = \frac{1}{4\pi} \int_{COD} \left[E_{Ax} z (1+jkR) \frac{e^{-jkR}}{R^3} \right] dS' \tag{8.1-4}$$

$$E_y = \frac{1}{4\pi} \int_{COD} \left[E_{Ay} z (1+jkR) \frac{e^{-jkR}}{R^3} \right] dS' \tag{8.1-5}$$

$$E_z = -\frac{1}{4\pi} \int_{COD} \left\{ [E_{Ax}(x-x') + E_{Ay}(y-y')](1+jkR) \frac{e^{-jkR}}{R^3} \right\} dS' \tag{8.1-6}$$

对某一确定距离 $z = z_0$ 处观察面上的场分布，上述各式均可以表示成二维卷积形式[1]，即有

$$g(x,y,z_0) = \iint f(x',y') h(x-x', y-y', z_0) dx' dy' = f(x,y) * h(x,y,z_0) \tag{8.1-7}$$

式中，$f(x,y)$ 为激励函数，由口径面 COD 电场强度 $\vec{E}_A$ 的各分量确定；$g(x,y,z_0)$ 为输出函数，表示待计算的 $z = z_0$ 位置处近场区观察面上的场分布；$h(x,y,z_0)$ 为网络响应函数 $h(x,y,z)$ 在 $z = z_0$ 处的二维分布。$h(x,y,z)$ 的表示式为

$$h(x,y,z) = \frac{z}{4\pi}(1+jkr) \frac{e^{-jkr}}{r^3} \tag{8.1-8}$$

在已知口径面电场强度 $\vec{E}_A$ 的条件下，$f(x,y)$ 已知，$h(x,y,z)$ 亦为已知函数，根据式(8.1-7)可以计算任意 $z = z_0$ 位置观察面上的场分布 $g(x,y,z_0)$。

8.1.2 弦面场卷积

在口面场卷积法中，口径面的切向场 $\vec{E}_A$ 通常通过几何光学法计算，而在一定程度上忽略了从反射面 ABC 到口径面 COD 的边缘绕射场。如图 8.1-2 所示，在实际工程中为了提高计算精度，可以把等效源分布的平面选作更靠近反射面的弦面 AC，这样可以减小因为忽略从 AC 到 CD 的绕射场而带来的计算误差。对紧缩场静区场计算而言，为了获得静区平

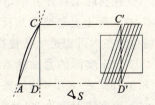

图 8.1-2 弦面场卷积

面波等相位面 $C'D'$ 上的场,需要找到等相位面 $C'D'$ 与平行于弦面 AC 的多个平面的交点[2]。

8.1.3 一些讨论

由于卷积计算可以利用 FFT 来快速实现,因而可以大大提高式(8.1-7)的计算速度,提高了口径近场计算的速度和效率。图 8.1-3 是对某一确定 z_0 位置的 $g(x,y) = g(x,y,z_0)$ 计算的一般流程。

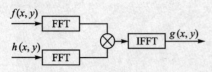

图 8.1-3 利用 FFT 进行卷积计算

根据式(8.1-7)计算的是某一特定频率下的口径空域近场。通过对 $z = z_0$ 位置的空域近场 $g(x,y,z_0)$ 进行空域-角域变换,则可以得到 $z = z_0$ 位置口径近场角域谱。另外,通过对宽频带近场分布 $g(x,y,z_0)$ 进行频域-时域变换,则可得到高分辨率近场时域谱分布。上述内容在本章后面各节有详细的讨论。

根据第 4 章讲述的等效原理,在应用卷积式(8.1-7)时,需要注意以下几点:

① 在式(8.1-1)~式(8.1-3)中,只考虑了口径面 COD 上的等效面磁流,而没有计算口径面上等效面电流,故根据等效原理,在将口径面视为无限大平面时,通过式(8.1-4)、式(8.1-5)、式(8.1-6)计算的场为实际场的 1/2。由于在实际中更关心场的相对分布,这与同时考虑口径面上等效面电流和面磁流时的计算结果是一样的。

② 式(8.1-6)实际上是式(4.6-13)在确定坐标系下的具体展开式,只是由于上述①中说明的原因,式(8.1-6)的计算结果为式(4.6-13)表示结果的 1/2。为了计算口径辐射的磁场,可以直接根据麦克斯韦方程组导出的关系

$$\vec{H} = \frac{j}{\omega\mu} \nabla \times \vec{E} \quad (8.1-9)$$

得到。或者利用式(4.2-12),用电矢位 $\vec{A}_m$ 表示为

$$\vec{H} = -j\omega\vec{A}_m + \frac{1}{j\omega\mu\varepsilon} \nabla\nabla \cdot \vec{A}_m \quad (8.1-10)$$

也可以利用根据对偶原理导出的式(4.6-14),表示为

$$\vec{H}(\vec{r}) = \nabla \times \int_{COD} \frac{\vec{i}_n \times \vec{H}(\vec{r}')}{2\pi|\vec{r}-\vec{r}'|} e^{-jk|\vec{r}-\vec{r}'|} dS' \quad (8.1-11)$$

在图 8.1-1 所示坐标系下,可以导出,式(8.1-11)也可以表示成二维卷积形式。

③ 在实际工程计算中,通常假设口径面场为沿 $+z$ 方向的 TEM 波,即电场和磁场沿 z 轴方向的分量为零。而对口径近场,根据式(8.1-6),可知 z 轴分量并不为零,即口径近场已经不是沿 $+z$ 方向的 TEM 波。在近场区,E_z、H_z 通常是幅度较小的量。

④ 在实际工程计算中,只考虑了口径面或弦面上的场,口径面或弦面以外的场被近似视为零,这实际上是忽略了从反射面到口径面或弦面的绕射场对口径面以外区域的影响。将绕射场包含在内可以进一步提高计算精度。

⑤ 对于实际的紧缩场系统,从馈源到近场区观察面的直漏场并没有包括在式(8.1-4)、式(8.1-5)、式(8.1-6)计算的结果之内。

⑥ 根据绕射理论,口径辐射场可视为来自口径面的平面波与等效于从口径边缘、角点发出的绕射波的叠加。这些绕射波成分已经包括在式(8.1-4)、式(8.1-5)、式(8.1-6)的计算

结果内。在后面的分析中会看到,根据这些表达式计算的不同形状口径面的面积分结果不同,表明等效的口径边缘绕射场不同。

8.2 口径辐射的空域场

在实际紧缩场设计中,由于紧缩场反射面不能无限大,电磁波入射到边缘上会发生绕射现象。绕射场进入静区与反射面主波发生干涉产生空间驻波波纹,从而破坏场的均匀性。

为抑制边缘绕射,口径设计通常包括以下措施:

① 优化口径整体形状,这是设计的基础。

② 降低口径边缘场电平,通常依赖于场空间衰减和发射馈源天线方向图的设计。

③ 改变边缘形状,如采用锯齿边缘,使边缘场分布形成等效锥削,从而减少或消除边缘的绕射场。

④ 改变边缘的形状,如采用锯齿或卷边边缘,使绕射射线偏离静区,或者使绕射场能量分散,减少向静区方向的绕射场强度。

下面通过一些基于口面场卷积法的口径空域近场仿真实例,来说明口径整体形状和口径场锥削的影响。

8.2.1 矩形、椭圆形、内凹形口径

如图 8.2-1 所示,常见的紧缩场口径面的整体形状有矩形、椭圆形两种,也有文献提出使用内凹形口径[3]。特殊情况下,当 $W = H = D$,即椭圆长轴与短轴相等、矩形长和宽相等时,椭圆形和矩形分别转化为圆形和方形。

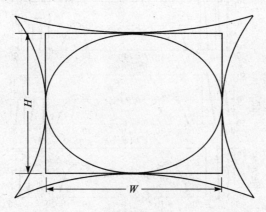

图 8.2-1 矩形、椭圆形、内凹形口径

下面计算圆口径和方口径的近场辐射分布,假设圆口径直径为 $D=30\lambda$,方口径边长为 $D=30\lambda$,口面场 $\vec{E}_A$ 只有 x 方向分量 E_{Ax}。对方口径均匀分布,口面场函数 E_{Ax} 可以表示为

$$E_{Ax} = \begin{cases} 1, & |x| \leqslant \dfrac{D}{2}, \quad |y| \leqslant \dfrac{D}{2} \\ 0, & 其他区域 \end{cases} \tag{8.2-1}$$

对圆口径均匀分布,口面场函数 E_{Ax} 可以表示为

$$E_{Ax} = \begin{cases} 1, & \sqrt{x^2 + y^2} \leqslant \dfrac{D}{2} \\ 0, & \text{其他区域} \end{cases} \tag{8.2-2}$$

考虑到紧缩场设计中通常将静区位置选为到口径距离为1倍口径尺寸和2倍口径尺寸之间($D \sim 2D$),图8.2-2和图8.2-3从上至下分别给出到口面距离为D、$1.5D$、$2D$的圆口径和方口径横截面上近场分量E_x幅度和相位曲线。图中横轴标注的数字均为用波长表示的电尺寸,纵轴数字表示幅度(单位为 dB)或相位(单位为(°))。相位取值均限定在$-180°$和$-180°$之间。幅度取值与卷积计算时选取的空域范围及取样点数有关,这里仅用其表示出空域场的相对变化,其绝对值并无特别的意义。

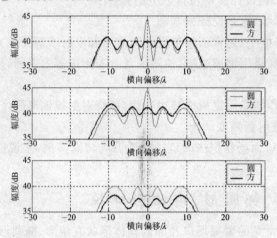

图 8.2-2 口径近场 E_x 幅度沿横截线(x 向)分布

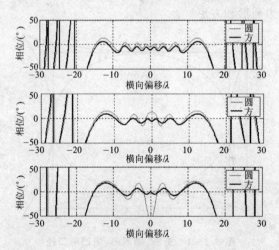

图 8.2-3 口径近场 E_x 相位沿横截线(x 向)分布

从图8.2-2和图8.2-3可以看出,随着离口面距离的增加,两种口径近场E_x幅度平坦区域均减小。相对于方口径,圆口径辐射近场在横截面上存在较强的干涉现象。这是由于圆口径边缘的各点到中心轴线的距离相等,从而使中心轴线上存在着边缘绕射场叠加的局部最强点。

图8.2-4给出两种口径沿中心轴线上的近场E_x幅度分布,观察范围为$D \sim 2D$,共30λ。

从图中可以看出,在此范围内,相对于方口径,圆口径辐射近场在中心轴线上的幅度存在较大的振荡。由于紧缩场静区设计要求场沿轴线幅度均匀分布,故二者比较,方口径更适合用于紧缩场口径设计。

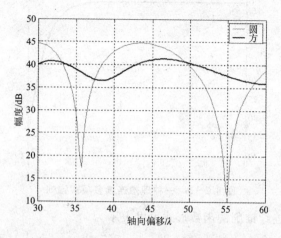

图 8.2-4 口径近场 E_x 幅度沿纵轴线(z 方向)分布($D \sim 2D$)

8.2.2 口径面场连续锥削

口径面场连续锥削是指:控制口径面边缘区的场振幅按一定函数形式逐渐下降,从而削弱边缘绕射的影响。选用不同的场分布函数,边缘绕射影响不同。常见的分布函数有多项式分布、"均匀+高斯"分布[1,4]。适当选择边缘的锥削长度、锥削速度和边缘锥削电平,这两种分布都可以降低边缘绕射的影响,从而得到较低的近场变化波纹。在数学形式上,多项式分布更方便和实用。本节以多项式分布为例说明边缘场锥削的影响。

为了保证口面中心区域的场分布均匀,且边缘区域的场振幅逐渐锥削,针对圆形口径,可以采用多项式形式的分布函数为

$$f(R) = [1 + (\alpha R)^\beta]^\gamma \tag{8.2-3}$$

式中,R 为一沿径向变化的量,它在 0~1 之间变化。$R=0$ 为圆口径的中心点,且 $f(R)=1$,$R=1$ 为口径的边缘点。式(8.2-3)表示成对数形式为

$$E = 20\lg[f(R)] = 20\gamma\lg[1+(\alpha R)^\beta] = -K\{\lg[1+(\alpha R)^\beta]/[\lg(1+\alpha^\beta)]\} \tag{8.2-4}$$

式中,$K = -20\gamma\lg(1+\alpha^\beta)$ 为边缘场振幅电平,定义为锥削深度。此外,规定口径面场分布具有圆对称性。图 8.2-5 为某一参数条件下,R 沿 x 轴变化时的场振幅锥削曲线。由图可见,当 x 从 0~1 连续变化时,场幅度 E 从 0(dB)连续降至 $-K$(dB)。分布曲线单调变化,处处连续、光滑,且具有无穷多阶导数。令 x_1 位置为锥削起始点,对应幅度 E_1,偏离均匀分布很小。从 0~x_1 的区间可视为平坦区。从 x_1~1(对应边缘点)的区间即为边缘锥削区。定义 x_2 为锥削区的中点,该点对应幅度为 E_2。E_2 不同,则锥削区场振幅下降速度不同,因而 E_2 可以描述锥削快慢,称为锥削速率。

当确定锥削起始点 x_1、锥削深度 K 和锥削速率 E_2 后,可以求得曲线参数 α、β、γ;反之,当确定 α、β、γ 后,可唯一地求得 x_1、K 和 E_2。当 $x_1=0.7$、$K=-35$ dB、$E_2=-3.5$ dB 时,可求得 $\alpha = 0.900\,1$、$\beta = 14.752\,2$、$\gamma = -20.993\,0$,此时对应锥削场分布曲线即如图 8.2-5

所示。

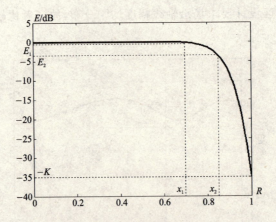

图 8.2-5 一种理想连续多项式锥削

对方口径,口面场连续锥削的函数形式可以表示为

$$f(x,y) = \left[1+\left(\alpha\frac{2|x|}{D}\right)^{\beta}\right]^{\gamma}\left[1+\left(\alpha\frac{2|y|}{D}\right)^{\beta}\right]^{\gamma} \tag{8.2-5}$$

式中,D 为方口径的边长,上式写成对数形式,即为

$$E = 20\lg[f(x,y)] = -K\frac{\lg\left[1+\left(\alpha\frac{2|x|}{D}\right)^{\beta}\right]+\lg\left[1+\left(\alpha\frac{2|y|}{D}\right)^{\beta}\right]}{20\lg(1+\alpha^{\beta})} \tag{8.2-6}$$

式中,$K = -20\gamma\lg(1+\alpha^{\beta})$ 为锥削深度。

假设方口径口面场只有 x 方向分量 E_{Ax} 并呈连续锥削分布,即 E_{Ax} 可以表示为

$$E_{Ax} = \begin{cases} \left[1+\left(\alpha\frac{2|x|}{D}\right)^{\beta}\right]^{\gamma}\left[1+\left(\alpha\frac{2|y|}{D}\right)^{\beta}\right]^{\gamma}, & |x|\leqslant\frac{D}{2}, \quad |y|\leqslant\frac{D}{2} \\ 0, & \text{其他区域} \end{cases} \tag{8.2-7}$$

式中,$\alpha = 0.9001, \beta = 14.7522, \gamma = -20.9930$。图 8.2-6 和图 8.2-7 是式(8.2-7)表示的

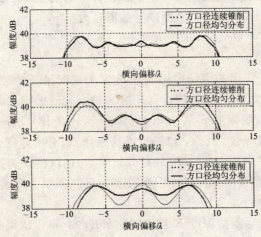

图 8.2-6 口径近场 E_x 幅度沿横截线(x 向)分布

方口径连续锥削分布与式(8.2-1)表示的方口径均匀分布对应的近场 E_x 幅度沿横截线分布的比较。从上至下到口面距离分别为 D、$1.5D$、$2D$,口径尺寸 D 为 30λ。横轴标注的为用波长表示的电尺寸。图 8.2-8 是纵轴线上 $D\sim 2D$ 范围内方口径连续锥削和均匀分布近场 E_x 幅度比较。可以看出,方口径连续锥削分布的近场幅度平坦度明显优于方口径均匀分布。

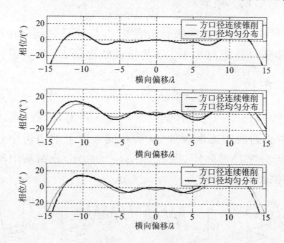

图 8.2-7 口径近场 E_x 相位沿横截线(x 向)分布

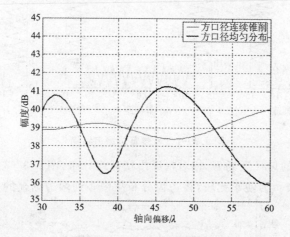

图 8.2-8 口径近场 E_x 幅度沿纵轴线(z 向)分布($D\sim 2D$)

8.3 典型锯齿边缘口径

要想使反射面对应的口径场振幅分布为连续锥削,就应使入射到反射面上的入射场振幅呈现对应的连续锥削,这在工程上很难实现。为此,工程上通常采用长度为几个最低频率波长(通常选为 5~6 个)的锯齿形边缘来模拟场振幅连续锥削分布。一方面,这种边缘结构使反射面从中心到边缘截获的入射电磁波的能量逐渐减小,从而达到一种等效连续锥削的效果;另一方面,不均匀的锯齿边缘可以分散入射到静区的绕射场能量,从而进一步减弱边缘绕射场的影响。

下面列举几种典型的锯齿边缘口径,通过口面场卷积法计算其近场辐射[5]。所有口径均被一个方口径所限定,其边长为 D。计算中,假设口面场只有水平线极化分量 E_{Ax},可以统一表示为

$$E_{Ax} = \begin{cases} 1, & \text{包括锯齿的实体部分} \\ 0, & \text{其他区域} \end{cases} \tag{8.3-1}$$

对口径辐射近场也只比较对应的同极化分量 E_x,并且只到口径距离 $D \sim 2D$ 范围内中心纵轴线上场 E_x 幅度和到口径距离为 $1.5D$ 的横截线上场 E_x 幅度进行比较和分析。

8.3.1 等腰直边

等腰直边锯齿结构如图 8.3-1 所示,锯齿为等腰三角形,个数、底边长度可调。图 8.3-1(a)的边齿底边长度从中心到两边逐渐增加,从而相同长度上的边齿个数分布从中心到两边渐疏。图 8.3-1(b)的边齿分布是等间距,图 8.3-1(c)的边齿分布从中间到两边渐密。四边锯齿数均取 12 个,口径投影对应的方形边长 $D = 30\lambda$。

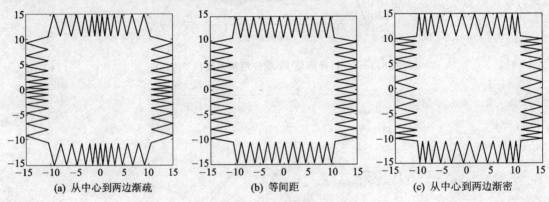

(a) 从中心到两边渐疏　　(b) 等间距　　(c) 从中心到两边渐密

图 8.3-1　等腰直边锯齿结构

图 8.3-2 为计算的口径近场 E_x 相对幅度沿横截线分布,图 8.3-3 为计算的口径近场 E_x 相对幅度沿纵轴线分布。为便于比较,将边齿分布从中心到两边渐疏的口径的 E_x 幅度对最大

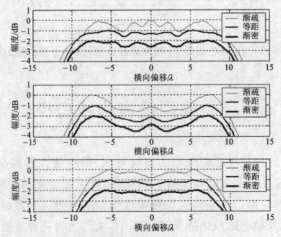

图 8.3-2　等腰直边锯齿口径近场 E_x 相对幅度
沿横截线(x 向)分布

值进行归一化处理,而后两种口径的 E_x 幅度在同样的归一化基础上再降低 1 dB 和 2 dB。后面对其他边齿的分析比较均进行类似处理。

在图 8.3-2 和图 8.3-3 中可以看到,三种口径均具有较小的近场幅度波纹,说明采用该口径设计可以降低边缘绕射的影响。仅从图中所示的空域幅度结果看,三种口径设计没有特别的优劣之分。在本节后面直角直边、等腰曲边、直角曲边锯齿口径的近场计算中,我们也仅给出不同口径设计条件下的近场 E_x 沿横截线和纵轴线的幅度曲线,以定性说明该种口径设计对减少边缘绕射影响的作用。更进一步对口径设计优化和比较的定量分析将在后面各节介绍。

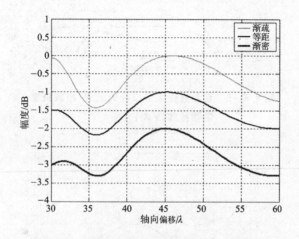

图 8.3-3 等腰直边锯齿口径近场 E_x 相对幅度沿纵轴线(z 向)分布

8.3.2 直角直边

直角直边结构如图 8.3-4 所示,锯齿为直角三角形,个数、底边长度可调。图中四边锯齿数均取 12 个,口径面对应的方形边长为 $D = 30\lambda$。图 8.3-5 和图 8.3-6 为计算的口径近场 E_x 相对幅度沿横截线和纵轴线的分布。

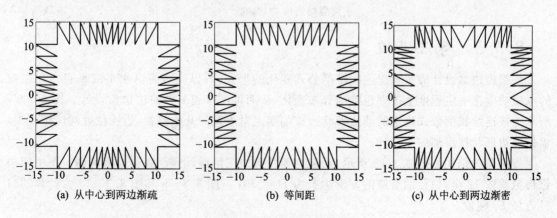

(a) 从中心到两边渐疏　　　(b) 等间距　　　(c) 从中心到两边渐密

图 8.3-4 直角直边结构

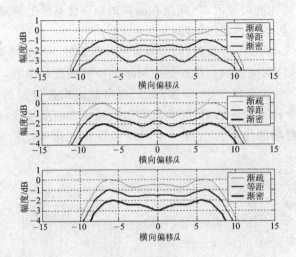

图 8.3-5　直角直边锯齿口径近场 E_x 相对幅度沿横截线（x 向）分布

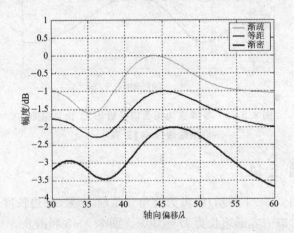

图 8.3-6　直角直边锯齿口径近场 E_x 相对幅度沿纵轴线（z 向）分布

8.3.3　等腰曲边

将锯齿边缘设计成按理想连续锥削公式变化的形式，可以使边齿沿水平或垂直方向拦截的电磁功率在一定程度上按理想锥削分布变化，从而可以得到一种曲边边齿设计。图 8.3-7 所示为按连续锥削公式确定的曲边形状。锥削起点对应锯齿开始位置，边缘位置对应锯齿尖，锯齿曲边形状按锥削曲线设计。

等腰曲边结构如图 8.3-8 所示，锯齿为等腰曲边三角形，个数、底边长度可调。图中四边锯齿数均取 12 个，口径面对应的方形边长为 $D=30\lambda$。图 8.3-9 和图 8.3-10 为计算的口径近场 E_x 幅度。

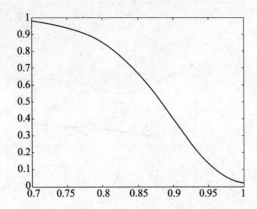

图 8.3-7 根据场连续锥削公式确定的曲边形状

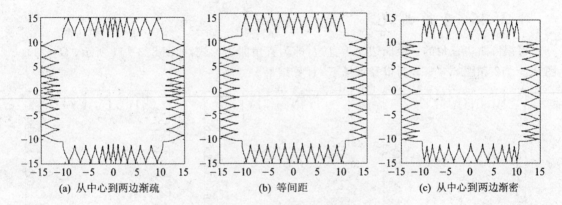

(a) 从中心到两边渐疏 　　　　(b) 等间距 　　　　(c) 从中心到两边渐密

图 8.3-8 等腰曲边结构

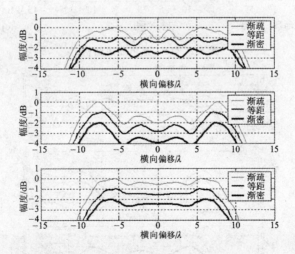

图 8.3-9 等腰曲边锯齿口径近场 E_x 相对幅度沿横截线(x 向)分布

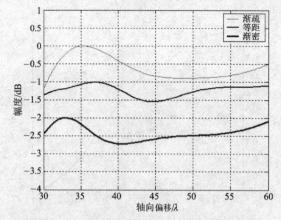

图 8.3-10　等腰曲边锯齿口径近场 E_x 相对幅度沿纵轴线（z 向）分布

8.3.4　直角曲边

将锯齿曲边三角的一个曲边改为直边，即为直角曲边形式，如图 8.3-11 所示，$D=30\lambda$。图 8.3-12 和图 8.3-13 为口径近场 E_x 计算结果。

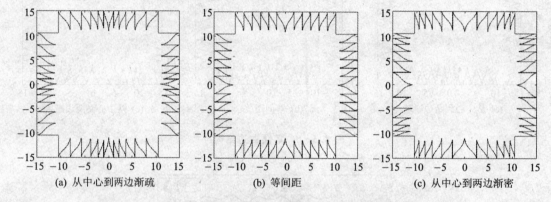

(a) 从中心到两边渐疏　　　　(b) 等间距　　　　(c) 从中心到两边渐密

图 8.3-11　直角曲边结构

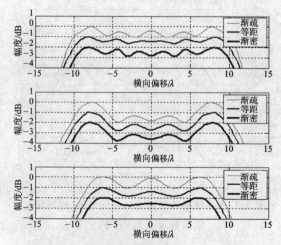

图 8.3-12　直角曲边锯齿口径近场 E_x 相对幅度沿横截线（x 向）分布

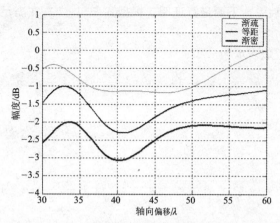

图 8.3-13 直角曲边锯齿口径近场 E_x 相对幅度沿纵轴线(z 向)分布

8.4 口径近场辐射的相似性

当口径电尺寸不变时,根据电磁学相似原理,其辐射的空域场存在相似性。更进一步的分析表明,当口径电尺寸变化时,其空域场也存在着一定的相似性。下面直接根据口径近场计算的口面场卷积法证明这两种相似性。

8.4.1 电尺寸不变的相似性

设口径尺寸增大到原来的 N 倍,其上口径场相对分布不变,根据式(8.1-7)和式(8.1-8),卷积式中的激励函数可以表示为

$$F(X,Y) = C_1 f(x,y) \tag{8.4-1}$$

式中,$X = Nx$,$Y = Ny$,C_1 为常数。在电尺寸不变的情况下,有以下关系:

$$X = Nx, \quad Y = Ny, \quad Z = Nz, \quad \Lambda = N\lambda, \quad KR = kr \tag{8.4-2}$$

所以

$$H(X,Y,Z) = (1+\mathrm{j}KR)\frac{\mathrm{e}^{-\mathrm{j}KR}}{R^3} = \frac{1}{N^3}(1+\mathrm{j}kr)\frac{\mathrm{e}^{-\mathrm{j}kr}}{r^3} = C_2 h(x,y,z) \tag{8.4-3}$$

式中,$C_2 = \dfrac{1}{N^3}$ 为常数,从而网络输出函数可以表示为

$$G(X,Y,Z) = F(X,Y) * H(X,Y) = C_3 f(x,y) * h(x,y,z) = C_3 g(x,y,z) \tag{8.4-4}$$

式中,$C_3 = C_1 C_2$ 为常数。式(8.4-4)表明,对任意形状、任意分布的口径而言,在其相对场分布不变,而口径尺寸增加为原来的 N 倍、波长增加为原来的 N 倍、距离增加为原来的 N 倍时,观察到的近场分布与口径尺寸不变、波长不变、距离不变的近场分布相似。这与电磁场电尺寸不变相似定理的结论是一致的,称为口径近场辐射的严格相似性。

8.4.2 电尺寸变化的相似性

一些学者通过研究发现,口径近场辐射不仅存在着电尺寸不变的严格相似性,而且存在着

电尺寸变化的渐近相似性[6]。下面进行证明。根据式(8.1-8),在满足条件

$$kr \gg 1 \tag{8.4-5}$$

时,网络响应函数可以近似表示为

$$h(x,y,z) = (1+jkr)\frac{e^{-jkr}}{r^3} \approx jk\frac{e^{-jkr}}{r^2} \tag{8.4-6}$$

式中,r 可以表示为

$$r = \sqrt{x^2+y^2+z^2} = z + \Delta r \tag{8.4-7}$$

从而有

$$\Delta r = \sqrt{x^2+y^2+z^2} - z = z\left(\sqrt{1+\frac{x^2+y^2}{z^2}} - 1\right) \tag{8.4-8}$$

在满足

$$q = \frac{x^2+y^2}{z^2} \ll 1 \tag{8.4-9}$$

的条件时,式(8.4-8)可以表示为

$$\Delta r = \frac{x^2+y^2}{2z} \tag{8.4-10}$$

代入到式(8.4-7)中,有

$$r = z + \frac{x^2+y^2}{2z} \tag{8.4-11}$$

将上式代入网络响应函数表达式(8.4-6)中,并考虑到

$$r^2 = \left(z+\frac{x^2+y^2}{2z}\right)^2 \approx z^2 \tag{8.4-12}$$

整理可得

$$h(x,y,z) = \frac{jk \cdot e^{-jkz}}{z^2} \cdot e^{-jk\frac{x^2+y^2}{2z}} \tag{8.4-13}$$

在距离口径面为 z 的观察平面上

$$C(z) = \frac{jk \cdot e^{-jkz}}{z^2} \tag{8.4-14}$$

保持为一常数,式(8.4-13)可以表示为

$$h(x,y,z) = C(z)e^{-jk\frac{x^2+y^2}{2z}} \tag{8.4-15}$$

参考图 8.4-1,令

$$\left.\begin{array}{l}\Lambda = \lambda \\ X = Nx \\ Y = Ny \\ Z = Mz \\ M = N^2\end{array}\right\} \tag{8.4-16}$$

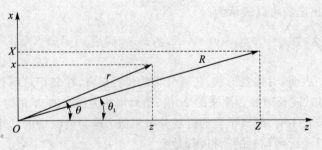

图 8.4-1 不同情况的参考位置关系

或者

$$\left.\begin{array}{l} \Lambda = \dfrac{\lambda}{N} \\ X = x \\ Y = y \\ Z = Mz \\ M = N \end{array}\right\} \qquad (8.4-17)$$

式(8.4-6)均可以表示为

$$H(X,Y,Z) = C(Z)\mathrm{e}^{-\mathrm{j}k\frac{x^2+y^2}{2z}} = C_2 h(x,y,z) \qquad (8.4-18)$$

式中,C_2 为

$$C_2 = \frac{C(Z)}{C(z)} = \frac{C(Mz)}{C(z)} = \frac{\mathrm{e}^{-\mathrm{j}k(M+1)z}}{M^2} \qquad (8.4-19)$$

对于选定的位于 z 和 $Z=Mz$ 的两个观察面,C_2 为常数。式(8.4-18)和式(8.4-6)除相差一常数倍数关系外,变化规律相同。如果选取激励函数 $F(X,Y)$ 为式(8.4-1)的形式,则观察位置变化后的网络输出函数可以表示为

$$G(X,Y,Z) = F(X,Y) * H(X,Y,Z) = C_1 f(x,y) * C_2 h(x,y,z) = C_3 g(x,y,z) \qquad (8.4-20)$$

式中,$C_3 = C_1 C_2$ 为常数。根据上面的推导可得出如下结论:

① 如式(8.4-16)所示情况,在波长 λ 恒定,而口径尺寸 D 增加为原来 N 倍时,在 z 改为 N^2 倍的观察面上,口径辐射近场的相对分布近似不变。$q = \dfrac{x^2+y^2}{z^2}$ 越小,近似的程度越高。

② 如式(8.4-17)所示情况,在口径 D 恒定而波长 λ 缩小为原来的 $1/N$ 时,在 z 改为 N 倍的观察面上,口径辐射近场的相对分布近似不变。$q = \dfrac{x^2+y^2}{z^2}$ 越小,近似的程度越高。

图 8.4-2 是关于结论①的口径近场计算结果,假设口面场只有 E_{Ax} 分量,E_{Ax} 为式(8.2-1)所示的方口径均匀分布,计算近场的 E_x 分量。图 8.4-2(a)对应口径尺寸 D 和到口面距离 z 分别为 $(D=20\lambda, z=20\lambda)$、$(D=40\lambda, z=80\lambda)$、$(D=60\lambda, z=180\lambda)$。相对于第一种

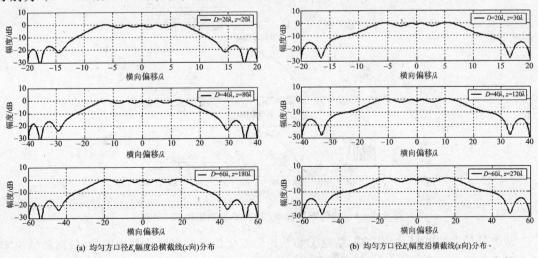

(a) 均匀方口径E_x幅度沿横截线(x向)分布　　　　(b) 均匀方口径E_x幅度沿横截线(x向)分布

图 8.4-2　关于结论①的均匀方口径近场计算结果

情况,后两种情况对应的 N 和 M 值分别为 $(N=2,M=N^2=4)$、$(N=3,M=N^2=9)$。图 8.4-2(b) 对应口径尺寸 D 和到口面距离 z 分别为 $(D=20\lambda,z=30\lambda)$、$(D=40\lambda,z=120\lambda)$、$(D=60\lambda,z=270\lambda)$,后两种情况对应的 N 和 M 值仍然为 $(N=2,M=N^2=4)$、$(N=3,M=N^2=9)$。

图 8.4-3 是将口面场调整为方口径连续锥削分布(多项式分布,$\alpha=0.9001$、$\beta=14.7522$、$\gamma=-20.9930$)时的口径近场计算结果,其他参数和图 8.4-2 相同。

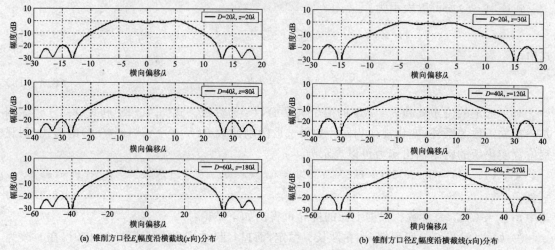

(a) 锥削方口径 E_x 幅度沿横截线(x向)分布　　　　(b) 锥削方口径 E_x 幅度沿横截线(x向)分布

图 8.4-3　关于结论①的锥削方口径近场计算结果

对于确定的 M 取值,式(8.4-19) C_2 幅度沿轴向保持为常数,故轴向场幅度也存在相似性。图 8.4-4 是均匀分布方口径近场 E_x 幅度沿轴向分布的情况,轴向观察的距离范围分别为 $0\sim200\lambda$、$0\sim800\lambda$ $(N=2,M=N^2=4)$、$0\sim1800\lambda$ $(N=3,M=N^2=9)$。图 8.4-5 是同种参数条件下连续锥削分布方口径近场 E_x 幅度沿轴向分布的情况。

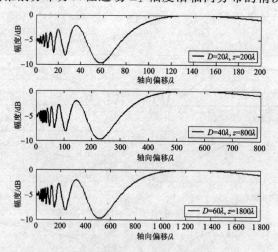

图 8.4-4　均匀方口径 E_x 幅度沿纵轴线(z向)分布

从波长量度的电尺寸角度看,结论①和结论②变化情况的电尺寸是相同的,故两种结论实际上没有差别。上述两个结论在观察点接近轴线的条件下成立,并且越靠近轴线时,近似的程度越高。

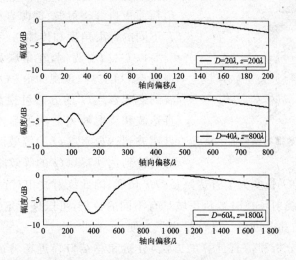

图 8.4-5 锥削方口径 E_x 幅度沿纵轴线（z 向）分布

8.5 口径近场的特征谱

8.5.1 问题的引入

在反射面式紧缩场研制的过程中，为了获得要求的静区场分布，需要对反射面形状和照射场分布进行优化设计。通过前面的分析可知，根据场等效原理，这一问题可以转化为对其口径面等效源辐射近场的分析和计算。

由于可能存在多种绕射场成分，口径近场区空域场形成不均匀的空域驻波分布。当频率改变时，空域场分布随之改变。

从前面对几种口径近场的分析来看，仅比较某种特定情况下的口径近场空域分布，很难确定口径设计的优劣。在实际进行紧缩场优化设计时，常规方法是在多个频点上比较静区的空间驻波峰峰值或 RMS 值的变化，并在全频段进行综合，工作量较大。由于空域幅度和相位变化指标只反映了多种绕射场成分并存条件下的总场变化，并没有建立起与某一类型绕射场的直接关系，因而不方便分析绕射场的产生机理以及改变口径设计时绕射场的变化。

鉴于口径的各个等效场源中心在角域和时域具有不同的特征，本节提出用口径近场特征谱描述口径绕射场的方法。口径近场特征谱包括角域谱和时域谱，是指通过计算或测量所得到的口径近场在空域和频域的分布，反演得到的其在角域和时域的分布。从角域谱和时域谱可以直接判断口径的设计特征[7]。

8.5.2 系统布局说明

参考图 8.1-1，并重新作图（见图 8.5-1）。图 8.5-1 为一个单反射面紧缩场横截面示意图。S 为假设的馈源位置，ABC 为反射面，COD 为其投影口径面。EZ_1F、$C'O'D'$、GZ_2H 为与口径面 COD 平行的口径近场区观察面。从口径面到近场区观察面，在近场区所产生的场可能包括：口径面直达波、边缘绕射波。对一个与实际紧缩场反射面散射对应的近场，还可能

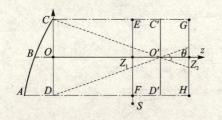

图 8.5-1 单反射面紧缩场横截面示意图

包括面板拼缝绕射波、馈源直漏波,等等。这些波具有不同的入射角度和传播路径。

以 $C'O'D'$ 为例,在角域观察,口径面直达波到观察点 O' 的方向可视为沿 OO' 方向,边缘 C、D 绕射波到达观察点 O' 的方向可视为沿 CO' 和 DO' 方向,直达波和绕射波入射角度显然不同。在时域分析,直达波到达观察点 O' 的等效路径为 OO',边缘 C、D 绕射波到达观察点 O' 的等效路径为 CO' 和 DO'。显然,绕射路径 CO' 和 DO' 长度大于直达路径 OO' 长度,因此绕射波相对直达波存在着固定的时延。由于口径的各种绕射场在时域及角域具有不同的特征,可以进行定量描述,因而能够进行分辨和分离,这为评估和改进口径设计带来了方便。

下面将通过理论分析和仿真计算的方法,分析和总结口径近场特征谱分布的一般规律。在仿真计算中采用口面场卷积法,其要点如前所述:根据等效原理得到等效源,通过对等效源积分可计算口径近场,而等效源积分可以表示成与口面场函数有关的卷积。在实际工程计算中,可以通过几何光学法及绕射理论计算出反射面口径面上的场分布。本节为了讨论问题简便,所采用的口径面场分布都是假设的。

8.5.3 角域谱

如图 8.5-1 所示,根据平面波谱理论,观察面 $C'O'D'$ 的场,可以看作是从口径 COD 向空间各方向辐射的平面波的叠加。知道了 $C'O'D'$ 场分布,就可以反演出合成该场的各向平面波分布,即得到口径近场角域谱。

对于任意二维口径场分布,假设只有 x 方向分量,表示为 E_{Ax},并令 $f(x,y) = E_{Ax}(x,y,0)$,则有

$$f(x,y) = \frac{1}{4\pi^2} \int_{-\infty}^{\infty}\int_{-\infty}^{\infty} F(k_x,k_y) e^{-j(k_x x + k_y y)} dk_x dk_y \quad (8.5-1)$$

$$F(k_x,k_y) = \int_{-\infty}^{\infty}\int_{-\infty}^{\infty} f(x,y) e^{j(k_x x + k_y y)} dx dy \quad (8.5-2)$$

式中,$k_x = k\sin\theta\cos\varphi$,$k_y = k\sin\theta\sin\varphi$,$k$ 为自由空间波数。$F(k_x,k_y)$ 即为平面波角谱,从形式上看,为口径场的逆傅里叶变换。

根据式(8.1-7)可知,口径近场可以表示为口径场和空间网络响应函数的卷积。设式(8.1-8)中的网络响应函数 $h(x,y)$ 对应的角谱为 $H(k_x,k_y)$,口径近场 $g(x,y) = g(x,y,z_0)$ 对应的角谱为 $G(k_x,k_y)$,二者分别为 $h(x,y)$、$g(x,y)$ 的逆傅里叶变换,根据傅里叶变换的卷积定理,有

$$G(k_x,k_y) = F(k_x,k_y)H(k_x,k_y) \quad (8.5-3)$$

将其表示成角度的关系,有

$$G(\theta,\varphi) = F(\theta,\varphi)H(\theta,\varphi) \quad (8.5-4)$$

上述推导过程表明:在角域,口径近场角谱为口径场角谱与空间网络响应函数角谱的乘积。这一结论也同样适用于口径远场。

第 8 章 口径近场的多域分析

在紧缩场口径设计中,理想的静区要求只存在从口径面直达的单一方向入射平面波。从角域谱进行分析,即要求 $G(\theta,\varphi)$ 只存在 $\theta=0$ 的角谱成分。根据式(8.1-7)和式(8.5-4),$G(\theta,\varphi)$ 由口径场谱 $F(\theta,\varphi)$ 和网络响应函数谱 $H(\theta,\varphi)$ 共同决定,因而可以通过对二者的设计来调整 $G(\theta,\varphi)$ 分布,使之满足要求。

$H(\theta,\varphi)$ 与工作频率、观察面到口径的距离、观察面尺寸有关。图 8.5-2 是计算所得的一维网络响应函数角谱 $H(\theta)$ 的幅度分布图,口径为方口径,边长 $D=5$ m,工作频率为 10 GHz。观察面到口径距离分别取为 D、$1.5D$、$2D$。为便于比较,在 D 处对 $H(\theta)$ 进行归一化处理,在 $1.5D$、$2D$ 处使 $H(\theta)$ 依次降低 5 dB。

由图 8.5-2 可知,网络响应函数 $h(x,y)$ 在角域等效于一个自然的空间角谱带通滤波器。由于 $H(\theta,\varphi)$ 的作用,口径近场谱 $G(\theta,\varphi)$ 只保留了口径场谱 $F(\theta,\varphi)$ 在中心通带内的角谱分量,在通带以外的角谱信号被自然滤除或抑制。距离口径面距离越远,通带越窄。距离趋于无穷远时,$H(\theta,\varphi)$ 带宽趋于无限窄,表明此时有限尺寸观察面上截获的口径场角谱只剩下中心谱线。其物理意义为:在无穷远处,通过有限尺寸观察面接收到的来自有限尺寸口径辐射的电磁波近似为单列平面波。

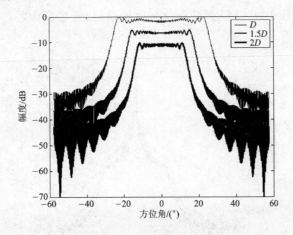

图 8.5-2 网络响应函数角谱

计算可知,在近场区,该角域滤波器的带宽可近似由观察面中心到口径两边的张角确定。如图 8.5-1 所示,在 $C'O'D'$ 位置,角域带宽近似等于 $\angle CO'D$。

网络响应函数 $h(x,y)$ 的这种空间角谱滤波特性说明:口径在其近场区有限尺寸观察面上一定不会产生宽角入射的波谱,这一结论对紧缩场口径设计具有参考价值。由于加工、制造等原因,口径场本身可能会存在宽角干扰角谱成分,但由于网络响应函数在角域的带通滤波作用,口径面在向某一观察面辐射时,宽角谱成分将被自然滤除。

图 8.5-3 为一模拟的口径场角谱与距离口径 $1.5D$ 处的近场角谱的比较图,此时假设口径场在近轴和宽角均存在—-20 dB 的干扰角谱成分。由图可见,在距离口径 $1.5D$ 处,口径近场近轴角谱成分并没有变化,仍为 -20 dB,但口径场宽角谱成分被抑制,下降到 -50 dB 以下。

根据式(8.5-4),提高口径近场角谱纯度的另外一个方法是调整口径场角域谱 $F(\theta,\varphi)$,使口径本身尽量产生单一角谱分量,尤其在近轴减少干扰谱。这要求对口径场分布或口径尺寸、形状进行设计,等效于对口径场进行空域加窗处理。

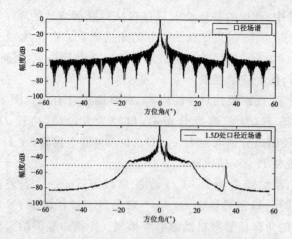

图 8.5-3 口径场角谱和口径近场角谱

图 8.5-4 是圆口径均匀分布和圆口径余弦锥削分布的近场一维角域谱比较图。圆口径直径 $D=5$ m,观察面到口径距离为 $1.5D$,工作频率为 10 GHz,口径面场采用边缘锥削 10 dB 的余弦锥削分布。由图可知,口径面场加此余弦锥削后,近场非中心区谱分量电平均降低约 10 dB。

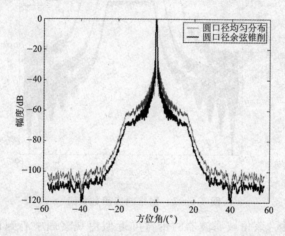

图 8.5-4 口径场锥削对其近场角谱的影响

8.5.4 时域谱

根据时域分析理论,对口径近场区观察面上任一点,如 O' 点,其场可以看成是由口径 COD 不同位置发出的各列波的叠加。这些波到达 O' 点路径不同,因而时延不同。如果知道了 O' 的频域场分布,就可以反演出时域场分布,得到时域谱。

设总场为 $E(f)$,观察点位置矢量为 $\vec{r}$,口径等效场源中心位置矢量为 $\vec{r}'$,其传播到观察点 $\vec{r}$ 处所需时间为 $\tau=\dfrac{R}{c}=\dfrac{|\vec{r}-\vec{r}'|}{c}$,对应场的表示为 $e(\tau)=e(R)$,则总场可以表示成以下积分:

$$E(f)=\int_{-\infty}^{\infty}e(\tau)\mathrm{e}^{-\mathrm{j}2\pi f\tau}\mathrm{d}\tau \tag{8.5-5}$$

对 $E(f)$ 做逆傅里叶变换,便得到 $e(\tau)$,表示为

$$e(\tau) = \int_{-\infty}^{\infty} E(f) e^{j2\pi f \tau} df \qquad (8.5-6)$$

根据传播路径和时间的关系,上式又可写为

$$e(R) = \int_{-\infty}^{\infty} E(f) e^{j2\pi fR/c} df \qquad (8.5-7)$$

根据傅里叶变换关系,已知频域场 $E(f)$ 分布,可以反演出时域 $e(\tau)$ 或 $e(R)$ 场分布,即得到时域谱。口径的不同部位形成不同的等效绕射源,各绕射波到达观察点时延不同,从而可以在时间域上将不同绕射场分离。

理想情况下,希望观察点处只存在口径直达波,对应时域谱应为 δ 函数。实际中可能存在各种绕射波,因而时域谱会较为复杂。口径设计不同,绕射场在时域的分布也不同。

现计算一直径 $D=5$ m 圆口径和边长 $D=5$ m 方口径在距其 $1.5D$ 观察面中心处的时域谱。观察位置即为图 8.5-1 所示 O' 点,计算频段为 X 波段,频率范围取为 8~12 GHz,假设口径场分别为均匀分布和余弦锥削分布。此时口径直达波应位于 $d=7.5$ m 的位置,口径边缘绕射波位置可以根据边缘与口径中心到观察点距离差确定,约为 7.9 m。

图 8.5-5 中,最上一幅图为均匀分布圆口径在 O' 点的时域谱,在 $d=7.5$ m 处的谱线为口径面直达波,在约 7.9 m 处谱线为口径边缘绕射波。可以看出,在口径为均匀分布时,圆口径边缘绕射波相对于口径面直达波电平约为 −0.5 dB。

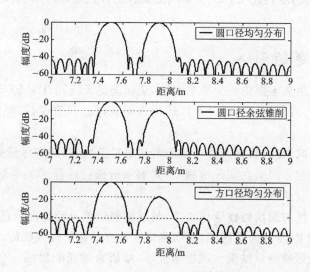

图 8.5-5 口径近场时域谱分布

图 8.5-5 中,中间一幅图为余弦锥削圆口径在 O' 点的时域谱,圆口径边缘锥削电平为 10 dB。可以看出,此时边缘绕射波下降到约 −10 dB。由此可知,降低口径边缘电平可以有效地抑制口径边缘绕场波。

图 8.5-5 中,下面一幅图是边长为 $D=5$ m 正方口径在 O' 点的时域谱,假设口径场为均匀分布。可以看出,此时边缘绕射波下降到约 −17 dB。与图 8.5-5 上图比较可知,在中心 O' 点,方口径边缘的绕射波电平要远低于同尺寸的圆口径。对于方口径的情况,在约 8.29 m 处又出现一约 −41 dB 的干扰峰。该位置正好对应方口径的四个角点,应为来自角点的绕射波。

当口径尺寸、形状、场锥削分布、观察位置、工作频段改变时，时域谱都会发生变化。利用时域谱分析的方法可以分析紧缩场系统中的干扰波，也可以根据时域谱分布进行紧缩场口径优化设计。

8.5.5 结论

① 本节提出了口径近场特征谱的概念，包括角域谱和时域谱，可以在角域和时域上描述口径设计特征。由于口径绕射波和直达波对应不同的角度和距离，因此可以在角域和时域上进行分辨和分离。

② 根据口面场卷积法可知，网络响应函数等效于一个自然的空间角谱滤波器。由于网络响应函数的空间角谱滤波的作用，在口径近场区，口径场辐射的宽角谱被抑制。口径近场的近轴谱主要由口径场本身的近轴谱确定。

③ 计算、比较了圆口径均匀分布、圆口径余弦锥削、方口径均匀分布在近场区的时域谱，说明通过改变口径面场锥削及口径形状等方法可以有效降低口径边缘绕射波电平。

实际工程中，常常要求通过优化口径设计，以抑制其产生的各种绕射场。鉴于特征谱可以在角域和时域定量描述口径绕射场特征，因而为工程设计提供了便利。

8.6 赋形电大尺寸口径近场的空域和角域特征

8.6.1 问题的引入

紧缩场可以在近距离上提供一个准平面波，从而满足天线和目标 RCS 远场测试条件。根据电磁场的等效原理，对紧缩场的设计可以转化为对其口径面的设计，包括口径形状、口径场分布等。

在紧缩场中测量时，要求目标所处区域的空域场尽量均匀，即应尽量保证在目标测试过程中接受均匀平面波照射。因而在实际检测中，紧缩场所提供的静区场空域指标通常作为衡量其性能是否优良的最直接依据。

紧缩场的空域特性与角域特性密切相关，角域谱携带着口径设计信息。另外，在紧缩场中经常需要进行天线和 RCS 方向图测试，因而测试区被测目标所接收到的入射电磁波的角域特性将会在很大程度上影响测试结果。理想情况下，希望紧缩场能提供一个理想的单一方向入射均匀平面波，而实际中则可能包含各种绕射波。

如图 8.1-1 所示，因为有限尺寸反射面边缘截断的影响，在近场区来自口径边缘 C 和 D 的绕射波会较强，从而会导致测试结果产生误差，这使得紧缩场测量存在不同于远场测量的特殊性，尤其反映在目标的角域特性测量方面。如何尽量消除有限尺寸口径边缘绕射的影响，是紧缩场口径设计中需要重点考虑的问题。

口径设计的变化可以通过口径近场的角域谱来反映。下面以圆口径、方口径和一种锯齿边缘口径为例，分析口径近场辐射的空域和角域特征及边缘形状、观察面横向尺寸改变对角域谱的影响[8]。

8.6.2 口径的空域场

图 8.6-1 是几种不同形状口径的示意图,包括圆形口径、方形口径和一种锯齿边缘口径。口径的宽和高分别为 $W=150\lambda$、$H=150\lambda$,λ 为自由空间电磁波波长。

如图 8.1-1 和图 8.6-1 所示建立直角坐标系,口径面位于 xOy 平面上。对锯齿边缘口径,每边有 12 个直角三角形锯齿,分别关于坐标 x 轴、y 轴对称分布。各边锯齿高度均为 $W_s=22.5\lambda$,与实体相连的底边长度从边缘到中心呈依次递减分布,如表 8.6-1 所列。考虑到对称性,表 8.6-1 只列出每边前 6 个锯齿底边的长度。表中编号从边缘向中心选取。

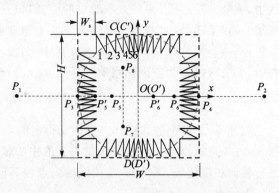

图 8.6-1 几种赋形口径正视图

如图 8.1-1 和图 8.6-1 所示,选取口径近场区域观察面 $C'O'D'$ 到口径 COD 的距离为 1.5 倍口径大小,即有 $OO'=1.5W=225\lambda$。轴线上 Z_1 点到口径 COD 距离为 W,Z_2 点到口径 COD 距离为 $2W$,即 $OZ_1=W$、$Z_1Z_2=W$。设 $C'O'D'$ 上的任意点为 $P(\vec{r})$,$P_1 \sim P_8$ 和 P_5'、P_6' 亦为 $C'O'D'$ 面上的点,具体位置如图 8.6-1 所示。观察面 $C'O'D'$ 上各点坐标如表 8.6-2 所列。

表 8.6-1 锯齿底边长度

编号	1	2	3	4	5	6
长度/λ	12.51	11.49	9.75	7.74	6.00	5.01

表 8.6-2 观察面 $C'O'D'$ 上各点坐标

观察点	x 坐标	y 坐标	z 坐标
O'	0	0	225λ
C'	0	$+75\lambda$	225λ
D'	0	-75λ	225λ
P_1	-150λ	0	225λ
P_2	$+150\lambda$	0	225λ
P_3	-75λ	0	225λ
P_4	$+75\lambda$	0	225λ
P_5	-37.5λ	0	225λ
P_6	$+37.5\lambda$	0	225λ
P_7	-18.75λ	-37.5λ	225λ
P_8	$+18.75\lambda$	-37.5λ	225λ
P_5'	-56.25λ	0	225λ
P_6'	$+18.75\lambda$	0	225λ
Z_1	0	0	150λ
Z_2	0	0	300λ

设口径面 COD 切向电场只有 x 方向的分量,表示为 $E_{Ax}(x',y',0)$,$(x',y',0)$ 表示口径面上等效源点坐标。根据等效原理,可以计算得出空间任意观察点 $P(\vec{r})$ 处的 x 方向电场为

$$E_x(x,y,z) = \frac{1}{4\pi}\iint_{COD}\left[E_{Ax}z(1+jkR)\frac{e^{-jkR}}{R^3}\right]dx'dy' \quad (8.6-1)$$

式中,$R = |\vec{r}-\vec{r}'|$ 为场点和源点的距离,积分沿口径面 COD 进行。根据式(8.6-1)可导出,对某一确定距离 z_0 处观察面上的场分布,口径近场 E_x 可以表示为两个二维函数卷积的形式:

$$E_x(x,y,z_0) = E_{Ax}(x,y,0) * h(x,y,z_0) \quad (8.6-2)$$

式中,$h(x,y,z_0)$ 为空间网络响应函数 $h(x,y,z)$ 在 $z = z_0$ 的二维分布,$h(x,y,z)$ 表示式为

$$h(x,y,z) = \frac{z}{4\pi}(1+jkr)\frac{e^{-jkr}}{r^3} \quad (8.6-3)$$

图 8.6-2 是根据式(8.6-2)仿真得出的 $C'O'D'$ 面上 P_3P_4 之间 E_x 的幅度和相位分布,图 8.6-3 是根据式(8.6-2)仿真得到的中心轴线上 Z_1Z_2 上 E_x 的幅度和相位分布。为便于进行轴向相位比较,图 8.6-3 曲线轴向点相邻间隔取一个波长,即幅度和相位均只取波长整数倍上的点。

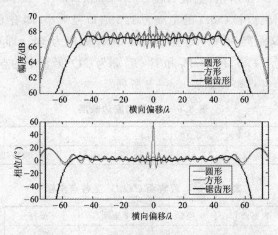

图 8.6-2 近场 E_x 沿横截线(x 向)分布

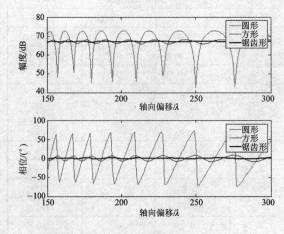

图 8.6-3 近场 E_x 沿纵轴线(z 向)分布

从图 8.6-2 和图 8.6-3 可以看出,从圆口径到方口径再到锯齿边缘口径,口径边缘分布

不均匀性逐渐提高时,近场中心区横截面和轴线上的幅度和相位均匀性逐渐提高,说明改变口径边缘形状是减少近场中心区边缘绕射波影响的有效途径。

从图 8.6-3 还可以看出,随着观察面远离口径,由边缘绕射波和口径直达波引起的轴线干涉场周期增大。

8.6.3 有限尺寸口径接收的平面波角谱

已知二维口径场分布只有 x 方向分量,设 $f(x,y) = E_{Ax}(x,y,0)$,则有

$$f(x,y) = \frac{1}{4\pi^2} \int\!\!\!\int_{-\infty}^{\infty} F(k_x,k_y) e^{-j(k_x x + k_y y)} dk_x dk_y \quad (8.6-4)$$

$$F(k_x,k_y) = \int\!\!\!\int_{-\infty}^{\infty} f(x,y) e^{j(k_x x + k_y y)} dx dy \quad (8.6-5)$$

$$G(k_x,k_y) = F(k_x,k_y) H(k_x,k_y) \quad (8.6-6)$$

$$G(\theta,\varphi) = F(\theta,\varphi) H(\theta,\varphi) \quad (8.6-7)$$

式中,θ,φ 为所选观察面下的球坐标,$k_x = k\sin\theta\cos\varphi$,$k_y = k\sin\theta\sin\varphi$,$k = \dfrac{2\pi}{\lambda}$ 为自由空间波数。$F(k_x,k_y)$ 为口径面场 E_{Ax} 对应的平面波角谱,网络响应函数 $h(x,y)$ 对应的平面波角谱为 $H(k_x,k_y)$,口径近场 E_x 对应的平面波角谱为 $G(k_x,k_y)$。

口径近场区观察面所接收到的口径辐射的平面波谱的范围及分辨率与观察面的横向尺寸有关。下面将观察面横向尺寸分为 2 倍口径、1 倍口径、1/2 口径等几种情况进行讨论。

在分析过程中,首先对观察面 $C'OD'$ 上二维区域近场做变换,得到二维平面波角谱,然后取出一维角谱,对应图 8.6-1 所示的 P_1P_2、P_3P_4、P_5P_6、$P_5'P_6'$、P_7P_8 方向。为抑制旁瓣,角谱变换时采用了海明窗。

1. 2 倍口径

对 P_1P_2 限定范围内的关于 x 轴和 y 轴对称的二维近场数据进行变换,提取得到的 P_1P_2 方向一维平面波角谱曲线如图 8.6-4 所示。可以看出,由于网络响应函数的空间角谱滤波作

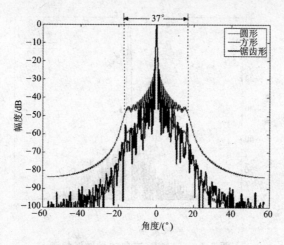

图 8.6-4 P_1P_2 方向的平面波角谱

用,在通带以外的信号被滤除,但通带以内的角谱分量仍然存在。通带角度范围可以近似由口径 COD 边缘向观察面中心 O′ 张角确定,约为 37°。

从图 8.6-4 中还可以看出,锯齿边缘口径和圆口径通带范围内角谱分量比方口径低,这是由于边缘形状的变化减少了来自口径边缘的干扰谱分量。

2. 1 倍口径

对图 8.6-1 所示 P_3P_4 范围内二维口径近场进行变换,提取得到的 P_3P_4 方向角谱曲线如图 8.6-5 所示。对圆口径和方口径,此时通带内的最大干扰谱成分向边缘方向集中。对锯齿边缘口径,大部分边缘绕射波已被有效地抑制和分散。

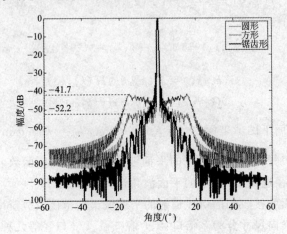

图 8.6-5 P_3P_4 方向的平面波角谱

3. 1/2 口径

一般单反射面紧缩场的口径利用率在 50% 左右,这部分区域通常用来放置被测目标。对如图 8.6-1 所示 P_5P_6 范围内二维口径近场进行变换,得到的 P_5P_6 方向平面波角谱曲线如图 8.6-6 所示。此时干扰谱分量主要集中在边缘附近,方口径边缘最大干扰波约为 -37.1 dB,圆口径最大干扰波约为 -42.3 dB。对锯齿边缘口径,边缘绕射波影响已基本消除。

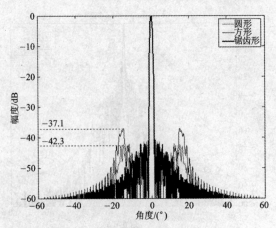

图 8.6-6 P_5P_6 方向的平面波角谱

8.6.4 观察面横向偏移对角谱的影响

通过 8.6.3 小节分析可知,锯齿边缘口径可以有效地抑制有限尺寸口径向近场区中心区域的边缘绕射波。由于前述所选观察区域关于 x 轴和 y 轴线对称,所以干扰波也呈对称分布。下面分析当考察区域偏离中心区域时的平面波角谱变化情况。

如图 8.6-1 所示,为对 $P'_5P'_6$ 和 P_7P_8 所限定范围内二维近场进行变换,得到的平面波角谱如图 8.6-7 所示。可以看出,对 $P'_5P'_6$ 方向,来自与观察面临近一边的边缘绕射波明显加强,而远离观察面另外一边的边缘绕射波减弱,两侧最大干扰波对应的角度位置也发生微调。对 P_7P_8 方向,方口径绕射波基本不变,圆口径边缘绕射波减弱。

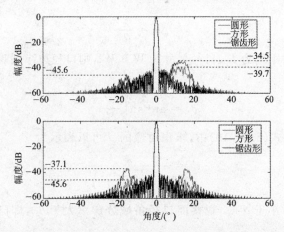

图 8.6-7 $P'_5P'_6$ 和 P_7P_8 方向的平面波角谱

8.6.5 二维角谱变换和一维角谱变换的比较

前面所进行的角谱分析,是对观察面 $C'O'D'$ 上一定范围方形区域内近场进行二维角谱变换之后,再取出水平方向上一维角谱得到的。图 8.6-8 是直接对 P_5P_6 间一维近场数据做一维角谱变换所得到的图 8.6-1 中三种口径近场角域比较图。可以看到,此时三种口径角谱分布与图 8.6-6 结果明显不同。圆口径、方口径对应的最大边缘绕射波明显增强了。

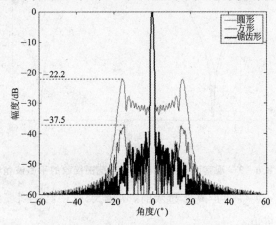

图 8.6-8 P_5P_6 方向的平面波角谱(一维角谱变换)

8.6.6 观察面的角域分辨率

对一维情况,式(8.6-4)、式(8.6-5)可以简化为

$$f(x) = \frac{1}{2\pi}\int_{-\infty}^{\infty} F(k_x)\mathrm{e}^{-jk_x x}\mathrm{d}k_x \tag{8.6-8}$$

$$F(k_x) = \int_{-\infty}^{\infty} f(x)\mathrm{e}^{jk_x x}\mathrm{d}x \tag{8.6-9}$$

取近轴近似情况,即 θ 较小时,近似有 $\sin\theta \approx \theta, k_x = k\sin\theta \approx k\theta$。设近场区观察面横向尺寸为 d,则根据式(8.6-8)、式(8.6-9),可知观察面对口径入射的平面波角谱的角域分辨率可以表示为

$$\Delta\theta = \frac{\lambda}{d} \tag{8.6-10}$$

设观察面到口径的距离为 L,口径尺寸为 $W \times W$,则口径边缘到观察面中心张角 θ_c 可以表示为

$$\theta_c = \arctan\left(\frac{W}{2L}\right) \tag{8.6-11}$$

将 $\Delta\theta = \theta_c$ 代入到式(8.6-10)中,求出对应的 d 可以表示为

$$d = \frac{\lambda}{\arctan\left(\dfrac{W}{2L}\right)} \tag{8.6-12}$$

当观察面横向尺寸小于 d 时,观察面口径角域分辨率大于 θ_c,即已不能分辨来自口径边缘的绕射波。

计算可知,相对前述观察面 $C'O'D'$ 的中心 O',来自口径边缘的入射波角度约为 18.4°,即 $\theta_c = 18.4°$,根据式(8.6-12)计算可得 $d \approx 3.1\lambda$。图 8.6-9 是近场中心区观察面上横向尺寸为 3.1λ 时的平面波角谱,此时已看不到边缘绕射波,三种口径近场角谱形状也基本相同。

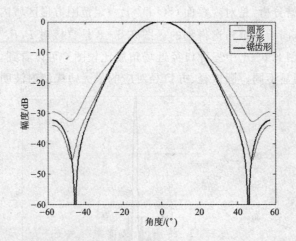

图 8.6-9 观察面中心区 $d = 3.1\lambda$ 范围接收的平面波角谱

当口径尺寸 W 越小,观察面距离 L 越大时,d 越大,这一结论对紧缩场中的电小尺寸目标测试误差分析具有参考价值。

8.6.7 结 论

本节的主要结论如下：

① 通过口面场卷积法仿真了电大尺寸（$150\lambda \times 150\lambda$）圆口径、方口径、一种锯齿边缘的口径近场区横截面和纵轴线上的空域场分布。结果表明，锯齿边缘口径可以有效抑制边缘绕射波对近场中心区的扰动，使近场中心区场分布具有更平坦的幅度和相位变化。

② 基于加海明窗的傅里叶变换仿真分析了近场区观察面横向尺寸为 2 倍口径、1 倍口径、1/2 口径时接收的来自口径的平面波角谱。结果表明，观察面近场角谱分布与观察面横向尺寸有关。当观察面横向尺寸变小时，干扰谱分量向边缘角度方向集中。相对于圆口径和方口径，锯齿边缘口径有效地抑制了边缘干扰角谱分量。

③ 比较分析了观察面口径偏离中心轴线时接收平面波角谱的变化。结果表明，观察面偏离导致靠近观察区一侧的边缘绕射明显增强，远离观察区一侧的边缘绕射明显减弱。

④ 比较分析了一维平面波谱变换和二维平面波谱变换结果的不同。结果表明，当直接进行一维平面波谱变换时，对应同一方向的口径边缘最大绕射波明显增强。

⑤ 基于一维平面波角谱变换和近轴近似分析了观察面对来自口径的平面波角谱的角域分辨率，表明当观察面横向尺寸减小时，角域分辨率降低。当观察面横向尺寸小于一定值时，对来自口径的直达波和边缘绕射波已不能有效分辨。

8.7 电大尺寸口径幅相不均匀性的近场空域和角域分析

8.7.1 问题的引入

由于加工、安装等因素导致的大型反射面天线表面与其理想型面的偏差将会影响其辐射性能，包括增益、波束宽度、旁瓣电平、功率方向图等。这些指标体现了天线的远场性能。

对大静区紧缩场制造来说，由于实际加工能力和精度的限制，其反射面通常是先分块加工再整体拼装，然后和馈源系统一起进行整体定位安装。馈源系统、反射面系统可能会产生相对其理想位置或型面的偏差，从而导致静区场发生变化，甚至产生附加干扰波。此时设计者或使用者关心的是这些偏差导致的反射面散射近场特征发生变化。

一般来说，紧缩场静区横截面场的空域幅度和相位变化是评估其性能的最基本指标，因而也是分析紧缩场系统加工、安装误差导致场变化的重要参考。根据产生机理的不同，幅度和相位变化又常常划分为锥削和波纹。而在某些情况下，紧缩场静区场的角域场特性更重要，因为角域场更直接体现了口径场变化时所增生的干扰波来源（包括相对幅度和方向），而且会直接影响天线和 RCS 的方向图测量。

下面将分析电大尺寸反射面天线口径出现各种典型幅度和相位不均匀性时所引起的近场空域和角域特征，以便可以根据这些特征诊断口径或反射面场特征、误差分布和产生机理[9]。引起这些口径幅相不均匀性的可能来源有：有限尺寸反射面天线边缘赋形、拼装误差、安装和校准误差、馈源的非均匀照射，等等。

本节仍采用基于等效原理的口面场卷积法，以方便直接从口面场等效源分析反射面系统特征。这种处理不仅避免了具体反射面、馈源结构复杂性对分析的影响,而且使结果更具有一般性。对于空域-角域变换,本文采用加海明窗的傅里叶变换。使用海明窗的目的是抑制旁瓣,以观察口径变化引起的附加干扰波。

在分析中,采用的口径尺寸限度为 150 个波长。对于投影口径为 5 m×5 m 的中型紧缩场,这一尺寸表示 9 GHz(X 波段)性能;对于投影口径为 10 m×10 m 的大型紧缩场,这一尺寸表示 4.5 GHz(C 波段)性能。

8.7.2 系统布局和参数说明

微波暗室紧缩场布局如图 8.1-1 所示。本节分析涉及到的一种方口径和一种良好设计的锯齿边缘口径如图 8.7-1 所示,以此作为分析的示例。口径高度 H 和口径宽度 W 相等,即 $H = W = 150\lambda$,λ 为自由空间电磁波波长。

各边锯齿高度均为 $W_s = 22.5\lambda$,与实体相连的底边长度从边缘到中心呈依次递减分布,其尺寸如表 8.6-1 所列。由于锯齿分布具有对称性,表 8.6-1 只列出每边前 6 个锯齿底边的长度,编号从边缘向中心选取。

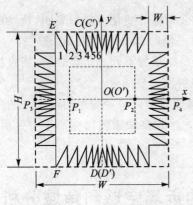

图 8.7-1 口径投影图

如图 8.1-1 和图 8.7-1 所示建立直角坐标系,口径面 COD 位于 xOy 平面上,近场区观察面 $C'O'D'$ 到口径 COD 的距离 $OO' = 1.5W = 225\lambda$。C、O、D、E、F 为口径面上的点,EF 为左边齿和实体部分的分界线。$P_1 \sim P_4$ 为观察面 $C'O'D'$ 上的点。P_1P_2、P_3P_4 平行于 x 轴,P_1 和 P_2、P_3 和 P_4 关于 y 轴对称,$P_1P_2 = \dfrac{W}{2} = 75\lambda$,$P_3P_4 = W = 150\lambda$。

本节仍采用口面场卷积法和平面波谱方法计算各种口径场分布条件下的观察面 $C'O'D'$ 的近场。设口径面电场强度只有 x 方向分量 E_{Ax},在口径面范围内按给定函数变化,在口径面范围以外为零。在计算时只给出 P_3P_4 之间的场 E_x,如果 P_3P_4 场分布对称,则只给出 $O'P_4$ 之间的场分布。为便于比较,计算结果均以观察面中心 O' 处场为参考进行归一化。

参考图 8.7-1,考虑到紧缩场口径利用率一般在 50% 左右,因而在进行角域平面波谱分析时,只对 P_1P_2 所限定的关于 x 轴和 y 轴对称的方形区域内二维近场 E_x 进行二维角谱变换,然后再取出沿 P_1P_2 方向的一维角域幅度谱分布,并以直达波幅度为参考进行归一化。角谱变换时采用海明窗抑制旁瓣。

之所以采用二维空域角域变换,是考虑到所分析口径面沿 y 方向非无限长。当口径沿 y 方向可以近似看成无限长或均匀分布时,二维变换和一维变换的结果近似相同。

8.7.3 幅度锥削

当紧缩场馈源照射反射面时,由于馈源天线空间辐射的方向性,其最大辐射方向通常指向反射面中心区域,边缘区较弱,从而会使投影口径面场呈现一定幅度锥削分布。另外,在紧缩场设计中,将口径场幅度设计成按一定锥削分布,可以在一定程度上消除边缘绕射的影响。分析口径面场幅度锥削对近场的影响具有实际意义。

为简便起见,设图 8.7-1 所示方口径场为余弦幅度锥削、等相分布,在 $x=0$、$y=0$ 处幅度为 1,在 $x=\pm\dfrac{W}{2}$ 边缘处锥削幅度为 $E_T \in [0,1]$,则口面电场函数可以表示为

$$E_{Ax}(x,y) = \cos\dfrac{4\pi}{S}\left[\dfrac{\sqrt{x^2+y^2}}{\sqrt{W^2+H^2}}\right] \tag{8.7-1}$$

式中

$$S = \dfrac{2\pi}{\arccos E_T}\dfrac{W}{\sqrt{W^2+H^2}} \tag{8.7-2}$$

设 $E_T = 0.3162$,则对应口径边缘锥削电平为 -10.0 dB,可计算此时的空域场和角域场分布,如图 8.7-2 和图 8.7-3 所示。由于 $O'P_3$ 与 $O'P_4$ 完全对称,故只给出 $O'P_4$ 间的空域场 E_x 幅度和相位。

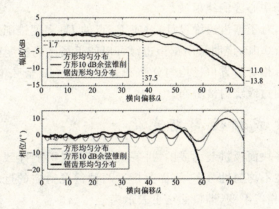

图 8.7-2 方口径、方口径 10 dB 余弦锥削、锯齿边缘口径的空域场 E_x

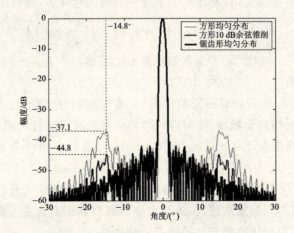

图 8.7-3 方口径、方口径 10 dB 锥削、锯齿边缘口径的角域场

由图 8.7-2 可知,此时近场区观察面上 $O'P_4$ 空域场 E_x 亦呈现较强的幅度锥削,在 1/2

口径处(对应 P_2 点)的 E_x 幅度锥削电平达到约 -1.7 dB,在边缘处(对应 P_4 点)E_x 幅度锥削电平达到约 -13.8 dB。

观察图 8.7-3 的角域场分布,此时对应边缘方向的最大绕射波位置出现在约 $\pm14.8°$,绕射场幅度从 -37.1 dB 降低到 -44.8 dB,比不加余弦幅度锥削情况降低约 7.7 dB。

8.7.4 边缘赋形

工程设计中,紧缩场静区幅度不平度一般规定小于 1 dB。由前节分析可知,口径场幅度锥削虽然可以从角域抑制边缘绕射波,但过度锥削设计会使近场区空域场亦存在较大的幅度锥削,使幅度不平度指标超出设计要求,口径利用率下降。

如图 8.7-1 所示,采用锯齿边缘可以实现等效的场锥削。在边缘锯齿上的场与实体部分相同,锯齿之外场突变为零。定性来看,锯齿边缘有两方面的作用:其一是实现口径通过电磁功率从中心向边缘逐渐锥削,与场幅度锥削效果近似相同;其二是采用非均匀分布的锯齿边缘可以进一步分散向近场中心区的绕射波。

由图 8.7-2 可知,对于锯齿边缘设计,对应 P_2 点的 E_x 幅度锥削近似为 0 dB,对应 P_4 点的 E_x 幅度锥削为 -11.0 dB,说明采用锯齿边缘可以使近场区场幅度锥削得到有效降低。

由图 8.7-3 可知,相对于方口径均匀分布和方口径 10 dB 余弦锥削,锯齿边缘口径在角域具有更低和更分散的边缘绕射波分布。

8.7.5 幅度或相位周期变化

由于反射面是由多块面板拼装而成的,拼装误差等因素可能导致其投影口径面场整体出现幅度或相位的周期性不均匀性分布,下面分析这两种情况对应的近场特征。设口面场幅度呈现一定的周期分布,相位不变,即口面场可表示为

$$E_{Ax}(x,y) = 1 + a_1 \cos\left[\frac{2n\pi}{W}\left(\frac{W}{2}+x\right)\right] \quad (8.7-3)$$

如果保持口面场幅度不变,口面场相位呈现一定周期性分布,则口面场可表示为

$$E_{Ax}(x,y) = \exp\left\{jp_1\cos\left[\frac{2n\pi}{W}\left(\frac{W}{2}+x\right)\right]\right\} \quad (8.7-4)$$

式(8.7-3)、式(8.7-4)中 a_1 为余弦幅度分布的振幅,p_1 为余弦相位分布的振幅,n 为幅度或相位变化的周期数。

图 8.7-4 和图 8.7-5 是计算所得相位均匀、幅度周期性变化,以及幅度均匀、相位周期性变化两种情况的空域场和角域场,并与口径均匀分布场进行比较。取 $a_1 = 0.1146$,对应口径幅度分布波纹的峰峰值为 2.0 dB。$p_1 = 0.3491$,对应口径相位分布波纹的峰峰值为 40°(对应 1/9 波长)。$n = 12$。

计算可知,一般情况下,当口径场 E_{Ax} 幅度或相位呈现周期性变化时,会同时导致口径近场 E_x 幅度和相位出现对应的周期波纹,波纹大小与离口面距离有关。在紧邻口径面的区域,口径近场 E_x 幅度和相位变化趋势与口径场 E_{Ax} 分布趋于一致。

在角域观察,两种情况均在 $\pm4.5°$ 位置产生两列较强的干扰波,相对直达波幅度分别为 -15.2 dB 和 -24.9 dB。对口径相位周期性变化的情况,在 $\pm8.9°$ 位置还产生另外两列干扰波,相对直达波幅度为 -36.7 dB。

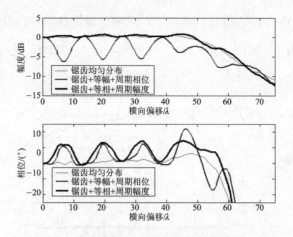

图 8.7-4　加载幅度或相位周期误差的空域场 E_x

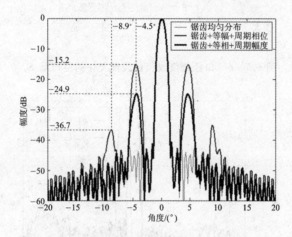

图 8.7-5　加载幅度或相位周期误差的角域场

一般情况下,口径面周期 E_{Ax} 幅度或相位波纹越大,则近场区角域场干扰波幅度越大;周期越多,干扰波对应角度越大。

8.7.6　幅度或相位线性变化

由于馈源空间辐射的方向性,可能造成口径面及边缘场分布不对称,最简单的情况是假设口面场幅度呈现线性分布。另外,由于紧缩场制造、校准的原因,口面场可能出现整体相位线性偏移的情况。下面模拟这两种条件下的近场变化。考虑到锯齿口径边缘绕射波较低,为方便进行角域场比较,计算时以方口径均匀分布为原始模型。

假设口面场幅度呈线性变化,相位恒定,即口面场可以表示为

$$E_{Ax} = 1 + a_2 \frac{2x}{W} \tag{8.7-5}$$

式中,a_2 为口径边缘 $\left(x = \pm \dfrac{W}{2}\right)$ 与口径中心幅度差。如果口面场相位呈现线性变化,幅度恒定,则口面场可以表示为

$$E_{Ax} = \exp\left(j p_2 \frac{2x}{W}\right) \tag{8.7-6}$$

式中，p_2 为口径边缘 $\left(x = \pm \dfrac{W}{2}\right)$ 与口径中心相位差。设式(8.7-5)中 $a_2 = 0.5195$，此时对应两边缘幅度电平差为 10.0 dB。设式(8.7-6)中 $p_2 = 15.7080$，此时对应两边缘相位差为 1 800°(对应 5 个波长)。两种情况下的近场空域和角域分布如图 8.7-6 和图 8.7-7 所示。

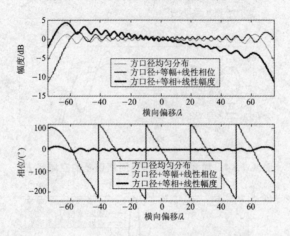

图 8.7-6　口径幅度或相位线性变化的空域场 E_x

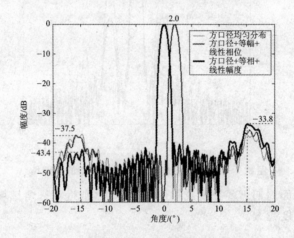

图 8.7-7　口径幅度或相位线性变化的角域场

由图 8.7-7 可知，当口径场 E_{Ax} 幅度呈现线性变化时，近场区空域场 E_x 幅度亦出现整体倾斜，对应幅度较强一边的幅度和相位波纹加大，表示来自该边的绕射波加强。在角域观察，口径场线性幅度分布造成口径面两侧边缘绕射波大小不同，分别为 -33.8 dB 和 -43.4 dB，相差约 9.6 dB，接近 10 dB。

当口径场 E_{Ax} 相位呈现线性变化时，近场区空域场 E_x 幅度形状近似保持不变，但整体呈现向右平移，相位出现整体的倾斜。在角域观察，边缘绕射波大小和位置基本不变，但口径直达波产生约 2.0°的角度偏转。口径场 E_{Ax} 相位线性变化越大，口径直达波偏转角度越大。

8.7.7　局部幅度或相位突变

在紧缩场实际加工中，由于分块拼装和加工误差的原因，有可能导致反射面出现局部变形。尤其是边齿部分，在实际加工中通常是与实体部分拼接而成的，如果拼接过程中出现系统误差,则会形成相对实体部分的局部突变。反射面局部变形投影到口径面上,可以近似认为是口面场出现了较大的局部幅度或相位突变。下面分析这两种情况导致的口径近场变化。

如图 8.7-1 所示,设口径面 EF 左侧边齿部分相对实体部分有幅度或相位突变,即口面电场分布可以表示为

$$E_{Ax} = \begin{cases} a_3, & -\dfrac{W}{2} \leqslant x \leqslant -\dfrac{W}{2} + W_s \\ 1, & -\dfrac{W}{2} + W_s < x \leqslant +\dfrac{W}{2} \end{cases} \quad (8.7-7)$$

或

$$E_{Ax} = \begin{cases} \exp(\mathrm{j}p_3), & -\dfrac{W}{2} \leqslant x \leqslant -\dfrac{W}{2} + W_s \\ 1, & -\dfrac{W}{2} + W_s < x \leqslant +\dfrac{W}{2} \end{cases} \quad (8.7-8)$$

式(8.7-7)中,a_3 为边齿部分突变的幅度;式(8.7-8)中,p_3 为边齿部分突变的相位。设 $a_3 = 0.5012$,对应突变幅度为 -6.0 dB,$p_3 = -1.0472$,对应突变的相位为 $-60°$(对应 1/6 波长)。图 8.7-8 和图 8.7-9 是对应上述参数的近场区空域场和角域场分布。

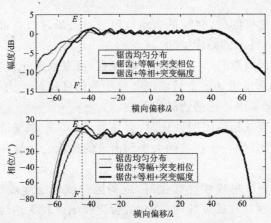

图 8.7-8 口径局部幅度或相位突变时的空域场 E_x

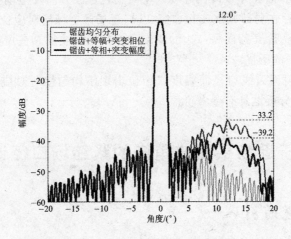

图 8.7-9 口径局部幅度或相位突变时的角域场

由图 8.7-8 可知,对 E_{Ax} 边缘幅度突变的情况,近场区对应位置的空域场 E_x 幅度已经在一定程度变平滑,相位基本不变。对边缘相位突变的情况,近场区对应位置的空域场 E_x 幅度基本不变,相位也变平滑。

无论是幅度突变还是相位突变,均导致近场区空域场 E_x 幅度和相位产生波纹,一直从突变边缘对应区域延伸到观察面中心,在靠近另一边时逐渐消失。

在角域观察,对幅度突变的情况,对应 $+5.0°\sim+20°$ 的角度附近产生了约 -39.2 dB 的杂散干扰波。对相位突变的情况,对应 $+5.0°\sim+20°$ 的角度附近产生了约 -33.2 dB 的杂散干扰波。

根据上述分析可知,边齿部分存在局部的幅度和相位突变会降低锯齿边缘的效果,在该位置附近引起了附加的绕射波。

8.7.8 结 论

本节基于口面场卷积法和平面波谱法计算了电大尺寸($150\lambda \times 150\lambda$)口径面近场区的空域场和角域场。观察面到口径距离为 1.5 倍口径;分析了当口面场出现幅度锥削、锯齿边缘、周期幅度、周期相位、线性幅度、线性相位、突变幅度、突变相位时的口径近场空域和角域变化,得出以下结论:

① 当口面场呈现幅度锥削时,会降低边缘绕射波对近场区口径面直达波的扰动,但同时会使近场区空域场也呈现较大的幅度锥削。

② 当口径面采用锯齿边缘时,在空域和角域观察,可以取得比幅度锥削更好的降低边缘绕射波的效果,同时可以保证近场区空域场仅有较小的幅度锥削。边缘的非均匀锯齿化处理可以进一步分散降低到近场中心区的边缘绕射波。

③ 当口径面存在幅度或相位周期变化时,会导致近场区空域场亦产生对应的周期变化,近场区角域场出现多列干扰波。干扰波的大小和出现的角域位置与口面场幅度或相位变化大小及周期有关。

④ 当口径面幅度或相位呈现线性变化时,近场区空域场幅度或相位亦对应出现整体倾斜。在角域观察,当口径面存在幅度线性变化时,会增强幅度较大边缘的绕射波,降低幅度较小边缘的绕射波;当口径面存在相位线性变化时,在空域幅度波纹会呈现整体平移,在角域边缘绕射波分布基本不变,但会导致口径近场区角域场直达波方向发生偏移。

⑤ 当口径面边缘存在局部幅度或相位突变时,近场区空域场对应位置幅度和相位变化已经被平滑,但引起从该边缘开始向另一边的幅度和相位振荡波纹。在角域观察,会发现在该边缘对应方向出现了较强的干扰波。

本节分析的是反射面天线口径面幅度或相位出现不均匀性时对应的近场空域和角域特征,但对天线远场性能分析也具有参考价值。

8.8 基于近场平面波角谱的紧缩场口径设计评估

8.8.1 问题的引入

在紧缩场研制过程中,为尽量消除有限尺寸反射面边缘绕射波对静区的影响,其反射面一一般采用锯齿或卷曲边缘,锯齿边缘因为容易加工且成本低而更被广泛使用。评估紧缩场设计的效果,最直接的方法是计算或测量其近场区空域场,然后考察设计静区范围内横截面的幅度和相位变化。幅度和相位变化还可进一步分类为锥削和波纹。

采用空域场评估紧缩场静区,需要统计考察设计静区范围内的幅度和相位指标。这种方法相对较繁琐,且难以直接体现出引起幅相不平度的干扰波来源和大小,不方便进一步根据评估结果改进设计。

根据平面波谱理论,紧缩场口径近场可以看做是来自口径范围内不同入射角度平面波的叠加。口径近场载有口径设计特征,对空域近场做傅里叶变换,就可以得到平面波角谱分布,在角域观察在近场区接收到的来自口径的直达波和绕射波分布,并以此评估和改进紧缩场设计。这方面的应用将在本节进行详细说明。

本节中,将首先根据口面场卷积法计算多种典型口径的空域近场,然后再变换得到近场平面波角谱,并基于角域的边缘绕射波分布情况评估口径设计,总结口径设计的一般原则。文中详细分析了紧缩场整体形状、锯齿高度、个数、底边长度、锯齿类型对近场性能的影响[10]。

近场计算采用基于等效原理的口面场卷积法。角谱变换采用加契比雪夫窗的傅里叶变换。契比雪夫窗的作用是抑制旁瓣,并获得等电平的副瓣,以便于观察可能出现的绕射波。契比雪夫窗的旁瓣电平设为 -50 dB。

本节选用的口径长度和宽度均为 30 个自由空间波长。对一个中型紧缩场,假设投影口径尺寸为 5.0 m×5.0 m,这个尺寸对应 1.8 GHz(Ls 波段)的性能;对一个大型紧缩场,假设投影口径尺寸为 10.0 m×10.0 m,这个尺寸对应 3.6 GHz(S 波段)的性能。

8.8.2 系统布局和参数说明

微波暗室紧缩场布局如图 8.1-1 所示。口径限度为 $W \times W$。近场区观察面 $C'O'D'$ 与口径面 COD 平行,$OO' = 1.5W$。如图 8.8-1 所示,P_1 和 P_2、P_3 和 P_4 是 $C'O'D'$ 上的对称点,$P_1P_2 = P_3P_4 = \dfrac{W}{2}$。$P(\vec{r})$ 为 $C'O'D'$ 上的任意点。

如图 8.1-1 所示建立直角坐标系,口径面 COD 位于 xOy 平面上,其正视图如图 8.8-1 所示。设口径切向电场只有 x 方向分量,表示为 E_{Ax}。

根据口面场卷积法可快速计算出口径空域近场 E_x。另外,根据平面波谱理论,观察面 $C'O'D'$ 的场,可以看作是从口径 COD 向空间各方向发出的平面波在 $C'O'D'$ 处的叠加,则根据平面波谱理论,知道了 $C'O'D'$ 面上空域场 E_x 分布,就可以通过傅里叶变换反演出合成该场的平面波角域分布,即得到口径近场角域谱。

考虑到紧缩场口径利用率一般在 50% 左右,因此选择评估的口径近场区范围为如图 8.8-1 所示由 P_1P_2 和 P_3P_4 所限定的正方形区域。

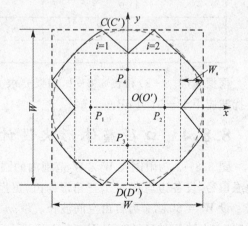

图 8.8-1 口径正视图

8.8.3 空域指标和角域指标的转换

根据绕射理论,对电大尺寸口径,其近场辐射可以看成是口径面直达波和边缘绕射波的叠加。设在角域只存在直达波和一列干扰波,干扰波相对直达波的幅度为 A(单位:dB),则对应空域产生的幅度波纹可以表示为

$$\text{rip} = 20\lg\left(\frac{1+10^{\frac{A}{20}}}{1-10^{\frac{A}{20}}}\right) \tag{8.8-1}$$

式中,rip 的单位是 dB。根据式(8.8-1)可知,如果要求波纹 rip 小于 1.0 dB,则单列干扰波相对幅度 E_r 应小于 -25.0 dB。如果存在 n 列干扰波,第 i 列干扰波幅度为 A_i,则对应可能产生的最大波纹可表示为

$$\text{rip} = 20\lg\left(\frac{1+\sum_{i=1}^{n}10^{\frac{A_i}{20}}}{1-\sum_{i=1}^{n}10^{\frac{A_i}{20}}}\right) \tag{8.8-2}$$

对于如图 8.8-1 所示口径,如果只考虑 P_1P_2 方向,则可近似认为上下两边干扰波不起作用,只有左右两边干扰波起主要作用,即式(8.8-2)中 $n=2$。如果考察的区域接近于观察面中心区,如 P_1P_2 沿线,则可近似认为左右两边干扰波为幅度相同的平面波。在上述条件下,根据式(8.8-2)计算所得到的单独左边或右边干扰波与 P_1P_2 沿线最大幅度波纹之间的换算关系如表 8.8-1 所列。

表 8.8-1 单列干扰波(左边或右边)与 P_1P_2 沿线最大幅度波纹之间的换算表   dB

单列干扰波(左边或右边)	合成最大干扰波	最大幅度波纹
-15.0	-11.0	6.5
-20.0	-14.0	3.5
-25.0	-19.0	2.0
-30.0	-24.0	1.1
-35.0	-29.0	0.6
-40.0	-34.0	0.3

根据式(8.8-2)和表 8.8-1,如果要求 P_1P_2 最大幅度波纹小于 1.0 dB,则对左边或右边干扰波应小于 -31.0 dB。

8.8.4 口径整体形状设计比较

图 8.8-1 为限制在 $W\times W$ 范围内的圆形、方形和一种锯齿形边缘口径示意图。对锯齿边缘口径,设各边均有 m 个三角形锯齿,锯齿长度设为 W_s。

设 $W=30\lambda$,λ 为自由空间波长。取 $m=2$、$W_s=3.0\lambda$。为考察口径整体形状对近场的影响,对上述三种口径在 P_1P_2 和 P_3P_4 所限定方形区域内的近场 E_x 进行二维角谱变换,并取出沿 P_1P_2 方向的一维角谱分布,所得角域谱如图 8.8-2 所示。可以看到,采用锯齿边缘口径比圆口径和方口径最大边缘绕射波低约 6.3 dB。

定性来看,从圆口径到方口径再到锯齿边缘口径,增加了边缘分布不均匀性,一方面使口

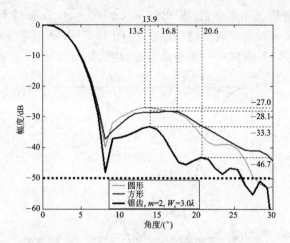

图 8.8-2 圆口径、方口径、锯齿边缘口径
($m=2, W_s=3.0\lambda$)近场角域谱

径面通过电磁功率从中心到边缘逐渐锥削,另外一方面将边缘较强干扰波分散成较弱的几列,从而达到降低边缘绕射波对口径近场中心区扰动的目的。

8.8.5 锯齿高度调节

如图 8.8-1 所示,对锯齿边缘口径,设 $W=30\lambda$,每边锯齿个数 $m=2$,但调节锯齿长度 W_s 变化,使 $W_s=1.5\lambda, 3\lambda, 4.5\lambda$。对上述口径在 P_1P_2 和 P_3P_4 所限定方形区域近场 E_x 进行二维角谱变换,并取出沿 P_1P_2 方向的一维角谱分布,结果如图 8.8-3 所示。

由图 8.8-3 可知,随着锯齿长度的增加,边缘最大绕射波出现的角度发生调整,最大绕射波幅度从 -27.8 dB 降到 -35.8 dB。

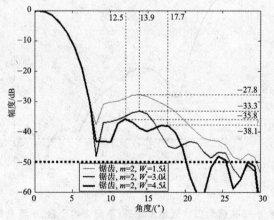

图 8.8-3 锯齿边缘口径近场角域谱
(锯齿长度 $W_s=1.5\lambda, 3\lambda, 4.5\lambda$)

8.8.6 锯齿个数调节

定性来看,增加锯齿个数,相当于进一步增加边缘的不均匀性,预计可以进一步分散和降低口径边缘在近场中心区的绕射波。

如图 8.8-1 所示等腰三角形锯齿，设 $W=30\lambda$、$W_s=4.5\lambda$ 保持不变，但调节锯齿个数，分别取 $m=2$、$m=4$、$m=6$。对上述口径在 P_1P_2 和 P_3P_4 所限定方形区域近场 E_x 进行二维角谱变换，并取出沿 P_1P_2 方向的一维角谱分布，结果如图 8.8-4 所示。

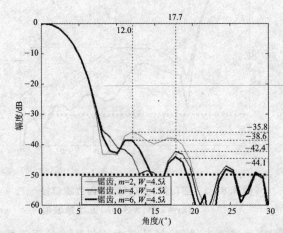

图 8.8-4　锯齿口径近场角域谱（不同锯齿个数，二维角谱）

由图 8.8-4 可知，增加锯齿个数进一步分散降低了角域最大边缘绕射波。$m=6$ 锯齿口径和 $m=2$ 锯齿口径相比，位于 $12.0°$ 的边缘干扰波从 -35.8 dB 降到 -38.6 dB；位于 $17.7°$ 的干扰波幅度从 -38.1 dB 降到 -44.1 dB。

如果仅考虑 P_1P_2 线上一维近场 E_x 的绕射波分布，则需对 P_1P_2 线上场进行一维角谱变换，结果如图 8.8-5 所示。由图可知，对 P_1P_2 沿线而言，增加边缘锯齿个数使最大绕射波幅度从 -14.3 dB 降到 -26.8 dB。

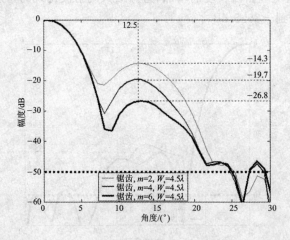

图 8.8-5　锯齿口径近场角域谱（不同锯齿个数，一维角谱）

8.8.7　锯齿底边长度调节

在紧缩场设计、考核、应用中，常常希望如图 8.8-1 所示的由 P_1P_2、P_3P_4 构成的中心"十字线"及邻近区域的场分布具有良好的幅度和相位均匀性，边缘绕射波影响较小。而前面所述边缘等腰三角形锯齿形状相同，分布对称，因而其绕射波会在 P_1P_2、P_3P_4 方向上形成相对较强的固定干涉。

如果使边缘锯齿各底边长度不同,则边缘分布的不均匀性将进一步增加,可以预计边缘绕射波会进一步分散和降低。

设 $m=6$,$W_s=4.5\lambda$,但调整各边锯齿底边长度不同。设各边锯齿分布相同,分别以各边中心呈对称分布,并且从边缘到中心呈现底边长度逐渐增大或底边长度逐渐减小,具体分布如表 8.8-2 所列和图 8.8-6 所示。为进行比较,也包括了锯齿底边长度均匀分布的情况。

表 8.8-2 三种边缘锯齿底边长度分布

长度/λ \ 标号 类型	1	2	3	4	5	6
从边缘到中心递减	4.80	3.50	2.20	2.20	3.50	4.80
等距	3.50	3.50	3.50	3.50	3.50	3.50
从边缘到中心递增	2.20	3.50	4.80	4.80	3.50	2.20

(a) 形状1　　(b) 形状2　　(c) 形状3

图 8.8-6　等腰锯齿口径

只考察口径设计对 P_1P_2 线上近场 E_x 的影响,即只对各口径在 P_1P_2 线上近场 E_x 进行一维角谱变换,得到的图 8.8-6 所示三种口径近场角域谱分布如图 8.8-8 所示。

由图 8.8-8 可知,对 P_1P_2 沿线而言,三种口径设计对应的最大绕射波幅度存在明显不同。当锯齿底边长度从边缘向中心递增时,在 P_1P_2 沿线具有相对最小的边缘绕射波,整体低于 -29.8 dB。

8.8.8　等腰锯齿和直角锯齿的比较

改变边缘锯齿形状,同样可以调节中心区域上边缘绕射波分布。图 8.8-7(a)、(b)、(c) 所示为在图 8.8-6 所示等腰三角形锯齿基础上变形得到的三种直角三角形锯齿。只对各口径在 P_1P_2 线上近场 E_x 进行一维角谱变换,得到的图 8.8-7 所示三种口径近场角域谱如图 8.8-9 所示。

(a) 形状1　　(b) 形状2　　(c) 形状3

图 8.8-7　直角锯齿口径

比较图 8.8-8 和图 8.8-9 可知，相对于等腰三角形锯齿，采用直角三角形锯齿可使 P_1P_2 沿线最大边缘绕射波幅度进一步降低。三种直角三角形锯齿口径相比，当底边长度从边缘向中心增加时，在 P_1P_2 线上具有最小的边缘绕射波，整体干扰波分布低于 -32.2 dB。同三种等腰三角形锯齿相比，三种直角三角形锯齿具有更低的边缘绕射波。

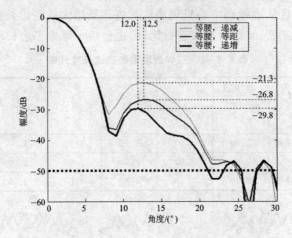

图 8.8-8　等腰锯齿口径近场角域谱（调节底边长度）

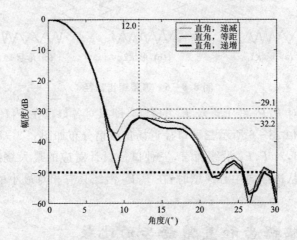

图 8.8-9　直角锯齿口径近场角域谱（调节底边长度）

8.8.9　评估区域的影响

需要注意的是，对图 8.8-2、图 8.8-3、图 8.8-4 所示的角域谱，是对观察面 $C'O'D'$ 上 P_1P_2 和 P_3P_4 所限定方形范围内近场 E_x 进行二维角谱变换之后，再取出 P_1P_2 方向上一维角谱得到的，考虑了口径沿 y 方向非无限长且非均匀的影响，因此所涉及到的口径评估也是针对整个方形区域而言的。

对图 8.8-5、图 8.8-8、图 8.8-9 所示的角域谱，是对 P_1P_2 沿线近场 E_x 直接进行一维角谱变换得到的，因而所涉及的口径评估是仅针对 P_1P_2 沿线而言的。如果所选择近场 E_x 观察区域位置和范围发生变化，则角域谱分布会随之变化，从而评估口径设计得到的结果也可能不同。图 8.8-4 和图 8.8-5 显示了二维角谱变换和一维角谱变换的区别。

鉴于此,在应用平面波角谱方法进行紧缩场口径设计评估时,一定要根据实际设计静区的位置和范围来做具体计算和分析。考虑到安装和测试的方便,一般实际测量目标都具有长度大于宽度的特点,因而将紧缩场静区选为口径近场中心区长度大于宽度的矩形区域较为适宜,口径设计可以在选定静区范围内进行评估和优化。

8.8.10 轴向观察位置变化

如 8.8.9 小节所述,当所选观察区域不同时,口径评估结果不同。当观察位置沿轴向变化时,口径近场平面波谱也随之变化。图 8.8-10 和图 8.8-11 给出了前面三种直角锯齿口径在 Z_1、Z_2 位置的角谱比较结果。与图 8.8-9 相比,只改变了轴向位置,其他条件相同。

从图 8.8-10 可以看到,边缘绕射波整体减弱并远离直达波。绕射波的最大幅度均低于 -31 dB。从图 8.8-11 可以看到,边缘绕射波增强并靠近直达波。绕射波最大幅度分别是 -24.3 dB、-27.1 dB 和 -29.0 dB。在 Z_1 和 Z_2 范围内,上述趋势一直存在。

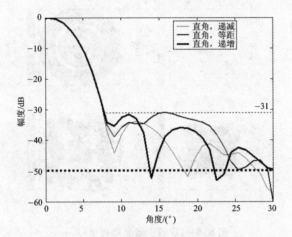

图 8.8-10 三种直角锯齿口径的近场角谱(Z_1)

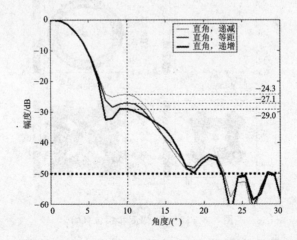

图 8.8-11 三种直角锯齿口径的近场角谱(Z_2)

8.8.11 二维幅度和相位比较

实际中需要了解整个静区横截面上场幅度和相位的均匀性。更进一步说,希望通过紧缩场设计,在全部静区范围内获得一个良好的均匀平面波。为此,我们选择在 Z_1、O' 和 Z_2 三个典型位置,观察和比较这些位置上的横截面近场 E_x 的幅度和相位。所选择比较的口径是图 8.8-7(c)所示的直角锯齿口径和原始的图 8.8-1 中的圆口径。

图 8.8-12、图 8.8-13、图 8.8-14 绘出上述两种口径的近场 E_x 的幅度和相位分布,分别对应点 Z_1、O' 和 Z_2 位置。所有幅度和相位都对中心位置归一化。对每幅图,第一行图表示圆口径对应的 E_x 幅度和相位分布,第二行图表示图 8.8-7(c)直角锯齿口径对应的 E_x 幅度和相位分布。水平和垂直观察范围均为 30λ,即观察范围恰好等于图 8.8-1 所示的方口径。对于 E_x 幅度分布,有颜色的部分表示相对中心点的幅度变化小于 ± 0.5 dB 的区域。对于 E_x 相位分布,有颜色的部分表示相对于中心点的相位变化小于 $\pm 5°$ 的区域。

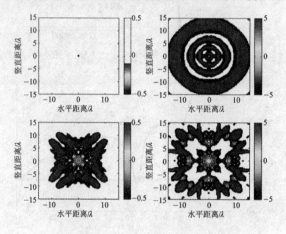

图 8.8-12 E_x 幅度和相位(Z_1)

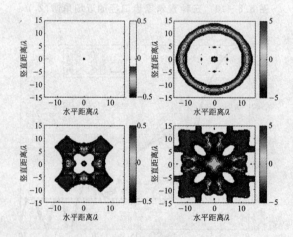

图 8.8-13 E_x 幅度和相位(O')

可以清楚地看到,如果只考虑 Z_1 和 O' 位置,正如本节前面所预期,直角锯齿口径比圆口径具有更好的幅度和相位性能。在 Z_2 位置,直角锯齿口径具有相对较好的幅度,但具有相对较差的相位。尽管如此,直角锯齿口径仍然在中心"十字线"附近具有较均匀的相位分布。

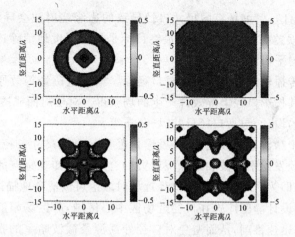

图 8.8-14 E_x 幅度和相位(Z_2)

8.8.12 结　论

本节提出用口径近场平面波角谱评估紧缩场口径设计的方法，并计算、分析、比较了紧缩场口径整体形状、锯齿长度、个数、底边长度、锯齿形状等条件变化时的近场角域谱，得出以下结论：

① 从圆口径、方口径再到锯齿边缘口径，当口径边缘不均匀性增加时，边缘绕射波对近场中心区的扰动降低。

② 当口径边缘锯齿长度增加时，可以明显降低边缘绕射波对近场中心区的扰动。

③ 当口径边缘锯齿个数增加时，可以明显降低边缘绕射波对近场中心区的扰动。随着锯齿个数的增加，影响变缓。

④ 当边缘锯齿与实体相连底边长度疏密变化时，可以进一步分散边缘绕射波，改变边缘绕射波在近场中心区"十字线"区域的分布。

⑤ 对于近场中心区"十字线"区域，采用直角三角形锯齿比等腰三角形锯齿具有更低的边缘绕射波。

⑥ 基于近场平面波角谱对口径设计的评估结果，与所选取近场观察区位置和范围有关系。当选取近场观察区位置和范围发生变化时，边缘绕射波影响随之变化。

口径近场平面波角谱反映口径设计特征，可以直接观察口径边缘绕射波在近场区中心区角域的分布和变化，因而可以作为紧缩场设计和评估的一种有效手段。

需要注意的是，利用角域谱评估紧缩场设计时，式(8.8-2)和表8.8-1所给出的近场幅度波纹与边缘干扰波的对应关系只是近似成立。实际波纹分布通常要比式(8.8-2)和表8.8-1预测的更大。

8.9　赋形电大尺寸口径近场辐射的时域分析

8.9.1　问题的引入

在紧缩场设计中，为满足天线和目标RCS测量的远场条件，需要对反射面或透镜形状、边缘、入射场分布进行设计。紧缩场有限尺寸口径导致的边缘绕射波会导致低副瓣天线和目标 RCS 方向图测量产生误差。紧缩场设计的最终目标是最大限度地消除边缘绕射的影响,使设计静区场接近理想均匀平面波。

反射面或透镜沿传播轴线方向投影形成口径面。根据电磁场等效原理,反射面或透镜产生的场可以通过计算其投影口径上等效源产生的场获得。对反射面或透镜的设计可以完全等效地转化为对口径面的设计,包括口径形状、场分布等。

紧缩场主要应用于微波毫米波波段,其投影口径都是电大尺寸口径。电大尺寸口径的辐射可以近似看作是口径发出平面波和边缘绕射波的合成。已知观察点的宽带频域场分布,可以反演出时域场分布,即为时域谱。利用口径近场时域谱可以清晰地描述口径近场设计特征。

对紧缩场来说,其设计静区应选在口径近场区中心区域,静区场幅度和相位应尽量平坦。对口径外的场,幅度应迅速锥削,从而避免对口径外馈源及微波暗室的直接照射,这些特征可以通过分析口径的时域谱体现。

为了研究不同口径绕射场特性并定量了解口径边缘绕射特征,本节对几种典型赋形口径近场进行了计算[11]。计算的频率范围为 $8.0 \sim 12.0$ GHz,频域采样点数为 134 和 151。口径高度和宽度均为 5.00 m,对应电尺寸为 $133 \sim 200 \lambda$。

8.9.2 卷积计算和时域分析原理

图 8.9-1 是几种不同形状口径示意图,包括方形口径、圆形口径和一种锯齿形边缘口径。口径的宽和高均限制在 5 m 范围内,即 $W = 5.00$ m,$H = 5.00$ m。

如图 8.9-1 和图 8.9-2 所示建立直角坐标系,口径面 COD 位于 xOy 平面上。对锯齿边缘口径,每边有 12 个等腰三角形锯齿,关于坐标 x 轴、y 轴对称分布。锯齿高度均为 0.75 m,与实体相连的底边长度从边缘到中心呈依次递减分布,如表 8.9-1 所列。表 8.9-1 只列出每边前 6 个锯齿底边的长度,编号从边缘向中心选取,其余 6 个边齿底边长度可以对称地得到。

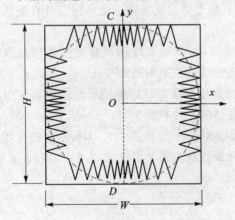

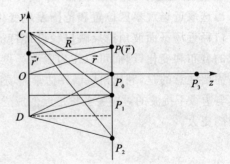

图 8.9-1 几种赋形口径　　图 8.9-2 口径与口径近场区观察点

表 8.9-1 锯齿底边长度

编　号	1	2	3	4	5	6
长度/m	0.417	0.383	0.325	0.258	0.200	0.167

如图 8.9-2 所示，设 $P(\vec{r})$ 为近场区任意点。选取口径近场区域观察点为如图 8.9-2 所示的 P_0、P_1、P_2 和 P_3，其中 P_0 和 P_3 位于 z 轴上，距离口径分别为 5.00 m 和 10.00 m。P_1 位于 P_0 正下方 1.25 m，P_2 位于 P_0 正下方 3.75 m，$P_0P_1P_2$ 面平行于 COD 面。P_0、P_1 观察点位于口径 COD 两端与 z 轴平行射线限定范围内，属于口径投影范围内的点；P_2 为口径投影范围外的点。

对于任意二维口径场分布，假设只有 x 方向分量 E_{Ax}，根据口面场卷积法，对某一确定距离 z_0 处观察面上的场分布 $E_x(x,y,z_0)$，有

$$E_x(x,y,z_0) = E_{Ax}(x,y,0) * h(x,y,z_0) \tag{8.9-1}$$

式中，$h(x,y,z_0)$ 的表达式为

$$h(x,y,z_0) = \frac{z_0}{4\pi}(1+jkr)\frac{e^{-jkr}}{r^3} \tag{8.9-2}$$

设总场为 $E(f) = E_x(x,y,z_0)$，观察点位置矢量为 $\vec{r}$，口径等效场源中心位置矢量为 $\vec{r}'$，其传播到观察点 $\vec{r}$ 处所需时间为 $\tau = \dfrac{R}{c} = \dfrac{|\vec{r}-\vec{r}'|}{c}$，对应场的复振幅为 $e(\tau) = e(R)$，则 $e(R)$ 和 $E(f)$ 为傅里叶变换对，即有

$$E(f) = \int_{-\infty}^{\infty} e(\tau)e^{-j2\pi f\tau}d\tau \tag{8.9-3}$$

$$e(R) = \int_{-\infty}^{\infty} E(f)e^{j2\pi fR/c}df \tag{8.9-4}$$

根据口面中心、边缘到观察点的距离可以估算口径直达波、边缘绕射波在时域波形的位置，从而确定其大小。在估算中，将口径面发出的波近似为平面波，边缘发出的波近似为柱面波，角点发出的波近似为球面波。

由于可以预先估算各列波的位置，为了提高时域有效信号集中区的局部分辨率，在进行频域-时域变换时采用 Chirp-Z 变换。另外，考虑到绕射波幅度可能较小，为了抑制旁瓣电平，在变换中必须使用窗函数。本小节全部分析均采用海明（hamming）窗。

8.9.3 平面波、柱面波、球面波假设

口径近场观察点总场可以看作是口径面发出的平面波、边缘发出的柱面波和角点发出的球面波的合成。表 8.9-2 是根据这一模型计算的方口径等效源点到观察点的距离，也在一定程度上适用于圆口径和锯齿边缘口径。

表 8.9-2 方口径等效源点到观察点的距离(m)

等效源 观察点	口径面平面波	边缘柱面波			角点球面波	
P_0	5.00	5.59			6.12	
P_1	5.00	左右	上	下	上	下
		5.59	6.25	5.15	5.73	6.73
P_2	5.00	左右	上	下	上	下
		5.59	8.00	5.15	8.39	5.73

8.9.4 口径内观察点的时域谱

图 8.9-3 是计算所得方口径、圆口径、锯齿边缘口径在口径投影内中心轴线上 P_0 点的时域谱。可以看出,直达波信号位于 5.00 m 处,在 5.59 m 处均有一干扰信号,表示来自于边缘的绕射波。

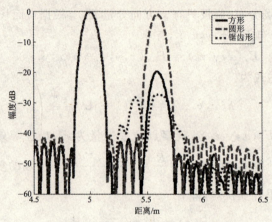

图 8.9-3 口径内轴线上 P_0 点的时域谱

将三种口径形状时域谱进行比较可知:圆口径边缘绕射波信号最强,幅度约为 -1.0 dB;方口径次之,幅度为 -19.8 dB;锯齿边缘口径最小,幅度为 -27.4 dB。对方口径,在 6.09 m 处还有一残余干扰波,幅度为 -47.1 dB,可以近似看作是来自四个角点的绕射波。

对锯齿边缘口径,除在 5.59 m 处的干扰信号外,在 5.27 m 和 5.40 m 位置分别存在一幅度为 -37.4 dB 和 -28.2 dB 的干扰波,可以分别近似看作是来自锯齿底边和斜边位置的绕射波。

比较三种赋形口径的时域谱可知,锯齿边缘的作用是将边缘较强绕射波分裂成几列较弱的绕射波,从而弱化了边缘效应,以避免边缘较强干扰波对口径近场均匀性的破坏。

图 8.9-4 是 P_1 点时域谱。可以看出,三种口径对应于 5.59 m 处的边缘绕射波幅度均有下降。方口径下降为 -22.2 dB,圆口径下降为约 -30.8 dB,锯齿边缘下降为约 -32.0 dB。这是由于此时只是包含了左右两边效应。

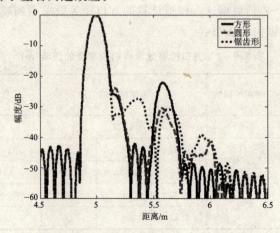

图 8.9-4 口径内偏离轴线 P_1 点的时域谱

由于 P_1 点偏离中心轴线,造成在上下边缘产生的干扰波到达观察点距离不同,所以边缘干扰波产生分裂。对锯齿边缘口径,在约 5.37 m 处有一列幅度约为 -27.5 dB 的干扰波,在约 5.93 m 处有一列幅度约为 -39.2 dB 的干扰波,分别代表锯齿下边缘和上边缘绕射效应。

8.9.5 口径外观察点的时域谱

图 8.9-5 是口径投影外 P_2 点时域波形图。对方口径和圆口径,在 5.15 m 和 5.59 m 处均有一干扰信号,分别表示来自口径下边缘和左右两边缘的干扰波,大小分别为 -26.5 dB 和 -32.0 dB。

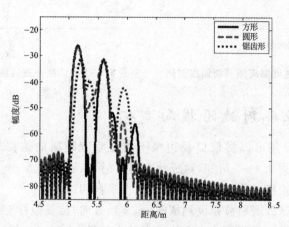

图 8.9-5　口径外 P_2 点的时域谱

对锯齿边缘口径,下边缘干扰波位置略向后移,最大干扰波出现在 5.20 m 处,大小为 -31.1 dB。5.59 m 处干扰信号为 -31.4 dB。

方口径在 6.14 m 处有一 -56.0 dB 干扰信号,圆口径在 5.93 m 处有一 -55.3 dB 干扰信号,等效来自口径中心略偏下位置,表示口径残余绕射效应。对锯齿边缘口径,口径残余绕射效应有两处,分别为 5.35 m 处的 -39.6 dB 和 5.94 m 处的 -42.3 dB。

根据上边缘位置计算的绕射波时域位置应位于 8.00 m 处,但实际观察时域波形该位置绕射场已近似为零,表明上边缘绕射效应对 P_2 点已无影响,P_2 点合成场主要来自口径的下边缘和左右两边缘。

8.9.6 口径直达波沿横向变化

根据时域波形可以提取直达波沿横向偏离中心轴线位置的幅度变化曲线,如图 8.9-6 和图 8.9-7 所示。

图 8.9-6 是在沿横向($-y$ 轴方向)偏移时口径内观察点直达波幅度变化曲线。对三种口径,中心区域在 1.5 m 范围内均较平坦。对方口径和圆口径,在 1.5~2.5 m 边缘区域开始有较大振荡,这是因为下边缘绕射波扰动的结果。对锯齿边缘口径,由于锯齿的作用,在 1.5~2.5 m 区域内边缘绕射弱化,接近边缘时场幅度开始迅速锥削。

图 8.9-7 是口径投影外观察点沿横向偏移直达波幅度变化曲线。由图可知,在口径投影以外,直达波信号迅速锥削。

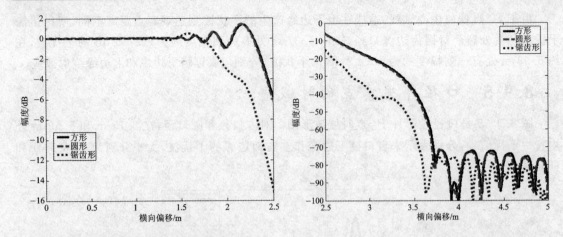

图 8.9-6　口径内直达波幅度随横向偏移变化　　图 8.9-7　口径外直达波幅度随横向偏移变化

8.9.7　边缘绕射波沿横向变化

　　根据口径时域波形还可以提取口径边缘干扰波幅度随横向偏移的幅度变化曲线。由图 8.9-3、图 8.9-4、图 8.9-5 可知，对三种不同赋形口径，在约 5.59 m 处均有一固定干扰信号，表示来自左右两边缘的绕射波（在中心轴线上来自四边）。

　　图 8.9-8 是提取该处绕射波幅度随横向（$-y$ 轴方向）位置偏移变化曲线。由图可知，对方口径，该干扰波幅度在口径投影中心和边缘有较大振荡；在口径投影内其余部分较平坦，约为 -22 dB；在口径投影以外迅速锥削至约 -32 dB。对圆口径，在口径投影中心轴线幅度附近非常强，在其余部分下降至约 -32 dB。对锯齿边缘口径，在口径投影内外整个范围内基本都维持在 -32 dB 左右。

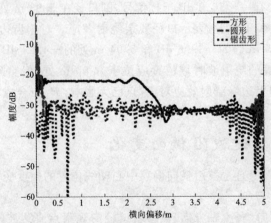

图 8.9-8　左右边缘绕射波幅度随横向偏移变化

　　三种口径比较，锯齿边缘口径在口径近场区域横截线上具有幅度较小的边缘干扰波。

8.9.8　口径直达波沿轴向变化

　　当观察点沿 z 轴变化时，直达波时域位置随 z 坐标偏移。图 8.9-9 是在沿轴向（$+z$ 轴方向）移动时根据时域波形提取的口径直达波幅度变化曲线，轴向观察区域为 $5.00 \sim 10.00$ m。

由图可知,对三种口径,口径直达波幅度均近似保持不变,波纹介于±0.1之间,表明这一区域适宜选作紧缩场的静区。

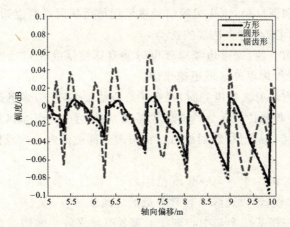

图8.9-9 轴线上直达波幅度随轴向偏移变化

8.9.9 边缘绕射波沿轴向变化

当观察点沿轴向移动时,根据边缘绕射波的柱面波特性,其时域位置可按下式计算,即

$$r_d = \sqrt{\left(\frac{W}{2}\right)^2 + z^2} \tag{8.9-5}$$

图8.9-10是提取边缘绕射波幅度随轴向位置变化曲线。由图可知,在轴线上5.00～10.00 m范围内,圆口径边缘绕射波最大,其值介于-1.0～0 dB之间。方口径次之,其边缘绕射波小于-16.9 dB。锯齿边缘口径最小,其边缘绕射波低于-27.3 dB。

三种口径比较,锯齿边缘口径在口径近场区域中心轴线上具有幅度较小的边缘干扰波。

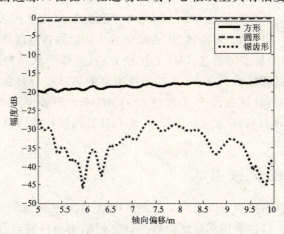

图8.9-10 轴线上边缘绕射波幅度随轴向偏移变化

8.9.10 结 论

通过卷积法计算了三种赋形电大尺寸口径的宽带近区辐射场,并通过加窗Chirp-Z变换转换到时域得到时域谱。通过时域谱的分析可以得出以下结论:

① 电大尺寸赋形口径近区辐射场可以近似看作是口径发出平面波和边缘绕射柱面波、球面波的合成。通过时域谱可以指示直达波和绕射波的位置和大小。

② 相对于方口径和圆口径,锯齿边缘口径可以使得近场区观察点边缘绕射波分裂成几列幅度较小的干扰波,从而减少对直达波的扰动。

③ 相对方口径和圆口径,锯齿边缘口径可以使直达波幅度在口径投影中心区域较平坦,在口径投影边缘和口径投影以外区域迅速锥削。

④ 对左右边缘固有绕射波幅度,圆口径在中心轴线最强,在边缘迅速下降;方口径在口径投影内中心轴线和口径投影边缘附近均有较大振荡,在口径投影其余区域较平坦,在口径投影以外区域迅速锥削;锯齿边缘口径绕射波可以在横向全部范围内维持较低的幅度,有效地弱化了边缘绕射效应。

⑤ 在轴线上距离口径 5.00~10.00 m 范围内,口径直达波幅度均匀,因而适宜选作紧缩场的静区。三种口径比较,锯齿边缘口径具有最低边缘绕射波。

⑥ 锯齿边缘口径在横截线上和中心轴线上都具有幅度较小的边缘绕射波,因此可以作为紧缩场口径设计的原始参考方案之一,实用中尚需在此基础上进一步优化。

口径近场的时域分析能够全面描述口径设计近场特征,指示各项指标变化,从而可以作为紧缩场设计和检测的重要辅助手段,对反射面天线和口径天线的设计和分析也具有重要参考价值。

8.10 基于近场时域谱的紧缩场口径优化设计

8.10.1 问题的引入

紧缩场口径优化设计主要包括两方面内容:一方面是口径整体形状和边缘结构的设计和处理,另一方面是口径场分布的优化设计。其基本原理是通过使电磁波在边缘的能量分布逐渐降低,或使边缘绕射方向分散、偏离,以达到减少边缘绕射波对静区扰动的目的。

口径设计需要考虑的基本问题有:口径的扩散效应、整体形状、口径场锥削。下面将针对这几个问题,计算相应近场时域谱分布,并以此说明紧缩场口径设计的一般准则[12]。所计算口径限度均为 5 m×5 m,计算频段为 X 波段 8~12 GHz。口径面及观察面的示意图可参考图 8.5-1,假设口径近场只有 x 方向分量 E_{Ax},并只计算同极化的口径近场 E_x。计算原理与 8.9 节相同。

8.10.2 口径扩散效应

口径扩散效应表现为:随着观察面到口径距离的增大,口径边缘绕射波和口径面直达波到观察点的距离趋于一致,口径利用率逐渐降低。良好的紧缩场口径设计应该保证静区主波和绕射波在时域上有良好的隔离,主波电平分布均匀,边缘绕射电平低。

图 8.10-1 是距离口径为 D、1.5D、2D 观察点处的时域谱分布,即对应图 8.5-1 中 Z_1 点、O' 点、Z_2 点,均对 Z_1 处直达波进行归一化处理。口径为圆口径,场 E_{Ax} 为均匀分布。由图可见,在各位置均存在直达波和较强的绕射波,根据时域谱,可以准确判定主波和干扰波的位置,并与图 8.5-1 所示几何位置完全对应。如在 O' 点,主波位置为 7.5 m,对应图 8.5-1

中 OO' 长度,干扰波位置为约 7.9 m,对应图 8.5-1 中 CO' 或 DO' 长度,相对直达波电平约为 -0.52 dB。

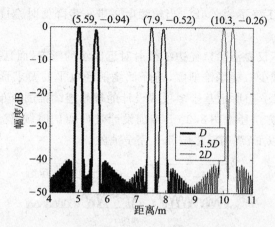

图 8.10-1　距离口径为 D、$1.5D$、$2D$ 位置的时域谱

在 Z_1Z_2 范围内,直达波基本均匀分布。在紧缩场设计中,通常在 Z_1Z_2 范围内确定静区,O' 通常选作静区中心。

8.10.3　口径整体形状

整体形状指口径整体外形的轮廓,口径整体形状对静区场有较大影响。常用的紧缩场反射面口径外形轮廓有圆形和方形两种。

为了考察不同口径形状和场分布对口径近场区观察点的影响,选定图 8.5-1 中 O' 点的位置,位于口径轴线上。当口径关于其轴线对称时,边缘所引起的绕射波在轴线最强。理想的口径设计应该尽量降低中心轴线上的边缘绕射波。

根据时域谱可以直接判定绕射波相对直达波的大小。由图 8.10-1 可知,在 O' 点,均匀分布圆口径边缘绕射波相对直达波电平为约 -0.5 dB,二者基本相当。

设正方口径边长为 $D=5$ m,其余计算参数同前述圆口径。图 8.10-2 上图是均匀分布方口径在 O' 点的时域谱分布。位于 7.5 m 处为口径直达波;位于约 7.9 m 处为口径边缘绕射波,约 -17 dB。由此可知,与圆口径相比,方口径边缘绕射波大大降低。在约 8.29 m 处又出现一约 -41 dB 的干扰峰,计算可知,该位置正好对应方口径四个角点,表示来自角点的绕射波。

从上面的分析可知,方口径中心轴线上边缘绕射波的影响要远小于圆口径,因而更适合用于紧缩场设计。进一步的计算表明,方口径在水平和竖直方向都能获得较理想的场性能,并且相对于圆口径,不会在轴线上出现较大的驻波起伏。

8.10.4　口径场锥削

为了抑制或消除口径边缘绕射在近场区的影响,一般将口径场设计成从中心到边缘呈锥削分布。

现以方口径为例考察场锥削对近场区时域谱的影响,假设口径场呈圆对称余弦锥削分布,即满足

$$f(\rho) = \cos\left(\frac{2\pi\rho}{S}\right) \tag{8.10-1}$$

式中，ρ 表示口径上点到口径中心的距离，其周期为 S。图 8.10-2 中图是口径边缘中点电平为 -3 dB、角点约为 -7 dB 时计算的 O' 点的时域谱分布。与方口径均匀分布比较可知，此时时域谱边缘绕射场电平下降了约 3 dB。当边缘电平进一步降低时，对应时域绕射波电平可以随之降低。

在紧缩场设计中，不仅要消除口径边缘绕射对近区场的影响，而且要使近场区场幅度呈均匀分布，这就要求尽量减少口径场锥削度，与降低绕射场电平的要求形成矛盾。为此，可采用一种式(8.2-3)、式(8.2-5)所示基于多项式设计的理想连续锥削分布。

图 8.10-2 下图为方口径按图 8.2-5 锥削设计时 O' 点的时域谱分布。可以看到，边缘绕射波电平降至 -40 dB 以下，绕射波影响几乎完全消除。

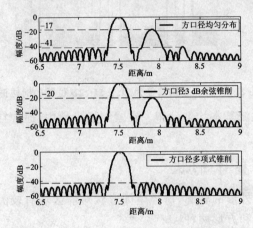

图 8.10-2 几种方口径锥削场设计时时域谱比较

在紧缩场工程设计中，可以通过对馈源方向图的设计，使反射面口径场呈一定锥削分布，但很难实现图 8.2-5 要求的理想连续锥削。为此，一般将反射面边缘设计成锯齿形状，使口径场呈现等效的连续锥削。工程上要求 X 波段静区振幅波纹度小于 1 dB，对应边缘干扰波电平应低于 -25 dB。

8.10.5 直角直边锯齿

图 8.10-3 为一种直角直边齿设计，图 8.10-5 为其相应的近场区 O' 点时域谱计算图，口径场为均匀分布。此时边缘绕射波电平低于 -28 dB。

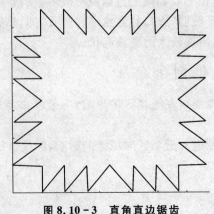

图 8.10-3 直角直边锯齿

8.10.6 直角曲边锯齿

图 8.10-4 为一种直角曲边齿设计,边齿起始位置即定为图 8.2-5 中的 x_1 点,曲边齿形状由图 8.2-5 从 x_1 开始的场锥削曲线形状确定。图 8.10-6 为相应的近场区 O' 点时域谱计算图,口径场为均匀分布。此时边缘干扰波电平低于 −25 dB。

由图 8.10-5、图 8.10-6 可知,锯齿设计难以达到理想连续锥削设计效果,但要优于均匀分布的圆口径和方口径。在紧缩场工程中,针对具体要求,可以对边齿参数进一步改进设计,如调整边齿个数、齿间距离等,以期获得更好的结果。

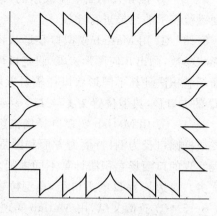

图 8.10-4 直角曲边锯齿

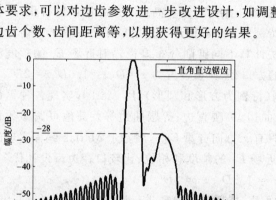

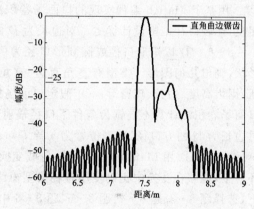

图 8.10-5 O' 点时域谱(直角直边)   图 8.10-6 O' 点时域谱(直角曲边)

8.10.7 结 论

通过计算几种典型口径设计的近场时域谱,证明了时域谱在口径设计中的有效性。采用时域谱的概念,在 X 波段,对几种口径设计进行了评估,利用口面场卷积法及傅里叶变换理论,计算出在口径中心轴线上 $1.5D$ 处边缘绕射场电平相对直达波的定量变化。对几种典型设计进行了比较,在此基础上阐述了紧缩场口径优化设计的一般准则。

计算表明,在紧缩场设计中,为降低边缘绕射效应,方口径要优于圆口径,理想多项式锥削分布优于余弦锥削和均匀分布。在紧缩场工程中,反射面宜采用锯齿边缘,可以在一定程度上降低边缘绕射的影响。其效果优于一般的余弦锥削设计,但不如理想多项式锥削设计。

习题八

8-1 ① 掌握口面场卷积法基本原理,并能用 Matlab 编程实现。② 研究口面场卷积法采样的空域间隔、范围对计算精度的影响。③ 研究口面场极化变化时对计算结果的影响。

8-2 ① 推导只用面电流表示的口面场卷积法公式,并能用 Matlab 编程实现。② 与只有面磁流表示的结果进行比较。

8-3 ① 用 Matlab 模拟口径形状:矩形、椭圆形、外凸形(convex)、内凹形(concave),给出形状参数,画出几何图形。② 假定口面场只有 x 方向分量 E_{Ax},用基于 Matlab 编程实现的口面场卷积法计算不同形状口径辐射近场 E_x 的幅度和相位,比较口径形状设计优劣。对边长为 D 的方口径,典型位置为 $z=D$、$z=1.5D$、$z=2D$。

8-4 ① 用 Matlab 实现口径场锥削的多项式分布,能够进行正、反参数转换。② 以矩形口径或椭圆口径为例(特例为方形和圆形),假定口面场只有 x 方向分量 E_{Ax},用基于 Matlab 编程实现的口面场卷积法计算不同锥削分布口径辐射近场 E_x 的幅度和相位,比较口径锥削设计优劣。对边长为 D 的方口径,典型位置为 $z=D$、$z=1.5D$、$z=2D$。

8-5 ① 查阅文献,用 Matlab 实现口径场锥削的"均匀+高斯"分布,能够进行正、反参数转换。② 以矩形口径或椭圆形口径为例(特例为方形和圆形),假定口面场只有 x 方向分量 E_{Ax},用基于 Matlab 编程实现的口面场卷积法计算不同锥削分布口径辐射近场 E_x 的幅度和相位,比较口径锥削设计优劣。对边长为 D 的方口径,典型位置为 $z=D$、$z=1.5D$、$z=2D$。

8-6 ① 以矩形口径或椭圆形口径为例(特例为方形和圆形),用 Matlab 实现各种锯齿形状,画出几何图形。类型有直角直边、直角曲边、等腰直边、等腰曲边等。其他可调参数包括:锯齿高度、边长、疏密等。② 假定口面场只有 x 方向分量 E_{Ax},用基于 Matlab 编程实现的口面场卷积法计算不同锯齿条件下口径辐射近场 E_x 的幅度和相位,比较口径边齿设计优劣。对边长为 D 的方口径,典型位置为 $z=D$、$z=1.5D$、$z=2D$。

8-7 ① 用 Matlab 编写空域-角域变换程序,能对相关参数进行设计和分析。在 Matlab 环境下,能够在变换中正确使用各种典型窗函数,熟悉窗函数指标和特征。② 在 Matlab 环境下,选择题 8-3、题 8-4、题 8-5、题 8-6 中的任意一种典型口径分布,编程实现用口面场卷积法计算口径近场,对其进行空域-角域变换,研究口径近场角域特征。

8-8 ① 用 Matlab 编程实现频域-时域的 Chirp-Z 变换,能对相关参数进行设计和分析。在 Matlab 环境下,能够在变换中正确使用各种典型窗函数,熟悉窗函数指标和特征。② 在 Matlab 环境下,选择题 8-3、题 8-4、题 8-5、题 8-6 中的任意一种典型口径分布,编程实现用口面场卷积法计算口径近场(或利用已有计算和测量数据),对其进行频域-时域 Chirp-Z 变换,研究口径近场的时域特征。

8-9 ① 从信号与系统的角度分析口径近场变换原理。② 在 Matlab 环境下,选择题 8-3、题 8-4、题 8-5、题 8-6 中的一种任意典型口径分布,编程实现用口面场卷积法计算口径近场,实现对口径频域传输函数和时域脉冲响应的计算。③ 在 Matlab 环境下,选择题 8-3、题 8-4、题 8-5、题 8-6 中的任意一种典型口径分布,编程实现用口面场卷积法计算口径近场,编程计算口径近场的相位常数、相速度、群时延。

8-10 计算空间网络响应函数 $h(x,y,z)$ 的空域分布和角域谱。对边长为 D 的方口径,可选典型位置为 $z=D$、$z=1.5D$、$z=2D$。

附　　录

附录 A　常用数学公式

1. 矢量恒等式

$$\vec{A}\cdot(\vec{B}\times\vec{C}) = \begin{vmatrix} A_x & A_y & A_z \\ B_x & B_y & B_z \\ C_x & C_y & C_z \end{vmatrix} = (\vec{A}\times\vec{B})\cdot\vec{C} = (\vec{C}\times\vec{A})\cdot\vec{B}$$

$$\vec{A}\times(\vec{B}\times\vec{C}) = (\vec{A}\cdot\vec{C})\vec{B} - (\vec{A}\cdot\vec{B})\vec{C}$$

$$(\vec{A}\times\vec{B})\cdot(\vec{C}\times\vec{D}) = (\vec{A}\cdot\vec{C})(\vec{B}\cdot\vec{D}) - (\vec{A}\cdot\vec{D})(\vec{B}\cdot\vec{C})$$

$$\nabla\times(\nabla U) = 0$$

$$\nabla\cdot(\nabla\times\vec{A}) = 0$$

$$\nabla\cdot(\nabla U) = (\nabla\cdot\nabla)U = \nabla^2 U$$

$$(\nabla\cdot\nabla)\vec{A} = \nabla^2\vec{A} = (\hat{i}_x\nabla^2 A_x + \hat{i}_y\nabla^2 A_y + \hat{i}_z\nabla^2 A_z)$$

$$\nabla(UV) = (\nabla U)V + U(\nabla V)$$

$$\nabla\cdot(U\vec{A}) = (\nabla U)\cdot\vec{A} + U(\nabla\cdot\vec{A})$$

$$\nabla\times(U\vec{A}) = (\nabla U)\times\vec{A} + U(\nabla\times\vec{A})$$

$$\nabla\cdot(\vec{A}\times\vec{B}) = (\nabla\times\vec{A})\cdot\vec{B} - \vec{A}\cdot(\nabla\times\vec{B})$$

$$\nabla\times(\vec{A}\times\vec{B}) = (\vec{B}\cdot\nabla)\vec{A} - (\vec{A}\cdot\nabla)\vec{B} + \vec{A}(\nabla\cdot\vec{B}) - \vec{B}(\nabla\cdot\vec{A})$$

$$\nabla(\nabla\cdot\vec{A}) = \nabla\times(\nabla\times\vec{A}) + \nabla^2\vec{A}$$

$$\nabla\times(\nabla\times\vec{A}) = \nabla(\nabla\cdot\vec{A}) - \nabla^2\vec{A}$$

2. 积分恒等式

$$\int_V \nabla a\,dV = \oint_S a\,d\vec{a}$$

$$\int_V \nabla\cdot\vec{A}\,dV = \oint_S \vec{A}\cdot d\vec{a}$$

$$\int_V \nabla\times\vec{A}\,dV = \oint_S \hat{i}_n\times\vec{A}\,d\vec{a}$$

$$\int_V \nabla^2 a\,dV = \oint_S \frac{\partial a}{\partial n}da = \oint_S \nabla a\cdot d\vec{a}$$

$$\int_V (a\nabla^2 b + \nabla a\cdot\nabla b)dV = \oint_S a\nabla b\,da$$

$$\int_V (a\nabla^2 b - b\nabla^2 a)\mathrm{d}V = \oint_S (a\nabla b - b\nabla a)\mathrm{d}a$$

$$\int_V (\nabla\times\vec{A}\cdot\nabla\times\vec{B} - \vec{A}\cdot\nabla\times\nabla\times\vec{B})\mathrm{d}V = \oint_S (\vec{A}\times\nabla\times\vec{B})\cdot\mathrm{d}\vec{a}$$

$$\int_V (\vec{B}\cdot\nabla\times\nabla\times\vec{A} - \vec{A}\cdot\nabla\times\nabla\times\vec{B})\mathrm{d}V = \oint_S (\vec{A}\times\nabla\times\vec{B} - \vec{B}\times\nabla\times\vec{A})\cdot\mathrm{d}\vec{a}$$

$$\int_V (\nabla a)^2 \mathrm{d}V = \oint_S (a\nabla a)\mathrm{d}a, \text{其中 } a \text{ 满足 } \nabla^2 a = 0$$

附录 B 不同坐标系的微分算符

1. 广义正交坐标

u_1、u_2、u_3 为广义正交坐标,$\hat{i}_1$、$\hat{i}_2$、$\hat{i}_3$ 为这些坐标值增长方向的单位矢量,且 h_1、h_2、h_3 为度量系数,矢量距离 $\mathrm{d}\vec{s}$ 的增量为

$$\mathrm{d}\vec{s} = \hat{i}_1 h_1 \mathrm{d}u_1 + \hat{i}_2 h_2 \mathrm{d}u_2 + \hat{i}_3 h_3 \mathrm{d}u_3$$

则对任意标量场 U 和矢量场 $\vec{A}$ 有

$$\nabla U = \mathbf{grad}\, U = \hat{i}_1 \frac{1}{h_1}\frac{\partial U}{\partial u_1} + \hat{i}_2 \frac{1}{h_2}\frac{\partial U}{\partial u_2} + \hat{i}_3 \frac{1}{h_3}\frac{\partial U}{\partial u_3}$$

$$\nabla\cdot\vec{A} = \mathrm{div}\,\vec{A} = \frac{1}{h_1 h_2 h_3}\left[\frac{\partial}{\partial u_1}(h_2 h_3 A_1) + \frac{\partial}{\partial u_2}(h_1 h_3 A_2) + \frac{\partial}{\partial u_3}(h_1 h_2 A_3)\right]$$

$$\nabla\times\vec{A} = \mathbf{curl}\,\vec{A} = \hat{i}_1 \frac{1}{h_2 h_3}\left[\frac{\partial}{\partial u_2}(h_3 A_3) - \frac{\partial}{\partial u_3}(h_2 A_2)\right] +$$

$$\hat{i}_2 \frac{1}{h_1 h_3}\left[\frac{\partial}{\partial u_3}(h_1 A_1) - \frac{\partial}{\partial u_1}(h_3 A_3)\right] +$$

$$\hat{i}_3 \frac{1}{h_1 h_2}\left[\frac{\partial}{\partial u_1}(h_2 A_2) - \frac{\partial}{\partial u_2}(h_1 A_1)\right]$$

$$\nabla^2 U = \mathrm{lap}\, U =$$

$$\frac{1}{h_1 h_2 h_3}\left[\frac{\partial}{\partial u_1}\left(\frac{h_2 h_3}{h_1}\frac{\partial U}{\partial u_1}\right) + \frac{\partial}{\partial u_2}\left(\frac{h_1 h_3}{h_2}\frac{\partial U}{\partial u_2}\right) + \frac{\partial}{\partial u_3}\left(\frac{h_1 h_2}{h_3}\frac{\partial U}{\partial u_3}\right)\right]$$

2. 直角坐标

u_1、u_2、u_3 分别为 x、y、z;$\hat{i}_1$、$\hat{i}_2$、$\hat{i}_3$ 分别为 $\hat{i}_x$、$\hat{i}_y$、$\hat{i}_z$;h_1、h_2、h_3 均为 1。

$$\nabla U = \mathbf{grad}\, U = \hat{i}_x \frac{\partial U}{\partial x} + \hat{i}_y \frac{\partial U}{\partial y} + \hat{i}_z \frac{\partial U}{\partial z}$$

$$\nabla\cdot\vec{A} = \mathrm{div}\,\vec{A} = \frac{\partial A_x}{\partial x} + \frac{\partial A_y}{\partial y} + \frac{\partial A_z}{\partial z}$$

$$\nabla\times\vec{A} = \mathbf{curl}\,\vec{A} = \hat{i}_x\left(\frac{\partial A_z}{\partial y} - \frac{\partial A_y}{\partial z}\right) + \hat{i}_y\left(\frac{\partial A_x}{\partial z} - \frac{\partial A_z}{\partial x}\right) + \hat{i}_z\left(\frac{\partial A_y}{\partial x} - \frac{\partial A_x}{\partial y}\right)$$

$$\nabla^2 U = \mathrm{lap}\, U = \frac{\partial^2 U}{\partial x^2} + \frac{\partial^2 U}{\partial y^2} + \frac{\partial^2 U}{\partial z^2}$$

式中

$$\nabla = \hat{i}_x \frac{\partial}{\partial x} + \hat{i}_y \frac{\partial}{\partial y} + \hat{i}_z \frac{\partial}{\partial z}; \qquad \nabla^2 = \nabla \cdot \nabla = \frac{\partial^2}{\partial x^2} + \frac{\partial^2}{\partial y^2} + \frac{\partial^2}{\partial z^2}$$

3. 圆柱坐标

u_1、u_2、u_3 分别为 ρ、φ、z;$\hat{i}_1$、$\hat{i}_2$、$\hat{i}_3$ 分别为 $\hat{i}_\rho$、$\hat{i}_\varphi$、$\hat{i}_z$;h_1、h_2、h_3 分别为 1、ρ、1。

$$\nabla U = \text{grad } U = \hat{i}_\rho \frac{\partial U}{\partial \rho} + \hat{i}_\varphi \frac{1}{\rho} \frac{\partial U}{\partial \varphi} + \hat{i}_z \frac{\partial U}{\partial z}$$

$$\nabla \cdot \vec{A} = \text{div } \vec{A} = \frac{1}{\rho} \frac{\partial}{\partial \rho}(\rho A_\rho) + \frac{1}{\rho} \frac{\partial A_\varphi}{\partial \varphi} + \frac{\partial A_z}{\partial z}$$

$$\nabla \times \vec{A} = \text{curl } \vec{A} = \hat{i}_\rho \left(\frac{1}{\rho} \frac{\partial A_z}{\partial \varphi} - \frac{\partial A_\varphi}{\partial z} \right) + \hat{i}_\varphi \left(\frac{\partial A_\rho}{\partial z} - \frac{\partial A_z}{\partial \rho} \right) + \hat{i}_z \left[\frac{1}{\rho} \frac{\partial}{\partial \rho}(\rho A_\varphi) - \frac{1}{\rho} \frac{\partial A_\rho}{\partial \varphi} \right]$$

$$\nabla^2 U = \text{lap } U = \frac{1}{\rho} \frac{\partial}{\partial \rho}\left(\rho \frac{\partial U}{\partial \rho} \right) + \frac{1}{\rho^2} \frac{\partial^2 U}{\partial \varphi^2} + \frac{\partial^2 U}{\partial z^2}$$

4. 球坐标

u_1、u_2、u_3 分别为 r、θ、φ;$\hat{i}_1$、$\hat{i}_2$、$\hat{i}_3$ 分别为 $\hat{i}_r$、$\hat{i}_\theta$、$\hat{i}_\varphi$;h_1、h_2、h_3 分别为 1、r、$r\sin\theta$。

$$\nabla U = \text{grad } U = \hat{i}_r \frac{\partial U}{\partial r} + \hat{i}_\theta \frac{1}{r} \frac{\partial U}{\partial \theta} + \hat{i}_\varphi \frac{1}{r \sin \theta} \frac{\partial U}{\partial \varphi}$$

$$\nabla \cdot \vec{A} = \text{div } \vec{A} = \frac{1}{r^2} \frac{\partial}{\partial r}(r^2 A_r) + \frac{1}{r \sin \theta} \frac{\partial}{\partial \theta}(\sin \theta A_\theta) + \frac{1}{r \sin \theta} \frac{\partial A_\varphi}{\partial \varphi}$$

$$\nabla \times \vec{A} = \text{curl } \vec{A} = \hat{i}_r \left[\frac{1}{r \sin \theta} \frac{\partial}{\partial \theta}(\sin \theta A_\varphi) - \frac{1}{r \sin \theta} \frac{\partial A_\theta}{\partial \varphi} \right] +$$

$$\hat{i}_\theta \left[\frac{1}{r \sin \theta} \frac{\partial A_r}{\partial \varphi} - \frac{1}{r} \frac{\partial}{\partial r}(r A_\varphi) \right] + \hat{i}_\varphi \left[\frac{1}{r} \frac{\partial}{\partial r}(r A_\theta) - \frac{1}{r} \frac{\partial A_r}{\partial \theta} \right]$$

$$\nabla^2 U = \text{lap } U = \frac{1}{r^2} \frac{\partial}{\partial r}\left(r^2 \frac{\partial U}{\partial r} \right) + \frac{1}{r^2 \sin \theta} \frac{\partial}{\partial \theta}\left(\sin \theta \frac{\partial U}{\partial \theta} \right) + \frac{1}{r^2 \sin^2 \theta} \frac{\partial^2 U}{\partial \varphi^2}$$

附录 C 拉普拉斯方程的解

1. 直角坐标

(1) $\Phi = (A + Bx)(C + Dy)(E + Fz)$

(2) $\Phi = A \begin{Bmatrix} e^{\pm jk_x x} \\ \sin k_x x \\ \cos k_x x \\ \vdots \\ e^{\pm k_x x} \\ \sinh k_x x \\ \cosh k_x x \end{Bmatrix} \begin{Bmatrix} e^{\pm jk_y y} \\ \sin k_y y \\ \cos k_y y \\ \vdots \\ e^{\pm k_y y} \\ \sinh k_y y \\ \cosh k_y y \end{Bmatrix} \begin{Bmatrix} e^{\pm jk_z z} \\ \sin k_z z \\ \cos k_z z \\ \vdots \\ e^{\pm k_z z} \\ \sinh k_z z \\ \cosh k_z z \end{Bmatrix}$

式中, $\pm k_x^2 \pm k_y^2 \pm k_z^2 = 0$

2. 二维圆柱坐标

(1) $\Phi = (A + B\ln r)(C + D\varphi)$

(2) $\Phi = (Ar^n + Br^{-n})(C\sin n\varphi + D\cos n\varphi)$

对于 $\begin{cases}(a) \text{ 如 } |\varphi| < 2\pi, \text{则 } n \text{ 为任意值} \\ (b) \text{ 如 } 0 \leqslant \varphi \leqslant 2\pi, \text{则 } n \text{ 只能是整数},即 n = 0, 1, 2, \cdots\end{cases}$

3. 球坐标

(1) $\Phi = (A + B\ln r)(C + D\varphi)$

(2) $\Phi = [Ar^n + Br^{-(n+1)}]P_n^m(\theta)(C\sin m\varphi + D\cos m\varphi)$

其中 $\begin{cases} n = 0, 1, 2, \cdots; n \text{ 是任意非负整数} \\ m = 0, 1, 2, \cdots, n; m \text{ 是小于或等于 } n \text{ 的非负整数} \\ P_n^m(\theta) \text{ 是伴随勒让德函数,且} \\ P_0^0 = 1 \\ P_1^0 = \cos\theta \\ P_1^1 = \sin\theta \\ P_2^0 = \cos 2\theta + 1/3 \\ P_2^1 = \sin 2\theta \\ P_2^2 = \cos 2\theta - 1 \end{cases}$

附录 D　特殊函数

1. 贝塞尔函数

贝塞尔微分方程

$$x\frac{\mathrm{d}}{\mathrm{d}x}\left(x\frac{\mathrm{d}y}{\mathrm{d}x}\right) + (x^2 - v^2)y = 0$$

第一类贝塞尔函数 $J_v(x)$ 的级数式:

$$J_v(x) = \sum_{m=0}^{\infty} \frac{(-1)^m}{m!\Gamma(m+v+1)}\left(\frac{x}{2}\right)^{2m+v}$$

第二类贝塞尔函数(诺埃曼函数) $Y_n(x)$ 的定义:

$$Y_n(x) = \frac{J_n(x)\cos n\pi - J_{-n}(x)}{\sin n\pi}$$

当 v 为非整数时,$J_{\pm v}(x)$ 构成贝塞尔方程的一对线性无关独立解。当 $v = n$ 为整数时,需构造第二个独立解 $Y_n(x)$。实际上不论 v 是否为整数,均使用 $Y_n(x)$ 作为第二个独立解。以下公式中的 n 不需为整数。

第三类贝塞尔函数(第一种汉克尔函数):

$$H_n^{(1)}(x) = J_n(x) + \mathrm{j}Y_n(x)$$

第四类贝塞尔函数(第二种汉克尔函数):

$$H_n^{(2)}(x) = J_n(x) - \mathrm{j}Y_n(x)$$

修正贝塞尔函数
$$I_n(x) = j^n J_n(-jx)$$
$$K_n(x) = \frac{\pi}{2}(-j)^{n+1} H_n^{(2)}(-jx)$$

小变量渐近公式 ($x \ll 1$)
$$J_n(x) \sim \frac{1}{n!}\left(\frac{x}{2}\right)^n$$
$$N_n(x) \sim -\frac{(n-1)!}{\pi}\left(\frac{2}{x}\right)^n \quad (n \neq 0)$$
$$I_n(x) \sim \frac{1}{n!}\left(\frac{x}{2}\right)^n$$
$$K_n(x) \sim \frac{(n-1)!}{2}\left(\frac{2}{x}\right)^n \quad (n \neq 0)$$

大变量渐近公式 ($x \gg 1, n$)
$$J_n(x) \sim \sqrt{\frac{2}{\pi x}}\cos\left(x - \frac{\pi}{4} - \frac{n\pi}{2}\right)$$
$$N_n(x) \sim \sqrt{\frac{2}{\pi x}}\sin\left(x - \frac{\pi}{4} - \frac{n\pi}{2}\right)$$
$$H_n^{(1)} \sim \sqrt{\frac{2}{\pi x}} e^{j(x-\pi/4 - n\pi/2)}$$
$$H_n^{(2)} \sim \sqrt{\frac{2}{\pi x}} e^{-j(x-\pi/4 - n\pi/2)}$$
$$I_n(x) \sim \frac{1}{\sqrt{2\pi x}} e^x$$
$$K_n(x) \sim \sqrt{\frac{\pi}{2x}} e^{-x}$$

2. 勒让德函数

勒让德方程
$$(1-x^2)\frac{d^2 y}{dx^2} - 2x\frac{dy}{dx} + n(n+1)y = 0 \quad (-1 \leqslant x \leqslant 1, n \text{ 为非负整数})$$

此方程的解为有限多项式，称为勒让德函数。

第一类勒让德函数的表示式：
$$P_n(x) = \sum_{m=0}^{N} \frac{(-1)^m (n+m)!}{(m!)^2 (n-m)!}\left(\frac{1-x}{2}\right)^m -$$
$$\frac{\sin n\pi}{\pi} \sum_{m=N+1}^{\infty} \frac{(m-1-n)!(m+1)!}{(m!)^2}\left(\frac{1-x}{2}\right)^m$$

第二类勒让德函数的定义：
$$Q_n(x) = \frac{\pi}{2}\frac{P_n(x)\cos n\pi - P_n(-x)}{\sin n\pi}$$

一些较低阶勒让德函数（以 θ 表示出）：

$$\begin{cases} P_0(\cos\theta) = 1 \\ P_1(\cos\theta) = \cos\theta \\ P_2(\cos\theta) = \dfrac{1}{4}(3\cos 2\theta + 1) \\ P_3(\cos\theta) = \dfrac{1}{8}(5\cos 3\theta + 3\cos\theta) \\ P_4(\cos\theta) = \dfrac{1}{64}(35\cos 4\theta + 20\cos 2\theta + 9) \end{cases}$$

$$\begin{cases} Q_0(\cos\theta) = \ln\cot\dfrac{\theta}{2} \\ Q_1(\cos\theta) = \cos\theta \ln\cot\dfrac{\theta}{2} - 1 \\ Q_2(\cos\theta) = \dfrac{1}{2}(3\cos^2\theta - 1)\ln\cot\dfrac{\theta}{2} - \dfrac{3}{2}\cos\theta \end{cases}$$

连带勒让德方程：

$$(1-x^2)\frac{\mathrm{d}^2 y}{\mathrm{d}x^2} - 2x\frac{\mathrm{d}y}{\mathrm{d}x} + \left[n(n+1) - \frac{m^2}{1-x^2}\right]y = 0 \quad (m\text{ 为整数})$$

此方程的解为连带勒让德函数。

第一类连带勒让德函数：

$$P_n^m(x) = (-1)^m(1-x^2)^{m/2}\frac{\mathrm{d}^m P_n(x)}{\mathrm{d}x^m}$$

第二类连带勒让德函数：

$$Q_n^m(x) = (-1)^m(1-x^2)^{m/2}\frac{\mathrm{d}^m Q_n(x)}{\mathrm{d}x^m}$$

一些较低阶的连带勒让德函数：

$$\begin{cases} P_1^1(x) = -(1-x^2)^{1/2} \\ P_2^1(x) = -3(1-x^2)^{1/2}x \\ P_2^2(x) = 3(1-x^2) \\ P_3^1(x) = \dfrac{3}{2}(1-x^2)^{1/2}(1-5x^2) \\ P_3^2(x) = 15(1-x^2)x \\ P_3^3(x) = -15(1-x^2)^{3/2} \end{cases}$$

$$\begin{cases} Q_1^1(x) = -(1-x^2)^{1/2}\left(\dfrac{1}{2}\ln\dfrac{1+x}{1-x} + \dfrac{x}{1-x^2}\right) \\ Q_2^1(x) = -(1-x^2)^{1/2}\left(\dfrac{3}{2}x\ln\dfrac{1+x}{1-x} + \dfrac{3x^2-2}{1-x^2}\right) \\ Q_2^2(x) = -(1-x^2)^{1/2}\left[\dfrac{3}{2}x\ln\dfrac{1+x}{1-x} + \dfrac{5x-3x^2}{(1-x^2)^2}\right] \end{cases}$$

附录 E 一些材料的电导率

附表 E-1 一些材料的电导率

材料	电导率/(S·m^{-1})(20 ℃)	材料	电导率/(S·m^{-1})(20 ℃)
铝	3.816×10^7	镍铬合金	10×10^6
黄铜	2.564×10^7	镍	1.449×10^7
青铜	1.00×10^7	铂	9.52×10^6
铬	3.846×10^7	海水	$3\sim5$
铜	5.813×10^7	硅	4.4×10^{-4}
蒸馏水	2×10^{-4}	银	6.173×10^7
锗	2.2×10^6	硅钢	2×10^6
金	4.098×10^7	不锈钢	1.1×10^6
石墨	7.0×10^4	焊料	7×10^6
铁	1.03×10^7	钨	1.825×10^7
汞	1.04×10^6	锌	1.67×10^7
铅	4.56×10^6		

附录 F 一些材料在不同频率下的相对介电常数

附表 F-1 一些材料在不同频率下的相对介电常数

材料	温度/℃	实/虚部	频率/Hz					
			10^3	10^4	10^6	10^7	3×10^9	10^{10}
蜂蜡(白)	23	ϵ_r' $10^4\epsilon_r''$	2.63 310	2.56 680	2.43 205	2.41 165	2.35 120	2.35 113
四氯化碳	25	ϵ_r' $10^4\epsilon_r''$	2.17 17	2.17 0.9	2.17 1	2.17 5	2.17 8	21.7 35
粘土(干)	25	ϵ_r' $10^3\epsilon_r''$	3.94 470	3.27 390	2.57 170	2.44 98	2.27 34	2.16 28
碳酸盐玻璃(2%氧化铁)	25	ϵ_r' $10^4\epsilon_r''$	5.25 95	5.25 85	5.25 75	5.25 85	5.17 240	5.00 210
沃土(干)	25	ϵ_r' $10^4\epsilon_r''$	2.83 1 400	2.69 950	2.53 460	2.48 360	2.41 27	2.44 34
尼龙 66	25	ϵ_r' $10^4\epsilon_r''$	3.75 725	3.60 840	3.33 860	3.24 790	3.03 390	—

续附表 F-1

材料	温度/℃	实/虚部	频率/Hz					
			10^3	10^4	10^6	10^7	3×10^9	10^{10}
纸(Royalgrey)	25	ε_r'	3.29	3.22	2.99	2.86	2.70	2.62
		$10^4\varepsilon_r''$	250	380	1 150	1 600	1 500	1 050
石蜡 132°ASTM	25	ε_r'	2.25	2.25	2.25	2.25	2.25	2.24
		$10^4\varepsilon_r''$	5	5	5	5	4.5	5
	81	ε_r'	2.02	2.02	2.02	2.02	2.00	—
		$10^4\varepsilon_r''$	2.4	1	4	6	10.4	—
有机玻璃	27	ε_r'	3.12	2.95	2.76	2.71	2.60	2.59
		$10^4 v$	1 450	885	385	270	150	175
聚乙烯(纯)	24	ε_r'	2.25	2.25	2.25	2.25	2.25	2.25
		$10^4\varepsilon_r''$	7	7	9	7	7	9
聚苯乙烯	25	ε_r'	2.56	2.56	2.56	2.56	2.55	2.54
		$10^4\varepsilon_r''$	1.3	1.3	1.8	5	8.5	11
石英(熔化)	25	ε_r'	3.78	3.78	3.78	3.78	3.78	3.78
		$10^4\varepsilon_r''$	28	23	7.5	4	2.3	4
树脂 No.90S	25	ε_r'	2.94	2.80	2.64	2.61	2.54	2.53
		$10^4\varepsilon_r''$	1 450	770	300	240	160	145
马来树胶	25	ε_r'	2.60	2.58	2.53	2.50	2.40	2.38
		$10^4\varepsilon_r''$	10	23	105	200	145	120
沙土(干)	25	ε_r'	2.91	2.75	2.59	2.55	2.55	2.53
		$10^4\varepsilon_r''$	2 300	940	440	410	160	92
泡沫聚苯乙烯 103.7	25	ε_r'	1.03	1.03	1.03	1.03	1.03	1.03
		$10^4\varepsilon_r''$	1	1	2	2	1	1.5
四氟乙烯塑料	22	ε_r'	2.1	2.1	2.1	2.1	2.1	2.08
		$10^4\varepsilon_r''$	7	7	4	4	3	8
凡士林	25	ε_r'	2.16	2.16	2.16	2.16	2.16	2.16
		$10^4\varepsilon_r''$	4.3	4	2	7	14	22
	80	ε_r'	2.10	2.10	2.10	—	2.10	2.10
		$10^4\varepsilon_r''$	7.5	2	2	—	19	46
水	25	ε_r'	—	—	87	87	80.5	38
		$10^2\varepsilon_r''$	—	—	165	17	2 500	3 900
	55	ε_r'	—	—	68.2	—	67.5	60
		$10^2\varepsilon_r''$	—	—	490	—	600	2 200
	85	ε_r'	—	—	58	58	56.5	54
		$10^2\varepsilon_r''$	—	—	720	73	310	1 400

名词索引表

B   章节号

本征值 eigen value   3.13.2
本征函数 eigen function   5.2.1
本构关系 constitutive relationship   2.8
布儒斯特角 Brewster angle   3.11.3
边界条件 boundary condition   1.8.1
波导 wave guide   3.13
波阻抗 wave impedance   3.2
波函数 wave function   3.1
波数 wave number   3.1
波动方程 wave equation   3.1
表面电阻 surface resistance   3.7.2
标量格林定理 scalar Green's theorem   5
巴俾涅原理 Babinet principal   4.10
贝塞尔方程 Bessel equation   6.1.1
备用模式组 alternative mode sets   5.6

C

传播常数 propagation constant   3.16.1
传播模式 propagation mode   3.13.2
磁化电流 magnetization current   1.1.1
磁化率 magnetic susceptiblility   2.9.2
磁流 magnetic current   1.4
磁矢位 magnetic vector potential   3.15.3
磁通 magnetic flux   1.1.3
磁势 magnetomotive force   1.1.3
磁损耗角 magnetic loss angle   2.10.2
磁滞损耗 magnetic hysteresis loss   2.7.2
磁导率 permeability   1.1.1
磁化强度 magnetization intensity   1.1
磁场强度 magnetic field strength   1.1
磁感应强度 magnetic flux density   1.1
磁荷 magnetic charge   1.4

磁荷密度 magnetic charge density	1.4.1
磁流密度 magnetic current density	1.4.1
磁介质 magnetic medium	1.6.3
磁壁 magnetic wall	1.9.7
磁能 magnetic energy	2.7.2
磁屏 magnetically conducting screen	4.10.1
磁能密度 magnetic energy density	3.6.2
场 field	3
场量 field quantity	1.1.1
差场 difference field	4.3.1
初始条件 initial condition	1.8.4
垂直极化波 vertical polarization wave	3.11

D

电矢位 electric vector potential	4.2.2
电导率 conductivity	1.6.1
电流元 current element	3.15.3
电流密度 electric current density	1.1
电荷守恒定律 law of conservation of charge	1.2.4
电荷密度 electric charge density	1.1
电标位 electric scalar potential	5
电路量 circuit quantity	1.1.3
电通量 electric flux	1.1.3
电场强度 electric field intensity	1.1
电位移矢量 electric displacement	1.1
电极化强度 electric polarization intensity	1.1
电介质 dielectric	1.6.2
驻波比 SWR	3.8
电壁 electric wall	1.9.7
电磁功率密度 electromagnetic power density	2.3
电能 electric energy	2.6.2
电能密度 electric energy density	3.6.2
电磁波的极化 polarization of electromagnetic waves	3.2
电屏 electrically conducting screen	4.10.1
导纳率 admittivity	2.11.2
导体 conductor	1.6.1
导行波 guided wave	3.13
第一类贝塞尔函数 Bessel function of the first kind	6.1.1
第二类贝塞尔函数 Bessel function of the second kind	6.1.1

第一类汉克尔函数 Hankel function of the first kind		6.1.1
第二类汉克尔函数 Hankel function of the second kind		6.1.1
第一类边界条件 boundary condition of the first kind		1.8.1
第二类边界条件 boundary condition of the second kind		1.8.1
第三类边界条件 boundary condition of the third kind		1.8.1
等相面 equiphase surface		3.16.1
等相位面 surface of constant phase		5.3.1
等振幅面 equip-amplitude surface		5.3.1
等效原理 equivalence principle		4.9
凋落模式 evanescent mode		3.13.2
凋落波 evanescent wave		3.17.2
连带勒让德函数 associated Legendre function		7.1.1
带谐函数 zonal harmonics		7.2.1

E

二重性 duality		4.2.1
二重性方程 dual equation		4.2.1
二重量 dual quantity		4.2.1

F

反应 reaction		4.8.1
反射系数 reflection coefficient		3.10.2
非寻常波 extraordinary wave		3.18.1
非线性介质 nonlinear dielectric		2.9.4
辐射场 radiation field		3.15.3
傅里叶级数 Fourier series		4.8
傅里叶积分 Fourier integral		4.8
傅里叶系数 Fourier coefficients		5.7.2
傅里叶-贝塞尔积分 Fourier–Bessel integral		6.1.2
法拉第电磁感应定律 Faraday's law of induction		1.2.4
负单轴 negative uniaxial		3.18.3

G

感应原理 induction theorem		4.7
功率流密度 power density		3.6.2
各向异性介质 anisotropic dielectric		2.9.5
广义线性介质 generalized linear dielectric		2.9.3
光轴 optical axis		3.18.3

H

互易性 reciprocity		4.8.4
互补屏 complementary screen		4.10
环向波 circulating wave		6.3.1
混合模式 hybrid mode		5.6.2
宏观 macroscopic		1
惠更斯原理 Huygens principal		4.9

J

介电常数 permittivity		1.1.1
介质常数 dielectric constant		1.1.1
交流电路 alternating current circuit		1.10.1
极化能 polarization energy		2.6
极化电荷 polarized charge		1.1.1
极化率 polarizability		2.9.2
均匀波 uniform wave		3.16.1
矩形波导 rectangular wave guide		5.4
矩形谐振腔 rectangular cavity		3.14
径向波 radial wave		6.3.2
截止波长 cut off wave length		3.13.2
截止频率 cut off frequency		3.13.2
截止波数 cut off wave number		3.13.2
基本波函数 elementary wave function		5.2.1
简并模式 degenerate mode		6.2.1
镜像原理 image theory		4.4
紧缩场 compact range		5.8.2

K

孔缝激励 aperture excitation		4.7.1

L

良态域 well behave area		1.3.2
洛伦兹互易定理 Lorentz reciprocity theorem		4.8
洛伦兹力 Lorentz force		1.2.3, 2.1
勒让德函数 Legendre function		7.1.3
流量激励 current excitation		5.7.2
Love 场 Love field		4.6.2
雷达散射截面 RCS		4.7.2

名词索引表

M

模式指数 mode index	5.4.1
面电荷 surface charges	1.3.2
面电流 surface current	1.3.2
媒质 media	2.9.1

N

能量传播速度 velocity of propagation of energy	3.6.2
能量密度 energy density	3.6.2
诺埃曼数字 Neumann's number	5.7.1

O

偶极层 dipole layer	1.5.2

P

平面波函数 plane wave function	3.1
坡印廷定理 Poynting theorem	2.3
庞加莱球 Poincare sphere	3.9.4

Q

球形谐振腔 spherical cavity	7.4.1
球面贝塞尔函数 spherical Bessel function	7.1.1
球形波导 spherical waveguide	7.3
球面波 spherical wave	7
球面波函数 spherical wave function	3.1
球谐函数 spherical harmonic	7.2.2
趋肤效应 skin effect	3.7.2
趋肤深度 skin depth	3.7.2
群速度 group velocity	3.3.2

S

矢量格林定理 vector Green's theorem	5
矢量场散度 vector field divergence	1.3.2
矢量场旋度 vector field curl	1.3.2
矢量波动方程 vector wave equation	3.1
斯托克斯参数 Stocks parameter	3.9.4
斯奈耳折射定律 Snell's law of refraction	3.11.2
损耗角 loss angle	2.10

损耗角正切 loss tangent 2.10
双各向同性介质 biisotropic dielectric 2.9.6
双折射 birefringence 3.18.3
时谐电磁场 Time-harmonic electromagnetic field 1.10.1
瞬时量 instaneous quantity 1.1.2
束缚电荷 bound charge 1.6
色散 dispersion 3.3.2
色散方程 dispersion equation 3.17.2
索莫菲尔辐射条件 Sommerfeld radiation condition 3.15.1
衰减常数 attenuation constant 3.16.1

T

同轴线 coaxial line 3.12.3
田谐函数 tesseral hamonics 7.2.2
椭圆极化波 elliptical polarization wave 3.9.1

W

无功功率 reactive power 2.12
位移电流 electric displacement current 2.11
位移磁流 magnetic displacement current 2.11
外加流 impressed current 4.5
物质 matter 2.9.1

X

相位常数 phase constant 3.3.1
相位匹配条件 phase-matching condition 3.11.2
相速度 phase velocity 3.3.1
相波长 phase wavelength 3.3.1
相互作用 interaction 4.8.1
线电流 linear current 1.3.2
线电荷 line charge 1.3.2
谐振腔 cavities 3.14
谐方程 harmonic equation 5.2.1
谐函数 harmonic function 6.1.1
谐振频率 harmonic frequency 3.14.2
衔接条件 joining conditions 1.8.2
行波 traveling wave 3.8
寻常波 ordinary wave 3.18.1
修正的安培环路定理 Modified Ampere circuital theorem 1.2.4

Y

有功功率 active power	2.12
圆波导 circular waveguide	6.2.1
圆柱形谐振腔 circular cavity	6.4
圆极化波 circular polarized wave	3.9.1
右旋的 right handed	3.9.1
源量 source quantity	1.1.1

Z

阻抗率 impedivity	2.11.2
主模式 dominant mode	3.13.2
正单轴 positive uniaxial	3.18.3
自由空间边界条件 free space boundary condition	1.5.1
自由电荷 free charge	1.6
自然边界条件 natural boundary condition	1.8.3
准静态场 quasi-static field	3.15.3
驻波 standing wave	3.8
柱面波函数 cylindrical wave function	3.1
左旋的 left handed	3.9.1
折射指数 index of refraction	3.10.2

自测题

自测题一

1. 简答题。

(1) 写出下面瞬时量对应的复振幅：① $10\cos\beta z \sin\omega t$；② $10\sin(\omega t+\beta z)$。

(2) 写出下面复数量对应的瞬时量：① $\dot{\vec{E}}=\hat{i}_x(5+j3)+\hat{i}_y(2+j3)$；② $\dot{\vec{H}}=(\hat{i}_x+\hat{i}_y)e^{j(x+y)}$。

(3) 写出两理想介质交界面（电磁参数分别为 μ_1、ε_1，μ_2、ε_2）电场 $\vec{E}$ 和磁场 $\vec{H}$ 的切向和法向边界条件；如果为两简单媒质（电磁参数分别为 μ_1、ε_1、σ_1，μ_2、ε_2、σ_2），边界条件会有何变化？

(4) 对于空气和水（$\varepsilon_r=81$）之间的交界面，计算两种极化角（内部的和外部的）和临界角，在任意极化波以极化角入射于该边界时，反射波是什么极化？透射波是什么极化？

(5) $\dot{E}_x=E_0 e^{-jkz}$ 和 $\dot{E}_z=E_0 e^{-jkz}$ 是不是一种可能有的电磁场？说明理由。

(6) 什么是谐函数？什么是带谐函数？什么是田谐函数？什么是面谐函数？

(7) 无界、线性、各向同性、均匀、理想电介质中，介电常数为 ε，电场为 $\vec{E}$，写出电场能密度、极化能密度、电能密度表达式。

(8) 已知自由空间电磁场表达式为 $\dot{\vec{E}}=(\hat{i}_x-j\hat{i}_y)E_0 e^{-jkz}$，$\dot{\vec{H}}=(\hat{i}_x-j\hat{i}_y)j\dfrac{E_0}{\eta_0}e^{-jkz}$。判断波的极化，并写出瞬时功率流密度 $\vec{S}$ 和复数功率流密度 $\dot{\vec{S}}$。

(9) 写出图1-1所示结构的基本波函数 ψ。

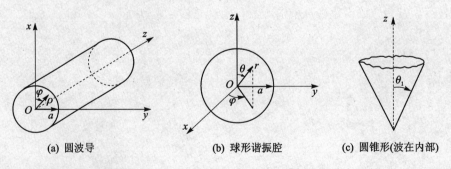

(a) 圆波导　　　(b) 球形谐振腔　　　(c) 圆锥形(波在内部)

图 1-1

2. 直角坐标系下，限制波传播方向为 $+z$ 或 $-z$，则在无界理想介质空间中，可能存在的独立均匀平面波的模式有几种？写出其复数表示式，并指出哪两种叠加后可以产生驻波、椭圆极化波。

3. 假设在自由空间中,在 $z=0$ 平面上有交流电流层 $\dot{\vec{K}} = \hat{i}_x K_0$,求其产生的电磁场。

4. 证明无限靠近理想导体表面的面电流不产生电磁场。

5. 假设在自由空间中,沿 z 轴有无限长的定值交流丝,电流为 $\dot{I}$,求其产生的电磁场。

6. 叙述并证明时谐场的唯一性定理。

7. 画图叙述 Love 场的等效原理,并写出通过等效源计算电磁场的公式。如何导出只用面电流或面磁流表示的等效原理?

自测题二

1. 基本概念题。

(1) 写出下列瞬时量对应的复振幅:① $10\cos\beta z\cos\omega t$;② $10\sin(\omega t - \beta z)$。

(2) 写出下列复矢量对应的瞬时量:① $\dot{\vec{E}} = \hat{i}_x(5-j3) + \hat{i}_y(2-j3)$;② $\dot{\vec{H}} = (\hat{i}_x + \hat{i}_y)e^{j(x-y)}$。

(3) 写出两理想介质交界面 $\vec{E}$、$\vec{H}$ 的切向和法向边界条件。

(4) 写出电壁、磁壁表面 $\vec{E}$、$\vec{H}$ 的切向和法向边界条件。

(5) 对于空气($\varepsilon_r = 1, \mu_r = 1$)和某物质($\varepsilon_r = 9, \mu_r = 1$)的交界面,什么极化的波会发生全透射?空气→物质、物质→空气的极化角分别为多少?什么情况会发生全反射?临界角是多少?

(6) $\dot{E}_x = E_0 e^{-jkz}$ 和 $\dot{E}_z = E_0 e^{-jkz}$ 是不是一种可能的无源空间的电磁波?为什么?

(7) 均匀无界、线性、各向同性、理想电介质中,介电常数为 ε,电场强度为 $\vec{E}$,写出电场能密度、极化能密度、电能密度表达式。

(8) 无耗简单媒质中,波矢量 $\vec{k}$ 是否可能为复矢量?如果是,需满足什么条件?

(9) 贝塞尔函数有哪几类?它们之间满足什么关系?

(10) 什么是谐函数?什么是带谐函数?什么是格谐函数?

(11) 在球坐标系下,磁矢位 $\vec{A}$ 和电矢位 $\vec{A}_m$ 的径向分量 A_r 和 A_{mr} 满足什么方程?

(12) 球形理想导体边界谐振腔内,对径向的 TE 模和 TM 模的谐振频率分别为多少?

(13) 写出可以激励由下列磁矢位或电磁场所表示场解的一种可能源。

① $A_z = CH_0^{(2)}(k\sqrt{x^2+y^2})$;② $A_z = CH_0^{(2)}(k\sqrt{x^2+y^2+z^2})$;

③ $z>0$ 区域:$\dot{\vec{E}} = \hat{i}_x E_0 e^{-jkz}$,$\dot{\vec{H}} = \hat{i}_y \dfrac{E_0}{\eta} e^{-jkz}$。

2. 已知平面电磁波的电场 $\dot{\vec{E}}$ 可表示为

$$\dot{\vec{E}} = (\hat{i}_x + e^{j\frac{\pi}{3}}\hat{i}_y)e^{jz}$$

该电磁波是什么极化?旋向如何?磁场 $\dot{\vec{H}}$、复数坡印廷矢量 $\dot{\vec{S}}$ 为多少?平面波的 a、b、ψ 参数和斯托克斯参数 S_0、S_1、S_2、S_3 为多少?

3. 对正弦时变场,写出无源区平面电磁波所满足的麦克斯韦方程,并由此导出理想介质中的色散方程。

4. 如图 2-1 所示,设矩形波导中 $z=0$ 截面上的电流层为
$$\vec{K} = \hat{i}_y K_0 \sin\frac{\pi}{a}x$$
求在 $z>0$ 和 $z<0$ 空间内被激励的最低 TE 波型的横向电场、磁场。

5. 如图 2-2 所示,设入射波为沿 z 方向极化的平面波 $\vec{E}^i$,求沿 z 向无限长理想导体圆柱的散射场 $\vec{E}^s$。

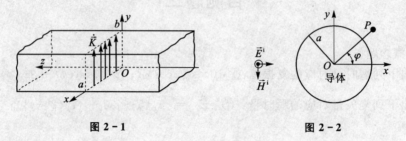

图 2-1　　　　　　　　图 2-2

6. 画图解释 Love 场的等效原理,此时等效源在等效面内、外产生的电磁场一定为多少?用等效源如何表示?

7. 设在同一线性媒质中同时存在两组相同频率的交流源 $\vec{J}_1$、$\vec{J}_{m1}$ 和 $\vec{J}_2$、$\vec{J}_{m2}$,$\vec{E}_1$、$\vec{H}_1$ 和 $\vec{E}_2$、$\vec{H}_2$ 为二者产生的电磁场,如果两组源位于同一面积 S 所封闭的体积 V 内,写出此时的洛伦兹互易定理,并由此证明:无限靠近电壁表面的面电流不产生电磁场。

自测题三

1. 基本概念题。

(1) 写出下列瞬时量对应的复振幅:① $\vec{E}_R \cos\omega t + \vec{E}_I \sin\omega t$;② $e^{-\alpha z}\cos(\omega t - \beta z)$。

(2) 写出下列复矢量对应的瞬时量:① $\vec{E} = \hat{i}_x(5+j3) + \hat{i}_y(2+j3)$;② $\vec{H} = (\hat{i}_x + \hat{i}_y)e^{j(x-y)}$。

(3) 写出电壁、磁壁表面 $\vec{E}$、$\vec{H}$ 的切向和法向边界条件。

(4) 已知理想介质电磁参数为 μ、ε,写出其中的色散方程。在理想介质中,波矢量 $\vec{k}$ 是否可能为复矢量? 如果可能,说明条件;如果不可能,说明原因。

(5) 线极化平面行波的瞬时坡印廷矢量与时间及距离是什么关系? 圆极化平面行波的瞬时坡印廷矢量与时间及距离是什么关系? 圆极化波与具有相同最大场强的线极化波的平均能流密度有什么关系?

(6) 简述时谐场的唯一性定理。

(7) 已知简单媒质介电常数为 ε,磁导率为 μ,电导率为 σ,媒质中电场为 $\vec{E}$,磁场为 $\vec{H}$,

写出媒质中电能密度、极化能密度、磁能密度、磁化能密度、耗散功率密度的表达式。

(8) 什么是 kDB 坐标系？它有什么优点？

(9) 一圆极化波正入射到水平拉伸金属丝的栅网上，反射波极化方向如何？透射波极化方向如何？试作定性解释。

(10) 什么是简单媒质？写出简单媒质中的本构方程和欧姆定律。

(11) 对两理想电介质交界面，什么极化波可产生全透射？试作定性解释。极化角如何计算？

(12) 已知真空中位于原点 z 方向的电流元 $\hat{i}_z \dot{I} l$ 远区辐射电场为 $\dot{E}_\theta = \dfrac{j\omega\mu_0 \dot{I} l}{4\pi r}\sin\theta \mathrm{e}^{-jk_0 r}$，则磁场为多少？根据对偶原理写出位于原点处小圆环电流（磁偶极矩为 $\vec{m} = \hat{i}_z \dot{I} S$）的远区辐射场。

(13) 球坐标系下，沿径向行波用什么函数表示？沿径向驻波用什么函数表示？二者有什么关系？

(14) 什么是谐函数？什么是带谐函数？什么是田谐函数？

(15) 已知电磁场解可以由下列磁矢位表示，写出它们对应的一种可能源。

① $A_z = CH_0^{(2)}(k\sqrt{x^2+y^2})$；② $A_z = Ch_0^{(2)}(k\sqrt{x^2+y^2+z^2})$

2. 考虑图 3-1 所示单位立方体，除 $x=0$ 面外其余各面均为理想导体，设敞开面上的电磁场为

$$E_z = 200\sin(\pi y)\cos\omega t,\qquad H_y = \sin(\pi y)\cos\left(\omega t + \dfrac{\pi}{6}\right)$$

试求：① 由立方体表面进入立方体的有功功率；② 立方体内损耗功率的时间平均值；③ 立方体内电能和磁能的时间平均值之差。

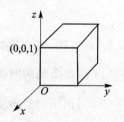

图 3-1

3. 设在真空中有下列电场：

① $\vec{E} = \hat{i}_x E_0 \cos(\omega t - kz)$，② $\vec{E} = \hat{i}_z E_0 \cos(\omega t - kz)$，③ $\vec{E} = \hat{i}_x E_0 \sin kz \cos\omega t$，

④ $\vec{E} = (\hat{i}_x + \hat{i}_z) E_0 \cos(\omega t + ky)$，⑤ $\vec{E} = \hat{i}_x E_0 \cos(\omega t - kz) - \hat{i}_y E_0 \sin(\omega t - kz)$。

问：① 以上电场哪几个满足无源波动方程：$\nabla^2 \vec{E} - \mu_0\varepsilon_0 \dfrac{\partial^2 \vec{E}}{\partial t^2} = 0$？② 以上电场哪几个表示电磁波，哪几个不是电磁波？为什么？③ 如果是电磁波，求出相应磁场表达式。

4. 角频率为 ω 的平面电磁波从真空或大气中垂直入射到电导率为 σ、介电常数为 ε 的非磁性电介质无限大平表面，求：① 交界面上电场 $\dot{\vec{E}}$、磁场 $\dot{\vec{H}}$ 的切向边界条件；② 交界面上场的反射系数和透射系数；③ 满足什么条件时该媒质可视为良导体？写出此时透射波的波阻抗、波长近似式，这时透射波有哪些特征？

5. 假设在自由空间中，在 $z=0$ 平面上有交流磁流层 $\dot{\vec{K}}_m = \hat{i}_y K_0$，求其产生的电磁场。如果用 $z=0$ 平面上交流电流层 $\dot{\vec{K}}$ 在 $z>0$ 空间产生相同的场，则 $\dot{\vec{K}} = ?$ 该电流层 $\dot{\vec{K}}$ 在 $z<0$ 空间产生的场与 $\dot{\vec{K}}_m$ 产生的场有何关系？

6. 如图 3-2 所示,理想导体圆柱半径为 a,沿 z 轴放置。设入射波为均匀平面波,入射磁场为 $\dot{H}^i = \hat{i}_z e^{-jkx}$,求圆柱的散射场 $\dot{H}^s$。

7. 如图 3-3 所示,设实际源 $\dot{J}_1$、$\dot{J}_{m1}$ 位于惠更斯面 S_h 外部,而场点 P 位于 S_h 内部。① 对场点 P,找出 S_h 面上的等效面电流与面磁流;② 证明等效源在 S_h 面外部产生的电磁场等于零;③ 如果只用①的等效面电流或面磁流表示 P 点场,则应该满足什么条件?

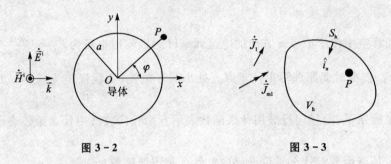

图 3-2　　　　　　　　图 3-3

自测题四

1. 简答题。(本题共 40 分,每小题 2~3 分)

(1) 写出下列瞬时量对应的复数量:① $\vec{E}_R \cos \omega t - \vec{E}_I \sin \omega t$;② $e^{-\alpha z} \cos(\beta z - \omega t)$。

(2) 写出下列复数量对应的瞬时量:① $\dot{\vec{E}} = \hat{i}_x(5+j3) + \hat{i}_y(2+j3)$;② $\dot{\vec{H}} = (\hat{i}_x + \hat{i}_y)e^{j(x-y)}$。

(3) 写出用电场强度 $\vec{E}$、磁场强度 $\vec{H}$、极化强度 $\vec{P}$、磁化强度 $\vec{M}$ 表示的基于磁荷模型的非导电媒质中的麦克斯韦方程组。

(4) 什么是临界角?什么是布儒斯特角?

(5) 什么是寻常波?什么是非寻常波?

(6) 什么是磁壁?图示画出电流元和磁流元关于磁壁的镜像。

(7) 电能储存有什么方式?磁能储存有什么方式?写出电磁参数为 ε、μ 的理想介质中电能密度和磁能密度表达式。

(8) 作示意图标出庞加莱球上左旋和右旋圆极化波、左旋和右旋椭圆极化波、线极化波的位置。

(9) 在无源空间内,磁矢位 $\vec{A}$ 满足的微分方程是什么?其在直角坐标系下分量 A_z 满足的方程是什么?其在球坐标系下的径向分量 A_r 满足的方程是什么?

(10) 欲求解由 S 面所包围封闭区域 V 内的电磁场,在哪些条件下场可以唯一确定?

(11) 什么是良导体?写出良导体的趋肤深度、表面阻抗、波长近似式。

(12) 理想介质中波矢量 $\vec{k}$ 为复矢量的条件是什么?表示什么特性的波?

(13) 写出圆波导内导波场基本波函数 ψ 的表达式。

(14) 理想导体矩形波导谐振腔的尺寸为 $a \times b \times c$，则其 TE_{mnp} 模谐振频率是多少？

(15) 什么是 kDB 坐标系？它有什么优点？

(16) 球坐标系下，沿 r 方向波用什么函数表示？沿 θ 方向波用什么函数表示？沿 φ 方向波用什么函数表示？

(17) 已知真空中位于原点的 z 方向电流元 $\hat{i}_z \dot{I} l$ 远区辐射电场为 $\dot{E}_\theta = \dfrac{\mathrm{j}\omega\mu_0 \dot{I} l}{4\pi r}\sin\theta \mathrm{e}^{-\mathrm{j}k_0 r}$，则磁场为多少？根据对偶原理写出位于原点处小圆环电流（磁偶极矩为 $\vec{m} = \hat{i}_z \dot{I} S$）的远区辐射场。

2. 设在真空中有下列正弦电场：

① $\dot{\vec{E}}_1 = \hat{i}_x \mathrm{e}^{-\mathrm{j}kz}$，② $\dot{\vec{E}}_2 = \hat{i}_z \mathrm{e}^{-\mathrm{j}kz}$，③ $\dot{\vec{E}} = \hat{i}_x \sin kz$，④ $\dot{\vec{E}}_4 = (\hat{i}_x + \hat{i}_z)\mathrm{e}^{\mathrm{j}ky}$，

⑤ $\dot{\vec{E}}_5 = \hat{i}_x \mathrm{e}^{-\mathrm{j}kz} + \hat{i}_y \mathrm{j} \mathrm{e}^{-\mathrm{j}kz}$。

问：① 以上电场哪几个表示电磁波，哪几个不是电磁波？为什么？② 如果是电磁波，求出相应磁场表达式。（本题 10 分）

3. 试证明：① 圆极化波能流密度的瞬时值是常数；② 圆极化波的平均能流密度是具有相同最大场强的线极化波的 2 倍。（本题 10 分）

4. $z > 0$ 的自由空间区域无源，$z = 0$ 的界面上为

① 电壁，紧贴电壁的交流磁流源为 $\dot{\vec{K}}_\mathrm{m} = -\hat{i}_y E_0$；

② 磁壁，紧贴磁壁的交流电流源为 $\dot{\vec{K}} = -\hat{i}_x E_0/\eta_0$，$\eta_0$ 为自由空间波阻抗。

求对于以上两种情况，$z > 0$ 空间区域的场。（本题 10 分）

5. 假设在自由空间中，沿 z 轴有无限长的定值交流丝，电流为 $\dot{I}$，求其产生的电磁场。（本题 10 分）

6. 证明：无限靠近电壁表面的面电流不产生电磁场。（本题 10 分）

7. 图示说明：① Love 场等效原理；② 只用切向电场或切向磁场表示的等效原理；③ 在理想导体障碍物条件下的感应原理。（本题 10 分）

自测题五

1. 简答题。（本题共 45 分，每小题 1～2 分）

(1) 写出下列时域量对应的频域量：① $10\cos\beta z \cos\omega t$；② $10\sin(\omega t - \beta z)$。

(2) 写出下列频域量对应的时域量：① $\dot{\vec{E}} = \hat{i}_x(5-\mathrm{j}3) + \hat{i}_y(2-\mathrm{j}3)$；② $\dot{\vec{H}} = (\hat{i}_x + \hat{i}_y)\mathrm{e}^{\mathrm{j}(x-y)}$。

(3) 已知两无限大理想介质中的电场强度、磁感应强度、极化强度、磁化强度分别为 $\vec{E}_1$、$\vec{B}_1$、$\vec{P}_1$、$\vec{M}_1$ 和 $\vec{E}_2$、$\vec{B}_2$、$\vec{P}_2$、$\vec{M}_2$，用上述各量表示交界面上可能出现的极化面电荷 η_p、自由面电荷 η_f、磁化面电流 $\vec{K}_\mathrm{a}$、自由面电流 $\vec{K}_\mathrm{f}$。

(4) 已知简单媒质复介电常数为 $\hat{\varepsilon} = \varepsilon' - j\varepsilon''$，复磁导率为 $\hat{\mu} = \mu' - j\mu''$，电导率 σ 为实数，写出用上述各量表示的媒质固有衰减常数 k''、固有相位常数 k'、固有波电阻 R、固有波电抗 X。

(5) 已知条件同上题，写出媒质中感应出的耗散电流密度、无功电流密度、耗散磁流密度、无功磁流密度。

(6) $\dot{E}_x = E_0 e^{-jkz}$ 和 $\dot{E}_z = E_0 e^{-jkz}$ 是不是一种可能的无源空间的电磁波？为什么？

(7) 物质中的电磁储能有哪几种形式？

(8) 电磁波从空气入射到一般电介质平面上，TE 波和 TM 波中的哪一种会发生全透射？试作定性解释。

(9) 电磁波从空气以任意入射角入射到良导体表面上，透射波方向有什么特点，为什么？

(10) 理想介质中的波矢量是否可能为复数？如不能，说明理由；如可能，写出条件。

(11) 简述巴俾涅原理第一个关系式表述的内容。

(12) 考察区域内电磁场唯一确定的条件是什么？

(13) 分别写出一种可以产生平面波、柱面波、球面波的理想源分布。

(14) 写出第一类、第二类贝赛尔函数和第三类、第四类贝赛尔函数互相表示的关系式。

(15) 什么是谐函数？什么是带谐函数？什么是格谐函数？

(16) 写出直角坐标系、圆柱坐标系、球坐标系下的基本波函数 ψ。

(17) 作示意图画出垂直于电壁和磁壁表面放置的电流元和磁流元的镜像。

(18) 作示意图标出庞加莱球上线极化波、左旋和右旋圆极化波、左旋和右旋椭圆极化波的位置。

(19) 作示意图说明两种可以支持径向柱面波的理想导体结构。

(20) 作示意图说明两种可以支持径向球面波的理想导体结构。

(21) 三维空间的标量、矢量、二阶张量各有几种分量？

(22) 写出矢量 $\vec{k} = (k_x \quad k_y \quad k_z)^T$ 和 $\hat{i}_z = (0 \quad 0 \quad 1)^T$ 构成并矢 $[\vec{k}\hat{i}_z]$ 的矩阵表示。

(23) 什么是标量波函数？什么是矢量波函数？

(24) 波动方程的全空间格林函数是什么？磁矢位积分解

$$\vec{A} = \frac{\mu_0}{4\pi} \int_V \frac{\vec{J}(\vec{r}') e^{-jk|\vec{r}-\vec{r}'|}}{|\vec{r}-\vec{r}'|} dV'$$

适用的条件是什么？

(25) 如何理解格林函数和并矢格林函数？

2. 已知简单媒质电磁参数为 ε、μ、σ，写出洛伦兹规范条件，并推导在此条件下的磁矢位 $\vec{A}$、电标位 Φ 所满足的方程（假设无外加源）。（本题 5 分）

3. kDB 坐标系的 "k"、"D"、"B" 分别指什么？写出 kDB 坐标系下平面波解所满足的麦克斯韦方程组，并以此推导理想介质中的色散方程。（本题 10 分）

4. 如图 5-1 所示，设矩形波导中 $z=0$ 截面上的电流层为 $\dot{K} = \hat{i}_y K_0 \sin\frac{\pi}{a}x$。求在 $z>0$ 和 $z<0$ 空间内被激励的最低 TE 波的横向电场、磁场。（本题 10 分）

5. 假设在自由空间中，沿 z 轴有无限长的定值交流丝，电流为 $\dot{I}$，求其产生的电磁场。

(本题 10 分)

6. $z>0$ 的自由空间区域无源，$z=0$ 的界面上为

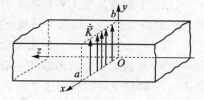

图 5-1

① 电壁，紧贴电壁的交流电流源为 $\dot{\vec{K}}=-\hat{i}_x E_0/\eta_0$，磁流源为 $\dot{\vec{K}}_m=-\hat{i}_y E_0$；

② 磁壁，紧贴磁壁的交流电流源为 $\dot{\vec{K}}=-\hat{i}_x E_0/\eta_0$，磁流源为 $\dot{\vec{K}}_m=-\hat{i}_y E_0$；

η_0 为自由空间波阻抗。求对于以上两种情况，$z>0$ 空间区域的场。（本题 10 分）

7. 已知电磁波入射到任意形状理想导体障碍物上，入射波电场和磁场分别为 $\vec{E}^i$、$\vec{H}^i$。根据等效原理，叙述如何建立等效源，用以表示障碍物以外任意位置的散射场 $\vec{E}^s$、$\vec{H}^s$。（本题 10 分）

自测题六

1. 简答题。（本题共 45 分，每小题 1~2 分）

(1) 写出下列时域量对应的频域量：① $\sin\beta z\sin\omega t$；② $\cos(\omega t-\beta z)$。

(2) 写出下列频域量对应的时域量：① $\dot{\vec{E}}=\hat{i}_x(5+\mathrm{j}3)+\hat{i}_y(2+\mathrm{j}3)$；② $\dot{\vec{H}}=(\hat{i}_x+\hat{i}_y)\mathrm{e}^{\mathrm{j}(x+y)}$。

(3) 如何从自由空间中的场定律得到物质中的宏观场定律？

(4) 无外加源的物质中电场强度为 $\vec{E}$、磁感应强度为 $\vec{B}$、极化强度为 $\vec{P}$、磁化强度为 $\vec{M}$、传导电流为 $\vec{J}_c$，写出仅用上述量表示的四条场定律。

(5) 写出理想介质和理想导体交界面的四个边界条件。

(6) 用复数介电常数 $\hat{\varepsilon}$、磁导率 $\hat{\mu}$、电导率 $\hat{\sigma}$ 表示出媒质的阻抗率、导纳率、波阻抗、波数。

(7) 简单导电媒质中 ε、μ、σ 均为实数，写出在外加场 $\dot{\vec{E}}$、$\dot{\vec{H}}$ 的作用下，媒质中感应出的耗散电流密度、无功电流密度、耗散磁流密度、无功磁流密度。

(8) 已知理想介质中电磁参数为 ε、μ，场为 $\vec{E}$、$\vec{H}$，用上述量表示出电能密度 w_e、磁能密度 w_m、极化能密度 w_P、磁化能密度 w_M。

(9) 写出坡印亭矢量的表达式、物理意义、单位。

(10) 什么是良导体？写出其波数的实部 k' 和虚部 k''、波阻抗的模 $|\eta|$ 和辐角 ζ。

(11) 限定为沿 $+z$ 或 $-z$ 方向传播，无界空间可独立存在的平面波模式可简写为四种：① $(\dot{E}_x^+,\dot{H}_y^+)$；② $(\dot{E}_y^+,\dot{H}_x^+)$；③ $(\dot{E}_x^-,\dot{H}_y^-)$；④ $(\dot{E}_y^-,\dot{H}_x^-)$。写出其中可以形成驻波、椭圆极化波的组合。

(12) 设平面波可以表示为 $\vec{E}=\hat{i}_x a_x\cos(\omega t-\beta z+\delta_x)+\hat{i}_y a_y\cos(\omega t-\beta z+\delta_y)$，写出斯托克斯参数 S_0、S_1、S_2、S_3 的表达式。

(13) 平面波从半无界媒质 1 斜入射到半无界媒质 2,已知两媒质的波阻抗为 η_1、η_2,入射角和折射角为 θ_1、θ_2,写出平行极化波、垂直极化波在交界面的反射系数。

(14) 什么是全反射？什么是全透射？

(15) 复数形式的波函数的一般形式可以表示为 $\psi = A(x,y,z)e^{j\phi(x,y,z)}$,写出沿直角坐标系 x、y、z 轴相位常数和相速度的表达式。

(16) 作示意图画出平行于电壁表面放置的电流元和磁流元的镜像。

(17) 写出无源区平面波解所满足的四条麦克斯韦方程式。

(18) kDB 坐标系的"k"、"D"、"B"分别指什么？有何优点？

(19) 电磁参量为 ε、μ 的理想介质中存在复数波矢量 $\vec{k} = \vec{\beta} - j\vec{\alpha}$ 的条件是什么？

(20) 根据对偶原理和电流元 Il 的远区辐射场
$$\begin{cases} \dot{E}_\theta = \dfrac{j\omega\mu \dot{I}l}{4\pi r}\sin\theta\, e^{-jkr} \\ \dot{H}_\varphi = \dfrac{jk\dot{I}l}{4\pi r}\sin\theta\, e^{-jkr} \end{cases}$$
,写出磁流元 $\dot{I}_m l = j\omega\mu\dot{I}S$ 的远区辐射场。

(21) 设有被 S 面封闭的区域 V,写出 V 内电磁场唯一确定的三种条件。

(22) 柱坐标系下,沿径向行波用什么函数表示？沿径向驻波用什么函数表示？二者有什么关系？

(23) 写出在球坐标系下,磁矢位 $\vec{A}$ 和电矢位 $\vec{A}_m$ 的径向分量 A_r 和 A_{mr} 满足的方程。

(24) 球坐标系下,沿 r 方向波用什么函数表示？沿 θ 方向波用什么函数表示？沿 φ 方向波用什么函数表示？

(25) 电磁场解可由下列磁矢位导出,写出对应的一种可能源。
① $A_z = CH_0^{(2)}(k\sqrt{x^2+y^2})$；② $A_z = Ch_0^{(2)}(k\sqrt{x^2+y^2+z^2})$。

2. 设在真空中有下列正弦电场：
① $\dot{\vec{E}}_1 = \hat{i}_x e^{-jkz}$,② $\dot{\vec{E}}_2 = \hat{i}_z e^{-jkz}$,③ $\dot{\vec{E}} = \hat{i}_x \sin kz$,④ $\dot{\vec{E}}_4 = (\hat{i}_x + \hat{i}_z)e^{jky}$,
⑤ $\dot{\vec{E}}_5 = \hat{i}_x e^{-jkz} + \hat{i}_y j e^{-jkz}$。

问：① 以上电场哪几个表示电磁波,哪几个不是电磁波？为什么？② 如果是电磁波,求出相应的磁场表达式。

3. 假设在自由空间中,在 $z=0$ 平面上有交流电流层 $\dot{\vec{K}} = \hat{i}_x K_0$,求其产生的电磁场。

4. 证明：无限靠近电壁表面的面电流不产生电磁场。

5. 考虑图 6-1 所示单位立方体,除 $x=0$ 面外其余各面均为理想导体,设敞开面上的电磁场为
$$E_z = 200\sin(\pi y)\cos\omega t$$
$$H_y = \sin(\pi y)\cos\left(\omega t + \frac{\pi}{6}\right)$$

试求：① 由立方体表面进入立方体的有功功率；② 立方体内耗散功率的时间平均值；③ 立方体内电能和磁能的时间平均值之差。

6. 如图 6-2 所示,设入射波为沿 z 方向极化的平面波 $\dot{\vec{E}}^i$,求沿 z 向无限长理想导体圆柱

的散射场 $\dot{E}^s$。

7. 图示说明并推导：① Love 场的等效原理；② 用等效源计算电磁场的公式；③ 只用切向电场或切向磁场表示的等效原理。

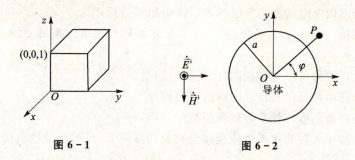

图 6-1　　　　　　　　图 6-2

自测题七

1. 简答题。（本题共 45 分，每小题 1~2 分）

(1) 写出下列瞬时量对应的复数量：① $\sin\beta z\cos\omega t$；② $e^{-z}\cos(\omega t - z)$。

(2) 写出下列复数量对应的瞬时量：① $\dot{\vec{E}} = \hat{i}_x 5 + \hat{i}_y j3$；② $\dot{\vec{H}} = (\hat{i}_x - \hat{i}_y)e^{j(x-y)}$。

(3) 写出自由空间微分形式的 4 条场定律。

(4) 在自由空间微分场定律基础上，写出导体、电介质、磁介质中的场定律。

(5) 写出电壁、磁壁表面边界条件，并作示意图。

(6) 媒质产生电磁功率耗散的形式有哪些？

(7) 什么是色散介质？

(8) 简单媒质中 ε、μ、σ 均为实数，写出在外加场 $\dot{\vec{E}}$、$\dot{\vec{H}}$ 的作用下，媒质中感应出的耗散电流密度、无功电流密度、耗散磁流密度、无功磁流密度。

(9) 写出理想介质中的电场能密度、磁场能密度、极化能密度、磁化能密度的表达式。

(10) 写出自由空间中的阻抗率 $\dot{z}$ 和导纳率 $\dot{y}$ 的表达式。

(11) 限定为沿 $+z$ 或 $-z$ 方向，写出可形成椭圆极化波、行驻波的各两种独立平面波模式。

(12) 画图示意庞加莱球中左旋圆极化波、右旋圆极化波、线极化波的位置。

(13) 均匀平面波的传播方向与 $+z$ 轴夹角为 θ，写出对 $+z$ 方向的 TE 波和 TM 波的特性波阻抗 η_w。

(14) 平面波反射和折射时，什么是临界角？什么是布儒斯特角？

(15) 已知复数波函数为 $\psi = e^{-j(Ax+By+Cz)}$，写出沿直角坐标系 x、y、z 轴相位常数和相速度的表达式。

(16) 写出 kDB 坐标系下平面波的 4 条场定律。

(17) 写出空气中存在复数波矢量为 $\vec{k} = \vec{\beta} - j\vec{\alpha}$ 的条件。

(18) 画图示意垂直放置于无限大理想导体平面前电流元和磁流元的镜像。

(19) 写出沿 $+z$ 方向放置的单位电偶极子源 $\vec{J}_a = \hat{i}_z \delta(\vec{r} - \vec{r}_0)$ 对某天线场 $\vec{E}_b$ 的反应 $\langle a, b \rangle$。

(20) 叙述只用切向电场和切向磁场表示的电磁等效原理。

(21) 写出用第一类贝塞尔函数、第二类贝塞尔函数表示第三类贝塞尔函数、第四类贝塞尔函数的关系式。

(22) 画图示意两种可以支持径向柱面波的波导。

(23) 画图示意两种可以支持径向球面波的波导。

(24) 什么是带谐函数？什么是格谐函数？

(25) 圆极化波正入射到水平拉伸金属丝构成的栅网上，反射波是什么极化？透射波是什么极化？

2. 已知自由空间中平面电磁波的电场 $\vec{E}$ 可表示为

$$\vec{E} = (\hat{i}_x + e^{j\frac{\pi}{3}} \hat{i}_y) e^{jz}$$

指出该电磁波的传播方向、相位常数、极化形式、旋向，计算磁场强度 $\vec{H}$、复数坡印廷矢量 $\vec{S}$ 以及 4 个斯托克斯参数。（本题 9 分）

3. 角频率为 ω 的平面电磁波从空气中垂直入射到电导率为 σ、介电常数为 ε 的非磁性媒质无限大平表面，求：① 交界面上电场 $\vec{E}$、磁场 $\vec{H}$ 的切向边界条件；② 交界面上场的反射系数和透射系数；③ 满足什么条件时该媒质可视为良导体？这时透射波有哪些特征？（本题 9 分）

4. $z > 0$ 的自由空间区域无源，$z = 0$ 的界面上为电壁，紧贴电壁放置有交流电流源 $\vec{K} = \dfrac{\hat{i}_x E_0}{\eta_0}$ 和磁流源为 $\vec{K}_m = -\hat{i}_y E_0$，$\eta_0$ 为自由空间波阻抗。求 $z > 0$ 空间区域的场。（本题 9 分）

5. 写出各向同性媒质中时谐场唯一确定的条件并加以证明。（本题 9 分）

6. 在自由空间中，某一交流源对应的磁矢位为 $\vec{A} = \hat{i}_z H_0^{(2)}(k\rho)$，指出该源的具体形式和数值，并求其产生的电磁场。（本题 9 分）

7. 假设入射波为 $E_x^i = E_0 e^{-jkz}$，用等效原理和感应原理说明如何近似计算面积为 A 的导体平板的后向散射场 E_x^s。（本题 10 分）

自测题八

1. 简答题。（本题共 45 分，每小题 1～2 分）

(1) 写出下列瞬时量对应的复数量：① $\cos(\omega t - z)$；② $e^{-z} \cos \omega t$。

(2) 写出下列复数量对应的瞬时量：① $\vec{E} = \hat{i}_x + \hat{i}_y j$；② $\vec{H} = (\hat{i}_x + \hat{i}_y) e^{j(x+y)}$。

(3) 写出电场强度、磁场强度、电通密度矢量、磁通密度矢量在国际单位制中的单位。

(4) 自由空间中，某无界曲面上分布有面电荷 η 和面电流 $\vec{K}$，用 $\vec{E}$、$\vec{B}$ 表示出该曲面两侧的电磁场量关系。

(5) 什么是电壁？什么是磁壁？

(6) 写出广义线性媒质的本构方程。

(7) 良导体的条件是什么？良导体中的行波电场强度和磁场强度的相位差是多少？

(8) 写出理想介质中的电场能密度、极化能密度、磁场能密度、磁化能密度表达式。

(9) 写出自由空间的阻抗率 $\hat{z}$ 和导纳率 $\hat{y}$ 的表达式。

(10) 写出用阻抗率 $\hat{z}$ 和导纳率 $\hat{y}$ 表示的媒质波数 k 和波阻抗 η。

(11) 已知媒质的复数电导率 $\hat{\sigma} = \sigma$，为实数；复数介电常数为 $\hat{\epsilon} = \epsilon' - j\epsilon''$；复数磁导率为 $\hat{\mu} = \mu' - j\mu''$。写出耗散电流密度、无功电流密度、耗散磁流密度、无功磁流密度。

(12) 限定波的传播方向沿 $+z$ 或 $-z$ 轴，分别写出无界自由空间中的两种独立平面波模式，使它们组合后可以形成行驻波、椭圆极化波。

(13) 画图示意庞加莱球中的圆极化波、线极化波位置。

(14) 仿照等效原理，叙述感应原理的 a 问题、b 问题、等效问题。

(15) 已知波函数的一般复数表达式为 $\psi = A(x,y,z)e^{j\phi(x,y,z)}$，写出其在直角坐标系下相位常数、相速度的定义式。

(16) 写出无源媒质中电磁场具有 $\vec{A} = \vec{A}_0 e^{-j\vec{k}\cdot\vec{r}}$ 形式解所满足的四条麦克斯韦方程。

(17) 写出单轴媒质中寻常波和非寻常波所满足的色散方程。

(18) 简述 kDB 坐标系的三个坐标轴单位矢量 $\hat{e}_1$、$\hat{e}_2$ 和 $\hat{e}_3$ 是如何选取的。

(19) 应用对偶原理，写出方程组 $\begin{cases} \nabla \times \vec{E} = -j\omega\mu\vec{H} \\ \nabla \times \vec{H} = j\omega\epsilon\vec{E} + \vec{J} \end{cases}$ 对应的对偶方程组。

(20) 画图示意垂直和平行放置在无限大电壁平面前的电流元的镜像元。

(21) 什么条件下出现表面波？具有何种特征？

(22) 写出用两种汉克尔函数表示贝塞尔函数、诺埃曼函数的关系式。

(23) 写出圆柱坐标系、球坐标系下基本波函数 ψ 的表示式。

(24) 写出在球坐标系下，磁矢位 $\vec{A}$ 和电矢位 $\vec{A}_m$ 的径向分量 A_r 和 A_{mr} 满足的方程。

(25) 电磁场解可由下列磁矢位导出，写出对应的一种可能源。
① $A_z = CH_0^{(2)}(k\rho)$；② $A_z = Ch_0^{(2)}(k|\vec{r} - \vec{r}'|)$。

2. 证明：无限靠近电壁表面的面电流不产生电磁场。（本题 9 分）

3. 已知媒质 1 为自由空间，媒质 2 为相对介电常数和磁导率为 $\epsilon_r = 4$、$\mu_r = 1$ 的理想介质，两媒质交界为无限大平面，线极化均匀平面波从其中一种媒质斜入射到另一种媒质。问：① 什么条件下发生全反射？临界角是多少？② 什么条件下发生全透射？布儒斯特角是多少？（本题 9 分）

4. 已知由理想导体填充 $z > 0$ 的半空间，一平面波从 $z < 0$ 空间垂直入射至理想导体平面上，电场为 $\vec{E} = \hat{i}_x E_0 e^{-jkz}$，求导体表面感应面电流及其在 $z > 0$ 和 $z < 0$ 空间产生的电磁场。（本题 9 分）

5. 已知无限长理想导体圆柱沿 z 轴对称放置，入射波电场只有 z 向分量，可表示为 $\dot{E}_z^i =$

$E_0 \mathrm{e}^{-\mathrm{j}kx}$,求导体圆柱的散射场。(本题9分)

6. 已知在 $z<0$ 的左半空间有场源和媒质,在 $z>0$ 的右半空间为自由空间。根据等效原理,说明如何只用 $z=0$ 分界面上电场或磁场的切向分量表示 $z>0$ 的右半空间的场。(本题9分)

7. 在直角坐标系下,已知媒质波数为 k,复数电场只有 y 方向分量,可以表示为 $\dot{E}_y = E_0 \mathrm{e}^{-\mathrm{j}(k_x x + k_z z)}$,式中 E_0 为非零常数。问:① 该电场是不是一种可能的电磁波?为什么?② 该电磁场能否单独在内壁为理想导体的矩形波导中存在?为什么?③ 设矩形波导宽边尺寸为 a、窄边尺寸为 b,空气填充。现要求通过调整 E_0、k_x、k_z 的值,获取两种该类型的电磁波场并进行线性组合,使组合后的场可以在矩形波导内存在,试写出一种组合方案。④ 上一问中的组合方案有几种?需满足什么条件?(本题10分)

自测题九

1. 简答题。(本题共40分,每小题2分)

(1) 写出下列瞬时量对应的复数量:① $\cos(\omega t + \beta z)$;② $\mathrm{e}^{-\alpha z} \cos(\omega t)$。

(2) 写出下列复数量对应的瞬时量:① $\dot{\vec{E}} = \hat{i}_x \mathrm{j} + \hat{i}_y$;② $\dot{\vec{H}} = (\hat{i}_x + \hat{i}_y) \mathrm{e}^{\mathrm{j}(x-y)}$。

(3) 在自由空间场定律基础上,写出导体中的场定律。

(4) 在自由空间边界条件基础上,写出两理想电介质交界面的边界条件。

(5) 写出电壁和磁壁的边界条件。

(6) 已知理想磁介质电导率为 $\sigma=0$、介电常数为 ε_0、磁导率为 μ、电场强度为 $\vec{E}$、磁场强度为 $\vec{H}$,写出电能密度、极化能密度、磁能密度、磁化能密度的表达式。

(7) 已知简单媒质电导率为 σ、介电常数为 ε、磁导率为 μ、电场强度为 $\dot{\vec{E}}$、磁场强度为 $\dot{\vec{H}}$,写出极化电流密度、耗散电流密度、位移磁流密度、无功磁流密度表达式。

(8) 已知 $\vec{E} = \hat{i}_x y^2 \sin \omega t$、$\vec{H} = \hat{i}_y x \cos \omega t$,求瞬时坡印廷矢量 $\vec{S}$ 和复数坡印廷矢量 $\dot{\vec{S}}$。

(9) 判断 $\dot{H}_x = H_0 \mathrm{e}^{-\mathrm{j}kx}$、$\dot{H}_z = H_0 \mathrm{e}^{-\mathrm{j}kx}$ 是不是一种可能的电磁波,并说明原因。

(10) 良导体的条件是什么?良导体中的波有什么特征?

(11) 画图标出线极化波和圆极化波在庞加莱球上的位置。

(12) 写出垂直极化波和平行极化波在两半无界理想介质交界平面的反射系数。

(13) 已知波函数的表达式为 $\dot{E}_x = E_0 \mathrm{e}^{-\mathrm{j}C_1 y} \mathrm{e}^{-C_2 z}$,写出矢量相位常数 $\vec{\beta}$ 和矢量衰减常数 $\vec{\alpha}$ 的表达式。

(14) 简述 kDB 坐标系各坐标轴是如何选取的。

(15) 简述如何根据对偶原理,通过电流元的场得到小圆环电流的场。

(16) 在柱坐标系下,沿径向的行波用什么函数表示?沿径向的驻波用什么函数表示?写出这些函数之间的关系。

(17) 已知磁矢位为 $A_z = \dfrac{\hat{\mu} k \dot{I} l}{4\pi \mathrm{j}} h_0^{(2)}(kr)$ 和 $A_z = \dfrac{\hat{\mu} \dot{I}}{4\mathrm{j}} H_0^{(2)}(k\rho)$,它们对应什么形式的源?

(18) 图示并说明两种可支持径向柱面波的波导。

(19) 图示并说明两种可支持径向球面波的波导。

(20) 简述如何将平面波表示成柱面波。

2. 写出无界空间中沿任意方向传播的均匀平面波表达式,并说明可用两列这种形式的波线性组合得到:① 纯驻波;② 圆极化波;③ 矩形波导的一种可能模式。(本题 10 分)

3. 设在 $z>0$ 的区域的电磁场为 $\begin{cases} \dot{\vec{E}} = \hat{i}_x \dot{E}_0 e^{-jkz} \\ \dot{\vec{H}} = \hat{i}_y \dfrac{E_0}{\eta} e^{-jkz} \end{cases}$,写出能产生这种场的三种不同源,并以其中一种源为例进行证明。(本题 10 分)

4. 已知理想介质中均匀平面波电场强度为 $\dot{\vec{E}} = (\hat{i}_x A + \hat{i}_y jB) e^{-jkz}$,$A$、$B$ 为正实数。求其磁场强度表达式,并证明这种电磁场可以表示为一右旋圆极化平面波和一左旋圆极化平面波之和。(本题 10 分)

5. 已知基本平面波函数形式为 $\psi = h_x(k_x x) h_y(k_y y) e^{-jk_z z}$,在此基础上:① 写出无界空间中对 z 方向的 TE 波和 TM 波的基本波函数 ψ^{TE}、ψ^{TM},并确定 k_x、k_y 的取值范围。② 写出矩形波导中对 z 方向的 TE 波和 TM 波的基本波函数 ψ^{TE}、ψ^{TM},并确定 k_x、k_y 的取值范围。(本题 10 分)

6. 对复电磁参量为 $\hat{\varepsilon} = \varepsilon' - j\varepsilon''$、$\hat{\mu} = \mu' - j\mu''$、$\hat{\sigma} = \sigma$ 的广义线性媒质,证明时谐场的唯一性定理。(本题 10 分)

7. 用感应原理和镜像原理说明如何求一个理想导体平板的后向散射场。(本题 10 分)

考卷附常用公式说明

本书所附测试题应为闭卷考试,可根据题目要求,选择下面部分公式列在题单后,供做题时选用。

$$\nabla f = \hat{i}_1 \frac{\partial f}{h_1 \partial u_1} + \hat{i}_2 \frac{\partial f}{h_2 \partial u_2} + \hat{i}_3 \frac{\partial f}{h_3 \partial u_3}$$

$$\nabla \cdot \vec{A} = \frac{1}{h_1 h_2 h_3} \left[\frac{\partial (h_2 h_3 A_1)}{\partial u_1} + \frac{\partial (h_1 h_3 A_2)}{\partial u_2} + \frac{\partial (h_1 h_2 A_3)}{\partial u_3} \right]$$

$$\nabla \times \vec{A} = \frac{1}{h_1 h_2 h_3} \begin{vmatrix} \hat{i}_1 h_1 & \hat{i}_2 h_2 & \hat{i}_3 h_3 \\ \frac{\partial}{\partial u_1} & \frac{\partial}{\partial u_2} & \frac{\partial}{\partial u_3} \\ h_1 A_1 & h_2 A_2 & h_3 A_3 \end{vmatrix}$$

直角坐标系:$h_1 = h_2 = h_3 = 1$;柱坐标系:$h_1 = 1, h_2 = \rho, h_3 = 1$;
球坐标系:$h_1 = 1, h_2 = r, h_3 = r\sin\theta$。

$$x \to 0: \begin{cases} J_0(x) \approx 1 - \frac{1}{4}x^2 \\ N_0(x) \approx \frac{2}{\pi}\left(\ln\frac{x}{2} + C\right) \end{cases}, \quad e^{-jkx} = \sum_{n=-\infty}^{\infty} j^{-n} J_n(k\rho) e^{jn\varphi}$$

$$\left. \begin{aligned} \dot{\vec{E}} &= -\frac{1}{\hat{\varepsilon}} \nabla \times \vec{A}_m + \frac{1}{\hat{\mu}\hat{y}} \nabla \times \nabla \times \vec{A} \\ \dot{\vec{H}} &= \frac{1}{\hat{\mu}} \nabla \times \vec{A} + \frac{1}{\hat{\varepsilon}\hat{z}} \nabla \times \nabla \times \vec{A}_m \end{aligned} \right\}$$

$$\vec{A} \times (\vec{B} \times \vec{C}) = (\vec{A} \cdot \vec{C})\vec{B} - (\vec{A} \cdot \vec{B})\vec{C}, \quad \nabla \times \nabla \times \vec{A} = \nabla(\nabla \cdot \vec{A}) - \nabla^2 \vec{A};$$

$$\begin{cases} \sin\frac{\alpha}{2} = \pm\sqrt{\frac{1-\cos\alpha}{2}} \\ \cos\frac{\alpha}{2} = \pm\sqrt{\frac{1+\cos\alpha}{2}} \end{cases}, \quad \begin{cases} \sin\alpha + \sin\beta = 2\sin\frac{\alpha+\beta}{2}\cos\frac{\alpha-\beta}{2} \\ \sin\alpha - \sin\beta = 2\cos\frac{\alpha+\beta}{2}\sin\frac{\alpha-\beta}{2} \end{cases}$$

$$\dot{p}_s = -\frac{1}{2}(\dot{\vec{E}} \cdot \dot{\vec{J}}^{i*} + \dot{\vec{H}}^* \cdot \dot{\vec{J}}_m^i)$$

$$\langle p_l \rangle = \frac{1}{2}\mathrm{Re}[\hat{y}^* |\dot{\vec{E}}|^2 + \hat{z}^* |\dot{\vec{H}}|^2]$$

$$\langle w_e \rangle = -\frac{1}{4\omega}\mathrm{Im}(\hat{y}^* |\dot{\vec{E}}|^2) = \frac{1}{4\omega}\mathrm{Im}(\hat{y}|\dot{\vec{E}}|^2), \quad \langle w_m \rangle = \frac{1}{4\omega}\mathrm{Im}(\hat{z}|\dot{\vec{H}}|^2)$$

$$\dot{p}_s = \dot{p}_f + \langle p_l \rangle + j2\omega(\langle w_m \rangle - \langle w_e \rangle)$$

$$-\frac{1}{2}(\dot{\vec{E}} \cdot \dot{\vec{J}}^{i*} + \dot{\vec{H}}^* \cdot \dot{\vec{J}}_m^i) = \nabla \cdot \left(\frac{1}{2}\dot{\vec{E}} \times \dot{\vec{H}}^*\right) + (\dot{\vec{J}}_c \cdot \dot{\vec{E}}) + j2\omega\left(\left\langle\frac{1}{2}\dot{\vec{H}} \cdot \vec{B}\right\rangle - \left\langle\frac{1}{2}\dot{\vec{E}} \cdot \vec{D}\right\rangle\right)$$

考卷附常用公式说明

$$\int_V (\dot{\vec{J}}_1 \cdot \dot{\vec{E}}_2 - \dot{\vec{J}}_{m1} \cdot \dot{\vec{H}}_2) dV - \int_V (\dot{\vec{J}}_2 \cdot \dot{\vec{E}}_1 - \dot{\vec{J}}_{m2} \cdot \dot{\vec{H}}_1) dV =$$
$$\oint_S [(\dot{\vec{E}}_1 \times \dot{\vec{H}}_2) - (\dot{\vec{E}}_2 \times \dot{\vec{H}}_1)] \cdot \hat{i}_n dS$$

$$\begin{cases} \nabla \times \vec{E} = -\dfrac{\partial \vec{B}}{\partial t} \\ \nabla \times \vec{H} = \vec{J} + \dfrac{\partial \vec{D}}{\partial t}, \quad \nabla \cdot \vec{J} = -\dfrac{\partial \rho}{\partial t} \\ \nabla \cdot \vec{D} = \rho \\ \nabla \cdot \vec{B} = 0 \end{cases}$$

$$\oint_S (\dot{\vec{E}} \times \dot{\vec{H}}^*) \cdot d\vec{S} + \int_V (\hat{z}|\dot{\vec{H}}|^2 + \hat{y}^*|\dot{\vec{E}}|^2) dV = 0$$

$$\begin{cases} \dot{\vec{H}}' = \dfrac{1}{\mu} \nabla \times \vec{A} \\ \dot{\vec{E}}' = -j\omega \vec{A} + \dfrac{1}{j\omega\mu\varepsilon} \nabla \nabla \cdot \vec{A} \\ \vec{A} = \dfrac{\mu}{4\pi} \int_V \dfrac{\dot{\vec{J}}(\vec{r}\,') e^{-jk|\vec{r}-\vec{r}\,'|}}{|\vec{r}-\vec{r}\,'|} dV' \end{cases} , \quad \begin{cases} \dot{\vec{E}}'' = -\dfrac{1}{\varepsilon} \nabla \times \vec{A}_m \\ \dot{\vec{H}}'' = -j\omega \vec{A}_m + \dfrac{1}{j\omega\mu\varepsilon} \nabla \nabla \cdot \vec{A}_m \\ \vec{A}_m = \dfrac{\varepsilon}{4\pi} \int_V \dfrac{\dot{\vec{J}}_m(\vec{r}\,') e^{-jk|\vec{r}-\vec{r}\,'|}}{|\vec{r}-\vec{r}\,'|} dV' \end{cases} ,$$

$$\begin{cases} S_0 = a_x^2 + a_y^2 \\ S_1 = a_x^2 - a_y^2 \\ S_2 = 2 a_x a_y \cos\delta \\ S_3 = 2 a_x a_y \sin\delta \end{cases}$$

$$\begin{cases} \dot{E}_x = \dfrac{1}{\hat{y}} \dfrac{\partial^2 \psi}{\partial x \partial z}, & \dot{H}_x = \dfrac{\partial \psi}{\partial y} \\ \dot{E}_y = \dfrac{1}{\hat{y}} \dfrac{\partial^2 \psi}{\partial y \partial z}, & \dot{H}_y = -\dfrac{\partial \psi}{\partial x} \\ \dot{E}_z = \dfrac{1}{\hat{y}} \left(\dfrac{\partial^2}{\partial z^2} + k^2 \right) \psi, & \dot{H}_z = 0 \end{cases} \quad \begin{cases} \dot{E}_x = -\dfrac{\partial \psi}{\partial y}, & \dot{H}_x = \dfrac{1}{\hat{z}} \dfrac{\partial^2 \psi}{\partial x \partial z} \\ \dot{E}_y = \dfrac{\partial \psi}{\partial x}, & \dot{H}_y = \dfrac{1}{\hat{z}} \dfrac{\partial^2 \psi}{\partial y \partial z} \\ \dot{E}_z = 0, & \dot{H}_z = \dfrac{1}{\hat{z}} \left(\dfrac{\partial^2}{\partial z^2} + k^2 \right) \psi \end{cases}$$

电磁传播与天线实验

实验一 电磁波和天线的极化

1. 实验目的

① 掌握电磁波极化、天线极化的概念;② 掌握电磁波的分解与合成原理;③ 掌握极化的马吕斯定律;④ 了解圆极化波产生的基本原理。

2. 实验原理

(1) 电磁波的极化

电磁波的极化通常是用空间中一固定点上电场矢量的空间取向随时间变化的方式来定义的。如果电磁波传播时,电场矢量的尖端随时间变化在空间描出的轨迹为一直线,则称为线极化波。如果传播时电场矢量的尖端在空间描出的轨迹为一个圆,则称为圆极化波。如果传播时电场矢量尖端在空间描出的轨迹为一椭圆,则为椭圆极化波。

(2) 标准角锥喇叭天线的极化

实验中的发射天线与接收天线均为标准矩形口径角锥喇叭天线,产生线极化波。按喇叭口面电场强度矢量方向与地平面的关系,可以规定喇叭天线的水平极化和垂直极化。喇叭口面电场强度方向与喇叭口面窄边平行,故如果喇叭天线口面窄边平行于地面,则称其处于水平极化状态;如果喇叭天线口面窄边垂直于地面,则称其处于垂直极化状态。

(3) 电场强度矢量的分解

如图 E1-1 所示,发射喇叭天线产生的线极化波电场强度矢量 $\vec{E}$ 对接收喇叭天线口面可分解为 $\vec{E}_{//}$ 和 $\vec{E}_{\perp}$,其中 $\vec{E}_{//}$ 平行于接收喇叭天线极化方向(即口面窄边方向),$\vec{E}_{\perp}$ 垂直于接收喇叭天线极化方向。设 θ 为发射和接收喇叭天线极化方向的夹角,则 $\vec{E}$、$\vec{E}_{//}$、$\vec{E}_{\perp}$ 满足的关系式为

$$\vec{E} = \vec{E}_{//} + \vec{E}_{\perp} \tag{E1-1}$$

$$|\vec{E}_{//}| = |\vec{E}|\cos\theta \tag{E1-2}$$

$$|\vec{E}_{\perp}| = |\vec{E}|\sin\theta \tag{E1-3}$$

在发射角锥喇叭天线和接收角锥喇叭天线口面正对时,电场强度方向和接收角锥喇叭天线极化方向一致的分量可以被接收。由于电磁波的平均功率流密度正比于电场强度的平方,故可得到极化的马吕斯公式表示为

$$I_i = I_0 \cos^2\theta \tag{E1-4}$$

式中,I_0 为发射喇叭天线和接收喇叭天线极化方向一致时($\theta = 0$)的电表指示,通常取为满刻度。I_i 为二者极化方向夹角为 θ 时的电表指示。

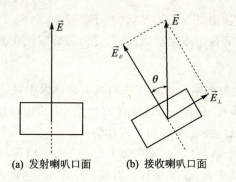

(a) 发射喇叭口面　　(b) 接收喇叭口面

图 E1-1　电场强度矢量 $\vec{E}$ 的分解

(4) 圆极化天线及工作原理

如图 E1-2 所示，圆极化圆锥喇叭天线可由矩形波导-圆波导转换、介质圆波导和圆锥喇叭连接而成。

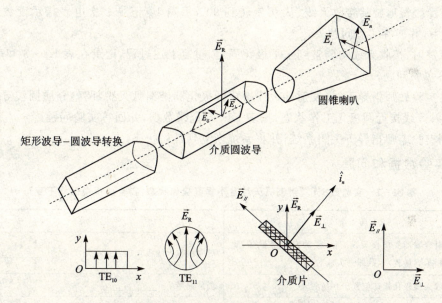

图 E1-2　圆极化喇叭原理示意图

介质圆波导可做 360°旋转，并有刻度指示转动的角度。矩形波导 TE_{10} 模式经矩形圆波导-圆波导转换后转化为圆波导的 TE_{11} 模式，其电场强度 $\vec{E}_R$ 在介质圆波导内分解成垂直介质面的分量 $\vec{E}_\perp$ 和平行介质面的分量 $\vec{E}_{//}$。$\vec{E}_\perp$ 的相速度可近似视为与介质片无关，$\vec{E}_{//}$ 的相速度将因为介质片的存在而减小。通过设计介质片的长度 L，可使 $\vec{E}_\perp$ 波的相位超前 $\vec{E}_{//}$ 波的相位 90°，这就实现了圆极化波合成的相位条件。对实用圆极化的圆极化圆锥喇叭天线，介质片长度 L 已经设计好。

为使 $\vec{E}_\perp$ 与 $\vec{E}_{//}$ 的幅度相等，可使介质片法线的方向 $\hat{i}_n$ 与 y 轴之间的夹角为 $\theta=\pm 45°$（有时需稍偏离 45°以实现幅度相等的要求）。若介质片的损耗略去不计，则此时 $\vec{E}_\perp$ 和 $\vec{E}_{//}$ 幅度近似相等，从而实现了圆极化波合成的幅度相等条件。

如图 E1-2 所示,假设波沿 $+z$ 方向传播,把 $\vec{E}_\perp$ 经 $90°$ 转向 $\vec{E}_{/\!/}$ 的方向(即由 $\hat{i}_n$ 转到 $+y$ 轴的方向)与 $+z$ 轴方向满足右手螺旋规则的波,定为右旋圆极化波;反之定为左旋圆极化波。

3. 实验步骤

① 调整实验系统,使发射喇叭天线和接收喇叭天线口面正对。转动刻度盘使其 $0°$ 的位置正对固定臂(发射天线)的指针,转动可动臂(接收天线)使其指针指着刻度盘的 $180°$ 处,使发射天线喇叭与接收天线喇叭口面正对后固定可动臂。

② 为了避免小平台的影响,可以松开平台中心三个十字槽螺钉,把工作台取下。另外,将收发天线中间或附近的物体移开,以减小环境对实验结果的影响。

③ 调整发射天线和接收天线的极化,使得轴承环上的 0 刻度均对准固定刻度线,即使两天线均工作在垂直极化状态。

④ 打开信号源,调整发射端可调衰减器,使得电表的指针指向满量程。

⑤ 按表 E1-1 要求调整接收天线极化状态并记录数据。

⑥ 平稳缓慢地旋转接收天线,从 $0°$ 旋转到 $90°$,每隔 $10°$ 记录一次电表指示读数,记录在表 E1-2 中,并回答实验问题。

⑦ 将发射、接收天线均调整到水平极化固定,重复上述过程,记录在表 E1-3 和表 E1-4 中,并回答实验问题。

⑧ 在实验教师指导下,将发射端天线换成圆极化圆锥喇叭天线,调整介质圆波导转向,以尽量使发射天线接近圆极化工作状态,按表 E1-5 记录数据,并回答实验问题。

⑨ 在实验老师指导下关闭系统,并将系统恢复到最初状态。

4. 实验数据和问题

表 E1-1 实验数据(发射喇叭天线置于垂直极化状态,实验过程中保持不变)

操 作	记 录
调整发射衰减器及接收天线极化,使测量信号最强,此时电表指示满量程,示数即为 I_0。	对应接收天线极化指针指示角度 $\theta_0 =$ _____
调整接收天线极化指针位置于 $0°$ 位置	测量信号 $I =$ _____
调整接收天线极化指针位置于 $+90°$ 位置	测量信号 $I =$ _____
调整接收天线极化指针位置于 $-90°$ 位置	测量信号 $I =$ _____
调整接收天线极化指针位置于 $+45°$ 位置	测量信号 $I =$ _____
调整接收天线极化指针位置于 $-45°$ 位置	测量信号 $I =$ _____

表 E1-2 实验数据(发射喇叭天线置于垂直极化状态,实验过程中保持不变,θ 为收、发天线极化方向夹角)

角度 $\theta/(°)$	0	10	20	30	40	50	60	70	80	90
$\cos^2\theta$										
I_i										
I_i/I_0										

① 角度 θ_0 与理论值是否一致?如不一致,原因可能是什么?

② 表 E1-1 的数据结果说明什么结论？
③ 比较表 E1-2 第二行和第四行数据，有什么结论？

表 E1-3　实验数据（发射喇叭天线置于水平极化状态，实验过程中保持不变）

操　作	记　录
调整发射衰减器及接收天线极化，使测量信号最强，此时电表指示满量程，示数即为 I_0	对应接收天线极化指针指示角度 $\theta_0=$ _____
调整接收天线极化指针位置于 0°位置	测量信号 $I=$ _____
调整接收天线极化指针位置于 +90°位置	测量信号 $I=$ _____
调整接收天线极化指针位置于 -90°位置	测量信号 $I=$ _____
调整接收天线极化指针位置于 +45°位置	测量信号 $I=$ _____
调整接收天线极化指针位置于 -45°位置	测量信号 $I=$ _____

表 E1-4　实验数据（发射喇叭天线置于水平极化状态，实验过程中保持不变，θ 为收、发天线极化夹角）

角度 $\theta/(°)$	0	10	20	30	40	50	60	70	80	90
$\sin^2\theta$										
I_i										
I_i/I_0										

④ 比较表 E1-4 第二行和第四行数据，有什么结论？
⑤ 在发射天线分别为垂直极化和水平极化状态时，实验现象和结论有区别吗？你是怎么理解的？

表 E1-5　实验数据（发射天线改为圆极化天线，调整满足要求后，请实验老师检查，然后记录该表）

角度 $\theta/(°)$	-90	-80	-70	-60	-50	-40	-30	-20	-10	0
I_i										
角度 $\theta/(°)$	0	10	20	30	40	50	60	70	80	90
I_i										

⑥ 根据表 E1-5，$I_{\min}=$ _____，$I_{\max}=$ _____，轴比 $\dfrac{b}{a}=\sqrt{\dfrac{I_{\min}}{I_{\max}}}=$ _____
（要求大于 0.9）。
⑦ 使用线极化天线接收线极化波、圆极化波、椭圆极化波时各有什么特征？
⑧ 使用圆极化天线接收线极化波、圆极化波、椭圆极化波时会有什么现象？

5. 实验思考题
① 什么是水平极化？什么是垂直极化？如何判断角锥喇叭天线发射电磁波的极化方向？画出示意图说明。
② 接收端电表指示与接收信号功率有何关系？
③ 接收喇叭天线的接收功率与收、发喇叭极化方向夹角有何关系？调整发射功率及接收

喇叭天线极化方向,使接收信号最强时电表指示满量程,在此条件下,当收、发喇叭天线极化方向平行、正交及成45°角时,电表指示应分别为多少?实际测试情况如何?

④ 当发射电磁波分别为线极化波、圆极化波、椭圆极化波时,使用角锥喇叭天线接收,现象会有何不同?为什么?

实验二 线极化波、圆极化波、椭圆极化波的合成与检测

1. 实验目的

① 掌握用金属栅网产生线极化波的原理。② 研究两列正交线极化波合成线极化波、圆极化波、椭圆极化波的原理。③ 了解线极化波、圆极化波、椭圆极化波的特征及检测方法。

2. 实验原理

电磁波的极化是用电场强度矢量在空间某点位置上随时间变化来描述的。任意极化波都可以表示成两个同频率的线极化波在空间的合成。设

$$E_x = E_{xm}\cos(\omega t - \beta z + \phi_x) \quad (E2-1)$$

$$E_y = E_{ym}\cos(\omega t - \beta z + \phi_y) \quad (E2-2)$$

式中,ω 为角频率,β 为相位常数,E_{xm}、E_{ym} 分别为电场强度 E_x、E_y 的振幅,ϕ_x、ϕ_y 为初相角,波沿 $+z$ 方向传播。定义两列波初相差 $\delta = \phi_y - \phi_x$,两列波合成:

① 当 $\delta = 0$、π 时,为线极化波。

② 当 $E_{xm} = E_{ym} = E_m$ 且 $\delta = \pm\dfrac{\pi}{2}$ 时为圆极化波,当 $\delta = \dfrac{\pi}{2}$ 时为左旋,当 $\delta = -\dfrac{\pi}{2}$ 时为右旋。

③ 其他情况为椭圆极化波,当 $0 < \delta < \pi$ 时为左旋,当 $-\pi < \delta < 0$ 时为右旋。

两个同频率、电场强度矢量垂直的线极化波是合成上述三种极化波的基础,这两种线极化波可以通过多种办法获得。本实验是同一束波经过两次分波板反射和折射,再经过极化栅网进行极化滤波后获得的。实验系统原理如图 E2-1 所示。AA' 表示的栅网为水平栅网,栅网金属丝拉伸方向平行于地面,任意极化波经该栅网反射后为水平极化。BB' 所表示的栅网为垂直栅网,栅网金属丝拉伸方向垂直于地面,任意极化波经该栅网反射后为垂直极化波。

将发射喇叭扭转45°,使发射电磁波极化方向也扭转45°。该电磁波入射到与波传播方向成45°角的分波板 MM' 上,被分成两列波,一列经分波板反射后垂直射向水平栅网,由于水平栅网的极化滤波作用,电场的垂直分量被滤掉,而电场的水平分量被反射回来,经分波板折射后到达接收喇叭,这便是电场的水平分量。同理,另一部分波经分波板折射后垂直入射到垂直栅网,电场的水平分量被滤掉,而电场的垂直分量被反射回来,再经分波板反射后也到达接收喇叭,这便是电场的垂直分量。

改变垂直栅网或水平栅网的垂直于波传播方向的位置,可以使两列波的相位差发生相对变化,从而可以完成直线极化波、圆极化波和椭圆极化波的合成。

3. 实验步骤

(1) 水平极化波和垂直极化波的幅相调整

将发射喇叭极化扭转45°角,分波板也置于与发射波传播方向成45°角的位置。插上水平

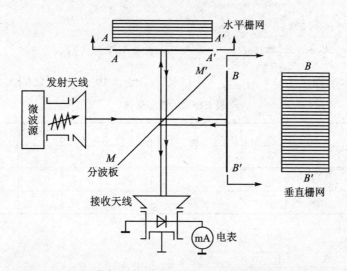

图 E2-1　两路线极化波合成线极化波、圆极化波、椭圆极化波

栅网和垂直栅网，微调发射喇叭极化转角，使电场的水平分量和垂直分量相等。将接收喇叭扭转 45°，移动可动栅网，使两列波相位反相，在接收系统中合成电场指示为 0。

(2) 线极化波的合成

将可动栅网前移（或后移）$\Delta l = \dfrac{\lambda}{4}$，在此基础上微调 Δl，转动接收喇叭，当极化转角 θ 由 $0 \to 45° \to 90° \to 180°$ 变化时，观察接收系统的电表读数，记入表 E2-1 中。

(3) 圆极化波的合成

在直线极化波的基础上移动可动栅网，使它向前（或向后）移动 $\Delta l = \dfrac{\lambda}{8}$，让电场的水平分量和垂直分量相位差为 90°；在此基础上微调 Δl，转动接收喇叭，当极化转角 θ 由 $0 \to 45° \to 90° \to 180°$ 变化时，观察接收系统电表读数，记入表 E2-2 中。

(4) 椭圆极化波的合成

在线极化波的基础上，移动可动栅网的位置，位移量 $\Delta l < \dfrac{\lambda}{8}$；在此基础上微调 Δl，再转动接收喇叭，当极化转角 θ 由 $0 \to 45° \to 90° \to 180°$ 变化时，观察接收系统电表读数，将所得数据记入表 E2-3 中。

(5) 总　结

总结实验现象，回答思考题。

4．实验数据和问题

表 E2-1　线极化波

$\theta/(°)$	0	10	20	30	40	50	60	70	80	90
I										
$\theta/(°)$	100	110	120	130	140	150	160	170	180	
I										

$I_{\min} = $ _____ , $I_{\max} = $ _____ ；

极化椭圆轴比 $\dfrac{b}{a} = \sqrt{\dfrac{I_{\min}}{I_{\max}}} = $ _____（要求小于 0.2）；

极化方向与水平轴夹角 $\psi = $ _____（要求介于 ±40°～±50°之间）。

表 E2-2　圆极化波

$\theta/(°)$	0	10	20	30	40	50	60	70	80	90
I										
$\theta/(°)$	100	110	120	130	140	150	160	170	180	
I										

$I_{\min} = $ _____ , $I_{\max} = $ _____ ；

极化椭圆轴比 $\dfrac{b}{a} = \sqrt{\dfrac{I_{\min}}{I_{\max}}} = $ _____（要求大于 0.9）。

表 E2-3　椭圆极化波

$\alpha/(°)$	0	10	20	30	40	50	60	70	80	90
I										
$\alpha/(°)$	100	110	120	130	140	150	160	170	180	
I										

$I_{\min} = $ _____ , $I_{\max} = $ _____ ；

极化椭圆轴比 $\dfrac{b}{a} = \sqrt{\dfrac{I_{\min}}{I_{\max}}} = $ _____（要求介于 0.4～0.7 之间）；

取向角 $\psi = $ _____ 。

5．实验思考题

(1) 实验中，采用何种装置产生水平和垂直极化的线极化波？金属栅网产生的反射波极化方向与金属丝的拉伸方向有何关系？透射波极化方向呢？画出示意图说明。

(2) 两列线极化波合成为线极化波、圆极化波、椭圆极化波的条件是什么？

(3) 如何使用线极化天线（如线极化角锥喇叭）判断接收信号为线极化波、圆极化波、椭圆极化波？换用圆极化天线接收会是什么情况？

(4) 可动栅网移动时：① 相邻的两线极化波的极化方向有何关系？读数机构上的位置相差多少？与波长应为什么关系？② 相邻的圆极化波和线极化波的位置相差多少？与波长应为什么关系？③ 相邻的圆极化波的旋向有何关系，位置相差多少？与波长应为什么关系？

(5) 如何通过实验测量和计算椭圆极化波的极化椭圆轴比？

(6) 系统合成圆极化波时，电场矢量转动的角速度与什么因素有关系？

(7) 利用本实验系统合成圆极化波的过程中，你认为关键的操作步骤有哪些？对实验内容及操作有何意见和建议？

参考文献

[1] 何国瑜,方晖,江贤祚,等. 口径天线绕射场的研究. 航空学报,1996,17(4):404-409.

[2] 洪家才,方晖,江贤祚,等. 天线近场计算的卷积积分法. 电子学报,1997,25(9):112-114.

[3] Pistorius C, Burnside W. An improved main reflector design for compact range applications. IEEE Trans. Antennas Propag., 1987,35(3):342-347.

[4] Galindo Israel V, et al. Offset dual-shaped reflectors for dual chamber compact range. IEEE Trans., 1991,6(39):1007.

[5] 全绍辉. 紧缩场设计、检测与应用研究. 北京:北京航空航天大学,2003.

[6] 何国瑜,江贤祚,方晖,等. 关于口径衍射的相似性. 电子学报,1996,24(6,9):104-106,112-114.

[7] 全绍辉. 口径近场的特征谱. 航空学报,2008,29(1):136-140.

[8] Quan Shaohui, Liu Qinghui. Near-Field Radiation Characteristics of Shaped Electrically Large Apertures in the Spatial and Angular Domains. IET, Microwaves, Antennas & Propagation, 2010,4(11):1838-1846.

[9] Quan Shaohui. Spatial and Angular Domain Analysis of the Near-Field Radiation of Electrically Large Apertures with Non-Uniform Field. IET Microwaves, Antennas & Propagation, 2012,6(2):178-185.

[10] Quan Shaohui. Compact Range Performance Evaluation Using Aperture Near-Field Angular Spectrums. IEEE Transactions on Antennas and Propagation, 2013, 61(5).

[11] Quan Shaohui. Time Domain Analysis of the Near-Field Radiation of Shaped Electrically Large Apertures. IEEE Transactions on Antennas and Propagation, 2010, 58(2):300-306.

[12] 全绍辉,何国瑜,徐永斌. 基于近场时域谱的紧缩场口径优化设计. 电波科学学报,2006,21(4):601-605.

[13] Harrington R F. Time-Harmonic Electromagnetic Fields. IEEE Press,2001.

[14] 哈林顿. 正弦电磁场. 孟侃,译. 上海:上海科技出版社,1964.

[15] 玛奇德 L M. 电磁场、电磁能和电磁波. 何国瑜,等译. 北京:高等教育出版社,1982.

[16] 王一平. 工程电动力学. 西安:西安电子科技大学出版社,2007.

[17] 斯特莱顿 J A. 电磁理论. 何国瑜,等译. 北京:北京航空学院出版社,1986.

[18] Kong Jin Au. Electromagnetic Wave Theory. 影印版. 北京:高等教育出版社,2002.

[19] Kong Jin Au. 电磁波理论. 北京:电子工业出版社,2003.

[20] Radmanesh Matthew M. Radio Frequency and Microwave Electronics Illustrated. Prentice Hall PTR, 2001.

[21] 拉德马内斯 M M. 射频与微波电子学. 顾继慧,等译. 北京:科学出版社,2006.

[22] Pozar David M. Microwave Engineering Third Edition. John Wiley & Sons, 2005.
[23] Pozar David M. 微波工程. 张肇仪,等译. 北京:电子工业出版社,2008.
[24] 张克潜,李德杰. 微波与光电子中的电磁理论. 北京:电子工业出版社,2001.
[25] 全绍辉. 微波技术基础. 北京:高等教育出版社,2011.
[26] 徐永斌,何国瑜,卢才成,等. 工程电磁场基础[M]. 北京:北京航空航天大学出版社,1992.
[27] 谢处方,饶克谨. 电磁场与电磁波. 4版. 北京:高等教育出版社,2006.
[28] 毕德显. 电磁场理论. 北京:电子工业出版社,1985.
[29] 郭硕鸿. 电动力学. 北京:高等教育出版社,1991.
[30] 符果行. 工程电磁理论方法. 北京:人民邮电出版社,1991.